HÉRON D'ALEXANDRIE

LA DIOPTRE

COLLECTION DES UNIVERSITÉS DE FRANCE
publiée sous le patronage de l'ASSOCIATION GUILLAUME BUDÉ

HÉRON D'ALEXANDRIE

LA DIOPTRE

TEXTE ÉTABLI
PAR
MICHELINE DECORPS-FOULQUIER
Professeur émérite de l'Université Clermont Auvergne

TRADUIT
PAR
JEAN-YVES GUILLAUMIN
Professeur émérite de l'Université de Franche-Comté

PARIS
LES BELLES LETTRES
2022

Conformément aux statuts de l'Association Guillaume Budé, ce volume a été soumis à l'approbation de la commission technique, qui a chargé M. Jacques Chollet d'en faire la révision et d'en surveiller la correction en collaboration avec Mme Micheline Decorps-Foulquier et M. Jean-Yves Guillaumin.

95 boulevard Raspail, 75006 Paris
www.lesbelleslettres.com

ISBN : 978-2-251-00653-6
ISSN : 0184-7155

INTRODUCTION

(Jean-Yves Guillaumin)

Héron d'Alexandrie : le personnage, l'époque

De longues hésitations ont marqué les tentatives de datation d'Héron d'Alexandrie par les érudits modernes. On ne sait rien de la vie de ce personnage. On a commencé par supposer que Héron était l'élève de Ctésibios, d'après l'expression Ἥρωνος Κτησιβίου Βελοποιικά qui se lit dans la tradition manuscrite du traité, complétée par la formule ὁ Ἀσκρηνὸς Κτησίβιος ὁ τοῦ Ἀλεξανδρέως Ἥρωνος καθηγητής que l'on trouve dans un traité byzantin du xᵉ siècle[1]. Sur ces bases, on était conduit à placer Héron une génération après Ctésibios (ce qui est vrai de Philon, dont Héron aurait alors été un contemporain). Si Philon avait vécu sous Ptolémée VIII l'Évergète II (surnommé Physcon, mort en 117 avant J.-C.), comme le pensait Thomas-Henri Martin, Héron devrait être placé, d'après le même savant, au début du Iᵉʳ s. av. J.-C.[2] ; mais il est plus vraisemblable que Ctésibios ait

1. Constantin VII Porphyrogénète, *De strategematibus*, dans *Griechische Poliorketiker*, éd. R. Schneider, Berlin, 1909, p. 263 l. 1.

2. C'est à cette opinion de Th.-Henri Martin, *Recherches sur la vie et les ouvrages d'Héron d'Alexandrie...*, Paris, 1854, p. 22-28, que se ralliait explicitement, quelques années plus tard, le premier éditeur de la *Dioptre*, A. J. H. Vincent, *Extraits des manuscrits relatifs à la géométrie pratique des Grecs (texte et traduction)*, dans *Notices et extraits des manuscrits de la Bibliothèque Impériale* 19, 2, 1858, p. 157-337, dans sa préface, p. 157 : « Les motifs

vécu sous le règne du protecteur des savants que fut un autre Ptolémée, Ptolémée II Philadelphe (285-247), et alors son élève aurait vécu à la fin du IIIe s. ou au début du IIe s. av. J.-C. En réalité, la précision Κτησιβίου est dans le meilleur des cas une attestation de la parenté entre l'œuvre d'Héron et celle de Ctésibios – si même elle n'a pas été ajoutée par un copiste désireux de montrer qu'il avait bien vu cette parenté. Du reste, Th.-Henri Martin, quand il écrivait, ne connaissait pas encore les *Metrica* d'Héron, traité découvert seulement en 1896 à Constantinople. Or, dans ce traité, Héron se réfère à Archimède et à Apollonios, ce qui permet déjà de fixer un *terminus post quem* ; mais aussi, il fait deux fois allusion à des ouvrages traitant « des cordes dans le cercle », et l'on ne connaît pas de table des cordes avant celle d'Hipparque : le *terminus post quem* le mieux assuré est donc 150 avant J.-C.

Le *terminus ante quem* est fourni par les citations d'Héron qui se trouvent dans la *Collection mathématique* de Pappus, lequel écrivait sous Dioclétien (284-305) : Héron est forcément antérieur d'au moins quelques décennies, ce qui permet de poser comme date la plus basse les environs de l'année 250 ap. J.-C.

À l'intérieur de cette « fourchette », comment affiner la datation d'Héron ? La comparaison des œuvres d'Héron avec celles d'autres auteurs mathématiques de l'époque avait conduit Tittel[3] à refuser à l'Alexandrin une datation plus tardive que les années 100 avant J.-C. ; mais inversement, sur les bases d'une comparaison entre Héron et Ptolémée,

que des critiques modernes avaient allégués pour placer Ctésibius sous Ptolémée II Philadelphe ont été solidement réfutés par Schweighæuser, par Venturi, par M. Bœckh, et tout récemment par M. Th.-Henri Martin, suivant qui la vie du disciple de Ctésibius s'est prolongée très-probablement jusque vers le milieu du Ier siècle avant J. C. ».

3. K. Tittel, « Heron (5) », RE 8, 1, 1912, col. 992-1080.

I. Hammer-Jensen[4] faisait descendre notre auteur jusqu'au IIe s. ap. J.-C.

Il est remarquable que Vitruve, qui cite un certain nombre de ses prédécesseurs grecs (voir en particulier la préface du livre VII), et notamment Ctésibios, ne prononce jamais le nom d'Héron. Il y a donc une forte présomption que l'Alexandrin soit postérieur au Romain, dont l'*Architecture* est publiée vers 25 avant J.-C. Dans le même sens irait aussi une autre constatation : même si, dans leur état actuel, les *Définitions* transmises sous le nom d'Héron ne sont certainement pas de cet auteur, il reste que le substrat du texte peut sans doute lui être attribué ; or, dans les *Définitions*, il y a des définitions (notamment celle de la figure et celle des parallèles) qui sont attribuées par Proclus à Poséidonios d'Apamée, mort vers 55 avant J.-C.

L'historien des mathématiques grecques, Th. L. Heath, qui développait longuement tous ces problèmes au début du chapitre qu'il consacre à Héron, restait d'une grande prudence, mais finissait par accorder beaucoup de poids à l'argumentation d'I. Hammer-Jensen, et notamment à l'observation suivante : puisque, dans la *Dioptre*, Héron prescrit d'observer la même éclipse à Rome et à Alexandrie pour déterminer la distance entre ces deux villes, et puisque c'est Ptolémée qui revendique la paternité de cette méthode, il s'ensuit nécessairement que notre auteur, dans la mesure où il semble énoncer ici une méthode universellement admise par les spécialistes, est postérieur à Ptolémée ; du reste, la dioptre décrite par Héron est bien plus perfectionnée que celle qui est utilisée par Ptolémée, lequel, s'il l'eût connue, n'eût pas manqué de s'en servir. Le IIIe siècle après J.-C. recueillait ainsi finalement l'adhésion de Th. L. Heath[5].

4. I. Hammer-Jensen, « Ptolemaios und Heron », *Hermes* 48, 1913, p. 224-235.

5. Th. L. Heath, *A History of Greek Mathematics*, Oxford, 1921, vol. 2, p. 306 : « in the third century A.D. » ; mais l'auteur (*ibid.*) a tort d'écrire que « Heiberg accepts this conclusion », en

Mais Heath écrivait en 1921, et c'est plus tard (1938-1939) qu'est parue l'étude d'O. Neugebauer qui semble être, en définitive, la plus susceptible d'emporter l'adhésion. C'est encore le fameux chapitre 35 de la *Dioptre*, sur la mesure de la distance entre Rome et Alexandrie, qui est sollicité. Au terme d'un long examen, Neugebauer conclut que « The date of Heron Alexandrinus is fixed in the second half of the first century A.D. by the fact that he quotes as an exemple the lunar eclipse of A.D. 62 March 13 [cf. Neugebauer, Kgl. Danske Vidensk. Selsk., hist.-filol. medd. 26, 2 and 7 (1938 and 1939) and A. G. Drachmann, Centaurus I (1950) p. 117-131] »[6]. La proposition de Neugebauer a effectivement emporté l'adhésion d'A. G. Drachmann.

Plus récemment, ces arguments tirés de l'éclipse de 62 ont été repris, critiqués et finalement admis par R. Souffrin[7] et par D. Raïos[8], ce dernier faisant état aussi de tous les éléments de datation extérieurs à l'œuvre même d'Héron, qui convergent vers la haute vraisemblance d'une datation centrée sur la dernière partie du règne de Néron[9]. En dernier

renvoyant au vol. v de l'édition Teubner, p. v : car à cet endroit, Heiberg se prononce pour le IIe siècle après J.-C.

6. O. Neugebauer, *The Exact Sciences in Antiquity*, New York, Dover Publ., 1969 (repr. de la 2e éd., Brown University Press, 1957), p. 178.

7. R. Souffrin, « Remarques sur la datation de la *Dioptre* d'Héron par l'éclipse de lune de 62 », dans G. Argoud et J.-Y. Guillaumin (éd.), *Autour de la Dioptre d'Héron d'Alexandrie*, Saint-Étienne, 2000, p. 13-17.

8. D. Raïos, « La date d'Héron d'Alexandrie : témoignages internes et cadre historico-culturel », dans la même publication, p. 19-36. D. Raïos donne (p. 19 n. 1) une copieuse bibliographie, arrêtée à la date du colloque, sur la question de la datation d'Héron.

9. D. Raïos, art. cit., insiste longuement sur le développement de l'art des ingénieurs sous le règne de Néron ; la *Domus Aurea* était dotée de mécanismes ingénieux, dont les textes anciens font de larges mentions ; le creusement du canal de Corinthe avait fait appel aux compétences d'ingénieurs « égyptiens », dans lesquels il faut reconnaître des mécaniciens

lieu, F. Acerbi et B. Vitrac admettent que cette proposition de datation par l'éclipse de 62, bien qu'à leur avis non contraignante, est « peut-être correcte »[10].

Comme on pourrait poursuivre à l'infini les spéculations récurrentes sur la datation d'Héron, entassant le vraisemblable sur le douteux, le douteux sur le vraisemblable, et pesant les chances et la valeur d'arguments plus ou moins assurés, nous préférons, pour notre part, demander à cette date de 62 après J.-C. le terme d'un long voyage qui, à Héron, aura fait parcourir en tous sens quatre siècles, entre l'époque d'Archimède et celle de Pappus, au gré des différentes hypothèses[11]. Il aurait donc écrit à peu près un siècle après Vitruve, un peu moins d'un siècle avant Ptolémée. Autant dire que s'il est bien un représentant de la mécanique alexandrine, on doit pourtant le distinguer soigneusement de ses prédécesseurs, comme Philon et Ctésibios, qui avaient

alexandrins proches d'Héron, si même celui-ci ne figurait pas personnellement dans le groupe. Ces remarques sont d'un grand poids, même si M.J.T. Lewis, *Surveying Instruments of Greece and Rome*, Cambridge, 2001, p. 169, décide à propos des sources antiques que « almost certainly they picked up from Eratosthenes the story of Demetrius' engineers and applied it anachronistically to Nero's. (...) Nero, having plenty of expert military *libratores* at his command, would not need to rely on the services of Egyptians ». On pourrait invoquer aussi le fait que dans les *Mechanica* (3, 20), Héron décrit une vis de pressoir à pression directe, mécanisme que Pline l'Ancien (18, 317) présente comme une invention récente à son époque.

10. F. Acerbi et B. Vitrac, *Metrica. Héron d'Alexandrie*, Pise-Rome, 2014, p. 21 : « datation... peut-être correcte, mais (qui) n'a pas du tout (de) valeur péremptoire ».

11. Il ne faut donc pas, en tout cas, suivre sur la question de la datation des auteurs encore assez récents, comme F. T. Hinrichs, *Histoire des institutions gromatiques*, trad. D. Minary, Paris, 1989, qui prétend (p. 116) que « le livre d'Héron [*sc.* la *Dioptre*] (était) déjà rédigé vers 100 av. J.-C. » (et la n. 61 précise même : « selon l'opinion dominante sur la 'question héronienne' »), ou comme B. Gille, *Les mécaniciens grecs. La naissance de la technologie*, Paris, 1980, qui place Héron au IIe s. avant J.-C., sans avancer d'ailleurs aucune preuve.

vécu en une époque fort différente. Un exemple peut en témoigner : si Héron, au début de la *Dioptre*, invoque les utilisations militaires de cet appareil, c'est pour se placer sous l'invocation des ingénieurs militaires des Ptolémées ; mais ensuite, le corps même du traité ne propose guère d'utilisations militaires de la dioptre[12], dont Héron fait un usage purement civil, le seul que réclame la *pax Romana*.

Le corpus héronien

L'œuvre d'Héron[13] se caractérise autant par son ampleur et par la diversité des sujets abordés que par son absence à peu près complète d'originalité. L'auteur ne revendique, dans l'introduction de plusieurs traités parmi lesquels la *Dioptre*, qu'une certaine modernisation commode des sujets déjà traités par ses devanciers. Il cite à plusieurs reprises les grands prédécesseurs : Platon, Aristote, Eudoxe, Ératosthène, Archimède... S'il y avait une revendication héronienne, ce serait plutôt celle d'un universalisme encyclopédique tout à fait caractéristique de l'esprit alexandrin (mais aussi, ensuite, de l'esprit romain : que l'on pense à son vraisemblable contemporain Pline l'Ancien). En effet, les domaines d'activité du mécanicien alexandrin sont amples

12. Quand il s'agit d'évaluer une élévation verticale inaccessible, c'est une montagne qui est donnée comme exemple dans la *Dioptre* (fin du ch. 13), non pas la muraille d'une ville. Et même l'évaluation de la largeur d'un cours d'eau (ch. 9), certes importante dans le contexte militaire et d'ailleurs évoquée comme telle par l'écrivain gromatique romain Balbus (p. 92 l. 17-p. 93 l. 1 Lachmann, avec l'expression *etiam si hostis infestare uoluisset*), peut avoir ses applications civiles quand il s'agit, pour les *mensores* de Rome, de poursuivre un système cadastré sur l'autre rive de l'obstacle.

13. Sur l'œuvre d'Héron, voir K. Tittel, « Heron (5) », RE 8, 1, 1912, col. 992-1080 ; A. G. Drachmann, *The mechanical technology of Greek and Roman Antiquity. A Study of the Literary Sources* (*Acta hist. scient. nat. et med.* 17), Copenhague, 1963.

et variés. Fabrication d'automates, de machines de guerre, d'instruments d'arpentage, tout cela pour les applications techniques de la science ; mais aussi, en géométrie pure, une œuvre non négligeable représentée par le traité des *Metrica*.

La célébrité a dû être immédiate : les ouvrages d'Héron ont fourni la matière de manuels techniques et pratiques d'usage courant dans le monde méditerranéen ; ils ont été copiés, mis en fiches, raccourcis et augmentés. En fin de compte, on peut dire que l'œuvre d'Héron a été sentie comme étant à la science appliquée et à la géométrie pratique (ou géodésie) ce que les *Éléments* étaient à la géométrie théorique.

Le plus commode sera de regrouper les traités héroniens suivant les matières dont ils traitent et suivant leur caractère authentique ou apocryphe, certains, d'ailleurs, ayant disparu et n'étant connus que par des allusions de la postérité ou par des traductions.

Œuvres authentiques et conservées

Les *Metrica*

Les *Metrica* (Μετρικά) se distinguent des autres traités de mesure « héroniens » en ceci qu'ils proposent toujours la démonstration strictement géométrique des solutions données à leurs problèmes, et que, dans chaque problème, la seconde partie, qui fait l'application à des données numériques, ne parle jamais que d'« unités », sans utiliser aucune mesure comme le pied, la coudée, etc. Il y a donc là une volonté de théorisation qui n'apparaît aucunement dans les *Geometrica*, *Stereometrica*, etc., tous traités qui relèvent de la géométrie appliquée, et qui parlent donc de « doigts », « pieds », « coudées », « stades »...

Le texte des *Metrica* n'a été redécouvert qu'en 1896 par R. Schöne dans un manuscrit de Constantinople, le *Codex Constantinopolitanus Veteris Palatii* 1, et c'est son fils, H. Schöne, qui les a édités peu après pour la première fois[14]. Plus récemment, l'ensemble du contenu de ce manuscrit a été édité par E. M. Bruins ; le premier volume de cette édition qui en comporte trois[15] se recommande du fait qu'il donne la reproduction photographique complète de ce manuscrit, le seul, en l'état actuel des connaissances, à contenir le texte des *Metrica*.

Avant 1896, c'est seulement grâce à la méthode d'approximation de la racine carrée d'un nombre qui n'est pas un carré parfait (méthode encore appelée « héronienne », et enseignée dans les classes de mathématiques) que l'on connaissait l'existence des *Metrica*. Eutocius, en effet, dans son commentaire sur *La mesure du cercle* d'Archimède, disait qu'Héron avait enseigné une telle méthode dans les *Metrica*[16]. En 1894, P. Tannery avait découvert un fragment qui donnait l'exposé de cette méthode dans un manuscrit de Paris, BN, du XIIIe siècle[17]. Mais le texte complet d'Héron resta, donc, encore inconnu pendant deux ans. Enfin, assez récemment, une nouvelle édition des *Metrica* a été procurée par F. Acerbi et B. Vitrac[18].

14. Dans le volume 3 de l'édition Teubner des œuvres d'Héron, 1903, qui comporte aussi la *Dioptre*.

15. E. M. Bruins, *Codex Constantinopolitanus Palatii Veteris n° 1*, vol. 1 : *Reproduction of the Manuscript* ; vol. 2 : *Greek Text* ; vol. 3 : *Translation and Commentary*, Leyde, 1964.

16. *Archimède*, IV, *Commentaires d'Eutocius. Fragments*, éd. Ch. Mugler, CUF, 1972, p. 144 l. 17-20 : ὅπως δὲ δεῖ σύνεγγυς τὴν δυναμένην πλευρὰν τὸν δοθέντα ἀριθμὸν εὑρεῖν, εἴρηται μὲν Ἥρωνι ἐν τοῖς Μετρικοῖς, εἴρηται δὲ Πάππῳ καὶ Θέωνι... Il s'agit bien sûr des *Metrica* 1, 8.

17. Voir P. Tannery, *Mémoires scientifiques* 2, 1912, p. 447-454 ; l'écart de temps, de 1894 à 1912, s'explique parce que les *Mémoires scientifiques*, regroupant les articles de P. Tannery, n'ont été publiés, par J. L. Heiberg, qu'après la mort de P. Tannery.

18. F. Acerbi et B. Vitrac, *Metrica. Héron d'Alexandrie. Introduction, texte critique, traduction française et notes de commentaire*, Pise-Rome, 2014. C'est à l'heure actuelle le plus volumineux travail sur ce traité héronien.

Les *Metrica* comprennent trois livres. Le premier s'ouvre sur une préface dans laquelle Héron rappelle que les origines de la géométrie sont dans la nécessité de mesurer et de répartir les terres ; ensuite, dit-il, de la mesure des surfaces, elle est passée à la mesure des solides ; elle a pu compter sur les découvertes de grands esprits, parmi lesquels Héron cite Eudoxe et Archimède. Après cette préface, le livre I regroupe des problèmes relatifs à la mesure des carrés, des rectangles et des triangles (ch. 1-9 ; c'est au ch. 8 que se trouve l'exposé de la méthode d'approximation de la racine carrée d'un nombre qui n'est pas un carré parfait ; le même chapitre contient la « formule d'Héron » pour le calcul de la surface d'un triangle quelconque dont on connaît la valeur des côtés), des trapèzes, des losanges, des rhomboïdes et des quadrilatères à un angle droit (ch. 10-16) ; puis vient un ensemble concernant les polygones réguliers, depuis le triangle équilatéral jusqu'au dodécagone régulier (ch. 17-25) ; on passe ensuite à la mesure de l'anneau déterminé entre deux cercles concentriques (ch. 26), des segments de cercles (ch. 27-33), de l'ellipse (ch. 34), du segment parabolique (ch. 35), des surfaces du cylindre (ch. 36), du cône isocèle (ch. 37), de la sphère (ch. 38) et du segment de sphère (ch. 39). Il est à noter que cette ordonnance réapparaîtra non seulement dans les *Geometrica*, mais dans des textes latins comme les « Extraits d'Épaphrodite et de Vitruvius Rufus » (IIIᵉ ou IVᵉ s. ?)[19].

Le livre I était consacré aux surfaces ; le livre II traite des solides. Cône (ch. 1), cylindre (ch. 2), figures solides rectilignes comme le parallélépipède, le prisme, la pyramide et la pyramide tronquée (ch. 3-8) ; cône tronqué (ch. 9-10) ; sphère et segment de sphère (ch. 11-12) ; spire ou tore (ch. 13) ; à propos du cylindre, deux mesures empruntées à

19. Voir J.-Y. Guillaumin, *Balbus, Expositio et ratio omnium formarum. Podismus et textes connexes (extraits d'Epaphrodite et de Vitruvius Rufus ; De iugeribus metiundis)*, introduction, traduction et notes, Naples, 1996, p. 95-116 et 138-197.

La Méthode d'Archimède (ch. 14-15) ; les cinq solides réguliers (ch. 16-19).

Le livre III, qui traite des divisions des figures, commence par une intéressante préface sur la beauté et l'utilité de la géométrie, seule garante de l'égalité : s'y entrecroisent des thèmes platoniciens, aristotéliciens, stoïciens, dont l'harmonie compose l'un des textes les plus éloquents parmi les éloges antiques de la géométrie[20]. Certes, les divisions de figures qui sont traitées dans ce livre relèvent de la géométrie théorique ; mais elles sont susceptibles d'applications sur le terrain ; le χωρίον sur lequel elles opèrent est tout aussi bien la superficie d'un domaine que l'aire d'une figure géométrique, et l'on ne s'étonne pas de voir certains de ces problèmes abordés dans le traité beaucoup plus nettement « géodésique » que sera la *Dioptre*. De telles méthodes de partage sont anciennes, on les trouve déjà dans des textes cunéiformes ; mais ici encore, l'originalité d'Héron est dans la présentation systématique des démonstrations géométriques, alors que ses prédécesseurs ne faisaient qu'appliquer des recettes empiriques. Les figures, donc, sont divisées en parties selon des rapports donnés ; et l'on travaille d'abord sur des figures planes (ch. 1-19, dans lesquels on trouvera un certain nombre de parallélismes avec des chapitres de la *Dioptre*), ensuite sur des solides : pyramide, cône, cône tronqué, sphère (ch. 20-23).

Un tel traité, par la manière dont il mêle les préoccupations techniques et les démonstrations euclidiennes, est remarquable dans la littérature mathématique grecque qui nous est parvenue[21].

20. Voir J.-Y. Guillaumin, « L'éloge de la géométrie dans la préface du livre III des *Metrica* », *REA* 99, 1997, 1-2, p. 91-99.

21. Pour une présentation commode du contenu des *Metrica*, on se reportera à Th. L. Heath, *A History of Greek Mathematics*, vol. 2, p. 320-344 ; la récente édition de F. Acerbi et B. Vitrac procure des développements plus fournis.

Les *Pneumatica*

Ce traité en deux livres présente, sans que l'enchaînement soit toujours nettement construit, toute une série d'appareils qui mettent en jeu la force de l'eau ou de la vapeur. Chacun des deux livres comporte une quarantaine de chapitres. Comme dans la *Dioptre*, la préface situe l'ouvrage par rapport aux prédécesseurs de l'Alexandrin, lequel prétend d'une part mettre en ordre les acquis de la tradition, d'autre part ajouter ses propres découvertes. Les machines décrites seront caractérisées par leur utilité ou par leur caractère curieux ; Héron pourrait faire siens les deux mots par lesquels Vitruve définissait les machines qu'il présentait lui-même : *utilia* (10, 7, 5), mais aussi objet de *deliciae* (9, 8, 4). Les premiers chapitres étudient le siphon, et plus généralement les techniques de base de la « pneumatique » ; viennent ensuite des applications plus ou moins sophistiquées du principe du siphon, puis plusieurs automates dont le ch. 16 du livre I présente un modèle des plus achevés, sans compter des applications utiles à la vie quotidienne (dont la pompe à incendie, ch. 28, et la lampe à huile dont la mèche garde toujours une longueur constante, ch. 34). Le livre II contient lui aussi la présentation d'une quantité d'appareils utilisant souvent la force motrice de la vapeur d'eau ; ces appareils se veulent, comme ceux du premier livre des *Pneumatiques*, soit utiles, soit merveilleux. Le traité a beaucoup intéressé la postérité : il a été transmis par une centaine de manuscrits datant presque tous de l'époque de la Renaissance[22].

Les *Automates*

Il s'agit de présenter des mécanismes de théâtre miniature, avec des poids et des contrepoids pour faire bouger

22. Voir G. Argoud et J.-Y. Guillaumin, *Les* Pneumatiques *d'Héron d'Alexandrie*, introduction, traduction et notes, Saint-Étienne, 1997.

des plates-formes et des personnages. Ce traité comprend deux parties : la première concerne les automates « mobiles » (ὑπάγοντα), la seconde ceux qui sont « fixes » (στατά). Les automates qui sont ὑπάγοντα fonctionnent sur un support mobile, qui se déplace grâce à des roues, devant les spectateurs qui restent assis autour du théâtre miniature. Pour les στατά, il n'y a plus de déplacement sur un chariot. Certaines dimensions précisées par Héron montrent bien qu'il s'agit d'automates pour un théâtre miniature[23] ; cela rapproche ces automates de ceux qui ont été décrits par Héron dans ses *Pneumatiques* (on peut penser, par exemple, à l'ouverture « automatique » des portes d'un temple miniature), la différence étant que dans les *Pneumatiques* les réalisations proposées fonctionnaient grâce à l'eau ou à la vapeur, tandis que dans les *Automates* on utilise des cordes, des poids, des poulies, des engrenages ; mais il s'agit bien des deux composantes d'une même branche de la mécanique, la θαυματοποιϊκή, qui, d'après Géminus[24], utilise aussi bien des procédés pneumatiques (διὰ πνευμάτων φιλοτεχνοῦσα) que des systèmes de poids (διὰ ῥοπῶν).

Les *Belopoeica*

Ce traité est, comme son titre l'indique, un traité d'artillerie, qui s'inscrit dans la tradition alexandrine des ingénieurs militaires employés par les Ptolémées, et qui décrit les machines de la période qui va du IIIe s. av. J.-C. jusqu'au Ier s. ap. J.-C., c'est-à-dire des machines construites uniquement avec du bois (les lanceurs de flèches, *catapulta* et *scorpio* ; le lanceur de pierres, *ballista*). Une préface tout à fait étonnante explique que, la philosophie ayant pour objet

23. Voir par exemple, à propos du petit temple de Dionysos, p. 350 Schmidt (texte grec) et p. 353 (trad. allemande).

24. Voir *Géminos. Introduction aux Phénomènes*, éd. G. Aujac, Paris, 1975, p. 116-117.

principal l'ataraxie, il y a désaccord entre les différentes écoles sur la manière d'y atteindre, mais que la mécanique, laissant de côté les dissensions entre sectes, enseigne à parvenir à la tranquillité grâce à l'une de ses composantes, la science de l'artillerie, qui acquiert ainsi une valeur universelle ; car les machines de guerre représentent la meilleure manière de neutraliser des ennemis potentiels, fût-ce seulement par la dissuasion... Suit, comme souvent au début des traités héroniens, la revendication de clarté de la part de l'auteur, qui prétend se démarquer de l'obscurité de ses prédécesseurs[25].

La *Chirobaliste*

L'authenticité héronienne de la *Cheiroballistra*, que la tradition manuscrite présente à la suite des *Belopoeica*, a été contestée et l'est encore par certains spécialistes. Il n'y a cependant pas de raison convaincante de la mettre en doute. La solidarité des deux traités dans la tradition manuscrite est en soi un enseignement et un argument. Le second (qui est peut-être incomplet, mais qui est cohérent) est en effet consacré à la *ballista* métallique, innovation de la seconde période de l'artillerie antique, celle qui va du IIe s. au Ve s. Ce lanceur de flèches représente un perfectionnement tout à fait remarquable des machines de guerre employées depuis l'époque alexandrine et dans les armées romaines[26]. Héron

25. Éditions : B. Baldi, *Heronis Ctesibii Belopoeeca, hoc est Telifactiua, Bernardino Baldo Urbinate Guastallæ abbate illustratore et interprete. Item Heronis uita eodem auctore*, Augsbourg, 1616 ; M. Thevenot, *Mathematici Veteres*, Paris, 1693 ; H. Köchly et W. Rüstow, *Griechische Kriegsschriftsteller*, vol. 1, Leipzig, 1853 ; C. Wescher, *Poliorcétique des Grecs*, Paris, 1867 (première édition critique) ; H. Diels et E. Schramm, *Herons Belopoiica*, dans *Abhandlungen der Preussischen Akademie der Wissenschaften*, 1918, p. 5-55 ; E. W. Marsden, *Greek and Roman Artillery* II. *Technical Treatises*, Oxford, 1971, p. 18-60.

26. Voir notamment *Héron d'Alexandrie, La chirobaliste. Restitution et traduction par* A.-J.-H. Vincent, Paris, 1866 ;

se situe à la jonction des deux périodes que l'on peut distinguer dans l'histoire des techniques de l'artillerie antique ; la machine métallique décrite dans la *Cheiroballistra* sera représentée quelques années plus tard sur la Colonne Trajane[27] : elle était en service en 101-102. Cela suppose que Héron était encore actif vers la fin de la seconde moitié du Iᵉʳ s. après Jésus-Christ – période de progrès pour l'artillerie romaine[28].

La *Dioptre*

Nous examinerons plus loin le traité sur la dioptre, qui fait l'objet de la présente édition.

V. Prou, « La Chirobaliste d'Héron d'Alexandrie », *Notices et Extraits des manuscrits de la Bibliothèque nationale et autres bibliothèques* 26, 2, 1877, p. 1-319 ; R. Schneider, « Herons Cheiroballistra », *Mitteilungen des Kaiserlich Deutschen Archäologischen Instituts. Römische Abteilung* 21, 1906, p. 142-168 ; E. W. Marsden, *Greek and Roman Artillery* II. *Technical Treatises*, Oxford, 1971 (p. 206-231 pour le texte de la *Cheiroballistra*) ; A. Wilkins, « Reconstructing the *cheiroballistra* », *Journal of Roman Military Equipment Studies* 6, 1995, p. 5-59 ; A. Iriarte, « Pseudo-Heron's cheiroballistra. A(nother) reconstruction. I. Theoretics », *Journal of Roman Military Equipment Studies* 11, 2000, p. 47-75 ; A. Wilkins et L. Morgan, « *Scorpio* and *cheiroballistra* », *Journal of Roman Military Equipment Studies* 11, 2000, p. 77-101. Voir aussi `https://www.unicaen.fr/cireve/rome/pdr_realisations.php?fichier=/machines/jet/baliste`.

27. Voir M.J.T. Lewis, *Surveying Instruments...*, p. 54, après E. W. Marsden, *op. cit.* à la note précédente.

28. Ce que souligne P. E. Chevedden, « Artillery in Late Antiquity : Prelude to the Middle Ages », dans I. Corfis et M. Wolfe (éd.), *The Medieval City under Siege*, Woodbridge, 1995, p. 135-136 (l'art. occupe les p. 131-176) : « During the second half of the first century, Roman artillery was radically transformed with the introduction of a new type of catapult (...). Heron's *Cheiroballistra* and the artillery of Trajan's Column provide evidence for the new Roman catapult design (...) ». Nous remercions Ph. Fleury pour une correspondance éclairante sur ces sujets.

Œuvres connues par des traductions ou des *excerpta*

Le *Commentaire sur les Éléments d'Euclide*

Quelques fragments de cet ouvrage qui fait du mécanicien alexandrin, chronologiquement, le premier commentateur d'Euclide, ont été conservés en grec chez Proclus (*Commentaire sur le livre I des Éléments d'Euclide*). Mais des extraits plus importants en sont connus grâce au commentaire arabe d'An-Nairizi (dont le nom est latinisé en Anaritius), dont il existe une version latine de de Gérard de Crémone[29]. Héron, d'après ce commentaire, restreignait à trois le nombre des axiomes ; il subdivisait certaines propositions d'Euclide en différents « cas » suivant que la figure était établie de telle ou telle façon[30]. Il prouvait certaines propositions (comme *Éléments* 2, 2-10) en recourant à une méthode algébrique et non pas uniquement géométrique[31]. Il y a donc une certaine originalité dans ce commentaire, même s'il n'ajoute rien d'important aux acquisitions des mathématiques grecques et à Euclide[32].

Les *Mechanica*

Les *Mechanica* ne nous sont connus que par l'intermédiaire d'une traduction arabe du IXe siècle par Qusta Ibn Luqa[33].

29. *Anaritii in decem libros priores Elementorum Euclidis commentarii ex interpretatione Gherardi Cremonensis...* éd. M. Curtze, Leipzig, 1899 ; *Gerard of Cremona's Translation of the Commentary of Al-Nayrizi on Book I of Euclid's Elements of Geometry, with an Introductory Account of the Twenty-Two Early Extant Arabic Manuscripts of the Elements*, éd. A. Lo Bello, Leiden-Boston, 2003.

30. Voir Th. L. Heath, *A History of Greek Mathematics*, vol. 2, p. 310-311. Le commentaire héronien fait l'objet des p. 310-314.

31. Voir Th. L. Heath, *ibid.*

32. Voir la longue présentation de ce commentaire chez F. Acerbi et B. Vitrac, *Metrica. Héron d'Alexandrie*, Pise-Rome, 2014, p. 31-39.

33. Voir *Héron d'Alexandrie. Les Mécaniques ou l'Élévateur des corps lourds*, éd. B. Carra de Vaux, Paris, 1894 (repr. Les Belles

Le chapitre sur lequel s'ouvre le traité, en l'état où il est, étudie le même problème que l'on retrouve à la fin de la *Dioptre* : mouvoir un poids donné grâce à une force donnée. Ce chapitre est selon toute vraisemblance extrait de l'ouvrage d'Héron intitulé Βαρουλκός (« Le Treuil », littéralement « l'élévateur de corps lourds »), pour nous perdu, mais qui est cité par Pappus[34]. Après ce chapitre, le livre I traite du mouvement de cercles ou de roues égales ou inégales, se mouvant sur des axes différents ou fixées sur le même axe, et notamment, au ch. 7, de la « roue d'Aristote ». Le livre II de l'ouvrage est sans doute moins modifié que le livre I par rapport à son original grec. La parenté avec les *Problèmes de mécanique*[35] du Pseudo-Aristote y est visible non seulement dans les sujets traités, mais dans la manière même de construire l'exposé, chaque fois introduit par une question (qui correspond aux systématiques Διὰ τί..., « Pourquoi... », du traité pseudo-aristotélicien).

Les *Catoptrica*

La *Catoptrique* d'Héron n'a pas survécu en grec, mais on en possède une traduction latine achevée le 31 décembre 1269 par Guillaume de Moerbeke, futur archevêque de Corinthe (dès avril 1278) : c'est ce texte qui figure dans le

Lettres, 1988, avec introd. de D. R. Hill et commentaires de A. G. Drachmann). Le texte arabe a été édité avec une traduction allemande par L. Nix dans le vol. 2 de l'édition Teubner des œuvres d'Héron d'Alexandrie (L. Nix et W. Schmidt, 1900). Dans le même volume, p. 256-299, W. Schmidt a édité des fragments grecs de ces *Mécaniques*, avec une traduction allemande.

34. *Pappi Alexandrini collectionis quae supersunt*, éd. F. Hultsch, 3 vol., Berlin, Weidmann (vol. 1 : 1876 ; vol. 2 : 1877 ; vol. 3 : 1878). Ici livre VIII, p. 1060 l. 5.

35. Traduction de M. Federspiel, *Pseudo-Aristote, Problèmes mécaniques, Les lignes insécables*, Paris, 2017, d'après l'éd. de M. E. Bottecchia Dehò, *Aristotele MHXANIKA, Tradizione manoscritta, testo critico, scolii*, Padoue, 1982.

volume 2 (1900) de l'édition Teubner des œuvres d'Héron[36]. Une partie des propositions théoriques sont identiques à celles qui figurent dans le traité que l'on appelle la *Catoptrique* d'Euclide[37], et qui a toute chance d'être en réalité une œuvre de Théon d'Alexandrie, réviseur du texte des *Éléments* dans les années 400. Le reste (largement constitué d'applications des propositions 4 et 5 de la *Catoptrique*), manifeste cette volonté de construire des appareils curieux, que l'on observe aussi dans les *Pneumatiques* : il s'agit de construire des miroirs ou des combinaisons de miroirs (souvent cylindriques, concaves ou convexes) qui permettent par exemple que le côté droit de la chose reflétée dans le miroir soit également à droite sur l'image du miroir ; ou à celui qui se regarde dans le miroir d'y voir... son dos ; ou d'y apparaître la tête en bas ; ou avec un visage déformé, avec trois yeux, deux nez, etc.

36. L'édition de référence est celle de W. Schmidt, 1900, p. 302-365, sous le titre de [*Claudi Ptolomei*] *De speculis* (le traité, longtemps attribué à Ptolémée, n'a commencé à être rendu à Héron qu'au XIXe s. ; son auteur fait allusion à la *Dioptre* comme à un de ses ouvrages précédents p. 318 l. 7-9) : introduction p. 301-315 ; texte p. 316-365 ; additions et corrections p. 406-418. Liste des manuscrits et des éditions chez W. Vanhamel, « Biobliographie de Guillaume de Moerbeke », dans J. Brams et W. Vanhamel (éd.), *Guillaume de Moerbeke. Recueil d'études à l'occasion du 700e anniversaire de sa mort*, Louvain, 1989, p. 367 (l'article, une somme impressionnante, occupe les p. 301-383).

37. Dans *Euclidis opera omnia*, éd. J. L. Heiberg et H. Menge, Leipzig, Teubner, vol. 7, 1895. Il existe une traduction française : P. Ver Eecke, *Euclide : l'Optique et la Catoptrique*, Paris, Blanchard, 1959. Voir sur ce sujet A. Lejeune, *Recherches sur la catoptrique grecque*, Bruxelles, 1957. Le même A. Lejeune (« Les postulats de la *Catoptrique* dite d'Euclide », *Archives Internationales d'Histoire des Sciences* 2, 1949, p. 598-613) pense que l'auteur de la *Catoptrique* dite d'Euclide est peut-être Théon d'Alexandrie, mais que l'étude des six postulats par lesquels commence cette *Catoptrique* pseudo-euclidienne révèle que son auteur était un piètre logicien et un pire physicien, qui, incapable d'assimiler la pensée et la méthode de ses prédécesseurs, prétend néanmoins faire œuvre de novateur.

ŒUVRES DISPARUES

Le traité sur les horloges à eau

Le début des *Pneumatiques* contient une allusion à un ouvrage en quatre livres que l'auteur dit avoir composé sur les horloges à eau[38] ; cet ouvrage est aussi évoqué chez Pappus[39], et des fragments en ont été conservés par Proclus (*Hypotypose* 4, 74-76)[40] – qui dit Ἥρων ὁ μηχανικὸς ἐν τοῖς περὶ ὑδρίων ὡροσκοπείων – et, avant lui, dans le commentaire de Pappus sur le livre V de la *Syntaxis* de Ptolémée reproduit par Théon[41]. Ce traité n'était certainement pas

38. P. 2 l. 12-14 du vol. 1 (W. Schmidt, 1899) de l'édition Teubner des œuvres d'Héron : ἀκόλουθον δὲ εἶναι νομίσαντες τῇ τῶν ὑδρίων ὡροσκοπείων ἕξει, ἥτις ἡμῖν ἐν τέσσαρσι βιβλίοις προαναγέγραπται, « nous avons pensé que (la pneumatique) était une suite logique à la construction des horloges à eau que nous avons précédemment traitée en quatre livres » (trad. G. Argoud et J.-Y. Guillaumin, *Les* Pneumatiques *d'Héron d'Alexandrie*, Saint-Étienne, 1997, p. 24).

39. *Pappi Alexandrini collectionis quae supersunt*, éd. F. Hultsch, citée *supra*, n. 34. Ici livre VIII, p. 1024 l. 28 : τῶν δι' ὕδατος ὡρολογίων, ὡς Ἥρων ὑδρείοις.

40. Le fragment se trouve p. 456 du vol. 1 de l'édition Teubner des œuvres d'Héron (W. Schmidt, 1899). L'éditeur précise en bas de page : « Exstat apud Proclum Diadochum *hypotyp. astron.* éd. Basil. 1540 p. 42, éd. Halma p. 107 ». On lit aussi ce passage dans l'édition plus récente de C. Manitius, *Procli Diadochi hypotyposis astronomicarum positionum*, Leipzig, 1909 (ch. 4, § 70).

41. Ce fragment, qui a pu, comme le suggèrent certains détails de l'expression, servir au moins partiellement de source au passage de Proclus cité à la note précédente, est donné p. 506 du même volume 1 de l'édition Teubner, avec la précision « Exstat apud Pappum in Theonis in Ptolem. magn. constr. comment. V, 261 (ed. Basil. 1538) ». Plutôt que l'édition de Bâle (par Joachim Camerarius), de toute manière difficilement utilisable à cause de sa typographie hasardeuse, voir l'édition plus récente de A. Rome, *Commentaires de Pappus et de Théon d'Alexandrie sur l'Almageste*, vol. 1, Rome, 1931, p. 89 l. 4.

sans rapport avec le traité sur les automates. Comme les automates, une horloge doit avoir un fonctionnement autonome ; et les techniques de réalisation sont identiques pour les automates et pour l'horlogerie.

Le traité sur les balances

Les *Zygia* sont mentionnés par le seul Pappus[42], qui les associe aux *Automates*. On n'a aucune indication sur cet ouvrage.

Le traité sur les voûtes

Ces Καμαρικά restent parfaitement énigmatiques et l'on n'a connaissance de ce traité d'Héron que par une allusion (τῶν Ἥρωνος Καμαρικῶν) faite par Eutocius au début du VIe s., dans son commentaire sur *La Sphère et le cylindre* d'Archimède, à propos d'un commentaire qu'aurait écrit Isidore de Milet, le maître d'Eutocius et l'architecte (avec Anthémios de Tralles) de Sainte-Sophie, sur cet ouvrage d'Héron[43]. L'adjectif καμαρικός est d'ailleurs un quasi-hapax puisqu'on n'en retrouve, semble-t-il, qu'une seule autre occurrence (σύριγξι καμαρικαῖς), dans le *De machinis* d'Athénée[44].

Le *Baroulkos*

Ce traité perdu, d'inspiration proche de celle des *Mécaniques*, est cité par Pappus[45]. Le titre (« l'élévateur de

42. VIII, p. 1024 l. 28 Hultsch : ὡς Ἥρων αὐτομάτοις καὶ ζυγίοις.

43. Voir *Archimedis opera omnia cum commentariis Eutocii*, vol. 3, éd. J.L. Heiberg, Leipzig, 1915, p. 84 l. 11.

44. Voir *Griechische Poliorketiker*, vol. 1, éd. R. Schneider, Berlin, 1912, § 36, l. 6.

45. VIII, p. 1060 l. 5 Hultsch : Ἥρων δὲ ὁ Ἀλεξανδρεὺς πάνυ σαφῶς αὐτοῦ τὴν κατασκευὴν ἐξέθετο ἐν τῷ καλουμένῳ βαρουλκῷ,

poids ») fait allusion à une machine qui est le treuil, et l'objet du traité était de « mouvoir un poids donné au moyen d'une force donnée ». Le fonctionnement de la machine, comme on le voit dans le chapitre 36 de la *Dioptre* qui lui est consacré, reposait sur un système de roues dentées à diamètre croissant qui s'engrenaient, ce qui lui donnait une parenté avec l'odomètre qui est son voisin dans la *Dioptre*.

Traités apocryphes

Les *Geometrica*

La parenté des *Geometrica* (Γεωμετρικά ou Γεωμετρούμενα) avec les *Metrica* est chose évidente, tout autant que les différences entre les deux traités. Il faut remarquer d'abord que la matière des *Geometrica* est réduite à ce qui concerne les surfaces planes, c'est-à-dire aux problèmes traités dans le livre I des *Metrica*. Cela dénonce un caractère utilitaire : les *Geometrica* sont évidemment destinés à des lecteurs qui s'en serviront pour des problèmes concrets de mesures de terres, et peut-être même à l'entraînement scolaire d'arpenteurs qui ont pu exercer leur art en pays grec ou en Égypte grecque – tout comme les « Extraits d'Épaphrodite et de Vitruvius Rufus », qui leur sont si semblables, seront utilisés selon toute probabilité pour la formation géométrique de *mensores* romains. C'est aussi pourquoi les exemples numériques sont si nombreux, et toujours exprimés avec des unités de mesure quotidiennement usitées, du reste d'une très grande variété (pied, coudée, stade, etc. ; de plus, on s'entraîne souvent à convertir en une autre mesure des nombres donnés dans une première mesure). À ces arpenteurs il suffit de savoir appliquer des recettes, même s'ils ne sont pas toujours capables d'en rendre compte géométriquement :

« Héron d'Alexandrie en a exposé la construction de façon parfaitement claire dans le traité intitulé *Baroulkos* ».

c'est pourquoi, comme les traités latins correspondants, les *Geometrica* ne donnent jamais les démonstrations géométriques qui figuraient dans les *Metrica*, et se contentent de listes de problèmes seulement pourvus de leur solution numérique ; en revanche, pour chaque figure étudiée, les exemples numériques sont multiples. Heiberg, qui a donné l'édition de référence des *Geometrica*, a « gonflé » le texte en lui ajoutant des problèmes comparables tirés du *Codex Constantinopolitanus Veteris Palatii 1*[46]. On peut soutenir avec vraisemblance la thèse d'une influence des *Geometrica* sur des traités latins comme le *Podismus* et les « Extraits d'Épaphrodite et de Vitruvius Rufus »[47].

Les *Définitions*

Il nous est parvenu sous le nom d'Héron d'Alexandrie un opuscule composite intitulé Ὅροι[48]. C'est une collection formée pour l'essentiel de définitions de base de la géométrie, généralement euclidiennes ; mais des emprunts sont faits à des auteurs comme Archimède et Poséidonios (définitions de la figure et des parallèles). Après les définitions du point et de la ligne, puis des différentes espèces de ligne (droite, circulaire, courbe, hélicoïdale), on en vient à celles de la surface, puis du solide ; ensuite,

46. Pour le détail, voir Th. L. Heath, *op. cit.*, vol. 2, p. 318-319 ; voir aussi l'édition du même manuscrit par E. M. Bruins.

47. Voir l'introduction de J.-Y. Guillaumin, *Balbus, Expositio et ratio omnium formarum. Podismus et textes connexes (Extraits d'Épaphrodite et de Vitruvius Rufus ; De iugeribus metiundis)*, Naples, 1996 ; *Id.*, « La signification des termes *contemplatio* et *obseruatio* chez Balbus et l'influence héronienne sur le traité », *Mémoires XI* du Centre Jean-Palerne, Saint-Etienne, 1992, p. 205-214.

48. Un des plus récents travaux consacrés à ce texte est celui de G. R. Giardina, *Erone di Alessandria. Le radici filosofico-matematiche della tecnologia applicata.* Definitiones *: testo, traduzione e commento*, Catane, 2003.

à celles des figures, et parmi les figures le texte donne d'abord les définitions des figures circulaires, puis il passe aux figures rectilignes. Suivent les figures solides : sphère, cône, cylindre, pyramide, les cinq solides réguliers puis les solides semi-réguliers d'Archimède ; prismes, parallélépipèdes, et les différentes espèces de parallélépipède que sont les « poutres », les « briques » et les « sphénisques » ou « bomisques » (toutes notions que l'on retrouve, dans la mesure où l'arithmétique pythagoricienne est une arithmo-géométrie, chez Nicomaque puis chez Boèce). On arrive ensuite aux définitions des différentes relations (égalité des lignes, des surfaces et des solides ; similitude des figures ; relations de multiplicité ; proportions de grandeur ; transformations des proportions par composition, par séparation, par conversion, par alternation ; commensurabilité et incommensurabilité). Enfin, l'ouvrage donne deux tables de mesures. Ici s'arrête la première partie des *Définitions*, la plus longue, la seule dont l'authenticité ait pu à la rigueur être soutenue. Une seconde partie s'enchaîne immédiatement avec la première, mais elle ne saurait en aucune façon être héronienne. Elle se présente en effet, après les postulats et les axiomes euclidiens, comme une collection (réalisée par un compilateur byzantin du XIe s. ?) d'extraits de différents auteurs (Géminus au début, Proclus ensuite, puis Anatolius et Théon de Smyrne). L'authenticité de la première partie du texte, à laquelle seule convient le titre de *Définitions*, était admise – sans véritable argumentation – par Th. L. Heath[49]. Elle est pourtant tout à fait incertaine. La dédicace initiale à un certain Dionysios n'est d'aucun secours. Le nom est fréquent ; du reste, rien ne prouve que cette dédicace soit de l'auteur lui-même, et elle a pu être ajoutée par un compilateur postérieur. Ce Dionysios est appelé λαμπρότατος, ce qui traduit le titre latin de *clarissimus*, donné aux sénateurs dès le Haut Empire, mais qui n'impose pas une datation précise.

49. Th. L. Heath, *A History of Greek Mathematics*, vol. 2, p. 314-316.

Reste que rien ne permet d'exclure qu'au moins certaines parties des *Définitions* possèdent un fond héronien, remanié dans des conditions et à une époque inconnues. E. Hoppe[50], après avoir rendu hommage au travail des philologues qui l'avaient précédé, et qui concluaient à la non-authenticité des *Définitions*, leur apportait des arguments supplémentaires : Proclus ne cite pas les *Definitions*, alors qu'il cite Héron ; Anaritius ne semble pas les connaître, alors qu'il connaît fort bien Héron ; examinant tour à tour chacun des paragraphes de la première partie (§ 1-133 inclus, vol. 4 de l'éd. Teubner), la seule en discussion, E. Hoppe conclut que l'opuscule pseudo-héronien est postérieur à Simplicius et ne peut avoir été écrit avant la fin du VIe s. ; c'est pour lui un exemple de la profonde décadence de la science grecque à cette époque tardive[51].

Les *Stereometrica*

On comprend sous le titre de *Stereometrica* deux collections héroniennes différentes[52]. La première donne les mesures de différents solides : sphère, cône, cône tronqué, cylindre, cube, pyramide, pyramide tronquée... On est très près des *Metrica* dont le ch. 2, 11 se retrouve ici (ch. 1) pour la mesure de la sphère. Mais à la fin, on passe à la mesure de contructions qui ne sont plus des êtres géométriques abstraits : théâtre (p. 46), amphithéâtre (p. 50), piscine (p. 52), navire (p. 56)..., comme dans le *De mensuris*.

50. E. Hoppe, « Ist Heron der Verfasser der unter seiner Namen herausgegeben Definitionen und der Geometrie ? », *Philologus* 75, 1918, p. 202-226.

51. De façon surprenante, M.J.T. Lewis, *Surveying Instruments...*, p. 53, admet sans aucune discussion l'authenticité des *Définitions*.

52. Vol. 5 de l'édition Teubner des œuvres d'Héron (Heiberg), p. 2-162. Voir la longue analyse de ces deux collections chez F. Acerbi et B. Vitrac, *Metrica. Héron d'Alexandrie*, p. 464-474.

La seconde collection traite des problèmes du même genre que ceux de la première. Si elle est bien d'époque byzantine, comme c'est vraisemblable, elle témoigne de la longue fécondité de l'œuvre technique héronienne, prise comme référence pendant des siècles dès lors qu'il s'agissait, dans le monde de la technique et de l'architecture, de procéder à des mesures dans des domaines très variés.

Le *De mensuris*

C'est un traité (appelé *Mensurae*, Μετρήσεις ; à ne pas confondre avec les Μετρικά) qui, dans sa forme actuelle, est tardif, bien qu'il soit attribué à Héron dans un manuscrit d'Archimède du IXe siècle. Il est vrai que sa matière remonte au livre I des *Metrica* pour un ensemble de problèmes (28-35) qui traitent de la mesure de surfaces planes, cercle et segments de cercle, et au livre II du même traité héronien pour la mesure de certains solides, sphère, segment de sphère, pyramide, cône, cône tronqué (36-48). Le reste est d'origine moins claire : au début (2-27), un ensemble « géodésique » sur la mesure de blocs de pierre, de piliers, de tours, de théâtres, etc.[53] ; à la fin (49-59), même chose pour différentes figures[54].

Les *Geoponica*

Le texte de cet ouvrage relatif au « travail de la terre » a été édité par F. Hultsch[55], mais J. L. Heiberg l'a laissé de côté, se bornant à en donner quelques extraits dans sa propre édition du corpus héronien. Cette compilation byzantine tardive n'a directement rien à voir avec Héron d'Alexandrie.

53. Vol. 5 de l'édition Teubner des œuvres d'Héron (Heiberg), p. 164-180.

54. *Ibid.*, p. 204-218.

55. *Heronis Alexandrini geometricorum et stereometricorum reliquiae*, Leipzig, 1864.

NOTICE

LE TRAITÉ HÉRONIEN SUR LA DIOPTRE

(Jean-Yves Guillaumin)

Le traité héronien sur la dioptre s'inscrit dans l'histoire des investigations astronomiques et des mesures sur le terrain, ce dont gardent la trace les différentes directions d'étude proclamées par l'auteur au début du traité et les problèmes qui sont effectivement abordés ensuite, les uns relevant du travail sur le terrain, les autres de l'observation de l'astronome. Il convient donc de fournir d'abord quelques indications sur les origines, la théorie et les utilisations de la dioptre dans l'Antiquité.

Au commencement était le tube

On rappellera d'abord que la dioptrique, διοπτρική, est pour Géminus[1] cité par Proclus l'une des trois parties de l'astronomie[2] qui sont la gnomonique (γνωμονική, construction et utilisation des cadrans solaires pour la mesure du temps[3]), la μετεωροσκοπική (mesure de la hauteur à laquelle les différentes étoiles traversent le méridien) et la dioptrique, donc, qui utilise la dioptre pour déterminer les positions relatives du soleil, de la lune et des différents astres. Dans cette

1. Voir *La science mathématique*, extrait présenté et traduit dans l'édition CUF de l'*Introduction aux Phénomènes* par G. Aujac, 1975, p. 117.

2. Science dont il parle en dernier lieu : *In Eucl.*, p. 41 l. 19 – p. 42 l. 6 Friedlein.

3. Cf. Vitruve 1, 3 et 9, 8.

classification, la dioptre est envisagée uniquement comme un appareil d'observation astronomique. Ses utilisations sont nombreuses : repérage des étoiles ; mesure des écarts des étoiles par rapport au méridien[4] ; division du cercle du zodiaque en parties égales[5] ; tracer dans le ciel des cercles parallèles, immatériels et qui n'existent que dans notre esprit[6] ; prouver le mouvement circulaire uniforme du ciel des fixes[7].

La διόπτρα n'est étymologiquement pas autre chose qu'un « instrument (suffixe *-ra*) à travers lequel (préfixe *dia-*) on regarde (radical *op-*) » ; ce que l'on pourrait illustrer de façon simple en invoquant les jeux auxquels se livrent les enfants avec un étroit rouleau creux en carton. La largeur doit être suffisante pour que l'œil s'y adapte de la façon la plus commode. Le cylindre doit être régulier, les deux extrémités étant identiques. Plus le cylindre est long (caractéristique dont parlait Aristote[8]) et étroit (ce que disait Olympiodore[9]), plus on a l'impression de voir nettement l'objet visé. Supposons maintenant qu'au lieu d'être tenu en main et incliné dans les directions où l'appelle successivement le caprice du jeu enfantin, le tube soit fixé sur quelque support qui permette d'assurer son immobilité pendant que l'on passe d'une extrémité à l'autre : on a alors la possibi-

4. Hipparque, *Commentaires sur les Phénomènes d'Eudoxe et d'Aratos* 1, 10, 24.

5. Géminus, *Introduction aux Phénomènes* 1, 4.

6. Géminus, *op. cit.*, 5, 11.

7. Géminus, *op. cit.*, 12, 4.

8. Aristote, *Génération des animaux* 781a11-12 : ὅσῳπερ ἂν ἐπὶ πλέον ἐπέχῃ, τοσούτῳ ἀκριϐέστερον τὰ πόρρωθεν ὁρᾶν ἀνάγκη, « plus la longueur est importante, plus précise est nécessairement la vision à distance. »

9. *Olympiodori in Aristotelis meteora commentaria* éd. G. Stüve, Berlin, 1900, dans *Commentaria in Aristotelem Graeca* 12, 2, p. 265 l. 29-31 : αἱ διόπτραι ὑπὸ τῶν μηχανικῶν ἐπινενόηνται ὡς ἂν διὰ στενοῦ φερομένη ἡ ὄψις ἐξιθύνοιτο καὶ μὴ μένοι περιπλανωμένη, « les dioptres ont été conçues par les mécaniciens pour que la visée menée à travers une ouverture étroite aille en ligne droite et ne reste pas flottante. »

lité de vérifier que trois points sont alignés ; ce que l'on trouve au début des *Phénomènes* d'Euclide[10], nommant pour la première fois « dioptre » l'instrument ainsi caractérisé. Cette dioptre d'astronome évoquée d'abord par Euclide se retrouvera, avec le même nom grec, chez Pline[11]. Elle

10. Euclide, *Phénomènes* 1 : τεθεωρήσθω διὰ διόπτρας κειμένης πρὸς τῷ Δ σημείῳ Καρκίνος ἀνατέλλων κατὰ τὸ Γ σημεῖον· θεωρηθήσεται ἄρα διὰ τῆς αὐτῆς διόπτρας Αἰγόκερως δύνων· θεωρείσθω κατὰ τὸ Α σημεῖον. Καὶ ἐπεὶ τὰ Α, Δ, Γ σημεῖα διὰ διόπτρας τεθεώρηται, εὐθεῖά ἐστιν ἡ διὰ τῶν Α, Δ, Γ, « que le Cancer, soit, à travers une dioptre placée au point Δ, observé à l'est au point Γ ; le Capricorne, à l'ouest, sera observé à travers la même dioptre ; qu'il soit observé au point A. Puisque les points A, Δ, Γ sont observés à travers la dioptre, la ligne passant par les points A, Δ, Γ est une droite. »

11. Pline, *NH* 2, 176 : *mediam esse mundi totius haud dubiis constat argumentis, sed clarissimo aequinocti paribus horis. Nam nisi in medio esset, aequales dies noctesque haberi non possent ; deprehendere et dioptrae, quae uel maxime confirmant, cum aequinoctiali tempore ex eadem linia ortus occasusque cernatur, solstitiali exortus per suam liniam, brumali occasus : quae accidere nullo modo possent nisi in centro sita*, « la terre est au milieu de l'univers, c'est un fait établi par des preuves indubitables, dont la plus claire est l'égalité du jour et de la nuit à l'équinoxe ; si en effet elle n'était pas au milieu, il ne pourrait y avoir des jours et des nuits égaux. Les dioptres aussi ont révélé cette situation et en apportent la preuve formelle : en période d'équinoxe, on voit le lever et le coucher du soleil sur la même ligne, comme le lever solsticial en été et le coucher solsticial en hiver se voient selon une autre ligne commune. Or cela serait absolument impossible, si la terre n'était pas située au centre » (texte et traduction J. Beaujeu, CUF). Pour les problèmes d'établissement du texte et de signification que présentent ces lignes, nous renvoyons aux notes de J. Beaujeu *ad loc.* En tout cas c'est ici le seul emploi du mot en latin pour parler de la dioptre comme instrument d'astronomie ; Vitruve n'a qu'une occurrence de *dioptra*, et c'est pour désigner un appareil servant au nivellement (8, 5, 1) ; la troisième occurrence de *dioptra* en latin, chez Soranus (*Maladies des femmes* 2, 34, p. 117 l. 16 Rose) n'a rien à voir, puisqu'il s'agit dans ce traité d'un instrument d'examen gynécologique.

fait partie d'une série d'instruments d'astronomie divers[12].

La dioptre chez Archimède et Hipparque

L'appareil utilisé par Archimède pour mesurer le diamètre apparent du soleil était une simple règle montée sur un support vertical : l'observateur appliquait l'œil à une extrémité de la règle ; il faisait alors glisser le long de la règle un cylindre, jusqu'à ce que le disque solaire apparent s'adapte parfaitement à l'ouverture du cylindre. Connaissant le diamètre du cylindre et sa position sur la règle, mais tenant compte aussi du fait que le rayon visuel n'a pas pour origine un seul et unique point de l'œil, Archimède[13] arrivait alors, pour l'évaluation du diamètre angulaire du soleil, à une approximation comprise entre 1/164ᵉ et 1/200ᵉ d'angle droit. Cet appareil de visée (tel est, on l'a dit, le sens du mot « dioptre » ; mais ce mot n'est pas employé par le Syracusain à propos de son instrument) d'Archimède repose sur le même principe que celui de la dioptre d'Hipparque[14]. Celle-ci était constituée par une règle longue de quatre coudées (à peu près 1,80 m) – de la même longueur, donc, que celle d'Héron (voir ch. 3 de la *Dioptre*) –, sur laquelle étaient montées en perpendiculaire deux plaquettes carrées. La plaquette proche de l'œil de l'observateur était fixe et percée d'un trou de visée central ; l'autre plaquette pouvait coulisser dans une rainure jusqu'à ce qu'elle se superpose exactement à l'objet que l'on visait. Cette dioptre, utilisée par Hipparque puis encore par Ptolémée[15], est décrite par

12. Sur ces questions, voir M.J.T. Lewis, *Surveying Instruments...*, p. 36-37, et p. 38-41 pour une liste des instruments d'astronomie.

13. Archimède, *Arénaire*, II, éd. Ch. Mugler, CUF, p. 137 l. 14 – p. 140 l. 13.

14. Sur la dioptre d'Hipparque, voir Fr. Hultsch, « Winkelmessungen durch die Hipparchische Dioptra », *Abhandlungen zur Geschichte der Mathematik* 9, 1899, p. 193-209.

15. Κατασκευάσαντες δὲ καὶ αὐτοὶ τὴν ὑποδεδειγμένην ὑπὸ τοῦ Ἱππάρχου διὰ τοῦ τετραπήχους κανόνος διόπτραν, « en construisant

Pappus[16] puis par Proclus[17]. Étant donné la faible ouverture de l'angle sous-tendu, cet appareil ne pouvait servir effectivement qu'à mesurer le diamètre apparent du soleil et de la lune.

La dioptre sur le terrain

La dioptre est donc d'abord un instrument utilisé en astronomie ; mais elle va également se prêter à des utilisations terrestres ; le référent originel de son nom en est alors élargi pour désigner aussi un instrument permettant d'autres visées que celles, tubulaires, de l'astronomie. Ce « viseur » est employé par la géodésie[18], pour évaluer la hauteur d'une montagne, ce qui est un exemple attesté chez Géminus, chez Héron et chez Balbus ; les *Définitions* du Pseudo-Héron en parlent dans les termes suivants : « Les instruments dont elle [= la géodésie] se sert sont, pour prendre des alignements sur le terrain, des dioptres, des règles, des cordeaux, des gnomons, et tous les instruments semblables, pour la mesure des distances et des hauteurs, tantôt par l'ombre, tantôt par des visées (...). C'est avec ces instruments que le géodète mesure de loin des lieux inaccessibles, l'élévation des montagnes, la hauteur des murailles, la largeur et la profondeur des rivières, etc. »[19].

nous-même la dioptre présentée par Hipparque au moyen de la règle de quatre coudées » (*Claudii Ptolemaei opera quae exstant omnia* éd. J. L. Heiberg, vol. 1, 1, Leipzig, 1898, p. 417 l. 2-3).

16. *Commentaire sur l'Almageste* 90-95 (éd. Rome, 1931).

17. *Hypotypose* 4, 72-73 et 87-99 (éd. Manitius, Leipzig, 1909).

18. C'est-à-dire en géométrie appliquée : la géodésie est une discipline mathématique théorisée par Géminus.

19. Pseudo-Héron, *Définitions*, p. 100 l. 13 – p. 102 l. 3 Heiberg : Χρῆται ὀργάνοις εἰς μὲν τὰς διοπτείας χωρίων διόπτραις, κανόσι, στάθμαις, γνώμοσι καὶ τοῖς ὁμοίοις πρὸς διαστημάτων καὶ ὑψῶν ἀναμετρήσεις, τοῦτο μὲν σκιᾷ, τοῦτο δὲ αὖ διοπτείαις (...). Τούτοις γὰρ χρώμενος ὁ γεωδαίτης μετρεῖ πόρρωθεν ἀφεστῶτα χωρία, ὀρῶν ἀναστήματα, τειχῶν ὕψη, ποταμῶν πλάτη καὶ βάθη, καὶ ὅσα

Vitruve[20] parle aussi de la dioptre comme d'un appareil de nivellement, avec le niveau à eau et le chorobate, ce dernier étant, dit-il, d'une précision supérieure[21].

Par rapport aux dioptres qui l'ont précédée, on soulignera dès l'abord – sans préjudice de la description de l'appareil qui sera donnée plus loin en rapport avec l'analyse des données de la tradition manuscrite – que la dioptre d'Héron, comme il le proclame lui-même dès les premières lignes de son traité, est un appareil perfectionné. Le perfectionnement est dans le fait que l'instrument héronien réunit des accessoires amovibles et interchangeables sur un même pied[22] : un niveau à eau et une alidade (désignée par le mot κανών), qui, à en croire Héron, constituaient chacun, chez les prédécesseurs, une dioptre différente. Le niveau à eau sert aux opérations de nivellement. Équipé de l'alidade, l'appareil permet des visées et fonctionne comme la *groma* des arpenteurs latins. La dioptre possède un disque métallique sommital dont la circonférence est divisée en degrés et

τοιαῦτα. La source du passage est le texte de Géminus sur la géodésie (extrait de *La science mathématique*, dans l'édition CUF de l'*Introduction aux Phénomènes* par G. Aujac, CUF, 1975, p. 115) ; les exemples d'opérations sont ajoutés d'après la *Dioptre* d'Héron. Sur la dioptre, voir P. Tannery, *Géom. gr.*, p. 53-57.

20. Vitruve 8, 5, 1.

21. Sur ces instruments, cf. O.A.W. Dilke, p. 66 sq., et, pour le chorobate, notre note complémentaire à la traduction de la *Dioptre*, au début du ch. 12, à propos de χωροβατήσαντα.

22. Héron ne dit pas comment on le faisait reposer sur le terrain, la mise en station n'étant jamais évoquée dans le traité. Peut-être ce pied se fichait-il en terre grâce à une extrémité pointue, ce qui était la caractéristique de la *groma* romaine, soulignée par Balbus ; le dispositif convient quand on est en terrain sablonneux, mais sur des sols plus durs on peut penser à un trépied ; ce trépied peut être évoqué par trois éléments inférieurs qui apparaissent à la base du pied sur la figure illustrant le ch. 4 dans la tradition manuscrite. Quant à la mise en station de l'appareil, peut-être en était-il question dans la lacune du début du traité ?

qui peut être placé et immobilisé dans un plan oblique quelconque pour les observations astronomiques[23]. On a donc bien plusieurs appareils en un, à cause de la diversité des équipements qui peuvent être mis en œuvre[24].

Il est possible de dire que la dioptre démontre son utilité par rapport aux quatre catégories de travail sur les distances qui sont définies par M.J.T. Lewis[25]. Tout d'abord, la dioptre peut, s'il le souhaite, être utilisée par le « géodète », comme on vient de le voir, c'est-à-dire par le *mensor* ou *agrimensor* si l'on se reporte à la terminologie latine, dans son travail de mesure des parcelles de terre, d'établissement des réseaux cadastrés, de délimitation d'un quartier d'une ville ou de l'emplacement d'un fort. En second lieu, la dioptre, appareil d'observation astronomique, intervient dans l'établissement des latitudes et dans les autres procédures qui permettent de mettre en place les opérations de cartographie, limitées à une province ou même plus vastes, qui occupent la χωρομετρία, ainsi que dans l'évaluation de la hauteur d'une montagne, sujet dans lequel se rejoignent les problématiques de la géographie et celles, plus anciennes, de la philosophie en tant qu'elle se préoccupe des dimensions de la terre.

23. Cf. ch. 32 : « Quand donc nous voulons observer la distance en degrés entre deux astres, que ce soient des planètes ou des astres fixes, ou même que l'un soit un astre fixe et l'autre une planète, retirant du plateau la règle qui sert aux visées... »

24. Description de la dioptre par A.J.H. Vincent, *Extraits des manuscrits...*, p. 158 (reprise par G. Aujac, *La géographie dans le monde antique*, Paris, PUF, 1975, « Que sais-je ? » n° 1598, p. 37) : « Elle consistait principalement en un *niveau d'eau* mobile sur un trépied ; mais ce niveau pouvait être enlevé, et remplacé, soit par une simple alidade mobile horizontalement et verticalement, soit par un plateau circulaire divisé en degrés, et pouvant se fixer, à volonté, dans un plan oblique quelconque. À certains égards donc, la dioptre d'Héron peut être comparée à nos théodolites. Venturi n'a pas compris que l'instrument d'Héron se composait de pièces mobiles, d'où la forme fabuleuse qu'il a été conduit à lui attribuer ».

25. M.J.T. Lewis, *Surveying Instruments...*, p. 3.

Troisièmement, dans le contexte militaire, même si celui-ci ne paraît pas fondamentalement présent dans l'ouvrage héronien, elle permet au *mensor*, comme le dit beaucoup plus nettement la préface du traité gromatique de Balbus, de donner à l'état-major les indications utiles sur la largeur d'une rivière (pour la préparation d'un pont de bateaux) ou sur la hauteur d'une muraille (pour la fabrication des échelles de siège). Enfin, le tracé et l'édification de tous les artéfacts humains qui modèlent et font vivre un territoire, tels que les routes, les aqueducs, les canaux, pour lesquels il est nécessaire de maintenir un tracé rectiligne des segments successifs, ont recours aussi à la dioptre. Il est donc normal de retrouver dans le traité lui-même ces quatre directions, et cela ne contribue pas médiocrement à faire de la *Dioptre* un ouvrage généraliste, qui couvre à peu près tous les champs d'activité de l'ingénieur de terrain.

La dioptre d'Héron est du reste tout à fait sous-employée dans le traité qui porte son nom. À propos de la mesure des terres, par exemple, l'objet des problèmes se limite à la mesure de lignes et à la détermination d'angles droits. Tout se passe comme si, pour les questions concernant la gromatique, Héron s'était cantonné à des problèmes qui pouvaient aussi être résolus à l'aide de la *groma* romaine traditionnelle. Il faut bien reconnaître que celle-ci, de toute manière, devait être plus fréquente entre les mains des arpenteurs que ne pouvait l'être un appareil aussi sophistiqué que celui d'Héron, certainement plus fragile et plus coûteux que la *groma* – et, à plus forte raison, que les croix d'arpenteur bien plus frustes que l'on a pu retrouver par exemple dans le Fayoum. On pourrait être surpris que la dioptre ne soit pas employée pour tracer sur le terrain, grâce à son plateau sommital gradué, les angles quelconques qui sont nécessaires, par exemple, à la construction d'un nouveau système cadastral sur la diagonale d'un plus ancien, construction désormais bien connue par les spécialistes contemporains des pratiques de l'arpentage romain. Il faut croire que, même dans ce cas, la *groma* (éventuellement secondée par la corde à treize nœuds) restait d'une utilisation plus simple (car elle était plus maniable et plus légère) et d'une efficacité aussi grande que la dioptre. Mais surtout, il faut se souvenir que notre ingénieur alexandrin ne travaille pas dans le même cadre que les *mensores* romains. Son intervention, en réalité, ne consiste jamais en l'arpentage de vastes zones centuriées (et moins encore à tracer ou à retrouver des limitations superposées à une organisation plus ancienne). L'Égypte en effet, domaine impérial, n'a pas été centuriée[26]. Héron travaille à l'échelle beaucoup plus petite du χωρίον, « champ » ou « fonds de terre »[27], comme le montrent les courtes distances (toutes exprimées en mesures grecques[28])

26. Il est donc vain de se demander « par exemple s'il a été impliqué dans des opérations cadastrales », selon l'expression de l'édition Acerbi-Vitrac des *Metrica*, p. 519.

27. Sur les différences entre le théâtre d'opérations des arpenteurs tomains et celui d'Héron, voir A. Roth Congès, « *Artis copia*. Questions d'arpentage dans la *Dioptre* d'Héron d'Alexandrie et dans les textes gromatiques romains », dans G. Argoud et J.-Y. Guillaumin (éd.), *Autour de la Dioptre d'Héron d'Alexandrie*, Saint-Étienne, 2000, p. 107-147, spécialement p. 128 et 143-144.

28. La question des unités de mesure est marquée par la prédominance de la coudée, partout présente dans le traité. Les mesures romaines ne sont pas utilisées : le pas et le mille n'interviennent que dans le ch. 37 (l'odomètre adapté à un navire), probablement apocryphe. Partout ailleurs (dès la construction de la dioptre, ch. 4, et de ses mires, ch. 5), on mesure en coudées (environ 45 cm). Les graduations de la mire (ch. 5) sont en « coudées, palmes et doigts » (εἰς πήχεις καὶ παλαιστὰς καὶ δακτύλους). La παλαιστή ou παλαστή est une unité qui est nettement extérieure au domaine romain : voir A. Sorlin-Dorigny, art. *palmus*, *DAGR* 4, 1, p. 294 col. 2, pour qui « le palme », qui vaut quatre doigts et qui est la sixième partie de la coudée, « n'avait à Rome aucune valeur légale ni usuelle ». Le système de mesure d'Héron dans la *Dioptre* est purement grec. Les calculs de nivellement du ch. 6 ne font intervenir que la coudée. Le relevé des longueurs des droites successives du ch. 7 est fait en coudées (ce sont des longueurs très réduites). Il y a des coudées encore dans le ch. 10, puis dans le ch. 21 (avec une

qui apparaissent dans les problèmes que résout la *Dioptre*.

Dioptre héronienne et arpenteurs romains

Le fait qu'une très grande partie des problèmes traités dans la *Dioptre* soient ceux que vient à rencontrer souvent l'arpenteur suggère de s'intéresser aux rapports possibles entre l'ouvrage d'Héron et les procédures décrites dans ce que l'on appelle le corpus « gromatique » latin[29]. La position des savants n'est pas uniforme sur cette question et elle a évolué avec le temps. Nous ne reprendrons ici que quelques exemples des plus récentes affirmations. Dans les années 1970, F. K. Hinrichs, qui situe Héron vers 100 avant J.-C. « selon l'opinion dominante sur la question héronienne »[30] et qui invoque l'autorité des *Agrimensoren* de M. Cantor[31]

des longueurs les plus importantes du traité, 500 coudées, un peu plus de 200 m). Les coudées sont converties en stades pour une distance importante : ainsi, au ch. 34 (l'odomètre), « 800 coudées, c'est-à-dire 2 stades » ; le stade grec vaut en effet 400 coudées ; « les Alexandrins adoptèrent le stade comme unité de mesures itinéraires », écrit A. Sorlin-Dorigny, art. *stadium*, *DAGR* 4, 2, p. 1456 col. 1).

29. Ce corpus hétéroclite, dont l'édition comportant le plus grand nombre de textes (500 pages) demeure celle de Lachmann (Berlin, 1848), réunit les restes de quelques traités (Hygin le Gromatique, Frontin, Hygin, Siculus Flaccus ; celui de Siculus Flaccus ne date pas du Haut Empire, comme l'écrivent G. Chouquer et F. Favory, *L'arpentage romain*, Paris, 2001, *passim*, repris par F. Acerbi et B. Vitrac dans leur édition des *Metrica*, p. 519 ; nous avons donné des arguments pour le placer à l'époque de la tétrarchie, voir notre édition CUF de 2010) et des documents variés, d'époques différentes : appellations et dessins de bornes ; textes juridiques ; fragments divers.

30. F. K. Hinrichs, p. 116 n. 61 de la traduction française de son *Histoire des institutions gromatiques* par D. Minary.

31. M. Cantor, *Die römischen Agrimensoren und ihre Stellung in der Geschichte der Feldmesskunst*, Leipzig, 1875 (mêmes idées, en abrégé, dans *Vorlesungen zur Geschichte der Mathematik*, 1, Heidelberg, 1880, p. 460 sq.).

à propos de la dépendance des *agrimensores* par rapport à Héron[32], pense que l'influence de l'ingénieur alexandrin est déjà sensible chez Columelle (chose que pour notre part nous ne saurions admettre à cause de la chronologie[33]) et qu'en tout cas des textes latins comme ceux de Marcus Junius Nypsius ressemblent à de pures et simples traductions du corpus héronien, conservant d'ailleurs une grande quantité de mots techniques grecs[34]. Dans les années 2000, G. Chouquer et F. Favory sont beaucoup plus prudents[35], du fait que la datation d'Héron sur laquelle se fondait F. K. Hinrichs n'est plus admise ; ils se contentent de pointer les similitudes entre les textes grecs et le corpus des arpenteurs latins, tout en relevant, dans leur ch. 3, combien les méthodes romaines sont tributaires de la science géométrique grecque, que le corpus gromatique a d'ailleurs, en une certaine mesure, contribué à faire connaître dans le monde occidental de l'Antiquité tardive[36]. Dans les années 2010, la question réapparaît dans l'édition des *Metrica* procurée par F. Acerbi et B. Vitrac, précisément dans l'une des « études complémentaires » qui enrichissent le volume[37]. Malgré le titre de cette étude, il ne s'agit pas de toute l'œuvre d'Héron, mais seulement des *Metrica* et, de manière subordonnée, de traités de substance héronienne mais inauthentiques comme les *Geometrica* ; du côté latin, il s'agit surtout de textes tardifs dont les auteurs sont inconnus ou mal identifiés (*Podismus*, extraits d'Épaphrodite et de Vitruvius Rufus, *De iugeribus*

32. P. 112 et n. 43 de la traduction française précitée.

33. Columelle écrit dans les années 50 ap. J.-C. (vers 62 pour Th. L. Heath, *A History of Greek Mathematics*, vol. 2, p. 303).

34. C'était ce que pensait, à propos de la *Limitis repositio*, M. Cantor, *Agrimensoren*, p. 109.

35. G. Chouquer et F. Favory, *L'arpentage romain*, Paris, 2001, p. 264-266.

36. G. Chouquer et F. Favory, *op. cit.*, p. 265.

37. F. Acerbi et B. Vitrac, *Metrica. Héron d'Alexandrie*, Pise-Rome, 2014, III.8, « Héron et le corpus des *agrimensores* romains », p. 519-533.

metiundis). F. Acerbi et B. Vitrac concluent qu'il n'existe pas de lien direct entre l'œuvre « métrique » d'Héron et le corpus gromatique – deux ensembles, disent-ils, dont les préoccupations sont différentes[38], qu'il y ait entre eux « une implication didactique partagée »[39] ou que cette « dimension didactique » soit « minoritaire » dans le corpus gromatique[40]. Bref, il ne faut pas, selon les deux auteurs, chercher une influence héronienne sur les textes gromatiques latins, et il ne faut pas davantage « s'autorise(r) à parler d'un Héron arpenteur, alors qu'on n'en a pas le moindre indice »[41]. De fait, « Héron arpenteur » est une notion contestée et mise à mal par les mêmes auteurs à peu près au même endroit[42], et il est certain que les mots de Cassiodore, *quod auctor Heron metricus*[43], étaient déjà jugés étranges par Claude Saumaise au point qu'il proposait de les corriger en *quod auctor gromaticus*[44] ; l'emploi de *metricus* peut effectivement paraître inattendu, quand on compare avec un éloge tout à fait du même genre, à la fin du *Liber coloniarum* I, celui de Balbus[45], bizarrement daté de l'époque d'Auguste, spécialiste glorifié pour avoir recueilli les plans cadastraux des cités de toutes les provinces, et que le texte appelle *Balbus mensor*. D'un autre côté, on doit reconnaître que *auctor Heron metricus* ne déparerait pas le style ampoulé et inventif de Cassiodore-Théodoric, et l'on n'est donc pas absolument obligé d'admettre la correction de Saumaise ; mais si l'on conserve les mots *Heron metricus*, cela ne conduit pas plus

38. F. Acerbi et B. Vitrac, *op. cit.*, p. 533.
39. F. Acerbi et B. Vitrac, *op. cit.*, p. 532.
40. F. Acerbi et B. Vitrac, *op. cit.*, p. 533.
41. F. Acerbi et B. Vitrac, *ibid.*
42. F. Acerbi et B. Vitrac, *op. cit.*, p. 516-519.
43. Cassiodore, *Variae* 3, 52, 7.
44. C. Saumaise (*Claudius Salmasius*), *Plinianae exercitationes in Caii Julii Solini Polyhistora*, tome I, Paris, 1629, p. 474 ; bien avant, donc, Mommsen, auquel les auteurs attribuent cette « lecture » (p. 516).
45. *Liber coloniarum* I, p. 239 l. 14-19 Lachmann.

loin qu'à admettre la vénération que l'Occident tardif témoignait à tout ce qui dans la littérature technique grecque avait la réputation d'être plus ou moins « héronien »[46] ; qu'il y ait alors ou non sous la plume de Cassiodore un vague souvenir soit des *Metrica*, soit de la *Dioptre* sentie comme un traité « gromatique » à cause de la spécificité de certains de ses chapitres, ne fait pas pour autant d'Héron un écrivain « gromatique » ni un « arpenteur », ce qui n'aurait d'ailleurs pour lui rien de honteux, ni d'absolument inattendu.

Toutefois, si l'on considère d'une part la *Dioptre* et non les *Metrica* ou les textes pseudo-héroniens de « mesure », et d'autre part le traité latin de la *uaratio* de Marcus Junius Nypsius, que nous placerions volontiers à la fin du IIIe siècle[47], on ne se défend pas de l'impression que ce dernier connaissait le traité de l'Alexandrin. Certes, l'un et l'autre consacrent un chapitre (ch. 9 de la *Dioptre* ; début du texte de Nypsius, sous le titre *Fluminis uaratio*) à la manière de calculer la largeur d'un cours d'eau, même si la méthode d'Héron utilise des triangles semblables alors que Nypsius trace des triangles égaux. Mais le plus frappant est, pour le philologue, la présence d'expressions qui se répondent du texte grec au texte latin et que l'on ne trouve pas ailleurs, ni dans ce qui nous reste de littérature technique grecque, ni dans la littérature latine qui nous est parvenue. Ainsi l'immobilité exigée de la dioptre pendant que l'opérateur la contourne pour changer de ligne de visée a-t-elle sa réplique dans la même exigence formulée à l'égard de la *groma* ; dans ce dernier cas, on lit chez Nypsius (I, 8 CUF) : *cum diligenter comprehenderis, transies ex alia parte ferramenti et manente groma dictabis rigorem*, « quand on aura fait la visée avec précision, on passera de l'autre côté du *ferramentum* et, ayant bloqué la *groma*, on dictera un alignement », ce qui résonne comme un écho de la *Dioptre* ch. 6 : καὶ μενούσης τῆς

46. F. Acerbi et B. Vitrac, *op. cit.*, p. 516 et n. 189.

47. Voir la notice de notre édition de Marcus Junius Nypsius in *Les Arpenteurs romains*, vol. 4, CUF, 2021.

διόπτρας ἀκινήτου μεταβὰς ἐκ τοῦ ἑτέρου μέρους διοπτεύω..., « ayant bloqué la dioptre, je passe de l'autre côté et je vise... », la *iunctura* du texte latin *manente groma* se retrouvant aussi dans ἀκινήτου τῆς διόπτρας οὔσης au même ch. 6. Dans la *Fluminis uaratio* de Nypsius encore (§ 7), le segment *donec comprehendes signum quod* rappelle l'expression ἕως οὗ (...) φανῇ τὸ B, « jusqu'à ce que (...) le point B soit visible » de la *Dioptre* ch. 7. Il n'est pas jusqu'au mot ἀστερίσκος employé par le seul Héron (début du ch. 33) pour désigner soit une *groma*, soit une version plus rustique de cet instrument, qui n'explique peut-être un hapax de Nypsius si l'on accepte les considérations suivantes. À quatre reprises et dans des phrases très rapprochées les unes des autres (I, 7 ; II, 4, puis 11 et 12), le texte de Nypsius présente l'expression *umbilicus soli* pour désigner le croisement à angle droit des branches sommitales de la *groma*. Les spécialistes se sont contentés d'en relever le caractère inattendu et nous avons nous-même[48] invoqué la métonymie pour en rendre compte : l'ombilic d'un « sol », c'est-à-dire d'un territoire centurié, est le point de départ de la centuriation, au centre de cette zone, où l'on dispose la *groma* pour commencer les opérations ; le centre de la *groma* peut donc être vu à ce moment-là comme le centre du territoire et l'expression *umbilicus soli* pourrait lui être affectée par métonymie. Mais, de manière générale, Nypsius ne se montre guère friand de métonymie et il nous paraît possible qu'il ait écrit en réalité *umbilicus stellae*, expression qui aurait été ensuite systématiquement transformée en *u. soli*, étant donné la proximité auditive et visuelle des deux termes *stellae* et *soli* et l'existence de la réalité d'un « ombilic du sol » dans la centuriation romaine, par un correcteur qui ne connaissait pas la *stella* gromatique, autre désignation de la croix des arpenteurs. Et de fait, *stella* n'apparaît pas dans le corpus gromatique ; si le mot a figuré dans le texte originel de Nypsius, comme nous pensons que

48. Édition CUF précitée, note à I, 7 (n. 18 p. 240-242).

c'est possible et même vraisemblable, c'était un hapax déroutant pour des lecteurs qui ne savaient pas que *stella* latin équivalait à ἀστερίσκος grec, employé par le seul Héron dans la *Dioptre*.

Ce que l'on peut dire, de toute manière, c'est que les méthodes courantes de mesurage, fondées sur des théorèmes géométriques élémentaires (parmi lesquels le « théorème de Thalès » occupe une place prépondérante), sont très anciennes aussi bien dans le monde grec que dans le monde romain. On connaît le passage d'Hérodote (2, 109) d'après lequel c'est l'Égypte qui fut le berceau de l'arpentage, d'où vient la géométrie. Ce qui est nouveau et du reste propre à Héron et à la tradition grecque (et qui est très rare dans les textes latins), c'est la théorisation, la démonstration géométrique effectuée sur les bases des acquis euclidiens, et les structures linguistiques utilisées dans ce cas, même si l'énoncé est réduit à une forme quasi utilitaire ; la forme de l'expression dans ce genre de texte a pu être normalisée à partir de l'époque alexandrine, se figeant dans un aspect immuable. Chez les Romains, il est possible que Varron ait eu déjà des passages mathématico-géométriques d'expression semblable. Mais Columelle, qui écrit avant Héron de même qu'avant Frontin, avant Hygin le Gromatique, avant Balbus, avant le *Podismus* et avant le *De iugeribus metiundis*, Columelle, dont certains passages géométriques manifestent une ressemblance frappante avec des textes de tous ces auteurs, a bien pu en prendre la substance dans une source (peut-être déjà mise en langue latine), à laquelle Héron avait aussi accès, en grec en ce qui le concerne ; si par exemple on considère, comme le suggère Heath[49], le cas de la formule de calcul de la surface du segment de cercle, commune aux deux auteurs, on relève qu'Héron, *Metrica* 1, 31, l'attribue à des prédécesseurs (οἱ ἀκριβέστερον ἐζητηκότες, « ceux qui ont mis plus de précision dans leur recherche ») : les mêmes

49. Th. L. Heath, *A History of Greek Mathematics*, Oxford, 1921, vol. 2, p. 303.

prédécesseurs ont pu être à la source du passage parallèle de Columelle (début du livre V).

Autres textes en rapport avec la *Dioptre* d'Héron

Julius Africanus, l'Anonyme de Byzance et la *Geometria Incerti Auctoris* (celle-ci en latin) présentent des problèmes et des solutions qui peuvent au moins partiellement être mis en rapport avec ceux de la *Dioptre*.

Les *Cestes* de Julius Africanus

Ce sont les deux problèmes du calcul de la hauteur d'une muraille et de l'estimation de la largeur d'un cours d'eau, et eux seuls, que l'on trouve traités dans les *Cestes* de Julius Africanus[50], vraisemblablement composés vers 230 après J.-C. Comme avertissement commun à ces différents problèmes, l'auteur déclare qu'ils ne causeront aucune difficulté à ceux qui, possédant un minimum de culture, ont quelque connaissance des *Éléments* d'Euclide, et il pose immédiatement comme base de ses démonstrations à venir un théorème dont il donne le texte[51]. S'il n'y a donc aucune

50. Voir ces passages chez J.-R. Vieillefond, *Les « Cestes » de Julius Africanus. Étude sur l'ensemble des fragments avec édition, traduction et commentaires*, Florence-Paris, 1970, p. 152-159, avec les notes complémentaires p. 342-343. Traduction anglaise chez M.J.T. Lewis, *Surveying Instruments...*, p. 286-288. Ces *Cestes*, « broderies », par la diversité des sujets traités, sont sans doute un « patchwork », mais voir aussi, pour la compréhension de ce titre, *Iliade* 14, 214 (κεστὸν ἱμάντα d'Aphrodite), ce qu'explique J.-R. Vieillefond, *op. cit.*, p. 29-39.

51. « Si, dans un triangle rectangle, l'un des côtés de l'angle droit est partagé en deux parties égales, et que depuis ce point est élevée une perpendiculaire, et que, depuis le point où cette perpendiculaire coupe l'hypoténuse, est menée une ligne parallèle au premier côté, les autres côtés du triangle sont aussi partagés en deux parties égales ». C'est une application au

référence explicite à Héron, le troisième chapitre de Julius Africanus, cependant, affiche une parenté assez nette avec les chapitres 8 et 9 de la *Dioptre*.

L'Anonyme Byzantin

Anonymus Byzantinus est l'appellation désespérée dont on se contente aujourd'hui pour désigner l'auteur que l'on avait d'abord cru pouvoir nommer Héron de Byzance ou Héron « le Jeune ». Il s'agit d'un personnage qui, au xe s.[52], dans la capitale de l'Empire d'Orient, a voulu rédiger pour ses contemporains une compilation dont le sujet était double, puisqu'il s'agit de poliorcétique (*Parangelmata Poliorcetica*) puis de géodésie (*Geodesia*). La compilation de poliocétique est à inscrire dans le contexte des affrontements de Byzance avec les Arabes (perte de la Crète en 826 ; expédition destinée à la reprendre en 949 ; succès final de Nicéphore Phocas en 960-961). Les lecteurs auxquels s'adresse l'Anonyme ne sont pas seulement des mécaniciens,

triangle rectangle de la propriété des parallèles équidistantes : on a, sur la figure de M.J.T. Lewis, *Surveying Instruments...*, p. 286, les parallèles ΔE et BΓ qui découpent des segments égaux sur la sécante AΓ. Elles découpent des segments égaux sur la sécante AB qui est perpendiculaire à ces parallèles, selon le théorème plus général : lorsque des parallèles déterminent des segments égaux sur une première sécante, elles déterminent des segments correspondants égaux sur toute autre sécante. On a donc, dans la géométrie élémentaire du triangle, ce théorème : le segment qui joint les milieux de deux côtés d'un triangle (ici ΔE) est parallèle au troisième côté (BΓ) et égal à sa moitié ; et pour démonstration la reconnaissance de BΔEZ comme parallélogramme. Mais cela ne figure pas tel quel dans le livre I des *Éléments*.

52. Pour les arguments en faveur de cette datation, voir D. F. Sullivan, *Siegecraft. Two Tenth-Century Instructional Manuals by « Heron of Byzantium »*, Washington, 2000, p. 4 ; en faveur de Byzance comme lieu de rédaction, M.J.T. Lewis, *Surveying Instruments...*, p. 57 (qui n'a pu lire D. F. Sullivan, comme on le voit p. 57 l. 3 d'en bas).

et l'auteur a soin de faire ressortir à l'occasion l'intérêt de son texte pour des non-spécialistes. Il a lu et utilisé Biton, Philon, Athénée le Mécanicien, Héron d'Alexandrie, Apollodore de Damas. C'est certainement parce que le nom d'Héron était le plus connu qu'une main du XIVe ou du XVe s.[53] a ajouté sur le manuscrit le plus ancien (XIe s. ; copié, donc, un siècle seulement après l'élaboration de la compilation), le *Vaticanus graecus* 1605, au début du texte, la mention Ἥρωνος προοίμιον, « Prologue d'Héron ». Il n'y a là qu'un témoignage de la vénération manifestée à l'égard du mécanicien alexandrin, auquel on avait tendance à rapporter tous les ouvrages traitant d'une des matières dans lesquelles il s'était illustré. Les deux traités de l'Anonyme sur la poliorcétique et sur la géodésie ont bien le même auteur, puisque le début de la *Géodésie*[54] comporte un renvoi à la *Poliorcétique* (« comme on l'a montré dans le livre qui précède... »). La *Géodésie* suit un plan qui n'est pas sans rappeler celui de la *Dioptre* d'Héron : d'abord une préface où l'auteur expose son projet et indique quels sont les domaines d'activité technique dans lesquels il prétend apporter une aide : mesure de la largeur d'une rivière, évaluation de la hauteur d'un mur pour les activités militaires, mais aussi tracé des conduites d'eau et des ports, sans oublier l'astronomie, pour les activités civiles. On reconnaît nettement les thèmes d'Héron au début de la *Dioptre*. Très curieusement, les deux manuscrits de base qui transmettent respectivement les œuvres de l'Alexandrin et de son lointain imitateur de Byzance, c'est-à-dire le *Vat. gr.* 1605 pour l'Anonyme et le manuscrit dit « de Mynas » pour la *Dioptre*, ont ensuite une très longue lacune, dans laquelle il est difficile d'évaluer quelle part revenait au texte et quelle part aux schémas, puisqu'on en est alors, de façon certaine dans la *Dioptre* et de façon vraisemblable dans la *Géodésie* byzantine, à la description de la fabrication de l'appareil ;

53. Voir A. Dain, *La tradition du texte d'Héron de Byzance*, Paris, 1933, p. 13.

54. Ce titre a été donné au traité par les modernes, mais il n'est pas attesté par la tradition manuscrite.

un lecteur indélicat aura-t-il chaque fois subtilisé les feuillets consacrés à ce texte essentiel et à ses illustrations ? Les exercices qui sont ensuite proposés offrent des similitudes avec certains de ceux d'Héron et même de Julius Africanus. La valeur scientifique de l'écrivain inconnu est inférieure à celle de ses prédécesseurs, mais son texte est d'une importance considérable pour apprécier la permanence et la réutilisation des données héroniennes sur la dioptre. Le ch. 31 du traité d'Héron est copié littéralement par l'Anonyme au ch. 10 de sa *Géodésie* (calculer le débit d'une source) et le premier paragraphe de son ch. 11 est une paraphrase du ch. 32 de la *Dioptre* (observation des distances entre les astres au moyen de cet instrument). Ce sont les correspondances les plus nettes, mais d'autres exercices de l'Anonyme sont en relation manifeste avec ceux d'Héron, sans que l'on puisse toujours dire si l'Anonyme suit Héron ou si les deux auteurs sont tributaires de la même source. Ainsi en est-il lorsque le ch. 2 de la *Géodésie* enseigne (comme le ch. 4 de Julius Africanus) à prendre de loin la hauteur d'un rempart inaccessible, ce qui correspond au ch. 12 de la *Dioptre*.

La *Geometria Incerti Auctoris*

C'est plutôt dans l'identité de certains problèmes proposés (hauteur d'une tour ou d'une montagne, largeur d'un cours d'eau, profondeur d'un puits) que l'on doit chercher un rapport entre la *Dioptre* et la *Geometria incerti auctoris*[55], cette compilation médiévale en latin ayant subi une diversité d'influences qui se laisse entrevoir dans la différence des solutions apportées. Par exemple, la mesure d'une hauteur dont la base est inaccessible est, chez Héron (comme déjà dans la proposition 19 de l'*Optique* d'Euclide et plus tard chez Julius Africanus), ramenée au problème de la mesure d'une hauteur dont la base est accessible, alors que dans

55. Éditée par N. Bubnov, *Gerberti Opera Mathematica*, Berlin, 1899, repr. Hildesheim, 1963, p. 317-365.

la *GIA* la résolution a recours à une double station[56]. Remontant aux années 1000, influencée par les *agrimensores* romains et par les traités arabes sur l'astrolabe, présentant parfois, dans ses procédures, des « analogies évidentes »[57] avec celles d'Héron et de Julius Africanus (construction de triangles semblables, utilisation de rapports de proportionnalité), la *Geometria incerti auctoris* doit en définitive être située, au même titre que la géométrie pratique grecque (Héron, Julius Africanus), parmi « les différents avatars d'un même modèle de référence, l'*Optique* d'Euclide »[58], plutôt qu'elle ne doit être considérée comme un héritage lointain de la *Dioptre*.

Souvenirs d'Égypte ?

L'ancrage géographique égyptien de la *Dioptre* est suggéré par certains éléments caractéristiques du texte d'Héron. Ces traces de l'Égypte sont surtout sensibles dans les passages du texte qui concernent les questions de l'hydraulique, et spécialement dans le ch. 6. Celui-ci, vers la fin, présente des allusions à des machines élévatrices d'eau qui sont connues depuis longtemps en Égypte. Les travaux spécialisés, comme ceux de D. Bonneau[59], fournissent des repères pour la lecture du texte héronien. Ainsi la vis d'Archimède (κοχλίας, nommée à la fin du chapitre) est-elle « connue dans l'Antiquité comme étant d'usage proprement égyp-

56. Voir C. Jacquemard, « La mesure d'une hauteur dont le pied est inaccessible, Étude d'Héron, *Dioptre* XII, Julius Africanus, *Cestes* I, 15, *Geometria Incerti Auctoris*, III 1-3-8-12-21-23 », dans G. Argoud et J.-Y. Guillaumin (éd.), *Autour de la Dioptre d'Héron d'Alexandrie*, Saint-Étienne, 2000, p. 163-189, ici p. 179.

57. C. Jacquemard, art. cit., p. 168.

58. C. Jacquemard, art. cit., p. 177.

59. D. Bonneau, *Le régime administratif de l'eau du Nil...*, Leyde, 1993.

tien à l'origine »[60]. Des termes comme ἀντλέω, ἄντλησις et ἄντλημα qui apparaissent dans notre texte dans le même passage renvoient également à une documentation égyptienne analysée par D. Bonneau[61]. L'ὑδραγώγιον doit être, selon la même spécialiste[62], distingué de l'ὑδραγωγός. Le devis qui précède les travaux, même si son nom précis de σύνοψις[63] n'apparaît pas dans le texte, fait tout de même l'objet d'une allusion très nette à la fin du ch. 6 quand le texte invite à se méfier de ne pas tomber dans une dépense plus importante (εἰς μείζονα δαπάνην ἐκπίπτειν) que celle qui était prévue. Beaucoup plus loin dans la *Dioptre*, au ch. 26, il est question d'un ὕδρευμα (« point d'eau »), qui est exactement, selon D. Bonneau[64], « une citerne destinée à garder l'eau qui s'y accumule de façon naturelle, sans intervention de la main de l'homme », et qui doit être distinguée d'un puits (φρέαρ). Le ch. 17 parle d'une γέφυρα et de la manière d'en dessiner la forme. Plutôt que d'un pont, il nous semble qu'il s'agit d'une digue, ainsi désignée de façon habituelle en Égypte : là encore le texte est éclairé par les travaux de D. Bonneau[65] ; par ailleurs, d'autres publications montrent à la fois le grand nombre de digues construites sur les terrains voisins du Nil, aussi bien aujourd'hui que dès l'Antiquité, en faisant ressortir la forme incurvée qui est souvent affectée par ces ouvrages[66]. On pourrait ajouter encore, à propos de

60. D. Bonneau, *Le régime administratif de l'eau du Nil...*, p. 97 ; voir aussi nos notes *ad loc.*

61. D. Bonneau, *op. cit.*, p. 212-216 ; voir aussi notre note *ad loc.*

62. D. Bonneau, *op. cit.*, p. 21-22 ; voir aussi notre note *ad loc.*

63. D. Bonneau, *op. cit.*, p. 143 ; voir aussi notre note *ad loc.*

64. D. Bonneau, *op. cit.*, p. 61 ; voir aussi notre note *ad loc.*

65. D. Bonneau, *op. cit.*, p. 50-51 ; voir aussi notre note *ad loc.*

66. Voir W. Schenkel, « Les systèmes d'irrigation dans l'Égypte ancienne et leur genèse », *Archéo-Nil* 4, 1994, p. 30 fig. 1 (l'art. occupe les p. 27-35).

la croix d'arpenteur du ch. 33 (ἀστερίσκος), bien que cet appareil n'ait pas été employé uniquement dans le Fayoum, que son usage est archéologiquement attesté dans cette région[67].

Contenu du traité d'Héron

Nous faisons ici l'état des différentes questions successivement abordées dans la *Dioptre*.

Description détaillée de la dioptre et de la manière de la construire (ch. 1-5)

1) Problèmes de hauteurs et de distances :

- déterminer la différence de niveau entre deux points donnés (ch. 6)
- tracer une droite joignant deux points dont l'un est invisible depuis l'autre (ch. 7)
- déterminer l'intervalle séparant à l'horizontale deux points dont l'un est inaccessible (ch. 8)
- mesurer la plus petite largeur d'une rivière (ch. 9)
- mesurer la distance entre deux points inaccessibles (ch. 10)
- mener une perpendiculaire à l'extrémité d'une droite, la droite et son extrémité étant inaccessibles (ch. 11)
- évaluer la hauteur d'un point inaccessible (ch. 12)
- déterminer la différence de hauteur de deux points inaccessibles, et la position de la droite qui les joint (ch. 13)
- mesurer la profondeur d'un fossé (ch. 14)

2) Problèmes d'ingénierie :

- percer un tunnel dans une montagne, d'une ouverture à l'autre (ch. 15)

67. Voir photographie dans O.A.W. Dilke, *The Roman Land Surveyors*, Newton Abbot, 1971, p. 49, avec commentaire : « probably of the Ptolemaic period ».

- creuser dans une montagne des regards à la perpendiculaire d'un conduit[68] (ch. 16)
- construire un port sur le modèle d'un segment de cercle donné dont les extrémités sont données (ch. 17)
- construire une voûte dont la surface sphérique soit faite sur le modèle d'un segment donné (ch. 18)
- incliner un sol sous un angle donné de telle façon que son inclinaison soit dirigée vers un seul point d'un terrain plat donné en forme de parallélogramme équilatéral (ch. 19)
- étant donné un canal souterrain, trouver sur le sol au-dessus de lui un point depuis lequel creuser verticalement un regard pour atteindre un point donné du canal – par exemple, dans le cas où celui-ci est obstrué (ch. 20)

3) Problèmes de mesure des terres, « gromatiques » :

- prendre sur une droite donnée une distance égale à une distance donnée (ch. 21)
- d'un point inaccessible donné, prendre sur une droite parallèle à une droite donnée, mais non donnée, une distance égale à une distance donnée (ch. 22)
- mesure d'une aire irrégulière par la méthode du rectangle inscrit (ch. 23)
- mesure d'une aire irrégulière en traçant une ligne droite dans sa plus grande longueur (ch. 24)
- retrouver l'emplacement des bornes autour d'un terrain dont on a le plan, mais d'où elles ont toutes disparu sauf deux ou trois (ch. 25)

68. L'édition Acerbi-Vitrac des *Metrica*, p. 518, faisant allusion explicitement au ch. 16, parle de « creusement d'un canal muni de bouches d'aération à travers une montagne pour relier deux villes » en pensant « y déceler un clin d'œil d'érudit » (allusion à Eupalinos) : elle semble réunir dans cette formulation les ch. 15 et 16, et l'on se demande aussi où les auteurs ont pu rencontrer dans le texte les « deux villes » dont ils parlent.

4) Problèmes de géométrie semblables ou identiques à ceux des *Metrica* :

- diviser une aire donnée en parties données au moyen de droites menées depuis un seul point (ch. 26)
- mesurer une aire donnée sans y entrer (ch. 27)
- diviser un trapèze en parties données (ch. 28 = problème semblable dans *Metrica* 3, 7)
- diviser un triangle (ch. 29, cf. *Metrica* 3, 1)
- calcul de la superficie d'un triangle quelconque dont on ne connaît que les côtés (ch. 30, cf. *Metrica* 1, 8)[69]

5) Additions au traité (?) :

- calcul du débit d'une source (ch. 31)
- mesure des distances entre les corps célestes (ch. 32)
- *astériskos* et dioptre (ch. 33)
- l'odomètre (ch. 34)
- mesure de la distance de Rome à Alexandrie (ch. 35)
- le *baroulkos* (ch. 36), qui relève de la mécanique (même texte au début des *Mécaniques* d'Héron)
- l'odomètre adapté à un navire (ch. 37)

Cette division en cinq grands ensembles de problèmes peut sans doute contribuer à fixer les sujets, mais elle n'est pas pleinement satisfaisante. Chacun voit que les chapitres 21 et 22, s'ils peuvent avoir des rapports avec les questions gromatiques, pourraient tout aussi bien être classés, de manière générale, parmi les problèmes de hauteurs et de distances,

69. Avec les mêmes valeurs numériques pour les trois côtés dans la « synthèse » finale, voir *Metrica* éd. Acerbi-Vitrac, p. 168-169. Voir aussi A. Allard, « La 'formule héronienne' de l'aire d'un triangle scalène », dans G. Argoud et J.-Y. Guillaumin (éd.), *Autour de la Dioptre d'Héron d'Alexandrie*, Saint-Étienne, 2000, p. 295-303, spécialement p. 296-297, qui souligne qu'il est difficile de savoir lequel des deux textes précède l'autre ; peut-être sont-ils deux adaptations différentes par Héron d'une seule et unique source.

lesquels sont tout aussi utiles aux arpenteurs ; et que le traitement des problèmes relatifs à la mesure des terres ne se restreint pas aux chapitres 23 à 25, car le ch. 26 parle de méthodes de division d'une aire qui sont utiles à l'arpenteur, lequel se trouve aussi, à l'occasion, confronté à la difficulté d'avoir à mesurer un domaine dans lequel il ne peut pas entrer, éventuellement à cause d'un interdit religieux ; rappelons aussi que le ch. 33 expose avec complaisance les difficultés auxquelles se heurte le *mensor* utilisateur de l'*asteriskos*. En réalité, si certains ensembles se dégagent parfois nettement à la lecture du traité, on n'a jamais l'impression que celui-ci obéisse à un plan systématique[70] – constatation qui rend fragiles, en un certain sens, les spéculations sur le caractère apocryphe de tel ou tel chapitre dont l'insertion dans l'ouvrage peut ne pas sembler en conformité avec les grandes lignes de celui-ci[71]. A vrai dire, il n'y a guère que le chapitre sur le *baroulkos* (ch. 36) qui n'ait franchement pas sa place dans un ouvrage comme la *Dioptre*.

Une volonté d'organisation systématique du traité aurait pu conduire son auteur à regrouper par exemple tous les chapitres où se trouvaient posés et résolus des problèmes relatifs à l'hydraulique ; à faire de même avec tous les chapitres concernant ce que l'on appellera la « gromatique » ; etc. En réalité, on a l'impression d'une juxtaposition de recettes qui tente de couvrir tous les champs opératoires d'un technicien de terrain et de laboratoire, d'un « architecte » vitruvien. Si tel était bien l'état initial du

70. Bien que des expressions récurrentes revendiquent un certain enchaînement des problèmes (ch. 9 : ὡς οὖν ἐμάθομεν ἐπάνω ; ch. 13 : δυνατὸν ἄρα ἐστίν, ὡς ἐπάνω δέδεικται ; ch. 13 : ἐκ δὴ τῶν προδεδιδαγμένων φανερὸν ὅτι ; ch. 13 : ὡς προδέδεικται ; fin du ch. 33 : δέδεικται γὰρ...).

71. Ainsi, les ch. 31 à 35 peuvent être tenus pour des sortes d'additions qui s'écartent de ce qui est *stricto sensu* la matière du traité. On pourrait aussi considérer qu'avec le ch. 35 s'arrêtait vraisemblablement le livre originel : ensuite, le chapitre qui traite du *baroulkos*, ou « treuil », paraît surajouté.

livre, on comprend que des éditeurs postérieurs aient pu effectivement être tentés d'y ajouter des compléments, éventuellement empruntés à d'autres traités d'Héron.

Élégance, classicisme et hapax

Il y a de la part de l'auteur de la *Dioptre* une recherche d'élégance[72] en même temps que de précision, qui est sensible dès les deux premiers chapitres. Ils sont très travaillés, parce qu'il s'agit de prendre place parmi les *auctores* tout en se montrant digne des grands prédécesseurs, et aussi d'user, pour parler de la dioptrique, d'une expression assez châtiée pour pouvoir contribuer par elle-même à imposer l'idée de l'élévation du sujet, la dioptrique devant être autorisée à revendiquer sa place parmi les sciences les plus nobles. Par la suite, et dans l'ensemble du traité, se manifeste l'élégance du style euclidien, qui déroule ses ensembles *nudi et uenusti*[73] dès lors qu'il s'agit des démonstrations géométriques : tout lecteur aperçoit ici cette pureté et cette précision de la langue pour ainsi dire inimitables, le grec d'Euclide occupant de ce point de vue une position toute particulière et reconnue. Cette esthétique est affichée par antithèse dans l'hapax ποικιλογραφεῖν du ch. 20, qui interdit les développements redondants. Elle se manifeste aussi, par une sorte de contagion pourrait-on dire, dans les descriptions techniques de la construction de la dioptre, aux ch. 3-4, qui sont marquées par la précision et par la concision en même temps que par une sobriété lexicale qui présente par exemple, dans une seule phrase, trois emplois de κανών désignant trois éléments différents de la construction de la dioptre. Cependant, et paradoxalement peut-être, à moins que ce ne soit un moyen de jouer volontairement sur un autre registre, la sobriété et le classicisme de l'expression ne vont

72. La volonté d'élégance, d'ailleurs, est affirmée même dans la fabrication du pied de la dioptre : εὐπρεπείας ἕνεκα, ch. 3.

73. Voir Cicéron, *Brutus* 262, repris par Suétone, *Diuus Iulius* 56, 1.

pas, en bien des occasions, sans ce que l'on pourrait appeler le maniérisme de l'hapax.

Le vocabulaire mathématique de la *Dioptre*, dans l'ensemble, est en effet purement canonique. Donnons quelques exemples. Le verbe πορίζειν, qui, selon Ch. Mugler, s'applique « à la recherche et à la réunion des éléments géométriques nécessaires pour une construction ou une démonstration »[74], est traduit par « trouver » dans plusieurs exemples illustrant son article, dont deux passages des *Metrica* (1, 8 ; 1, 26) ; nous avons repris cette traduction pour les nombreuses occurrences (vingt-quatre) concentrées dans six chapitres de la *Dioptre* : quatre occurrences au ch. 13 (déterminer la différence de hauteur de deux points inaccessibles, et la position de la droite qui les joint) ; sept au ch. 14 (mesurer la profondeur d'un fossé), auxquelles nous ajoutons une occurrence supplémentaire que nous restituons au début du chapitre ; une au ch. 19 (incliner un sol sous un angle donné de telle façon que son inclinaison soit dirigée vers un seul point d'un terrain plat donné en forme de parallélogramme équilatéral) ; trois au ch. 25 (retrouver l'emplacement des bornes autour d'un terrain dont on a le plan, mais d'où elles ont toutes disparu sauf deux ou trois) ; six au ch. 27 (mesurer une aire donnée sans y entrer) ; deux au ch. 30 (calcul de la superficie d'un triangle quelconque dont on ne connaît que les côtés). Le verbe ἀποφαίνεσθαι « déclarer » apparaît plus rarement, mais tout de même cinq fois, avec deux occurrences au début du traité (fin du ch. 9 et fin de la première étape du ch. 10) et trois à la fin (fin de la première étape du ch. 31 ; fin du ch. 32 ; fin du ch. 35). Dans les deux derniers cas, il est lié à l'expression d'un résultat exprimé grâce à une forme de τοσοῦτος, car il s'agit de « déclarer » une quantité ou une mesure. Le préalable à toute résolution de problème et à tout calcul efficace consiste dans la représentation mentale, intérieure

74. Ch. Mugler, *Dictionnaire historique de la terminologie géométrique des Grecs*, 2e partie, Paris, 1959, p. 354, *s. u.* πορίζειν.

et abstraite que l'on doit se faire des éléments originels de la situation (et quelquefois aussi de la solution à trouver) ; c'est alors le verbe νοεῖν[75] « concevoir », « imaginer »[76] qui intervient, à l'impératif parfait passif νενοήσθω « que soit imaginé » (ch. 7 ; ch. 12, pluriel νενοήσθωσαν ; ch. 14, § 4, νενοήσθω deux fois ; ch. 15, début ; § 5 ; § 6, deux fois) ou à d'autres temps (ch. 12, début, νοείσθω, trois occurrences successives ; même forme ch. 13, début, deux fois ; ch. 14, § 2, deux fois ; ch. 18, § 2 ; ch. 24, fin) et d'autres modes (optatif au ch. 9, εἴπερ παραλλήλους αὐτὰς ἐννοοίμεθα ; subjonctif au ch. 19, § 3 : ἐὰν δὴ νοήσωμεν, puis § 5 ἐὰν γὰρ νοήσωμεν ; § 26 ἐὰν νοήσωμεν ; § 27 ἐὰν οὖν νοήσωμεν ; infinitif νοεῖν à la fin du ch. 16). Les trois occurrences du verbe ἐπιλογίζεσθαι « calculer » (ch. 15, 26 et 34) sont celles d'un verbe finalement assez peu fréquent en dehors des écrits héroniens[77], sinon chez Pappus.

Mais il faut donner toute leur place aux hapax que contient le texte de la *Dioptre*, qu'il s'agisse de mots ou d'expressions. Pour certains, on mentionnera leur existence, comme ils le méritent, sans en tirer de conclusions spéciales. C'est le cas de παγεύς, mentionné par le *LSD* mais non par le dictionnaire de Bailly, qui apparaît deux fois au ch. 3 pour désigner le pied sur lequel repose le système complexe de la dioptre ; Héron aurait-il repris ce terme à l'un de ses prédécesseurs ? Le début de ce qui est conservé du ch. 4 présente une forme παρυπεραίρουσιν d'un hapax παρυπεραίρω (« dépasser ») dont même la double préfixation

75. Il faut ajouter une forme de ἐπινοεῖν au ch. 36 (ἐὰν ἐπινοήσωμεν).

76. Voir Ch. Mugler, *op. cit.*, p. 297, *s. u.* νοεῖν : « acte de la pensée par lequel on se donne une figure » ; quelquefois le verbe « désigne l'anticipation, par la pensée, de la solution à trouver » ; verbe bien attesté chez Euclide, chez Archimède, et dans les *Metrica* (où il est toutefois beaucoup moins présent que dans la *Dioptre*).

77. Ἐπιλογίζεσθαι est absent du *Dictionnaire* de Ch. Mugler cité dans les notes précédentes.

παρυπερ- ne se retrouve, comme indiqué dans notre note au passage, qu'une fois dans les *Belopoeica* d'Héron. Si le verbe παράγω est bien connu en grec et d'ailleurs fréquent dans la *Dioptre*, la forme παραγέσθωσαν (ch. 12) ne semble pas se retrouver ailleurs que dans ce texte. Le mot πολυκαδία du ch. 6, désignant le système de la roue à godets (avec κάδος, « seau »), semble absolument inconnu de tous les autres textes grecs. Le verbe ποικιλογραφεῖν du ch. 20 est une création intéressante pour dire qu'il est inutile de développer toute la palette de la ποικιλία des triangles dans la détermination desquels la résolution du problème s'est engagée, ou pour ainsi dire de « complexifier » à l'excès texte et dessin des figures. Relevons encore les innovations ἐκκύλισις du ch. 34, ὀδοντῶδες[78] et ὀδόντωσις du ch. 36. Au ch. 35, l'étrange δίορον de la tradition manuscrite (« ligne de séparation du jour et de la nuit ») est bien difficile à expliquer. Il reste à rendre compte de deux formes et d'une expression. En ce qui concerne la première des deux formes, πεπασσαλοκοπήσθω (« que soit plantée de piquets ») du ch. 18, on ne peut s'empêcher de voir au moins une part de coquetterie et de fantaisie dans l'élaboration de cet impératif parfait en sept syllabes (et seize lettres) qui donne une suite de sonorités assez étonnante même pour une oreille grecque. En ce qui concerne la seconde forme, χωροβατήσαντα au ch. 12, c'est cette forme participiale que l'on ne retrouve pas ailleurs, le verbe χωροβατεῖν comptant lui-même quelques rares occurrences en grec, sans jamais faire référence au chorobate (voir notre note *ad loc.*). Il faut enfin accorder une mention spéciale à l'expression πρὸς διαβήτην. Si les mots πρός et διαβήτης sont l'un et l'autre fréquents, c'est leur assemblage dans cette expression, que seul Héron emploie et qu'il emploie seulement onze fois dans la *Dioptre* et une fois dans

78. Mais la suite du même chapitre présente successivement les deux formes ὀδοντωθέν et ὀδοντωθέντι : la première incite à se demander si ὀδοντῶδες (avec son suffixe désignant la « ressemblance », notion ici inattendue) ne serait pas, plutôt qu'un hapax, une faute de copie pour ὀδοντωθέν.

les *Pneumatiques*, qui a le caractère d'un hapax et mérite l'examen et l'explication que l'on trouvera dans notre note complémentaire à sa première occurrence, au début du ch. 8.

Matérialité et mathématique dans la *Dioptre*

Héron ne manque jamais de souligner dans les préfaces de ses traités l'utilité concrète de la science qui y est exposée ; il le fait au début de la *Dioptre*. En même temps, premier commentateur connu des *Éléments*, il est très à l'aise avec la géométrie théorique. Située dans le cadre de l'érudition alexandrine, son œuvre récapitule et synthétise l'inventivité de l'ingénieur et l'encyclopédisme du savant/philosophe.

La « bivalence » géométrique de la *Dioptre*, entre géométrie pure et géométrie appliquée, pourrait trouver en quelque sorte son symbole dans les emplois récurrents du mot χωρίον depuis le ch. 23 jusqu'au ch. 27, puisque ce terme désigne à la fois le « domaine » ou le « champ » sur lequel porte une opération d'arpentage, et en même temps l'« aire » géométrique[79] que représente ce champ. Cela est sensible dès les ch. 23 (dont l'énoncé est τὸ δοθὲν χωρίον μετρῆσαι διὰ διόπτρας) et 24 ; dans le ch. 25, puisqu'il s'agit de retrouver les bornes d'un χωρίον, le mot désigne bien un « champ » dont on a entre les mains, dit le texte, le plan (μίμημα), mais son acception géométrique reste cependant nettement sous-jacente dans le contexte de démonstration géométrique du chapitre. On aurait encore de cela un bon exemple dans le ch. 26, où il s'agit de diviser (διελεῖν) en parties données (εἰς τὰ δοθέντα μέρη) une aire donnée (τὸ δοθὲν χωρίον) à l'aide d'un point donné (διὰ τοῦ δοθέντος σημείου) : langage et problème parfaitement géométriques, mais la suite immédiate de l'énoncé, en précisant que ce point est un point... d'eau (ὕδρευμα), remet les choses dans la réalité sensible et montre que le χωρίον objet du problème, que l'on peut traiter

79. Voir Ch. Mugler, *op. cit.*, *s. u.* χωρίον, p. 450-451.

comme une figure géométrique, a une inscription concrète sur le terrain puisqu'il s'agit d'un champ que l'on demande de diviser conformément à des règles préétablies. On pourrait faire les mêmes considérations à propos du ch. 27.

Pour caractériser cette intervention du *géomètre* dans le *paysage*, on a pu parler[80] de « embodied mathematics in Hero's *Dioptra* ». La formule est loin d'être malheureuse. « Donner du corps » à la géométrie et à ses pratiques, c'est bien ce que fait Héron en déployant son matériel sur le terrain, en montrant l'arpenteur en train de manœuvrer l'appareillage de la dioptre, ou de viser soigneusement, le torse à peine penché et un œil clos, la direction voulue ou bien la mire auxiliaire. « Corporaliser » une géométrie dont l'essence euclidienne est fondamentalement désincarnée n'est pas exclusif d'une volonté d'inscription dans la tradition mathématique qui se trouve vérifiée tout au long de la *Dioptre*.

Le jeu d'opposition et de complémentarité que l'on observe, dans la *Dioptre*, entre le technique, concret, et le géométrique, idéalisant, ne va pas sans introduire des ambiguïtés et même, quelquefois, des invraisemblances. Comme a pu l'écrire avec sévérité J. J. Coulton[81], en se fondant sur le problème 17 (construction d'un port), sur la méthode qui y est employée et sur les résultats que l'on en peut attendre, « what is true in theory is taken to be accurate in practice ». Dès lors pourrait se faire jour la tentation de voir dans la dioptre d'Héron un instrument inspiré bien moins par les nécessités de l'arpentage pratique que par la volonté de mener des démonstrations mathématiques d'ordre théorique. Certains chapitres montrent le caractère excessif d'une telle appréciation générale de l'ouvrage d'Héron. On

80. C. A. Roby, « Geometer in a Landscape : Embodied Mathematics in Hero's *Dioptra* », dans M. Sialaros (éd.), *Revolutions and Continuity in Greek Mathematics*, Berlin, 2018, p. 67-88.

81. J. J. Coulton, « The Dioptra of Hero of Alexandria », dans C. J. Tuplin et T. E. Rihll (éd.), *Science and mathematics in ancient Greek culture*, Oxford, 2002, p. 150-164, ici p. 159.

peut dire, de manière plus nuancée, que le lecteur trouve dans la *Dioptre* un traité orienté d'une part vers l'application pratique, d'autre part vers la démarche théorique, et que c'est en cela que réside précisément l'originalité de cet ouvrage héronien.

HISTOIRE DU TEXTE

(Micheline Decorps-Foulquier)

Les sources manuscrites

Le traité a été transmis par un très petit nombre de manuscrits, cinq au total, parmi lesquels se trouve la source de tous les autres, le célèbre manuscrit de poliorcétique[1] ramené d'Orient en 1843 par Minoïde Mynas[2] (1798-1859), le *Parisinus Suppl. gr.* 607, dans le cadre d'une mission placée sous l'égide du Ministère de l'Instruction publique[3].

1. Sur les acceptions modernes de ce concept et l'évolution sémantique du terme grec ἡ πολιορκία au cours de l'Antiquité, voir l'Introduction de Y. Garlan, *Recherches de poliorcétique grecque*, Paris, 1974.

2. Sur la personnalité singulière et les découvertes de ce copiste grec, chercheur de manuscrits, arrivé en France en 1819, voir l'article fondamental de H. Omont, « Minoïde Mynas et ses missions en Orient (1840-1855) » dans *Mémoires de l'Académie des Inscriptions et Belles-Lettres*, XL, 1916, p. 337-421 ; voir également A. Dain, « Sur deux recueils de Babrios trouvés par Minoïde Mynas » dans *Bulletin de l'Association Guillaume Budé* 1, 1960, p. 113-121 ; J. Irigoin, « Recherches et histoire des textes grecs au XIXe siècle : autour des *Fables* de Babrios », *La tradition des textes grecs. Pour une histoire critique*, Paris, 2003, p. 363-372 ; Ph. Hoffmann, « Un recueil de fragments provenant de Minoïde Mynas : le *Parisinus Suppl. gr.* 681 », *Scriptorium* 41/1, 1987, p. 115-127.

3. L'acquisition par la Bibliothèque impériale en 1864 du manuscrit de Mynas a permis à l'éditeur Carle Wescher (*Poliorcétique des Grecs*, Paris, 1867) de remonter à un état ancien d'une

La *Dioptre* est reproduite dans la partie du manuscrit datant du xe siècle, à la suite de la collection poliorcétique. Les descendants du *Parisinus* sont des manuscrits héroniens de la Renaissance. Ils sont au nombre de quatre, dont un manuscrit disparu, celui du célèbre mathématicien strasbourgeois Conrad Rauchfuss, dit Dasypodius (1530 *ca*-1600), qui a brûlé lors de l'incendie de la bibliothèque du Séminaire protestant de Strasbourg en 1870, mais que A. J. H. Vincent a pu utiliser pour son *editio princeps* (1858)[4]. Voici la liste des cinq manuscrits de la *Dioptre* par ordre alphabétique :

- *Argentoratensis* C III 6, s. XVI (disparu).
- *Parisinus gr.* 2430[5], s. XVI.
- *Parisinus Suppl. gr.* 607, s. X-XV.
- *Vindobonensis phil. gr.* 140, s. XV.
- *Vindobonensis Suppl. gr.* 21[6], s. XVII.

Description des manuscrits

1. Le *Parisinus Suppl. gr.* 607 (M)

Le manuscrit de Mynas est un *miscellaneus* en parchemin, x^e-xve s, 270 × 200 mm, de III+129+III folios, composé

collection poliorcétique constituée de quatre traités hellénistiques et gréco-romains (Athénée, Biton, Héron, Apollodore) et de renouveler à nouveaux frais l'édition qu'en avait procurée M. Thévenot (*Mathematici Veteres*, Paris, 1693), par ordre de Louis XIV.

4. *Extraits des manuscrits relatifs à la géométrie des Grecs* dans *Notices et Extraits des manuscrits de la Bibliothèque impériale et autres bibliothèques*, 19, 2, 1858, p. 157-337.

5. Un apographe à l'usage de Vincent figure dans le Supplément grec (*Parisinus Suppl. gr.* 816) avec ses notes et corrections.

6. Le manuscrit, qui n'apparaît pas dans les *Prolegomena* de l'édition de la *Dioptre* procurée par Schöne, est cité par W. Schmidt (*Heronis Alexandrini opera quae supersunt omnia*, I, *Supplementum*, Leipzig, 1899, p. 39) comme manuscrit des *Pneumatiques* et des *Automates*.

de quatre unités codicologiques de date et d'origine différentes[7], réunies en un seul volume à la Renaissance dans un atelier monastique de Buda[8], et qui présentent un nombre relativement important de folios, bifolios et cahiers perdus ou intervertis[9]. Exception faite de quelques figures géométriques, les dessins de la collection poliorcétique sont peints. Voici ces quatre unités dans l'état actuel du volume[10] :

7. Les références bibliographiques relatives au *Parisinus* sont très nombreuses. Depuis son entrée à la Bibliothèque impériale, le manuscrit a fait l'objet de descriptions précises en particulier par les éditeurs successifs des textes qui s'y trouvent rassemblés et pour lesquels le *Parisinus* est parfois le témoin unique. Il faut citer ici les travaux fondateurs de Carle Wescher, de Carl Müller (« Poliorcétique des grecs », *Göttingische gelehrte Anzeigen*, 1869.1, p. 1-33, et *FHG*, V.1, 1870 ; voir *Prolegomena*, p. VII-XIV), de Rudolf Prinz (« Aristodemos » dans *Neue Jahrbücher für Philologie und Pädagogik*, 101, 1870, p. 193-210) et de l'éditeur de la première édition critique de la *Dioptre*, Hermann Schöne dans son article « Ueber den Mynascodex der griechischen Kriegsschriftsteller in der Pariser Nationalbibliothek » dans *Rheinisches Museum für Philologie*, NF, 53, 1898, p. 432-447. Pour la période moderne, voir entre autres, A. Dain, « Les stratégistes byzantins par Alphonse Dain (texte mis au net et complété par J.-A. de Foucault) », *Travaux et Mémoires du Centre de Recherche d'Histoire et Civilisation de Byzance*, 2, 1967 (p. 380-381), l'article de A. Németh, « The Mynas codex and the Bibliotheca Corviniana » dans *Mathias Corvinus und seine Zeit*, éd. C. Gastgeber, E. Mitsiou, I-A Pop, M. Popović, J. Preizer-Kapeller, A. Simon, Vienne, 2011, p. 155-178, et la nouvelle étude de Ph. Rance, « An Unpublished Byzantine Medical Fragment (*Parisinus Suppl. gr.* 607) : Pharmaceutical Knowledge and Practice in Tenth-Century Constantinople » dans *Parekbolai* 7, 2017, p. 69-95.

8. Voir plus loin notre étude sur la transmission du traité de la *Dioptre*.

9. On doit à R. Prinz et H. Schöne (voir plus haut) les premières clarifications apportées au problème complexe de la structure du manuscrit.

10. Sur les informations qui peuvent être déduites de la réunion de ces unités pour notre connaissance de l'histoire du texte, voir plus loin notre étude sur la transmission du traité.

(I) ff. 1-7 (6v-7rv vides)[11] : fragment de l'*Histoire* de Nicétas Choniatès (1155-c. 1217) relatif au règne de l'empereur byzantin Alexis V Doukas Murzufle (mort en 1204)[12]. Le fragment est écrit par une main du XIVe siècle.

(II) ff. 8r-15v[13] : fragment du *De sacerdotio* de Jean Chrysostome écrit sur deux colonnes de 30 lignes par une main du XIIIe siècle. Le fragment procure la fin du logos III du *Dialogue* (chapitre 14) et se termine aux premiers mots du chapitre 4 du logos IV[14].

(III) ff. 18r-103v +17rv + 16rv (dans l'ordre de lecture) écrits par quatre mains constantinopolitaines datables du deuxième quart du Xe siècle[15] et numérotés α'-πζ' dans la

11. Cahier sans réglure ; 31 lignes par page, exception du folio 6r. Schöne a reconstitué son unité première (« Ueber den Mynascodex... », p. 433) : il s'agit à l'origine d'un quaternion, qui, à la suite de la rupture du deuxième bifolio, a perdu un folio (sans doute vide) entre les actuels folios 6 et 7. Le fragment de l'*Histoire de Nicétas* qu'il contient (voir note suivante) se termine au milieu du folio 6r, et comme les folios restants sont vides, le quaternion n'était pas prévu pour qu'y figure la suite du récit de Nicétas (c'est-à-dire ce qui a suivi la prise de Constantinople).

12. *Incipit abruptus* : τὴν τοῦ Δούκα ; le texte (= éd. I. Bekker, *CSHB*, Bonn, 1835, p. 750,14-770,13 ; voir maintenant J. L. van Dieten, *Nicetae Choniatae Historia. Pars prior praefationem et textum continens*, *CFHB*, XI.1, Berlin-New York, 1975, p. 566,39-582,46) va jusqu'à la fin de l'histoire du règne, et comprend donc la relation du sac de Constantinople. Selon J. L. van Dieten (p. LXXXVI), le fragment offre un texte contaminé.

13. Quaternion complet, numéroté κβ' dans la marge inférieure droite du premier folio (f. 8r). Voir Schöne, « Ueber den Mynascodex... », p. 433-434, pour l'évaluation du volume du manuscrit originel de Chrysostome, d'où vient le quaternion.

14. *Incipit abruptus* : μέμψεων, *desinit abruptus* : ἀναδέχεσθαι ; éd. A.-M. Malingrey, *Jean Chrysostome, Sur le sacerdoce (Dialogue et Homélie)*, Paris, 1980 (Sources Chrétiennes, 272), p. 222,4-252,2 (= éd. Fr. Dübner, Paris, Firmin Didot, 1861, p. 294,12-302,21). Le chapitre 4 du logos IV développe le thème de la nécessité de défendre la cité de Dieu, comme des soldats contre des assaillants, thème introduit à la fin du chapitre 3.

15. Voir Ph. Rance, *op. cit.*, p. 76 (sur les datations proposées antérieurement, voir note 20).

marge externe du verso de chaque folio par une même main[16]. On distingue trois parties dans ce volume (IIIa, IIIb, IIIc). La première (IIIa), due à une seule main (copiste *a*)[17], qui copie les folios 18r-80v + 82rv, transmet une collection poliorcétique ancienne, constituée des traités d'Athénée, Biton, Héron et Apollodore, et, à leur suite, le traité de la *Dioptre*. Voici le contenu détaillé de cette partie dans l'ordre originel de lecture des cahiers : 1) Athénée[18],

16. La numérotation, qui commence au folio 16v (α'), entérine les interversions subies par le volume et toutes les mutilations, dont le découpage des folios pour la récupération des figures (d'où, par exemple, au folio 62v de la *Dioptre*, au lieu du numéro μζ' attendu, le numéro μϛ', la mutilation du folio 61 dans sa partie supérieure empêchant de le numéroter). Elle leur est donc postérieure, mais comme on ne retrouve pas cette numérotation dans les autres parties du *Parisinus*, on doit considérer qu'elle est également antérieure à la réunion des manuscrits réalisés à Buda, ce que confirme la disparition au folio 81v du numéro attendu ξε', vraisemblablement due à la réduction des marges par le couteau du relieur ; voir aussi Ph. Rance, *op. cit.*, note 21.

17. La page écrite est relativement dense : 34 lignes à la page (f. 18r : 41 lignes), approximativement entre 38 et 50 lettres par ligne ; folios uniformément réglés ; dimensions surface écrite : 240 mm × 150 mm ; voir également Ph. Rance, p. 81, note 37.

18. Athénée le mécanicien (Iᵉʳ siècle av. J.-C.), identifié avec le philosophe péripatéticien, Athénée de Séleucie ; voir la notice de R. Goulet, *Dictionnaire des philosophes antiques*, I, Paris, 1989, p. 648-649 (n° 483 « Athénaios de Séleucie »), et en dernier lieu la discussion menée par l'éditeur récent du traité, M. Gatto, *Il Περὶ μηχανημάτων di Ateneo meccanico. Edizione critica, traduzione, commento e note*, Rome, 2010, p. 39-52. Voir également A. Dain-J.-A. de Foucault, « Les stratégistes byzantins », p. 324-325. Sur la proximité de l'ouvrage d'Athénée avec les chapitres 13 et 14 du livre X du *De architectura* de Vitruve, voir Ph. Fleury, *La mécanique de Vitruve*, Caen, 1993, chapitre 7 (« Les machines de siège »), p. 281-322, et M. Gatto, *op. cit.*, p. 53-80. Voir pour l'édition du traité, C. Wescher, *op. cit.*, p. 3-40 ; R. Schneider, *Griechische Poliorketiker*, *Abhandlungen der königlichen Gesellschaft der Wissenschaften zu Göttingen, Phil.-Hist.*

Des machines[19] (ff. 18r-24rv[20] ; 32rv[21] ; 25rv[22]). (2) Biton[23], *De la construction des machines de guerre et des catapultes*[24]

Klasse, Neue Folge, 12, 5, Berlin, 1912 ; M. Gatto, *op. cit.*, p. 208-237. Le traité a été traduit en français par A. de Rochas d'Aiglun (« Traduction du Traité *Des machines* d'Athénée », *Mélanges Graux*, Paris, 1884, p. 781-801) ; voir également D. Whitehead et P. H. Blyth, *Athenaeus Mechanicus. On Machines. Translated with Introduction and Commentary*, Stuttgart, 2004.

19. Il s'agit des machines de siège. On lit dans la marge supérieure du folio 18r le titre suivant en lettres capitales : Ἀθηναίου περὶ μηχανημάτων.

20. Il s'agit d'un quaternion auquel il manque (sans perte de texte) le folio 6 (entre les actuels folios 22 et 23) ; voir Schöne, « Ueber den Mynascodex... », p. 438-439.

21. La partie supérieure a été découpée, sans perte de texte. Ce sont les figures qui ont été l'objet de convoitises.

22. Toujours selon la reconstruction proposée par Schöne (« Ueber den Mynascodex... », p. 439), les folios 32 et 25 appartiennent au quaternion suivant (32 ; 25-30 ; 31). Le bifolio extérieur (les actuels folios 32-31, respectivement 1 et 8 du cahier, à l'origine), sans doute en raison de la faiblesse de la pliure, a été replié sur lui-même, à l'envers de surcroît, et monté à la fin du cahier, plaçant la suite du texte d'Athénée (f. 32r) après le folio qui donne la fin du texte de Biton (f. 31v).

23. La datation de cet ingénieur grec, qui dédie son ouvrage au roi Attale, n'est pas assurée ; voir la proposition de E. W. Marsden (*Greek and Roman Artillery. Technical Treatises*, Oxford, 1971, p. 5-6 et p. 78) de le dater autour de 240-230 av. J.-C., datation fondée sur l'absence dans le traité de la description des machines de jet avec torsion ; voir également la proposition de M. J. T. Lewis (156 ou 155 av. J.-C.), dans son article « When was Biton ? », *Mnémosyne* 52, 1999, p. 159-168, reprise par D. B. Campbell, « Ancient Catapults : Some Hypotheses Reexamined », *Hesperia* 80,4, 2011, p. 680.

24. L'un des quatre traités grecs d'artillerie avec les *Belopoeica* de Philon de Byzance (IIIᵉ av. J.-C.), et les deux traités d'Héron (*Belopoeica et Chirobaliste*). Voir les différents éditions de l'ouvrage : éd. Wescher, p. 43-68 ; A. Rhem et E. Schramm, *Bitons Bau von Belagerungsmaschinen und Geschützen, Abhandlungen der bayerischen Akademie der Wissenschaften, Phil.-Hist. Abt.*, Neue Folge, 2, 1929, p. 9-28 et planches I-V ; Marsden, p. 66-103. Le traité commence au folio 25v ; le titre est inscrit

(ff. 25v-31v)[25]. (3) Héron, *Chirobaliste*[26] (ff. 56rv[27] ; 58rv ; 57rv[28]). (4) Apollodore[29], Πολιορκητικά (ff. 60rv[30] ; 59rv ;

en lettres majuscules, séparé de la dernière figure d'Athénée par une ligne décorative. Titre de rappel en lettres majuscules au folio 31v, qui clôt le quaternion.

25. Le manuscrit enregistre de nombreuses pertubations après le traité de Biton. Les quatre quaternions qui suivent les deux quaternions consacrés à Athénée et Biton, dans l'état actuel du manuscrit, à savoir les quaternions I (ff. 33-40), II (ff. 41-48), III (ff. 49-55, avec 1 folio perdu entre les folios 51 et 52), IV (ff. 56-61, avec le bifolio central perdu et les bifolios 2 et 3 intervertis), étaient à l'origine dans l'ordre suivant : IV, I, II, III ; voir Schöne, « Ueber den Mynascodex... », p. 439-440.

26. Éd. Wescher, p. 123-134 ; V. Prou, *La Chirobaliste d'Héron d'Alexandrie* dans *Notices et extraits des manuscrits de la Bibliothèque Nationale et autres bibliothèques*, 26, 2, Paris, 1877, p. 116-149 ; R. Schneider, « Herons Cheiroballistra », *Mitteilungen der Kaiserlich Deutschen Archaeologischen Instituts Roemische Abteilung*, 21, 1906, p. 142-168 ; Marsden, p. 212-233. La tradition ne nous a pas transmis le traité dans son état complet.

27. On lit dans la marge supérieure du folio 56r (début du cahier IV, ff. 56-61) le titre suivant : Ἥρωνος Χειροβαλλίστρας κατασκευὴ καὶ συμμετρίας.

28. Le texte reproduit se termine au folio 57r ; le folio 57v donne la figure XLIV de Wescher.

29. L'architecte et ingénieur Apollodore de Damas est une figure connue ; on lui doit la construction du forum de Trajan. Le seul traité qui nous reste est sa *Poliorcétique* (Ἐκ τῶν Ἀπολλοδώρου πολιορκητικά), éd. Wescher, p. 137-193 ; R. Schneider, *Griechische Poliorketiker*, *Abhandlungen der königlichen Gesellschaft der Wissenschaften zu Göttingen, Phil.-Hist. Klasse,* Neue Folge, 10,1, Berlin, 1908, p. 5-65 et planches I-XIV. Voir pour sa traduction française effectuée sur le texte de Wescher, E. Lacoste, « Les *Poliorcétiques* d'Apollodore de Damas », *REG* 3, 11, 1890, p. 230-281. On trouve une actualisation des données relatives à l'auteur des Πολιορκητικά dans la traduction anglaise commentée de D. Whitehead, *Apollodorus Mechanicus, Siege-matters (Πολιορκητικά) Translated with Introduction and Commentary*, Stuttgart, 2010.

30. Incipit abrutus τρόπῳ (Wescher, p. 143,11). Dans sa reconstitution du cahier 56-61 (voir *supra*, note 25),

61rv[31] ; 33r-45v[32]). (5) Héron, *Belopoeica*[33] (ff. 46r-55v[34]).

Schöne montre que le bifolio central devait contenir le début d'Apollodore. Le folio 60 est coupé dans sa partie inférieure. Comme cela ne provoque aucune rupture de texte entre son recto et son verso (Wescher, p. 144, l. 11/145, l. 1), c'est encore une figure qui a disparu, et de même au verso, puisque le texte continue sans interruption au folio 59r (Wescher, p. 146, l. 4).

31. Le folio a été coupé dans sa partie supérieure, sans perte de texte.

32. Le folio se termine avec le titre de rappel en lettres majuscules (Ἀπολλοδώρου πολιορκητικά).

33. Voir les différentes éditions : Wescher, p. 71-119 ; H. Diels et E. Schramm, *Herons Belopoiika*, *Abhandlungen der preussischen Akademie der Wissenschaften, Phil.-Hist. Klasse*, 2, 1918, p. 5-55 ; Marsden, p. 18-42. On lit en titre en lettres majuscules dans la marge supérieure du folio 46r : Ἥρωνος Κτησιβίου Βελοποιηκά et même titre de rappel à la fin du traité (f. 55r) ; sur la forme de ce titre, voir Wescher, p. 71. Le folio 55v a la figure XXXII de Wescher, p. 103.

34. La disparition du folio 4 du quaternion d'origine (voir *supra*, note 25) constitué par les actuels folios 49r-55v (entre les folios 51 et 52) a fait perdre Wescher, p. 102, l. 8-104, l. 3.

(6) Héron, la *Dioptre*[35] (ff. 62r-80v[36] + 82rv[37]).

35. Le couteau du relieur a fait disparaître la partie supérieure des lettres du titre dans la marge supérieure. Wescher (p. XVII) restitue Ἥρωνος περὶ διόπτρας, mais le titre était plus long (voir plus loin le titre du traité dans l'apographe de Vienne, note 67).

36. Les folios 65r-72v (p. 17, l. 2-58, l. 12 ; éd. Schöne, p. 208, l. 26-260, l. 19) et 73r-80v (p. 58, l. 13-102, l. 13-14 ; éd. Schöne, p. 260, l. 20-312, l. 3) constituent deux quaternions complets. Le quaternion qui voit le début de la *Dioptre* et qui faisait suite à l'origine au quaternion (incomplet) des *Belopoeica* (49r-55v) est incomplet (restent aujourd'hui les folios 62-64). On trouve avant le folio 62 les restes d'un folio découpé qui, selon Schöne (« Ueber den Mynascodex... », p 441), devait être solidaire de l'actuel folio 64 (il pouvait donc contenir des figures des *Belopoeica*). Comme le début du quaternion 65r-72v prend directement la suite du texte des folios 63 et 64, il faut supposer que le folio disparu et le folio 64 constituaient les deux moitiés du bifolio externe du cahier d'origine. D'autre part, comme la perte de texte qui nous prive de la description d'une partie de l'appareil intervient à la fin du folio 62v, qui se termine par la syllabe στη (p. 6, l. 2 ; Schöne, p. 196, l. 2), il faut supposer, comme le fait Schöne, « Ueber den Mynascodex... », p. 444, que ce sont les deux bifolios centraux qui ont disparu. Voici le schéma qu'il faut supposer :

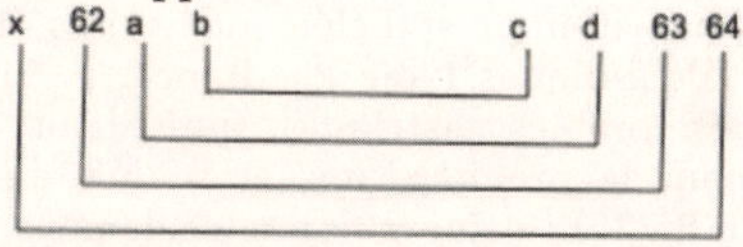

37. Le folio 80v marque la fin du quaternion ff. 73r-80v, mais la suite du texte, qui relève du quaternion suivant, est à retrouver au début du folio 82, qui, au verso, donne la fin du traité de la *Dioptre* ; le folio 81, qui vient pertuber la continuité du texte de la *Dioptre*, et qui contient le début de la *Vie d'Apollonios de Tyane*, relève de la partie IIIb. Il formait avant la pertubation le folio 8 du quaternion dont la fin de la *Dioptre* constituait le folio 1 (voir la reconstitution du cahier dans la note suivante). Il faut supposer un détachement du bifolio externe du cahier (ff. 82-81 = folios 1 et 8 avant l'accident), qui a été replié sur lui-même, puis placé en début de cahier, avec en outre un pliage à l'envers, ce qui a eu pour effet de faire

Pour la seconde partie (IIIb), il faut reconstituer ici un seul cahier[38] dont la fin de la *Dioptre* occupe le premier folio (82rv) et qui contient (1) un fragment médical[39] (f. 83r[40])

précéder la fin de la *Dioptre* du début de la *Vie d'Apollonios de Tyane*. Le manuscrit garde une trace visible d'une réparation de la pliure du bifolio, qui a collé les marges internes des folios 81v et 82r à une bande de parchemin venue d'un manuscrit théologique du XIIIe siècle (sur ce parchemin, qui a servi également aux réparations visibles aux folios 16r, 23v et 32v, voir Nemeth, p. 167, n. 56).

38. Les arguments codicologiques avancés par Prinz (p. 196-197), Schöne (« Ueber den Mynascodex... », p. 442) et plus récemment par Ph. Rance (p. 79-80 et 88), dont les décharges d'encre dues à l'humidité entre les folios 80v et 82r, 82v et 83r, entre 81r et 87v ou entre 81v et 88r, permettent de valider la reconstitution suivante, qui donne la place du cahier dans le volume avant les pertubations enregistrées :

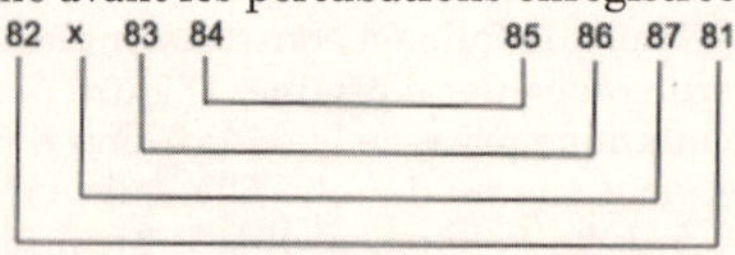

Les décharges d'encre entre les actuels folios 82v et 83r ne peuvent s'être produites qu'après la disparition du folio *x*.

39. Ce fragment contenant 8 recettes pharmaceutiques, qui ne sont pas exemptes d'éléments venus de traditions magiques ou alchimiques (voir Ph. Rance, p. 91), et dont 7 concernent des troubles gastriques, intestinaux et urinaires, a été édité pour la première fois et traduit en anglais par Ph. Rance (p. 85-86) ; celui-ci donne également une description précise de l'écriture du copiste du *Parisinus* et de la mise en page (p. 87-88), ainsi qu'une analyse du style et du lexique utilisé, sans toutefois pouvoir identifier une source textuelle ou documentaire spécifique (p. 88-90).

40. La reconstitution du cahier, que l'on doit à Prinz (p. 196) suppose la présence d'un folio disparu (folio *y* chez Schöne, p. 442), vraisemblablement en partie ou en totalité de contenu médical, entre les folios 82 et 83. Trois arguments forts confortent cette hypothèse (voir pour le détail, Ph. Rance, p. 79-82) : (1) le texte de la recette 1 qui renvoie le lecteur à un conseil précédent (ποίει ὁμοίως, éd. Ph. Rance, p. 85, l. 2) et qui commence sans titre ; (2) le non respect de la règle de Grégory

dû au copiste *b* ; (2) des extraits mélangés d'un fragment historique[41] (83v-85r (milieu) ; 86v-87v) dit d'Aristodème

pour les actuels folios 82v et 83r (sur cette règle de composition des cahiers en parchemin, voir L. Gilissen, *Prolégomènes à la codicologie*, Gand, 1977, p. 14-20), qui fait que le cahier actuel, quand il est ouvert, met en vis à vis un côté poil (folio 82v) et un côté chair (folio 83r) ; (3) le fait que le folio 83r, dont le verso ne porte pas de réglure (les folios 83v-87v et 81rv ne sont pas réglés), garde la trace faible, mais visible, d'une réglure avec 34 lignes, comme pour les folios des cahiers précédents (voir note 17), qui ne peut avoir été effectuée que par impression à partir d'un folio précédent. Comme ce ne peut être le folio 82, réglé sur son verso, et côté poil selon l'habitude byzantine, la supposition d'un folio perdu (en l'occurrence réglé sur son recto, côté poil) entre les folios 82 et 83 est très vraisemblable.

41. Éd. C. Müller, « Aristodemus », *FHG*, V.1, Paris, 1870, p. 1-20. Ce fragment découvert dans le manuscrit de Mynas (*incipit abruptus* αἰτησάμενος, f. 83v ; *desinit abruptus* ξυμμάχοις, f. 87v), que Wescher a édité pour la première fois (*Poliorcétique des Grecs*, p. 349-365), et traduit en français (« Fragments inédits de l'historien grec Aristodème », *Revue archéologique* 17, 1868, p. 177-188), est l'objet d'une littérature abondante. Il couvre la période qui va de la fin des guerres médiques au début de la guerre du Péloponnèse (pour une réévaluation récente du texte et sa place dans la tradition historique, voir l'article de Ch. Schubert, « Aristodemos (*Codex Parisinus Supplementum Graecum* 607, fol. 83v-85r ; 86v-87v) : Ein neuer griechischer Atthidograph ? » dans *Klio* 96, 2014, p. 1-25. Le texte du fragment (éd. Müller, p. 1, l. 1-20, l. 5) est interrompu à la ligne 17 du folio 85r (après τεμένει, p. 11, l. 12) par la continuation du texte de Philostrate (85r-86r), pour reprendre au début du folio 86v (ἱκέτευεν, p. 11, l. 12), précédé, dans un espace ménagé en début de ligne, d'un signe critique (2 ronds reliés par un trait horizontal entre deux points), avec dans la marge supérieure une note à destination du lecteur τοῦτό ἐστι τὸ ζη. Le nom d'Aristodème est cité dans une annotation pour le lecteur, reproduite en petites capitales dans la marge supérieure du folio 83v : καὶ τὸ σημεῖον τοῦτό ἐστιν καὶ (l'abréviation a été biffée) τὸ ζητούμενον τοῦ Ἀριστοδήμου ; voir Prinz, p. 198). Autant de signes et d'annotations qui devaient déjà figurer dans le modèle du copiste. Pour une explication de ces ruptures, voir plus loin, note 113.

(= Jacoby, *FGrH*, 104) et du début du livre I de la *Vie d'Apollonios de Tyane* de Philostrate[42] (81r-81v, l. 3[43] ; 85r (milieu)-86r[44] ; 81v, l. 6[45]), reproduits par le copiste *c*[46].

La troisième partie du volume (IIIc), écrite sur un parchemin de qualité relativement grossière[47] et due à une nouvelle main (copiste *d*), reproduit une anthologie[48] constituée d'extraits d'historiens[49], dont certains sont des

42. Voir la notice « Apollonios de Tyane » de P. Robiano dans le *Dictionnaire des philosophes antiques*, I, 1989, p. 289-294 (n° 284) ; pour un classement dans la tradition manuscrite de Philostrate des deux passages reproduits au folio 81, voir G. Boter, « Studies in the Textual Tradition of Philostratus' Life of Apollonius of Tyana », *Revue d'Histoire des Textes*, N.S., 9, 2014, p. 31-32 et 49.

43. Début *Vie d'Apollonios* (sans titre) – καὶ αὐτός φησι = éd. C. L. Kayser, *Flavii Philostrati opera*, I, Leipzig, 1870, p. 1, l. 1-3, l. 30. Le texte s'interrompt aux 2/3 de la ligne 3 du f. 81v. Il est suivi sur la même ligne d'une annotation pour le lecteur, en petites capitales, sans doute reprise au modèle : ζη τὸ λιπὸν τούτου ὄπισθεν ἐν ᾧ σημεῖόν ἐστιν τοιοῦτον (τοιοῦτον est suivi du signe critique du folio 86v) ἡ ἀρχὴ τοῦ λόγου γέγραφεν ὧν κοινωνῆσαι καὶ αὐτός φησι καὶ γνώμας καὶ λόγους καὶ ὁπόσας εἰς πρόγνωσιν (γέγραφεν – πρόγνωσιν = éd. Kayser, p. 3, l. 30-31).

44. I, 5-11 (καὶ γνώμας – ποιήσοντος = éd. Kayser, p. 3, l. 30-8, l. 27). Au milieu du f. 85r, on retrouve en interligne le signe critique des folios 81v et 86v et la suite attendue du texte (καὶ γνώμας καὶ λόγους καὶ ὁπόσας εἰς πρόγνωσιν κτλ.), précédée de la séquence γέγραφεν ὧν κοινωνῆσαι καὶ αὐτός φησι.

45. I, 16-19 (εἰς τὴν μνημοσύνην – ἀφθόνους τε καὶ = éd. Kayser, p. 14, l. 3-16, l. 16). La copie s'arrête au tout début de la dernière ligne du folio 81v.

46. Le texte reproduit par le *Parisinus* enregistre la perte de I, 11-I, 16 (ἐξ ἐπομβρίας – αὐτῷ τις = éd. Kayser, p. 8, l. 27-14, l. 3).

47. Cette observation figure chez Prinz (p. 194) et Schöne (« Ueber den Mynascodex... », p. 437) ; voir également Ph. Rance, p 83, note 40.

48. Wescher l'a éditée dans sa *Poliorcétique*, p. 283-346 ; pour les références des textes, voir A. Nemeth, *op. cit.*, p. 157, note 16.

49. Chacun de ces extraits est pourvu d'un titre. Voici leur succession avec le nom des historiens représentés : Denys

fragments uniques[50], relatifs à des ruses de guerre (ff. 88r-91r) et des sièges bien connus (ff. 91r-103v[51] + 17rv[52] + 16rv[53]). On lit dans la marge supérieure du folio 88r, qui inaugure la nouvelle série de cahiers, la fin d'un titre en petites capitales[54], dont le reste a disparu : διαφόρων πόλεων[55].

d'Halicarnasse : ff. 88r-90v ; Polyen : ff. 90v-91r, 91r ; Dexippe (= Jacoby, *FGrH*, 100) : ff. 91r-92r, 92r-93r, 93r-v ; Priscus : ff. 93v, 93v-94v ; Arrien : 94v-97r, 97r-98r ; Polybe : 98r-100v, 100v-102r ; Thucydide : 102r-103v ; Eusèbe (= Jacoby, *FGrH*, 101) : 103v (*desinit abruptus* οὐδὲ).

50. Voir A. Nemeth, *op. cit.*, p. 155-156 (notes 2, 4-6).

51. Au milieu du folio 103v, après la fin du récit de Thucydide (siège de Platées), on lit en titre du fragment d'Eusèbe : ἐκ τῶν Εὐσεβίου βιβλίου Θ′ Πολιορκία Θεσσαλωνίκης (*sic*) ὑπὸ Σκυθῶν.

52. Le folio contient un extrait d'Eusèbe (*incipit abruptus* τὴν ὄψιν – *desinit abruptus* καὶ πα), qui est rattaché généralement au fragment d'Eusèbe du dernier folio (103v) de la partie IIIc, mais il n'en constitue pas la suite directe. Les deux fragments d'Eusèbe sont édités, traduits et analysés dans l'article de P. Goukowsky, « Un imitateur tardif d'Hérodote : Eusèbe, historien des Césars », *La koinè grecque antique*, II, *La concurrence*, éd. Cl. Brixhe, Nancy, 1996, et dans la thèse de P. De Cicco, *Les historiens grecs d'époque impériale et tardive à l'état fragmentaire*, Université de Nantes, 2017, p. 3-77. Pour un point récent, voir dans Brill's New Jacoby en ligne (BNJ 101F2), la notice d'Andrea Favuzzi (2019).

53. Le folio 16 (*incipit abruptus* μέγεθος – ἐξαπίνης) reproduit un extrait de la *Guerre des Juifs* de Flavius Josèphe (Ier siècle ap. J.-C.) relatif au siège de Jotapata (III, 167-187). Dans sa reconstitution des cahiers du *Parisinus*, Schöne (« Ueber den Mynascodex... », p. 438) fait des deux folios 17 et 16 les deux moitiés (repliées à l'envers) d'un bifolio déplacé (en 2e ou 3e position dans son quaternion d'origine), appartenant à un cahier qui, avant sa mutilation et sa disparition, suivait le quaternion 97r-103v.

54. La même main a reproduit les titres des extraits : pour le détail des titres, voir Wescher, p. XVIII-XIX.

55. Wescher (p. 283, note 1) a complété le titre de la manière suivante : Στρατηγίαι καὶ πολιορκίαι διαφόρων πόλεων, en se fondant sur la nature des extraits copiés au début (Denys d'Halicarnasse et Polyen) et sur la présence d'une transition

(IV) folios 104r-129r : restes d'un luxueux manuscrit des *Discours* de Lysias écrit par une main du milieu du XVe siècle[56].

Le manuscrit a conservé une reliure Renaissance en cuir de veau brun sur ais de bois biseautés avec coins en bronze ; on trouvait encore à la fin du XIXe siècle sur le contre-plat inférieur une note du relieur, disparue depuis à la suite d'une restauration, écrite en latin avec des caractères grecs[57]. Dans cette note, dont on a reconnu l'authenticité, le relieur donnait son nom, la date et le lieu où le travail avait été effectué. Si la date n'était presque plus lisible, on conservait encore le nom et le lieu : il s'agit de Lucas Coronensis (= de la ville de Kronstadt, Brașov aujourd'hui en Roumanie), « relieur à Buda ». M. Rozsondai[58] a montré que la reliure conservée partage les caractéristiques de la production d'un atelier monastique à Buda au début du XVIe siècle.

(folio 91r) attribuable à l'auteur de l'anthologie, qui nous fait passer d'exemples de ruses de guerre aux récits de siège proprement dits, attestant ainsi deux thématiques. Dain, à titre d'hypothèse, fait remonter la source de cette collection à un recueil d'histoire militaire antérieur, qu'il postule à la faveur de rapprochements avec deux compilations byzantines anonymes, le *De obsidione toleranda* et le *Memorandum sur la défense des places* ; voir les références bibliographiques dans A. Dain et J.-A. de Foucault, « Les stratégistes byzantins... », p. 337-338, 347-350, 359, 366-367 et p. 381-382.

56. Le volume, organisé en quinions, enregistre des pertes de folios et de cahiers entiers ainsi que des déplacements ; voir Schöne (« Ueber den Mynascodex... », p. 434-437), suivi par Nemeth, p. 165, note 51. Le manuscrit est sans doute une copie directe du *Vaticanus gr.* 1366 copié en 1453 (souscription du f. 111v) ; voir A. Hosoi et H. Yoshikawa, « Manuscrits de Lysias », dans *Manuscritos griegos en España y su contexto europeo*, éd. F. Hernandez Muñoz, Madrid, 2016, p. 177-179.

57. Voir les témoignages de Wescher (p. XV), Prinz (p. 194), Schöne (« Ueber den Mynascodex... », p. 446) et la note de M. Rozsondai, « Lucas Coronensis. A master of Hungarian Renaissance bindings, early 16th century, Buda », *The Book Collector* 46, 4, 1997, p. 527, note 35.

58. *Op. cit.*, p. 515-540.

Le manuscrit n'est pas considéré comme ayant appartenu à la *Bibliotheca Corviniana*[59].

Une note de possession dans le bord supérieur du folio Iv qui atteste, si l'on se fie au déchiffrement proposé[60], que le manuscrit a appartenu à Gabriel († 1596), archevêque de Thessalonique[61], indique une étape possible pour l'acheminement encore peu clair du manuscrit de Buda au Mont Athos[62].

Les autres manuscrits sont des manuscrits humanistes du *quadrivium* liés entre eux.

2. Le *Vindobonensis phil. gr.* 140 (V)

Manuscrit[63] de la deuxième moitié du xve siècle, papier, 230-234 × 160 mm, VIII + 114 folios. Vides : ff. 30v, 32v, 32/1r-8v, 63v, 63/1r-4v, 77v, 77/1rv, 90v, 90/1rv, 93v, 97-100. Le copiste a été identifié[64] : il s'agit de Démé-

59. Voir Cs. Csapodi, *The Corvinian Library : History and Stock*, Budapest, 1973, p. 434.

60. Voir A. Nemeth (p. 173, note 90).

61. Il occupa le siège patriarcal de Constantinople pendant six mois (mars-août 1596).

62. Voir les hypothèses envisagées par A. Nemeth, *op. cit.*, p. 173-175.

63. Voir la description précise du manuscrit et de son contenu dans H. Hunger, *Katalog der griechischen Handschriften der Österreichischen Nationalbibliothek*, I, *Codices historici, codices philosophici et philologici*, Vienne, 1961, p. 245-246 ; voir également C. Gastgeber, *Miscellanea Codicum Graecorum Vindobonensium II. Die griechischen Handschriften der Bibliotheca Corviniana in der Österreichischen Nationalbibliothek. Provenienz und Rezeption im Wiener Griechischhumanismus des frühen 16. Jahrhunderts*, Vienne, 2014, p. 233-237. Voir également la description des éditeurs du traité de Pléthon, *Georges Gémiste Pléthon, Manuel d'Astronomie*, éd. A. Tihon et R. Mercier, Louvain, 1998, p. 18-19.

64. Voir A. Nemeth, *op. cit.* p. 170, note 65 ; B. Mondrain, « Le cardinal Bessarion et la constitution de sa collection de manuscrits grecs – ou comment contribuer à l'intégration du patrimoine littéraire grec et byzantin en Occident », dans « *Inter graecos latinissimus, inter latinos graecissimus* ». *Bessarion zwischen*

trios Trivolis[65] (= *Repertorium der griechischen Kopisten 800-1600*, I 103, II 135, III 169). Le manuscrit contient quatre traités héroniens : *Pneumatiques (*ff. 1r-30r)[66], *Dioptre*[67] (ff. 31r-59r[68]), *Chirobaliste* (ff. 59v-63r)[69], *Belopoeica* (ff. 64r-77r)[70], suivis du *Manuel d'astronomie* du

den Kulturen, éd. C. Märtl, C. Kaiser, T. Ricklin Berlin, 2013, p. 199.

65. Démétrios Trivolis, dont la famille était influente auprès des Paléologues, était aussi un lettré et un bibliophile, voir A. Oleroff, « Démétrius Trivolis, copiste et bibliophile. À propos du Ms grec *Perizonianus* F. 6 de la Bibliothèque de l'Université de Leyde », *Scriptorium* 4/2, 1950, p. 260-263.

66. Dans la version écourtée : I. Prologue ; 1 à 5 ; 6 (*desinit abruptus* σμηρισμάτιόν, éd. Schmidt, *Heronis Alexandrini opera quae supersunt omnia*, I, Leipzig, 1899, p. 54, l. 2) ; 24 (*incipit abruptus* ᾧ ἐὰν, éd. Schmidt, p. 120, l. 1) à 29 ; 31 ; 30 ; 32 à 43. II. 1-2 ; 4-21 ; 24-33 ; sur la famille de manuscrits dont relève le *Vindobonensis*, voir W. Schmidt, *Heronis Alexandrini opera quae supersunt omnia*, I, *Supplementum*, Leipzig, 1899, p. 14-16.

67. On lit en titre : Ἥρωνος ἀλεξανδρέως (*sic*) περὶ διόπτρας. Dans les sources anciennes, quand le nom d'Héron reçoit une épithète, on trouve deux qualifications : dans le livre VIII de la *Collection mathématique* de Pappus, Héron est cité comme Ἥρων ὁ 'Αλεξανδρεύς à propos du *baroulkos* (éd. Fr. Hultsch, *Pappi Alexandrini Collectionis quae supersunt*, 3, Berlin, 1878, p. 1060, l. 4) ; dans le *Commentaire du livre I des* Éléments *d'Euclide* de Proclus, on trouve l'épithète de « mécanicien » : ὁ μηχανικὸς Ἥρων (éd. G. Friedlein, Leipzig, 1873, p. 305, l. 24) et Ἥρων ὁ μηχανικός (*ibid.*, p. 346, l. 13).

68. 17 folios vides marquent la perte de texte constatée dans le manuscrit de Mynas après la syllabe στη (p. 4, l. 11), mais la fin du mot est suppléée dans le manuscrit de Vienne, où on lit στημάτια.

69. La corruption du texte due à l'interversion des folios 57 et 58 dans le manuscrit de Mynas (voir *supra*) se retrouve dans le manuscrit de Vienne, qui présente d'autre part toutes les figures du manuscrit parisien.

70. On retrouve dans le *Vindobonensis* la même perte de texte accidentelle signalée pour le manuscrit de Mynas (voir *supra*, note 34). Le manuscrit reproduit également toutes les figures du *Parisinus*.

maître de Bessarion, Georges Gémiste Pléthon (ff. 78r-83r) et des tables astronomiques qui l'accompagnent[71] (ff. 84r-90r) ainsi que quelques écrits anonymes aux folios 91r-96v, de nature diverse (astrologie, astronomie, table des rois).

On lit respectivement aux folios IIIr et IVr les ex-libris de Johannes Alexander Brassicanus (1500-1539)[72] et de Sébastian Tengnagel, bibliothécaire à Vienne de 1608 à 1636. Le manuscrit est répertorié comme corvinien dans le catalogue de Csapodi (n° 320)[73]. Sur la base du filigrane identifié[74], il faudrait situer la copie du manuscrit à Rome vers 1469-1470[75].

3. L'*Argentoratensis* C III 6 (disparu)

Ce manuscrit du XVIe siècle, in-folio, papier, autrefois conservé au Séminaire protestant de Strasbourg, a disparu dans l'incendie de la bibliothèque déclenché par les bombardements prussiens de la nuit du 24 au 25 août 1870[76]. Dans les *Prolegomena* de son édition de la *Dioptre*, Schöne

71. Le manuscrit de Vienne est le second exemplaire connu de l'ouvrage ; il est un apographe du *Sinaïticus Sanctae Catharinae Monasterii gr.* 2124, qui est une copie exécutée pour le cardinal Bessarion (voir A. Tihon et R. Mercier, p. 19).

72. Sur cette figure de l'humanisme viennois, voir C. Gastgeber, *op. cit.*, p. 195-196. Le manuscrit est sans doute le manuscrit de Brassicanus que signale Konrad Gesner dans sa *Bibliotheca Universalis* (1545) à l'entrée « Heron Alexandrinus ».

73. *Op. cit.*, p. 241. Sur l'histoire du manuscrit après sa copie et le lien avec la Bibliothèque corvinienne, voir les éléments rassemblés par A. Nemeth, *op. cit.* p. 170-173.

74. Voir A. Nemeth, *op. cit.* p. 172, note 70.

75. La copie a eu lieu avant la réduction par le relieur des bords extérieurs des folios 64r et 69v du manuscrit de Mynas, ce qui permet de retrouver dans leur intégralité les figures des chapitres 4 et 12 de la *Dioptre*.

76. Voir Wescher, « Note relative aux manuscrits grecs de la Bibliothèque de Strasbourg », *Comptes rendus des séances de l'Académie des Inscriptions et Belles-Lettres*, 15e année, 1871, p. 182-183.

signale un apographe du manuscrit dû au philologue allemand Friedrich Haase (1808-1867) et communiqué par son père, le philologue et archéologue Richard Schöne (1840-1922). Ce dernier a également communiqué à l'éditeur des *Pneumatiques*, W. Schmidt, les notes de Haase relatives à sa collation du manuscrit strasbourgeois[77]. On trouve des descriptions partielles de l'*Argentoratensis* chez les éditeurs qui l'ont utilisé avant sa destruction[78]. Le manuscrit était formé de la réunion de trois volumes dus à plusieurs mains[79] : (1) un manuscrit d'Héron[80] (*Pneumatiques* dans leur version écourtée[81], *Belopoeica*, *Dioptre*[82]) ; (2) un manuscrit de la collection poliorcétique[83] (Athénée, Biton) ; (3) un manuscrit de la *Catoptrique* d'Euclide ; entre les parties (2) et (3) les textes manquants de la version écourtée des *Pneumatiques* (*κλάσματα*) suivis des *Automates* d'Héron[84].

77. W. Schmidt, *Supplementum*, p. 12, note 2.

78. Voir *Vincent*, *op. cit.*, p. 170-172 ; Wescher, *Poliorcétique des Grecs*, p. XXXV-XXXVI. Voir également les informations recueillies par W. Schmidt, d'après les notes de Haase, *Heronis Alexandrini opera quae supersunt omnia*, I, *Supplementum*, Leipzig, 1899, p. 26-27.

79. Les éléments de description qui suivent sont empruntés aux notices de Wescher (*Poliorcétique des Grecs*) et Schmidt.

80. Friedrich Haase (De *militarium scriptorum graecorum et latinorum omnium editione instituenda narratio*, Berlin, 1847, p. 39) note y avoir reconnu la main du copiste Andréas Darmarios (= *Repertorium der griechischen Kopisten 800-1600*, I 13, II 21, III 22).

81. Voir *supra*.

82. Ff. 81-120 (Vincent, *op. cit.*, p. 170).

83. Ne relevant pas de la tradition du *Parisinus Suppl. gr.* 607, selon Wescher, *Poliorcétique des Grecs*, p. XXXVI.

84. Sur cet ensemble (*κλάσματα* et *Automates*), voir W. Schmidt, *Supplementum*, p. 24-25. Les *κλάσματα* comprenaient la série suivante : chapitres I. 6-23 ; 24 (début) ; II. 2 (fin) ; 3 ; 4 ; 22 ; 23 ; 34-37.

Wescher[85] signale que le manuscrit portait la « suscription suivante : *Mathias Bernegger*[86] *ex biblioth. Dasypod.* 1613 ». Le manuscrit relevait donc de la collection de Dasypodius, dont la plupart des manuscrits scientifiques[87] en rapport avec ses propres éditions ont péri dans l'incendie de 1870.

Les leçons du traité de la *Dioptre* peuvent être reconstituées à partir du texte édité par Vincent et son apparat critique, puisqu'il a fait du manuscrit la base de son édition, dès qu'il en a eu communication[88], mais aussi par la lecture du *Parisinus gr.* 2430 qui en dérive.

4. Le *Parisinus gr.* 2430

Manuscrit de la toute fin du XVIe siècle[89], papier, 200 × 317 mm, I-II + 312 folios. Les folios 39rv, 77v-78v, 119r-120v, 141r-142v, 169r-170v, 171v, 180v, 219v, 301-312 sont vides. Le manuscrit dû à plusieurs mains, est constitué de la réunion de deux volumes, un manuscrit d'Héron, copié par une seule main, et un manuscrit de Manuel Bryenne. Voici son contenu : (1) ff. 1r-60r : *Pneumatiques* dans la version écourtée ; ff. 61r-77r : *Belopoeica* ; ff. 79r-118v : *Dioptre* ; ff. 121r-140v :

85. *Poliorcétique des Grecs*, p. XXXV.

86. 1582-1640. L'une des grandes figures scientifiques de l'Université de Strasbourg, qui avait racheté l'essentiel de la bibliothèque de Dasypodius, voir plus loin.

87. Dasypodius était l'un des clients allemands d'Andréas Darmarios, voir L. Calvié, « Le commerce transalpin du copiste-libraire vénitien Andréas Darmarios entre 1582 et 1585 », *Revue d'Histoire des Textes* 15, 2020, p. 96-98. Sur Dasypodius et sa lecture d'Héron, voir W. Schmidt, « Heron von Alexandria, Konrad Dasypodius und die Strassburger astronomische Münsteruhr », *Abhandlungen zur Geschichte der Mathematik* 8, 1898, p. 177-194.

88. Il avait commencé son travail en se fondant sur le *Parisinus gr.* 2430, voir sa préface, *op. cit.*, p. 171.

89. Le manuscrit fait l'objet d'une notice détaillée à la Bibliothèque Nationale de France, due à A. Weddigen (2015).

κλάσματα[90] ; 143r-168v : *Automates* ; ff. 172r-300v : Manuel Bryenne, *Harmoniques*.

Une note autographe de Matthias Bernegger[91] au folio 171r nous informe que le manuscrit[92] lui a été offert au mois de mai 1600 par Abraham Unverzagt de Schemnitz (mort en 1629). On lit sur le contre-plat supérieur un ex-dono de Samuel Petit (mort en 1643)[93]. Sans doute acquis par les frères Dupuy[94], le manuscrit devient le *regius* 2169,3 (catalogue de Clément).

5. Le *Vindobonensis Suppl. gr.* 21

Manuscrit écrit autour de 1600[95], papier, 307 × 198 mm, I + 175 folios. Les folios 38rv, 60rv, 77v-78v, 119r-120v, 141r-142v sont vides. Le manuscrit est écrit d'une seule main. Entièrement consacré aux traités d'Héron, il contient (1) les *Pneumatiques* dans la version écourtée (ff. 1r-59v) ; (2) les *Belopoeica* (ff. 61r-76v) ; (3) la *Dioptre* (ff. 79r-118v) ;

90. On observe plusieurs ruptures textuelles dans les chapitres I, 7-10, pour lesquelles il faut supposer des interversions de folios dans le modèle suivi.

91. Sur cet humaniste strasbourgeois, mathématicien et bibliophile, C. Bünger, *Matthias Bernegger*, Strasbourg, 1893. Voir aussi A. E. Walter, *Späthumanismus und Konfessionspolitik. Die europäische Gelehrtenrepublik um 1600 im Spiegel der Korrespondenzen Georg Michael Lingelsheims*, Tübingen, 2004, p. 334-337.

92. Du moins le manuscrit de Manuel Bryenne.

93. Le manuscrit figure sous le numéro 16 dans le catalogue de vente de sa bibliothèque (1645), voir H. Omont, « Les manuscrits de Samuel Petit », *Bibliothèque de l'École des Chartes* 76, 1915, p. 614.

94. Au folio 1, le manuscrit porte le numéro 34 précédé d'une mention de la main de Dupuy (*codex inter recenti emptos*), voir la notice de la BNF.

95. D'après les filigranes. Pour une description précise du manuscrit, voir H. Hunger, *Katalog der griechischen Handschriften der Österreichischen Nationalbibliothek*, IV, *Supplementum graecum*, Vienne, 1994, p. 42-44.

(4) les textes manquants de la version écourtée des *Pneumatiques* (ff. 121r-140v)[96] ; (5) les *Automates* (ff. 143r-168v). Le manuscrit est une copie du corpus héronien du *Parisinus gr.* 2430, dont il reproduit la mise en page à de rares décalages près. Les emplacements prévus pour les figures ont été laissés vides, sauf dans les *Pneumatiques*, où les figures sont dessinées, mais n'ont pas de lettres désignatrices[97]. Le manuscrit a appartenu à l'homme politique et bibliophile autrichien Joachim von Windhag (1600-1678).

Classement des manuscrits

La perte de texte dans la description de la dioptre due à la mutilation d'un quaternion du *Parisinus Suppl. gr.* 607 suffit à démontrer que le manuscrit de Mynas est la source de toute la tradition manuscrite postérieure. La collation des manuscrits dérivés confirment pour la *Dioptre* la filiation affirmée par Wescher pour l'ensemble de la collection poliorcétique[98] : le *Vindobonensis phil. gr.* 140 est une copie directe du *Parisinus gr.* 607[99] et la source des autres manuscrits, qui

96. Avec les mêmes ruptures textuelles dans les chapitres 7-10 que celles du *Parisinus gr.* 2430.

97. Les emplacements laissés vides par le copiste ont été l'occasion d'erreurs commises par le dessinateur dans la répartition des figures.

98. *Poliorcétique des Grecs*, p. XXXVI. Voir également A. Nemeth, *op. cit.*, p. 170-171.

99. Le dénombrement des fautes de copie fournit un indice sûr. Pour prendre un point de repère précis, on relève dans la copie des six premiers chapitres (soit 12 pages de l'édition Schöne chez Teubner) 13 fautes de copie dont 5 sont dues à la méconnaissance des abréviations du *Parisinus* (p. 2, l. 22 ἐλάσσονα om. ; p. 4, l. 1 ἐπὶ (pour ἔλασσον) ; p. 7, l. 12 ἔλασσον om. ; p. 9, l. 8 ἀναδιοπτεύειν (pour ἔσται διοπτεύειν) ; p. 18, l. 9, παραλλήλῳ om.). Si on retranche ces dernières du total, on compte 8 fautes de copie dont deux omissions de petits mots (p. 1, l. 11 καὶ ; p. 10, l. 16 νῦν). Ce petit nombre de fautes propres au manuscrit de Vienne exclut l'existence d'un intermédiaire.

en reproduisent à la fois les fautes de copie et les corrections mineures ; le manuscrit de Strasbourg et le *Parisinus gr.* 2430 sont liés entre eux par des fautes absentes du manuscrit de Vienne, sans dépendre d'un intermédiaire commun, le manuscrit de Strasbourg[100] étant bien le modèle du *Parisinus gr.* 2430[101]. Le *Vindobonensis suppl. gr.* 21 est une copie directe du *Parisinus gr.* 2430[102]. Le *Vindobonensis phil. gr.*

100. Si l'on prend encore le point de repère des six premiers chapitres, le texte du manuscrit de Strasbourg reconstitué présentait 15 fautes au total absentes du manuscrit de Vienne, dont l'omission de εὐχέρειαν – εἰς (p. 1, l. 8-9), directement explicable par la disposition des mots à une ligne d'intervalle dans le *Vindobonensis*. Ce petit nombre de fautes exclut *a priori* un intermédiaire entre le manuscrit de Strasbourg et le *Vindobonensis phil. gr.* 140.

101. Le *Parisinus* en est une copie négligente : dans les chapitres 1 à 6, pour prendre toujours le même point de repère, il ajoute à toutes les fautes qui sont propres au manuscrit de Strasbourg presque le triple de fautes de copie.

102. On y retrouve non seulement toutes les fautes sans exception présentes dans le *Parisinus gr.* 2430 et la même mise en page (comme c'est le cas pour tout le corpus héronien reproduit), mais certaines fautes propres trouvent directement une explication dans le *Parisinus* ; quelques exemples pris aux chapitres 1 à 6 suffiront : l'omission par saut du même au même de la séquence (p. 5, l. 3) ἔστω – τυμπάνιον a été favorisée par la place des deux occurrences du mot τυμπάνιον (p. 5, l. 2 et 3) presque l'une au-dessous de l'autre à une ligne d'intervalle (même mécanisme pour l'omission de κυλίνδρια – ὑέλινα, p. 9, l. 2-3) ; de même, p. 9, l. 4, la lecture εἰρημένης favorisée par l'écriture du mot εἰρημένοις dans le *Parisinus* (f. 80v, l. 8). Le copiste a gardé de toute évidence le même modèle pour tous les traités d'Héron, comme on peut le voir par exemple pour les *Pneumatiques* : la perte de texte que l'on observe dans la copie du f. 21r du manuscrit de Vienne, où le copiste omet le morceau χαλκαῖ – ἐκ δύο (éd. Schmidt, p. 130,13-134,20), correspond très exactement au saut du folio 21 du *Parisinus*. Il est très surprenant, de ce fait, de voir le classement du manuscrit dans la nouvelle édition des *Automates* procurée dans la thèse de F. Grillo, *Hero of Alexandria's Automata: a critical edition and translation, including a commentary on Book One*, Glasgow, 2019, p. LIV

140 trouvera une place dans l'apparat critique de la présente édition, en raison des quelques corrections mineures de Démétrios Trivolis.

La transmission du traité de la *Dioptre*

C'est l'examen du manuscrit de Mynas qui offre le point de repère le plus sûr pour retracer la voie par laquelle l'ouvrage a été transmis et diffusé. À cela trois raisons : (1) le fait qu'il soit le manuscrit fondateur de la tradition ultérieure du traité, comme on l'a vu ; (2) la date de copie qui nous rapproche de l'opération de translittération[103] ; (3) la place du traité d'Héron dans le manuscrit, dont la composition

et stemma 1, p. 258 : selon l'auteur, le copiste du manuscrit de Vienne aurait eu un accès direct au modèle du *Parisinus gr.* 2430. Le seul exemple cité à l'appui de cette curieuse hypothèse (la séquence ὡς ἐὰν προαιρώμεθα διαμεμηρυμένα, ὡς εἴρηται, καὶ ἡ τοῦ πλινθίου, p. 42, l. 5-7, éd. Grillo, et p. 380, l. 8-9, éd. Schmidt) n'est pas convaincant, puisqu'il est normal que le copiste de Vienne n'ait pas reproduit le membre de phrase superflu, εἴρηται καὶ ἡ τοῦ πλινθίου, venu de la ligne suivante et recopié par inadvertance entre ὡς et ἐὰν προαιρώμεθα par le copiste du *Parisinus* (f. 153v) ; dans le *Parisinus*, la séquence, en effet, est soulignée comme erronée par un trait à la base des lettres (comme toujours dans le manuscrit héronien) ; le cas se reproduit au folio 156r du *Parisinus*, où le copiste a recopié indûment entre θωράκιον et τὸ ΕΖΗΘ (éd. Schmidt, p. 392, l. 3) le mot venu de la ligne précédente, ἐπικείμενον ; il n'a pas été reproduit par le copiste de Vienne, puisque, dans le *Parisinus*, il y est souligné comme fautif ; on pourrait multiplier les exemples.

103. Le manuscrit garde encore la trace d'un certain nombre de fautes dont beaucoup remontent à l'opération de translittération : mécoupures (par ex. : p. 4, l. 18), accompagnées parfois de mélectures de lettres majuscules (par ex : p. 67, l. 2) ou de mélectures d'abréviations (par ex. : p. 37, l. 11). Les sauts du même au même que commet le copiste et dont il se corrige lui-même au cours de sa copie (voir p. 23, l. 17 et 35, l. 18), dressent le profil d'un modèle à 48-49 lettres par ligne, si toutefois ces sauts correspondent à celui d'une ligne entière.

révèle les divers contextes qui ont présidé aux regroupements observés.

1. Les informations tirées de la partie ancienne du manuscrit de Mynas

Le traité de la *Dioptre* a été reproduit dans la partie la plus ancienne du manuscrit (III). La numérotation grecque des folios α′-πζ′, antérieure à la réunion des unités actuelles par le relieur de Buda[104], donne *a posteriori* une cohérence d'ensemble à ce volume, qui voit le regroupement de deux collections de textes complémentaires d'un point de vue thématique : une collection de traités anciens de génie militaire, à laquelle on a associé la copie de la *Dioptre* d'Héron, et une anthologie relative aux ruses de guerre[105] et récits de sièges célèbres, qui apporte une forme d'illustration historique à la collection poliorcétique, selon une tradition dont le livre X du *De architectura* de Vitruve a déjà donné l'exemple[106]. Quelle que soit la date de formation de ces deux ensembles, les observations codicologiques précédentes montrent que la cohérence obtenue par leur réunion

104. Voir *supra*, note 16.

105. Sur le genre des *Strategemata*, voir les références données par R. Devreesse, *Introduction à l'étude des manuscrits grecs*, Paris, 1954, p. 276-277.

106. On a pensé qu'elle pouvait représenter la section intitulée Περὶ στρατηγημάτων de la très vaste encyclopédie voulue par Constantin VII Porphyrogénète des *Excerpta Constantiniana*, dont 4 volumes seulement nous sont parvenus. J. Irigoin a invalidé l'hypothèse selon laquelle la collection du *Parisinus* pourrait être un témoin de cette section (*La tradition des textes antiques. Pour une critique historique*, Paris, 2003, p. 299, 303-305, 308) en se fondant sur l'extrait de Thucydide, dont le texte copié dans le *Parisinus* (livre II, chapitres 75-78) relève d'une translittération distincte de la source qui a servi aux excepteurs de Constantin, proche du manuscrit le plus ancien de la tradition directe. Cette observation ouvre la possibilité que la collection ait pu être déjà formée à la fin de l'Antiquité.

dans le *Parisinus* n'est pas d'origine et qu'elle est le fruit d'étapes successives. Il est important de voir de quelle manière la copie de la *Dioptre* s'inscrit dans ce processus.

La copie du traité d'Héron a été répartie sur les deux premières parties du volume ancien (IIIa et IIIb). C'est le même copiste (copiste *a*) qui reproduit la collection ancienne de traités poliorcétiques, et rien n'indique qu'il ait changé de modèle pour reproduire l'ouvrage d'Héron. On a vu qu'après la copie du dernier traité de la collection militaire, la copie de la *Dioptre* n'inaugurait pas un nouveau cahier[107]. La copie de la collection poliorcétique et de la *Dioptre* s'inscrit donc dans une continuité.

D'autre part, la fin du traité de la *Dioptre* (folio 82rv) est reproduite sur un nouveau cahier[108], dont la suite des folios encore existants et non réglés (83[109]-87v + 81), écrits par les copistes *b* et *c*, semble avoir servi à recueillir divers fragments de textes (médicaux, historiques et philosophiques), sans lien manifeste avec les traités qui précèdent et avec la collection historique qui suit (IIIc) ; ces fragments peuvent toutefois témoigner d'un intérêt personnel du ou des propriétaires du manuscrit.

107. Voir note 36.

108. On ne suit pas ici les hypothèses sur la structure originelle des cahiers exposées par A. Nemeth, *op. cit.*, p. 167-170 et p. 166, qui désolidarise les folios 82 et 81 de ce nouveau cahier (soit les deux moités du bifolio extérieur selon les reconstitutions de Schöne), et donc la partie IIIb (83-87+81) de la partie IIIa (18-80+82), en la déplaçant à la fin de la partie IIIc. Il s'agit pour A. Nemeth de redonner une cohérence thématique forte à la composition du volume ancien, en situant la réunion des deux collections poliorcétique et historique au milieu du xe siècle pour la mettre directement en relation avec l'influence de la cour de Constantin Porphyrogénète, et d'ouvrir la possibilité que le volume ancien ait perdu bien d'autres folios après la *Dioptre*. Voir les critiques de Ph. Rance (p. 82-83, note 40), qui pointe les réalités codicologiques non prises en compte.

109. Sur la trace de réglure trouvée au folio 83r, voir *supra*, note 40.

La distribution des textes dans ce nouveau cahier conduit de manière logique à reconstituer l'enchaînement suivant, avant les pertubations dues aux interversions ultérieures des folios : le copiste *a* a préparé sa copie de la fin de la *Dioptre* en réglant uniquement le folio 82 et le folio suivant, qui a été perdu. Les folios suivants du cahier sont restés sans utilisation et sans réglure[110]. Les copistes *b* et *c* ont rempli après coup les folios laissés vides[111] soit sur ordre du commanditaire lui-même de la partie IIIa, soit sur ordre d'un propriétaire postérieur : le copiste *c* est venu remplir le verso du folio 83 (folio n° 3 du cahier originel) et, cela, jusqu'au folio 87v (folio n° 7 du cahier originel), avec un texte historique (le fragment dit d'Aristodème) relatif à la pentécontaétie, mais amputé de son début et de sa fin[112], avant de commencer à copier le livre I de la *Vie d'Apollonius* au folio 81r (folio n° 8 du cahier originel). Le fragment d'Aristodème et celui de la *Vie d'Apollonius* ont été repris à un manuscrit corrompu qui présentait les deux textes l'un à la suite de l'autre, mais qui, en raison d'un incident codicologique, a vu la continuité du fragment d'Aristodème interrompue par la continuation de la *Vie d'Apollonius*, elle-même amputée d'une partie de texte[113]. Le copiste *c* mettant brutalement fin à sa copie de Philostrate au tout début de la

110. Voir Ph. Rance, *op. cit.*, p. 82.

111. Il reste difficile, comme le note Ph. Rance (*op. cit.*, p. 82), de savoir si les folios de IIIb, restés blancs après la copie de la *Dioptre*, ont été écrits avant ou après l'addition de la partie IIIc.

112. Le fait que la copie du fragment s'arrête brutalement au premier tiers de la dernière ligne du folio 87v montre que cette amputation ne vient pas d'une perte de folios dans le *Parisinus*.

113. L'emplacement des ruptures constatées (à l'intérieur d'une page pour les folios 81v et 85r), à quoi il faut ajouter, à la première ligne du début du folio 86v, la présence d'un espace dédié pour le signe critique signalant la reprise du fragment d'Aristodème, montre que cet enchevêtrement des deux extraits remonte plus haut que le manuscrit de Mynas, et que le copiste n'a fait que reprendre à son modèle les annotations de

dernière ligne du folio 81v[114], avec les mots τε καὶ, on peut supposer que son modèle s'arrêtait là, et que notre copiste n'avait pas continué à reproduire le texte de Philostrate sur des cahiers suivants. Tout cela donne l'impression qu'on a surtout voulu utiliser l'espace laissé libre après la copie de la *Dioptre*, et non pas projeté de copier de nouveaux ouvrages,

renvoi ajoutées pour donner au lecteur le bon ordre de lecture (voir les notes précédentes, p. LXXV-LXXVI). Sur ces ruptures, on peut esquisser l'explication suivante, qui tient compte à la fois des longueurs respectives des extraits fragmentés, du contenu de l'annotation du folio 81v, qui demande qu'on se reporte en arrière (ὄπισθεν) pour avoir la suite du texte, à savoir celui de Philostrate, et de la perte enregistrée dans cet extrait (éd. Kayser, 8, l. 27-14, l. 3). On peut supposer que le copiste *c* du *Parisinus* s'était servi pour sa copie d'Aristodème (éd. Müller, p. 1, l. 1-20, l. 5) et de Philostrate (éd. Kayser, p. 1, l. 1-16, l. 16) d'un même exemplaire où le début de la *Vie d'Apollonius* suivait l'extrait d'Aristodème. Cet exemplaire (ou un modèle antérieur) a subi dans l'un de ses quaternions une pertubation de l'ordre des folios. On peut supposer qu'avant l'accident, on trouvait dans ce cahier la répartition qui suit. Folio 1 : Aristodème (fin du folio 1v : τεμένει, éd. Müller, p. 11, l. 12) ; folios 2-3r : Aristodème (ἱκέτευεν – ξυμμάχοις, éd. Müller, p. 11, l. 12-20, l. 5) ; folio 3v : Philostrate (début du livre I – γέγραφεν ὧν κοινωνήσαι καὶ αὐτός φησι, éd. Kayser, p. 1, l. 1-3, l. 30) ; folio 4rv : Philostrate (γέγραφεν ὧν κοινωνῆσαι καὶ αὐτός φησι καὶ γνώμας – ποιήσοντος, éd. Kayser, p. 3, l. 30-8, l. 27) – la répétition de la séquence γέγραφεν ὧν κοινωνῆσαι καὶ αὐτός φησι du folio 3v au folio 4r fait soupçonner la présence d'une réclame au folio 3v introduite indûment dans le texte de Philostrate après le déplacement du folio 4 (voir plus loin) – ; folio 5rv : Philostrate (ἐξ ἐπομβρίας – αὐτῷ τις (éd. Kayser, p. 8, l. 27-14, l. 3) ; folio 6rv : Philostrate (εἰς τὴν μνημοσύνην – τε καὶ, p. 14, l. 3-16, l. 16). La rupture du bifolio central (folios 4 et 5) a pu entraîner à la fois la perte du folio 5, et donc la perte du texte de Philostrate observée dans le *Parisinus* (éd. Kayser, p. 8, l. 27-14, l. 3), et le déplacement du folio 4, venu se placer entre les folios 1v et 2r d'Aristodème, d'où les ruptures enregistrées dans le *Parisinus* : 85r (Aristodème τεμένει / Philostrate γέγραφεν) ; 86r (Philostrate ποιήσοντος / 86v Aristodème ἱκέτευεν) ; 81v (Philostrate φησι / Philostrate εἰς τὴν μνημοσύνην).

114. Voir *supra*, p. LXXVI.

dont il faudrait supposer la perte entre les folios 81v et 88r. Quant à la copie de l'anthologie des récits militaires, elle apparaît comme un complément de la partie IIIa, pour lequel on note un nouveau copiste, une nouvelle matière, un nouvel ensemble de quaternions, ce qui conduit naturellement à l'hypothèse d'un nouveau modèle.

Au vu de ces observations, il apparaît que si la copie de la *Dioptre* dans le *Parisinus* montre ses liens avec la copie de la collection des poliorcètes, il n'en est pas de même pour la copie des extraits historiques. C'est donc à la chaîne de transmission qui relie la *Dioptre* aux anciens traités d'ingéniérie militaire qu'il faut s'attacher pour déterminer l'ancienneté de ce rattachement.

On peut également tirer quelques conclusions quant à la volonté qui a présidé à l'élaboration du volume ancien du *Parisinus Suppl. gr.* 607. La confection d'un tel volume doit être mise en relation avec la curiosité pour les choses militaires et l'attrait pour la recherche des textes anciens[115], qui caractérisent l'appétit culturel des cercles de cour à Byzance au cours des règnes de Léon VI et Constantin Porphyrogénète[116]. De toute évidence, le manuscrit a vu le jour dans un milieu bénéficiant de textes en abondance, mais altérés par les aléas de la transmission. L'hétérogénéité constatée dans la réalisation du volume, le format moyen utilisé, le caractère ordinaire des écritures, la mise en page très dense, permettent d'éliminer la possibilité d'une commande officielle[117] et dressent le profil d'un manuscrit appartenant à

115. Sur la rareté des manuscrits de science militaire à cette époque, voir A. Dain, *Histoire du texte d'Élien le tacticien*, Paris, 1946, p. 185, note 1.

116. Voir P. Lemerle, *Le premier humanisme byzantin*, Paris, 1971, chapitre 10, et l'article de A. Dain, « L'encyclopédisme de Constantin Porphyrogénète », *Bulletin de l'Association Guillaume Budé* 12, 1953, p. 64-81.

117. L'exemple emblématique d'une commande de ce type est le précieux manuscrit des stratégistes grecs et byzantins, le *Laurentianus* 55, 4 (milieu du xe siècle), dû à un seul copiste,

une bibliothèque privée, peut-être celle d'un militaire[118]. On remarquera que le commanditaire, comme les éventuels possesseurs ultérieurs, affirment une double curiosité, d'une part un goût certain pour l'histoire et les faits d'armes, et d'autre part, de manière plus concrète, un intérêt porté aux moyens déployés dans l'art militaire. Cette double curiosité très affirmée a permis de sauvegarder des textes uniques[119]. On observe que dans leur recherche de textes relatifs aux techniques militaires, ce ne sont pas les synthèses sur les différents procédés utilisés, exposées dans la littérature des tacticiens-stratégistes, qui ont retenu leur attention, mais les descriptions précises des dispositifs mécaniques.

2. Les conditions de transmission du traité de la *Dioptre*

Quand on compare la richesse de la tradition manuscrite des traités mécaniques d'Héron qui nous ont été conservés en grec, en particulier les *Pneumatiques*[120], les

calligraphe de métier, et dont l'unité thématique, qui conduit à la réunion de trois corpus distincts de science militaire, relève d'une volonté forte. J. Irigoin (« Pour une étude des centres de copie byzantins (suite) », *Scriptorium* 13/2, 1959, p. 177-181) a montré qu'il était un produit du scriptorium impérial ; voir la description du manuscrit donnée par A. Dain, *Histoire du texte d'Élien le tacticien*, Paris, 1946, p. 184-188 et son introduction à l'édition d'Enée le Tacticien (*Enée le Tacticien. Poliorcétique*, éd. A. Dain et A.-M. Bon, Paris, 1967, p. XXXI-XLI).

118. Les textes de remplissage de la partie IIIb, où il est question d'histoire grecque et de presciptions médicales peuvent également relever des lectures d'un militaire byzantin, comme en témoigne la transmission dans la tradition manuscrite contemporaine (voir le *Laurentianus* 55, 4 déjà cité) du livre VII des *Cestes* de Julius Africanus (IIIe s. ap. J.-C.) relatif à la vie militaire, où ces domaines sont couverts.

119. Voir *supra*, note 50.

120. La tradition manuscrite des *Pneumatiques* est riche d'une centaine de manuscrits voir W. Schmidt (*Heronis Alexandrini opera quae supersunt omnia*, I, *Supplementum*), et O. L. Smith, « On some manuscripts of Heron *Pneumatica* »,

Automates[121], et les *Belopoeica*, autant de traités très en vogue à la Renaissance, et le petit nombre de manuscrits qui transmettent la *Dioptre*, on ne peut que s'interroger sur les raisons d'un tel écart. Certes, on peut comprendre qu'au cours de la Renaissance byzantine des XIIIe-XIVe siècles, qui a vu une explosion de la production de manuscrits scientifiques, relayée par toute l'activité humaniste qui a suivi en Occident, le contenu relativement hétérogène du traité de la *Dioptre* n'ait pas suscité autant de curiosité que les dispositifs sophistiqués décrits dans les ouvrages précités ; mais les multiples usages d'un instrument de visée comme la dioptre, dont l'emploi en astronomie, devaient en toute logique ne pas faire tomber dans l'oubli un traité qui lui était spécifiquement consacré[122].

Les conditions de la transmission de l'ouvrage d'Héron peuvent sans doute nous donner une partie de la réponse. Au moins trois obstacles sont identifiables, qui ont été de nature à freiner sa diffusion. Le premier, du moins dans la seule tradition qui nous reste, celle dont témoigne le *Parisinus Suppl. gr.* 607, est très certainement le rattachement de l'ouvrage à la collection ancienne de poliorcétique et non pas aux différents corpus héroniens ou plus largement aux manuscrits du *quadrivium*. Le second, comme nous allons le voir, est l'élimination de la *Dioptre* de la seule branche

Scriptorium 27/1, 1973, p. 96-101) ; sur la réception de ce traité, et sur sa tradition latine médiévale, voir M. Boas, « Hero's *Pneumatica*. A Study of its Transmission and Influence », *Isis*, 40, 1949, p. 38-48, et les mentions relatives à Héron chez Ch. H. Haskins, *Studies in the History of Mediaeval Science*, Londres, 1924.

121. On compte 43 manuscrits selon le dernier éditeur F. Grillo, *op. cit.*, p. XLII.

122. On peut comparer, à titre d'exemple, le très grand nombre de manuscrits byzantins et occidentaux du XIIIe au XVIe siècle qui transmettent le *Traité de l'astrolabe* de Jean Philopon (VIe s.), autre traité consacré à la construction et l'usage d'un instrument de visée (voir A.-Ph. Segonds, *Jean Philopon. Traité de l'astrolabe*, Paris, 1981).

de la tradition manuscrite des poliorcètes qui a proliféré, le traité n'ayant pas trouvé parmi les amateurs de littérature militaire à Byzance un lectorat adapté. Le troisième est le fait que le traité a été directement victime du malheureux destin du manuscrit de Mynas.

2.1 La *Dioptre* et la collection poliorcétique ancienne

Ni le manuscrit de Mynas ni son modèle ne sont à l'origine de la collection poliorcétique transmise[123] et ils ne sont sans doute pas non plus à l'origine de l'association de la *Dioptre* à ce corpus.

En ce qui concerne la collection poliorcétique, cette affirmation est assurée, puisqu'on retrouve les traités d'Athénée, Biton, Héron, Apollodore, regroupés dans le même ordre, dans une autre famille de manuscrits. Cette autre filière de transmission a réuni le corpus de poliorcétique ancienne, enrichi par les extraits de Philon de Byzance[124], au corpus

123. Les études sur les traditions littéraires gréco-romaines et byzantines relatives à l'art militaire, parmi lesquelles les travaux d'Alphonse Dain tiennent une place majeure, sont très nombreuses. Pour une vue d'ensemble de la littérature des poliorcètes, d'une part, et celle des tacticiens-stratégistes d'autre part, voir entre autres R. Devreesse, *op. cit.* (chapitre 19 : « les sciences militaires »), B. Gille, *Les mécaniciens grecs*, Paris, 1980, Ph. Fleury, *La mécanique de Vitruve*, Caen, 1993, et les chapitres respectifs de Ph. Fleury (p. 45-75) et M. Lenoir (p. 77-107) dans *Les littératures techniques dans l'Antiquité romaine*, éd. Cl. Nicolet, *Entretiens sur l'Antiquité classique* 42, Fondation Hardt, Genève, 1996. Voir également les éléments rassemblés dans la thèse de P. Boivin, *Les traités grecs et romains de poliorcétique. Étude d'une tradition littéraire* (*c.* 360/355 avant J.-C. – *c.* 386 après J.-C.), thèse soutenue à l'Université de Nantes, 2018. Voir aussi sur la tradition littéraire des tacticiens, Ph. Rance, « The reception of Aineias' *Poliorketika* in Byzantine Military Literature », dans *Brill's Companion to Aineias Tacticus*, éd. M. Pretzler et N. Barley, Leyde, 1918, p. 290-374.

124. Le traité d'artillerie, les *Belopoeica* qui constituait, le livre IV de sa *Syntaxe mathématique*, et un traité de poliorcétique

des stratégistes-tacticiens grecs et byzantins[125]. Elle est représentée par de très nombreux manuscrits qui dérivent plus ou moins directement de trois manuscrits anciens du XIe siècle[126] constituant un groupe très soudé : le *Vaticanus gr.* 1164, le *Parisinus gr.* 2442 (+*Barberinianus gr.* 276) et le *Scorialensis gr.* Υ-III-11 (+*Neapolitanus* III C 26)[127]. On a rattaché les deux premiers à la production du scriptorium du couvent constantinopolitain où vivait le moine érudit Ephrem au milieu du Xe siècle[128]. Ces manuscrits anciens transmettent une même révision byzantine de la collection poliorcétique[129] avec des figures renouvelées. Il faut ajouter à ce groupe un manuscrit du XIVe siècle, le *Vindobonensis phil.*

sans intitulé, édité comme le « livre V » ; pour les références des éditions, voir l'article de G. R. Giardina, « Philon de Byzance » dans *Dictionnaire des philosophes antiques*, Va (2012), n° 154, p. 399-404. Rien ne vient confirmer l'affirmation de Y. Garlan (*op. cit.*, p. 286) selon laquelle le manuscrit de Mynas aurait été accidentellement amputé du « livre V ».

125. Sur le succès de cette branche de l'art militaire à Byzance, et en particulier sur la popularité du manuel de la *Tactica Theoria* d'Elien, qui a dédié son ouvrage à Trajan, voir Ph. Rance, « The reception of Aineias' *Poliorketika* in Byzantine Military Literature », p. 295-301.

126. Ils sont décrits de manière détaillée par Dain, dans *Histoire du texte d'Élien le tacticien*, p. 222-234 ; voir aussi « Les stratégistes byzantins », p. 385-387.

127. Sur les relations mutuelles de ces trois manuscrits, voir Ph. Rance, « An Unpublished Byzantine Medical Fragment... », p. 74, note 16.

128. Voir J. Irigoin, « Pour une étude des centres de copie byzantins (suite) », p. 189-190.

129. Dans le texte d'Athénée, ils reproduisent une version écourtée, qui voit l'omission des descriptions successives de trois machines restées anonymes dans le traité d'Athénée : les deux modèles de tortues de terrassiers et la tortue des mineurs (Wescher, *Poliorcétique des Grecs*, p. 15, l. 8-20, l. 3). Ces descriptions (voir Vitruve, livre X, chapitres 14 et 15) ne sont données que par le manuscrit de Mynas et le *Vindobonensis phil. gr.* 120 (voir note suivante).

gr. 120[130], exempt des interpolations des manuscrits précédents, ce qui le rend plus proche du manuscrit de Mynas.

On peut faire ici deux remarques qui autorisent quelques hypothèses : (1) les collations de Wescher[131] du *Parisinus gr.* 2442 et du *Vaticanus gr.* 1164 pour les traités d'Athénée, Biton, Héron et Apollodore, permettent d'observer, quand la comparaison est possible (les pertes de texte étant nombreuses dans la tradition manuscrite des quatre auteurs), que les relations entre les manuscrits du XIe siècle, le *Vindobonensis phil. gr.* 120 (F) et le *Parisinus Suppl. gr.* 607 (M) ne changent pas d'un traité à l'autre ; ce qui veut dire que l'ensemble ainsi constitué est une collection qui a déjà une certaine ancienneté au moment où elle est copiée dans nos manuscrits byzantins. (2) Les mêmes collations montrent à l'évidence que les manuscrits précités du XIe siècle et le *Vindobonensis phil. gr.* 120 dépendent d'une autre translittération que celle dont dérive le *Parisinus Suppl. gr.* 607[132]. Sauf à supposer une double translittération d'un même manuscrit en majuscules, la possibilité est ouverte de l'existence d'au moins deux exemplaires majuscules à la

130. Voir H. Hunger, *Katalog der griechischen Handschriften der Österreichischen Nationalbibliothek*, 1, Vienne, 1961, p. 231-232.

131. Voir l'apparat critique de son édition des traités (*Poliorcétique des Grecs*, p. 3-193).

132. En témoignent la mélecture des lettres majuscules et à coup sûr les mécoupures. Voici le relevé de quelques exemples significatifs (pour plus de commodité, les références qui suivent sont faites à l'édition de Wescher, *Poliorcétique des Grecs*, et les sigles P et V sont respectivement affectés aux manuscrits de Paris et du Vatican) : Athénée, p. 4, l. 4 : κληθεὶς M καὶ εἷς PV ; p. 18, l. 2 σανίδωμα γέρροις M σανίδων μαγέροις F ; p. 39, l. 2 τοσαῦθ' ὑπομνήματα PV τὸ ελυθυπομνημα τὰ M. Biton, p. 43, l. 2 εἴ τινα ἕτερα PV ἔχει γάρ τινα ἕτερα F ἐστιν ἀστέραν M ; 60, l. 1 πλινθίον PV F πάλιν οἷον M. Héron, p. 74, l. 7 ὀιστοὺς V ἰστοὺς F ὃ εἰς τοὺς M : p. 74, l. 9 τὸ λίθους PV τονοουο M. Apollodore, 177, l. 4 κάμακι M κλίμακι PV ; 189, l. 5 καθηλούσθω σανίσι PV καθηλουσθωσαν ἴσην M. Ces observations confirment le tableau de filiation de Wescher (*Poliorcétique des Grecs*) reproduit à la page XXXVIII de son ouvrage.

disposition des copistes byzantins au moment de l'opération de translittération, et donc la possibilité que les traités des quatre auteurs aient déjà formé un corpus à la fin de l'Antiquité[133].

Cela n'aurait rien de de surprenant. On trouve ici réunis des traités relevant tous de la science mécanique[134] avec un

133. A. Dain (*La tradition du texte d'Héron de Byzance*, Paris, 1933, p. 16) affirmait qu'il fallait rapporter la réunion des traités à l'influence de Léon VI, qui a marqué à Byzance le renouveau de l'étude des traités militaires, mais concédait plus tard (*Les manuscrits*, Paris, 1975 (3e édition), p. 118), qu'il n'avait pas encore pu établir la date de formation du corpus.

134. Sur la conception grecque de la mécanique et ses deux dimensions, théorique et appliquée, voir l'introduction de M. Federspiel à sa traduction des *Problèmes mécaniques* du pseudo-Aristote (Les Belles Lettres, 2017). Sur la place de la mécanique dans l'architecture d'ensemble des sciences grecques, on doit se reporter à l'exposé de Proclus, au début de son *Commentaire du livre I des* Éléments *d'Euclide* (Introduction à la science mathématique tout entière), relatif aux deux classifications des sciences mathématiques en vigueur, l'une d'origine pythagoricienne, et l'autre attribuée à Géminus et d'origine aristotélicienne, fondée sur la distinction entre les sciences qui se rapportent à l'intelligible, et celles qui se rapportent au sensible. Selon cette dernière classification, la mécanique relève de la science mathématique, au même titre que l'astronomie, l'optique, la géodésie, la musique et l'arithmétique. Dans ce système de classification, on examine également le statut des sciences militaires. Proclus précise par exemple que la tactique, même si elle a recours à l'arithmétique et à la géodésie, n'a pas lieu d'être comptée parmi les sciences mathématiques. La fabrication des engins de guerre, en revanche, relève de la mécanique (*Procli Diadochi, In primum Euclidis Elementorum librum commentarii*, éd. G. Friedlein, p. 38-41) ; voir également le témoignage de Pappus dans sa préface au livre VIII de la *Collection mathématique* (*Pappi Alexandrini Collectionis quae supersunt*, éd. Fr. Hultsch, III, p. 1024, 17-21). Pour une vue d'ensemble des textes de la mécanique ancienne et leur réception, voir entre autres les ouvrages classiques de A. G. Drachmann, *The Mecanical Technology of Greek and Roman Antiquity*, Copenhague, 1963 ; M. Clagett, *The Science of Mechanics*

premier noyau hellénistique (Athénée et Biton), complété par des auteurs gréco-romains.

Quant à l'association de la *Dioptre* à ce groupement, elle peut fort bien de la même manière remonter haut dans le temps. Même si le traité d'Héron décrit avant tout un instrument utilisé dans des opérations de géodésie, sa réunion à des corpus militaires reste logique pour deux raisons très simples. En premier lieu sans doute l'appartenance à la collection poliorcétique ancienne de deux autres traités d'Héron relevant strictement d'usages militaires les *Belopoeica* et la *Chirobaliste* ; ensuite, parce que la dernière partie du prologue, en faisant valoir l'absolue nécessité de mesurer avec précision la hauteur des murailles des cités assiégées [135], s'intègre totalement dans la perspective qui est celle de la composition de la collection poliorcétique. Or, comme on l'a vu, le fait que dans le manuscrit de Mynas, la *Dioptre* soit copiée dans la même unité codicologique que ce corpus ancien et par le même copiste ouvre la possibilité que ce dernier reproduise en cela son modèle. Nous serions alors renvoyés à un état du corpus proche des manuscrits onciaux de la fin de l'Antiquité. Le témoignage de l'auteur byzantin anonyme du milieu du Xᵉ siècle, qui compile pour sa poliorcétique la collection poliorcétique ancienne et la *Dioptre*, peut nous permettre d'aller plus loin.

in the Middle Ages, Madison, 1959 ; S. Drake et I. E. Drabkin, *Mechanics in Sixteenth-Century Italy*, Madison, 1969. Voir également Ph. Fleury, « Les textes techniques de l'Antiquité. Sources, études et perspectives », *Euphrosyne* 18, 1990, p. 359-394. Pour une représentation concrète des dispositifs mécaniques mis au point dans l'Antiquité et leurs restitutions modernes, voir entre autres C. Rossi et F. Russo, *Ancient Engineers' Inventions. Precursors of the Present*, New York, 2009.

135. On peut citer parmi les témoignages antiques qui font écho aux arguments de l'introduction du traité, celui de Biton dans sa préface, qui nous informe qu'il a traité la question de la mesure de la hauteur des remparts défensifs dans ses *Optiques*, un ouvrage aujourd'hui perdu (éd. Marsden, p. 70, l. 5-9) ou celui du chapitre I.15 des *Cestes* de Julius Africanus (éd. J.-R. Vieillefond, p. 159, l. 4-16).

2.2. Le témoignage de l'Anonyme byzantin

Un auteur byzantin du xe siècle resté anonyme[136], a écrit deux traités, nourris de références néo-platoniciennes, communément appelés *Poliorcétique* et *Géodésie*. Le premier est relatif aux engins de guerre, le second à l'utilisation de la dioptre. Les deux ouvrages se succèdent dans l'archétype de la tradition manuscrite, le *Vaticanus gr.* 1605, manuscrit du xie siècle, richement illustré, qui leur est entièrement consacré (respectivement folios 1r-42r et 42r-57v)[137]. Dans les deux préambules, on voit l'auteur se donner pour ambition de simplifier le contenu et le vocabulaire des traités de ses prédécesseurs en la matière, en souhaitant les rendre

136. On le désigne également par le nom d'Héron de Byzance (voir Notice, « Le traité héronien sur la dioptre »). C'est la traduction latine de François Barozzi (*Heronis mechanici liber de machinis bellicis necnon liber de geodaesia*, Venise 1572), fondée sur le texte du *Bononiensis Universitatis* 1497 (a. 1533), qui le fait connaître pour la première fois (voir Wescher, *Poliorcétique des Grecs*, p. XXVIII-XXIX). Sur la date de cet auteur, tout converge pour le placer au milieu du xe siècle.

137. Le manuscrit, dû à un seul copiste, a subi des pertes et a été corrompu par des interversions de folios. La chute d'un quaternion, entre le 6e et le 7e cahier, a fait perdre ce qui suivait directement le préambule de la *Géodésie*, et donc potentiellement la description de l'alidade, dont le dispositif est utilisé avec les pièces qui permettent sa mobilité dans les démonstrations qui suivent (*Géodésie*, chapitres 3, 4, 5, 7). Pour une description du manuscrit, son histoire et son classement, voir A. Dain, *La tradition du texte d'Héron de Byzance* ; l'espace prévu pour les titres des traités et le nom de l'auteur (ff. 1r et 42r) n'a pas été rempli par le rubricateur. Le nom d'Héron vient d'une addition postérieure dans la marge supérieure du folio 1r. Contrairement aux éditions précédentes de la *Poliorcétique* (Wescher, *op. cit.*, p. 197-279 ; R. Schneider, *Griechische Poliorketiker, Abhandlungen der königlichen Gesellschaft der Wissenschaften zu Göttingen, Phil.-Hist. Klasse*, Neue Folge, 11,1, Berlin, 1908), et à celle de la *Géodésie* par Vincent (*Extraits des manuscrits relatifs à la géométrie des Grecs...*, p. 348-407), la récente édition critique des deux traités (voir plus haut) est la seule à se fonder sur le *Vaticanus*.

accessibles aux publics curieux de ces questions[138]. Pour ce faire, il a eu recours au corpus poliorcétique ancien dans sa *Poliorcétique*[139] (Athénée, Biton, Héron[140], Philon de Byzance[141] (IIIe av. J.-C.) et surtout Apollodore, que l'auteur reconnaît comme sa source principale) ainsi qu'au traité de la *Dioptre*[142] dans sa *Géodésie*[143] ; il procure une paraphrase d'un certain nombre de passages, en les complétant et en

138. Sur cette ambition, voir le jugement négatif de M. J. T. Lewis, *Surveying Instruments of Greece and Rome*, p. 56-58.

139. Voir pour le détail des emprunts l'édition récente de D. F. Sullivan, *Siegecraft. Two Tenth-Century Instructional Manuals by Heron of Byzantium*, Washington, 2000.

140. Il utilise les *Belopoeica*.

141. Les emprunts sont faits aux passages édités comme étant le livre V de la *Syntaxe*.

142. Le traité de la *Dioptre* n'est pas cité en tant que tel dans le préambule de la *Géodésie*. On voit le nom d'Héron associé à celui d'Archimède pour la mesure des surfaces et des volumes au chapitre 6. Le nom d'Héron est cité dans le chapitre 10 pour le calcul du débit d'une source.

143. Le traité est constitué d'un préambule (chap. 1) suivi de 10 chapitres. Entre les premiers et les deux derniers, tous consacrés aux usages de la dioptre, on trouve des chapitres relatifs à des exemples concrets de mesure de surfaces et de volumes (chapitre 7, 2e partie ; chapitres 8 et 9). Sont utilisés les morceaux suivants de la *Dioptre* : le chapitre 2 du préambule (*Géodésie*, chap. 1) ; le chapitre 12 (*Géodésie*, chap. 2) ; les 2e et 3e méthodes du chapitre 10 (*Géodésie*, chap. 3 et 4) ; la 1re méthode du chapitre 10 (*Géodésie*, chap. 5) ; le chapitre 31 (*Géodésie*, chap. 10) et le chapitre 32 (*Géodésie*, chap. 11, 1re partie). Ajoutons les morceaux perdus avec la chute d'un quaternion dans le *Vaticanus gr.* 1605 (voir *supra*), où devaient se trouver utilisées, en partie du moins, la description héronienne de la dioptre (on retrouve dans les démonstrations d'Héron de Byzance, au chapitre 7 en particulier, la même terminologie que dans la *Dioptre*, pour en désigner les pièces) ainsi que la proposition 8, dont la méthode exposée est requise à plusieurs reprises. De manière générale, on observe que seuls sont utilisés les chapitres qui peuvent servir à une formation de base des opérateurs sur le terrain.

les adaptant, par une approche très concrète, aux réalités constantinopolitaines de son temps[144].

Il est bien peu probable que notre auteur ait lui-même fait le choix des traités poliorcétiques utilisés. Il faut supposer qu'il utilisait une source où ces ouvrages étaient déjà réunis[145]. Son utilisation de la *Dioptre* dans ce contexte peut donner quelques points de repère pour l'histoire du texte du traité.

L'association des deux ouvrages de la *Poliorcétique* et de la *Géodésie* dans le manuscrit archétype de notre auteur anonyme confirme qu'à son époque la *Dioptre* d'Héron était bien lue dans le contexte militaire, conformément au témoignage du manuscrit du *Parisinus Suppl. gr.* 607, et conformément au propre témoignage de l'auteur anonyme qui a écrit ses deux traités à la suite l'un de l'autre[146]. On peut raisonnablement penser que notre auteur a trouvé dans la même source la collection poliorcétique et le traité d'Héron. Mais la lecture de la *Poliorcétique* montre qu'il n'a pas utilisé le corpus poliorcétique dans la version procurée par le manuscrit de Mynas. Les leçons relevées par Wescher[147] et Dain[148] dans les extraits repris au texte d'Athénée renvoient à l'autre filière de transmission, ce que confirme le fait que

144. À cet égard, l'ouvrage de Th.-Henri Martin, *Recherches sur la vie et les ouvrages d'Héron d'Alexandrie, disciple de Ctésibius*..., Paris, 1854 est essentiel (voir en particulier les pages 243-323).

145. Dans le préambule de la *Poliorcétique*, l'Anonyme de Byzance parle des sources anciennes qu'il a consultées (à titre d'exemple, Apollodore, Athénée, Biton) comme représentant une καθολικὴ τεχνολογία difficile à comprendre pour ses contemporains et qu'il souhaite simplifier. Or une discipline systématisée suppose un corpus qui lui est attaché.

146. Comme le montre, au début de la *Géodésie*, la référence au traité précédent à propos des risques à ne pas mesurer avec exactitude les hauteurs des murailles (éd. D. F. Sullivan, p. 114, l. 10-11).

147. Sur le rapprochement opéré par Wescher avec les leçons du *Vindobonensis phil. gr.* 120, voir *op. cit.*, p. 263, note 3.

148. *La tradition du texte d'Héron de Byzance*, p. 20-21.

notre auteur utilise Philon de Byzance, absent du manuscrit parisien. La comparaison des passages empruntés à Héron avec le texte transmis par le manuscrit de Mynas confirme cette observation[149]. Or, telle que cette filière nous est connue par les manuscrits qui en relèvent, elle ne présente pas le texte de la *Dioptre*. Le témoignage de la *Géodésie* doit nous faire supposer qu'à l'époque de notre auteur anonyme cette filière transmettait elle aussi le traité héronien, et que son élimination par la tradition manuscrite est postérieure.

2.3 L'élimination de la *Dioptre* dans les manuscrits byzantins de science militaire du XIe siècle

Le contenu des manuscrits du XIe siècle précités et du *Vindobonensis phil. gr.* 120, qui dépendent d'une autre translittération que celle du manuscrit de Mynas, montre l'existence de nouvelles configurations dans la production manuscrite. La *Dioptre* n'y est pas reproduite, et le corpus poliorcétique ancien, qui est un corpus de technologie militaire, relatif à l'armement et son appareillage, est réuni à des manuels et des traités relatifs à l'art militaire dans son ensemble. Dans les manuscrits du XIe siècle, richement illustrés, la collection poliorcétique ancienne, qui agrège Philon de Byzance, trouve ainsi une place centrale en étant précédée du corpus de tactique ancienne, avec le texte d'Elien[150], et en étant suivie avec les *Cestes* de Julius Africanus[151] d'un ensemble de compilations byzantines, dont les contributions des empereurs Léon VI et Nicéphore Phocas. Le rassemblement de ces textes montre une cohérence

149. Voir notre Note complémentaire [123] au chapitre 31.

150. Voir A. Dain, *Histoire du texte d'Élien le tacticien*, p. 204-208 et les éléments rassemblés par S. Fiaschi, « Aelianus Tacticus » dans *Catalogus Translationum et Commentariorum. Mediaeval and Renaissance Latin Translations and Commentaries* (éd. G. Dinkova-Bruun), 10, Toronto, 2014, p. 128-163.

151. Sur l'auteur et la transmission de son œuvre, voir les contributions rassemblées dans *Die Kestoi des Julius Africanus und ihre Überlieferung*, éd. M. Wallraff et L. Mecella, Berlin-New York, 2009.

forte dont on perçoit aisément la signification : il s'agit de recueillir un héritage et une tradition pour soutenir sans doute la formation à la fois théorique et pratique des élites byzantines en matière militaire[152]. La *Dioptre* n'a pas fait partie de ce programme, et le manuscrit de Mynas reste le seul exemplaire médiéval existant qui témoigne encore de l'association de la *Dioptre* aux traités de poliorcétique, et le seul manuscrit ancien à compléter ce corpus, selon une tradition que l'Antiquité connaissait, par une collection sans doute ancienne[153] d'extraits historiques relatifs à des sièges célèbres de l'Antiquité gréco-romaine[154].

2.4 La destinée du manuscrit de Mynas et la lecture de la *Dioptre* à la Renaissance

Comme de nombreux autres manuscrits byzantins de littérature militaire[155], le manuscrit de Mynas, dans les siècles qui ont suivi le renouveau des études militaires à Byzance,

152. Sur ce sujet, voir l'étude des témoignages byzantins qui nous restent dans l'article de Ph. Rance, « Late Byzantine Elites and Military Literature : Authors, Readers and Manuscripts (*c.* 1050-*c.* 1450) » dans *A Military History of the Mediterranean Sea*, éd. G. Theodokis et A. Yildiz, Leyde, 2018, p. 255-286.

153. La cohérence thématique dont témoignent les extraits historiques rassemblés donne l'image d'une anthologie construite, qui peut avoir une relative ancienneté. Le fait que, pour le récit de Thucydide du siège de Platées, l'anthologie transmette un texte qui témoigne d'une translittération différente de celle dont dépendent les manuscrits de la tradition directe (voir J. Irigoin, « Les manuscrits d'historiens grecs et byzantins à 32 lignes » dans *La tradition des textes grecs*, p. 303-305) est un indice de plus.

154. L'examen codicologique du manuscrit de Mynas a montré qu'on a utilisé pour ce faire un autre exemplaire que le modèle dont on s'est servi pour copier la collection poliorcétique, voir plus haut, p. XCII.

155. Voir tous les exemples donnés par Dain dans ses différents ouvrages, et les pages 369-377 de son étude *Histoire du texte d'Elien le tacticien* sur l'état des manuscrits à la fin du Moyen Âge

a vu son intégrité s'altérer par de mauvaises conditions de conservation, par des mutilations, par des interversions de folios et des pertes de cahier. Le traité de la *Dioptre* en a subi les conséquences en nous privant de passages essentiels à la compréhension du montage de l'instrument. D'autre part, sa transmission dépendant de la destinée d'un manuscrit qui n'a pas lié la copie des traités anciens sur les engins de guerre à celle des ouvrages des tacticiens-stratégistes, composante essentielle de la formation militaire, le traité d'Héron ne pouvait qu'avoir une audience limitée dans ce contexte. Son élimination des manuscrits d'art militaire ne l'a donc pas fait profiter ni de la curiosité des spécialistes qui a pu être portée à cette littérature purement technique au cours du Moyen Âge[156], ni du regain d'intérêt pour les textes antiques fondateurs de la discipline militaire, qui se manifeste en Occident[157] dans les cercles de cour de la Renaissance, en relation avec les nécessités du temps. C'est dans un autre cadre, celui des sciences mathématiques, que l'on retrouve un intérêt porté à la reproduction du traité d'Héron.

156. Voir sur ce sujet le chapitre de B. Gille, « Le poids de la tradition » dans son ouvrage *Les ingénieurs de la Renaissance*, Paris, 1964, p. 11-28.

157. Le besoin de références anciennes dans le développement des arts de la guerre fait naître à la Renaissance une activité éditoriale et exégétique dont profitent les corpus hérités de l'Antiquité ; voir en particulier l'étude de J. R. Hale, « Industria del libro e cultura militare a Venezia nel Rinascimento », dans *Storia della cultura veneta. Dal primo Quattrocento al concilio di Trento*, 3,1, éd. A. Girolamo, Venise, 1980, p. 245-288 ; voir également sur l'activité des humanistes à la cour de Naples, auprès du roi Alphonse d'Aragon, l'étude précitée de S. Fiaschi.

2.4.1 Le témoignage des manuscrits occidentaux du *quadrivium*

On retrouve la trace du *Parisinus Suppl. gr.* 607 en Occident[158] avec la copie du *Vindobonensis phil. gr.* 140, directement effectuée sur le *Parisinus* par Démétrios Trivolis à Rome, au cours des années 1469-1470. Trivolis évoluant dans le cercle néo-platonicien du cardinal Bessarion, lui-même féru de philosophie et de sciences[159], il n'est pas surprenant de voir que, dans le manuscrit de Vienne, la *Dioptre* s'intègre dans un corpus de traités héroniens relevant de la mécanique. La *Dioptre*, qui fait suite à la copie des *Pneumatiques*, retrouve une place attendue, avec les *Belopoeica* et la *Chirobaliste*, dans un manuscrit du *quadrivium*.

158. Sur l'hypothèse de Schöne (« Ueber den Mynascodex... », p. 445, note 2) selon laquelle le volume ancien du *Parisinus* serait le manuscrit d'Athénée apporté par l'humaniste sicilien Giovanni Aurispa (1373-1459) en Italie, et donc l'un des 238 manuscrits acquis à Constantinople au cours des années 1421-1423, lors de son séjour à la cour des Paléologues, manuscrit dont il est question dans sa correspondance avec Ambrogio Traversari, les avis sont partagés. Le manuscrit est décrit dans la lettre VII du 27 août 1424 (R. Sabbadini, *Carteggio di Giovanni Aurispa*, Rome, 1931, p. 13) : *habeo ego volumen quoddam magnum vetustum Athenaei atheniensis mathematici cum picturis instrumentorum ; id volumen est antiquum et picturae non sunt satis aptae, sed facile intelligi possunt.* Il en est question également de manière plus allusive dans les lettres XXXIII, et LII à LV (*ibid.*, p. 51, 67, 69, 70, 72). Voir l'argumentation de G. Commara (« Storia e descrizione del *Vat. gr.* 1164 testimone della trattatistica militare », *Bolletino della Badia Greca di Grottaferrata*, n. s., 56/57, 2002-2003, p. 77-105) pour reconnaître dans le manuscrit d'Aurispa le *Vaticanus gr.* 1164 (identification initiale chez Sabbadini, p. 13, n. 6), et les remarques de S. Fiaschi, *op. cit.*, p. 138-147. Voir en dernier lieu Ph. Rance (« An unpublished Byzantine Medical Fragment », p. 77, note 22).

159. Voir, entre autres, l'article de M.-E. Bottecchia-Dehò, « Codici greco-marciani bessarionei. Dall'Antichità alla scienza moderna », dans *I Greci a Venezia*, éd. M.-F. Tiepolo et E. Tonetti, Venise, 2002, p. 519-531.

Malheureusement pour la diffusion de la *Dioptre*, ce manuscrit n'a guère eu de descendance.

2.4.2 Les contributions des mathématiciens de Strasbourg

Dasypodius possédait un manuscrit de la *Dioptre* directement copié sur le manuscrit de Vienne, comme on l'a vu. Dans son ouvrage *Heron mechanicus*, paru à Strasbourg en 1580[160], qui montre quels ont été les apports des Anciens à la science de la mécanique, il donne un aperçu des différentes disciplines mécaniques pratiquées dans l'Antiquité, dont les sciences militaires, et présente les grandes figures et leurs réalisations les plus célèbres. Il montre sa connaissance directe du traité de la *Dioptre*, comme on peut le déduire de l'observation suivante : à la fin de son résumé des contributions mécaniques, où il s'attache à la figure de « Hieron alexandrinus[161] », cité comme élève de Ctésibius[162], et à son œuvre, Dasypodius fait état de la contribution d'Héron à la science de la dioptrique, dont il détaille les multiples applications aussi bien pour la connaissance des choses célestes que pour les activités humaines ; la liste des applications formulées (les applications militaires ne sont pas évoquées) rappelle fortement l'introduction du traité de la *Dioptre*[163]. D'autre part, Dasypodius fait état ensuite d'un autre Héron

160. Le traité a été réimprimé, commenté et traduit par B. Aratowsky et G. Oestmann, *Conrad Daypodius. Heron Mechanicus*, Augsbourg, 2008.

161. *Ibid.*, p. 100.

162. C'est le titre qui figure en tête des *Belopoeica*, dans les deux branches de la tradition manuscrite.

163. Les arguments sont exactement dans le même ordre : *Denique idem docte exponit subtilissimam illam rerum dioptricarum cognitionem, tam in stellarum observationibus quam variis humanis actionibus necessariam. Vtimur enim hac in aquaeductibus, in urbium et aedificiorum delineationibus, in omnis generis aedificiorum templorumque structuris, rerum cœlestium investigationibus, in insularum maris terrarumque distantiis inquirendis, locorum quoque inaccessibilium secundum longitudinem et profunditatem descriptionibus* (Aratowsky-Oestmann, p. 108-110).

surnommé « mécanicien » (*fuit etiam alter Heron, cognomine mechanicus*) dont il dit brièvement qu'il a traité de deux branches seulement de la mécanique, les engins de guerre et la dioptrique. Les développements qui suivent montrent sans aucun doute possible sa lecture dans la traduction de Barozzi[164] de l'anonyme byzantin, dont il reprend des passages entiers tirés des prologues respectifs de la *Poliorcétique* et de la *Géodésie*.

Un autre témoignage de l'intérêt qui a pu être pris à la lecture de l'ouvrage d'Héron nous est fourni par l'existence de deux traductions latines de la Renaissance, relevant encore du même milieu scientifique, et qu'il faut en réalité attribuer à l'érudit strasbourgeois Sébastien Mieg[165], ami de Dasypodius. La première figure dans l'*Upsaliensis gr.* 54[166] ;

164. C'est aussi du tout début de la préface de Barozzi à sa traduction de la *Poliorcétique* (*Heronis vocati Mechanici...*), qu'il tire l'épithète de « mécanicien » pour son « autre Héron », et c'est de l'invitation de Barozzi (f. 36rv de l'édition) à ne pas confondre les deux mathématiciens, qu'il tire également sa formule *fuit etiam alter Heron*.

165. Trois membres de la famille des Müg von Boofzheim portent ce nom (Sébastien I (mort en1609), son neveu Sébastien II (mort en 1596) et Sébastien III (mort en 1624), fils du précédent et la figure la plus connue pour son érudition. Dans sa préface au catalogue de Graux-Martin (Ch. Graux et A. Martin, *Notices sommaires des manuscrits grecs de Suède*, Paris, 1889), A. Martin (p. 19) rapporte les manuscrits de la collection Mieg achetés par la Bibliothèque Universitaire d'Uppsala (voir note suivante) à Sébastien Mieg II, pour des raisons d'ordre chronologique, en s'appuyant sur l'étude de E. Rosengren (*De origine Aristoxeni Elementorum Harmonicorum Codicis Upsaliensis disputatio*, Hernösand, 1888) relative à *l'Upsaliensis gr.* 52, manuscrit grec copié, selon Rosengren, par Sébastien Mieg à Strasbourg un peu avant 1590, et consacré aux musicographes grecs.

166. Manuscrit papier, 320 × 210 mm, 243 folios. Le manuscrit fait partie d'un lot de 10 manuscrits (*Upsalienses gr.* 26, 33, 45, 48-54) achetés en 1719 par la Bibliothèque de l'Université, sous l'administration d'Eric Benzélius, aux héritiers du grand érudit strasbourgeois Jean Scheffer (1621-1679), qui avait été appelé en 1648 à Upsal par la reine Christine,

c'est une traduction de travail[167] ; la seconde est une traduction soigneusement reproduite, conservée à Wolfenbüttel (bibliothèque du duc Auguste), et constituant à elle seule le *Guelferbytanus* 68. 2 Aug. 2°[168], traduction que Schmidt

et qui avait acquis un certain nombre de manuscrits grecs ayant appartenu à la collection Mieg (Pour le détail de ces acquisitions voir S. Y. Rudberg, « Notices sur les manuscrits grecs d'Upsal », *Studia codicologica* (*Texte und Untersuchungen zur Geschichte der altchristlichen Literatur* 124), Berlin, 1977, p. 395-400). Parmi les multiples références et manchettes qui occupent toutes les marges (voir note suivante), on note la connaissance par Mieg d'un manuscrit de Dasypodius : on lit en marge, au folio 86r, la mention *vide in D. Das. Exemplari.*

167. Le manuscrit, qui n'a pas reçu de reliure, rassemble, entre autres, à l'état de brouillons, des traductions latines de textes musicaux (Bacchius l'ancien, Barlaam) et mathématiques (Héron, Pédiasime, Diophante). On peut reconnaître dans les textes du corpus héronien traduits (on lit aux folio 35r et 147r la date de 1590) des extraits des *Definitiones* et des *Geometrica.* La *Dioptre* est traduite aux folios 76r-145v. Ces traductions latines, très raturées, présentent de multiples manchettes et références marginales en latin et en grec, des titres de chapitres qui relèvent du traducteur, des calculs, et pour la *Dioptre*, des représentations concrètes de l'instrument in *situ*, des scènes figurées avec l'opérateur et des dessins techniques. Le chapitre sur l'odomètre marin n'est pas traduit. L'écriture grecque et latine est celle d'autres manuscrits du *quadrivium* de la collection Mieg (voir *Sérénus. La Section du cylindre. La section du cône*, éd. M. Decorps-Foulquier et M. Federspiel, Paris, 2019, p. LXXIV-LXXVI). On notera ici que l'*Upsaliensis gr.* 52 contient aux pages 37-58 le texte grec des deux textes de l'*Introduction à l'art musical* de Bacchius l'ancien (voir plus haut), et que le commentaire latin qui suit, sous le titre de *Scholium Sebastiani Miegii*, présente exactement la même écriture que les traductions latines de l'*Upsaliensis gr.* 54.

168. Manuscrit papier, 305 × 205 mm, 57 folios ; voir O. von Heinemann, *Kataloge der Herzog-August-Bibliothek Wolfenbüttel. Die Alte Reihe Nachdruck der Ausgabe 1884-1913*, t. VI : *Die Augusteischen Handschriften*, 3, Francfort, 1966 (réimpr. t. II, 3), p. 341. On lit au verso de la couverture de la main de Sébastien Mieg les initiales S.M. Le manuscrit ne contient que la traduction de la *Dioptre.* On retrouve l'écriture des

pensait pouvoir attribuer à Dasypodius[169]. Cette seconde traduction est en fait une mise au propre en quelque sorte de la première. Les deux traductions, par la qualité des dessins techniques et l'abondance des références aux textes antiques et aux mathématiciens et ingénieurs contemporains, dont Jacques Besson (mort en 1573), témoignent de l'étendue de la culture scientifique du traducteur. Le témoignage du manuscrit de Wolfenbüttel trouve une place dans l'apparat critique de cette édition.

2.5 Le contexte corvinien

La présence à Buda du *Parisinus* au tout début du XVIe siècle, selon la note du relieur Lucas Coronensis qui est intervenu sur le manuscrit[170], doit être mise en relation avec l'importance accordée dans la bibliothèque corvinienne à la littérature militaire[171]. Le manuscrit n'a pas été relié à la bibliothèque royale[172], et Lucas Coronensis, dont on a retrouvé d'autres exemples de production, datables approximativement des années 1510, n'a pas pu travailler pour le roi Matthias Corvin, mort en 1490. Mais les ateliers de reliure monastiques et séculiers de Buda, ne pouvaient pas ne pas être en relation avec l'atelier de la cour. Dans ce contexte, on a suggéré[173] que les quatre unités qui constituent le manuscrit représentaient des restes de manuscrits en provenance

manuscrits déjà cités, mais plus soignée et resserrée, des représentations de la dioptre *in situ* et des dessins techniques.

169. Voir W. Schmidt « Heron von Alexandria, Konrad Dasypodius und die Strassburger astronomische Muensteruhr », *Abhandlungen zur Geschichte der Mathematik* 8, 1998, p. 182-185.

170. M. Rozsondai a retrouvé 9 exemples du travail de ce relieur, auquel la note du *Parisinus* a permis de donner un nom (*op. cit.*, p. 518).

171. Pour la bibliographie, voir A. Nemeth, *op. cit.*, p. 165, note 50.

172. M. Rozsondai, *op. cit.*, p. 519.

173. A. Nemeth, *op. cit.*, p. 165, note 50.

de la bibliothèque corvinienne[174], laissés à l'abandon après le départ pour Parme, à la mort du roi, du dernier bibliothécaire, Taddeo Ugoleto ; cela serait une explication plausible pour la surprenante adjonction d'un exemplaire luxueux des discours de Lysias (mais déjà relativement désarticulé[175]) à un manuscrit de littérature militaire[176].

2.6 Le départ vers le Mont Athos

L'acheminement du manuscrit de Mynas vers le Mont Athos enlève définitivement au traité d'Héron la possibilité d'une diffusion large auprès des savants occidentaux. C'est une note récemment déchiffrée[177] de Gabriel, archevêque de Thessalonique (1593-1596), au folio Iv, qui permet de renoncer à l'hypothèse d'un départ en Orient après la défaite hongroise de Louis II en 1526 devant les Turcs[178]. La note fait supposer que c'est un chemin religieux individuel à la fin du XVIe siècle qui conduit à la présence du manuscrit dans le couvent de Vatopédi, où le découvrira Mynas.

La tradition imprimée

C'est au célèbre historien des sciences et physicien italien Giambattista Venturi (1746-1822)[179] que l'on doit la

174. Il faut rappeler ici que le désordre du volume ancien du *Parisinus* n'est pas dû au relieur de Buda. On a vu que la numérotation portée au verso des folios, qui enregistre toutes les pertubations, est antérieure, voir plus haut, note 16.

175. Voir Schöne, « Ueber den Mynascodex... », p. 434-437.

176. En revanche, il n'est pas complètement sûr qu'on puisse rapporter au même relieur, qui ne semble pas connaître le grec (M. Rozsondai, *op. cit.*, p. 520), les accroissements du début du manuscrit. Ils ne sont pas, en effet, totalement étrangers aux choses militaires.

177. Voir plus haut, note 60.

178. C'était l'hypothèse de M. Rozsondai (*op. cit.*, p. 525), mais elle s'étonnait à bon droit de voir le manuscrit rejoindre le Mont Athos au lieu de Constantinople.

179. Voir la récente monographie qui lui a été consacrée, *Giambattista Venturi, scienzato, ingegnere, intellettuale fra Età dei*

première publication du traité de la *Dioptre* sous la forme d'une traduction italienne annotée avec figures[180]. Dans son introduction[181], il précise avoir utilisé sa propre copie du manuscrit de la Bibliothèque impériale de Paris (soit le *Parisinus gr.* 2430), confrontée avec le manuscrit de l'Université de Strasbourg (= *Argentoratensis* C III 6). Ses figures des instruments, à savoir la figure de la dioptre, de l'*asteriskos* (ch. 33), du *baroulkos* (ch. 36) et de l'odomètre marin (ch. 37)[182] ainsi que les figures des chapitres 17-20 sont à la base des représentations des éditions ultérieures.

L'*editio princeps* du traité et sa première traduction française sont dues au savant français Alexandre-Joseph-Hydulphe Vincent (1797-1868), qui publie l'ouvrage dans le tome 19 (2e partie) de la collection *des Notices et extraits des manuscrits de la Bibliothèque Nationale et autres bibliothèques* publiés par l'Institut national de France (Paris, 1858)[183]. Dans son « Post-Scriptum » (p. 170-172), il précise avoir travaillé sur le *Parisinus gr.* 2430, avant d'avoir communication du manuscrit de Strasbourg au moment de mettre sous presse, et de reconnaître que ce dernier avait servi de modèle au *Parisinus*. Ce sont les leçons du manuscrit de Strasbourg qui sont notées dans son apparat, quand elles diffèrent du texte édité. Vincent accompagne son édition

Lumi e classicismo, éd. W. Bernardi, P. Manzini, R. Marcuccio, Florence, 2005.

180. La traduction est parue en 1813 sous le titre « Del Traguardo. Opusculo sinora inedito de Erone il Meccanico tradotto del greco ed illustrato con note » dans *Memorie dell' Istituto nazionale italiano. Classi di scienze morali, politiche, etc., di letteratura, belle arti, etc.*, V, p. 231-301 et tables II-VI (41 figures). Ce travail est réédité dans *Commentarj sopra la storia e le teorie dell'ottica del Cavaliere Giambattista Venturi Reggiano*, I, Bologne, 1814, p. 77-147 et tables II-VI.

181. Voir p. 79 de son édition de 1814.

182. Il n'a pas restitué la figure de l'odomètre terrestre (ch. 34).

183. *Extraits des manuscrits relatifs à la la géométrie pratique des Grecs*, p. 157-337.

de notes précises et fondamentales pour la connaissance du traité et édite un texte expurgé de nombreuses fautes de copie. En revanche sa traduction est loin de respecter la littéralité du texte grec, et chaque fois que se présente une difficulté de compréhension, Vincent, qui n'est pas un helléniste de formation, s'accorde d'étonnantes libertés pour la contourner. Une traduction aussi libre ne peut pas servir de base de travail.

La première édition critique est due à Hermann Schöne, qui publie le texte avec une traduction allemande dans le volume 3 des œuvres complètes d'Héron éditées chez Teubner (*Heronis Alexandrini opera quae supersunt omnia*, 3, Leipzig, 1903, p. 188-315), à la suite des *Metrica* (p. 2-185). Schöne, qui se présente lui-même dans ses *Prolegomena*[184] comme un grammairien (*homo grammaticus mathematices parum peritus*), a eu de toute évidence beaucoup de difficultés à saisir le sens de certains passages, en particulier dans les parties mécaniques, au point de transmettre parfois un texte incompréhensible. Son apparat a été rédigé sans trop de soin (fautes de lecture du manuscrit, méconnaissance de certaines abréviations, reprise sous son nom des corrections de ses prédécesseurs). Son édition, qui est restée jusqu'à présent la seule édition critique de référence, demandait à être renouvelée.

Dans son précieux ouvrage *Surveying Instruments of Greece and Rome*, publié en 2001, M. J. T. Lewis a procuré une traduction anglaise partielle du traité de la *Dioptre*[185], dont l'utilité n'est plus à démontrer. Il faut regretter seulement qu'il ait délibérément omis de traduire les passages difficiles (les exemples sont multiples) ou même les ait réécrits, alors qu'une intervention minime sur le texte grec pouvait redonner toute sa cohérence au raisonnement d'Héron.

184. *Op. cit.*, p. XXI.
185. P. 259-286.

Principes éditoriaux

1. Choix éditoriaux

L'édition du texte est fondée sur le témoignage du *Parisinus Suppl. gr.* 607 (M), reconnu comme l'ancêtre de la tradition manuscrite conservée. Ses leçons seront citées dès qu'elles diffèrent du texte édité. Le *Vindobonensis phil. gr.* 140 trouve également une place dans l'apparat critique, puisqu'on doit à son copiste, Démétrios Trivolis, quelques corrections, mais qui ne portent que sur la forme. La traduction latine de Sébastien Mieg est également citée à l'appui des conjectures des éditeurs antérieurs. Le savant a corrigé dans sa traduction les erreurs commises sur les lettres désignatrices, mais comme il a changé parfois le lettrage de sa source manuscrite, ses corrections ne figurent pas toutes dans l'apparat. Quant aux fautes de lecture et aux oublis de l'éditeur Schöne, ils n'ont pas été relevés dans l'apparat.

2. Division du texte

Dans le *Parisinus Suppl. gr.* 607 les différentes sections, propositions mathématiques en bonne et due forme ou chapitres, ne sont pas identifiées par des numéros. On retrouve pour la division du texte des habitudes d'atelier bien connues : retours à la ligne et initiales en saillie, la fin d'une section étant marquée par deux points l'un au-dessus de l'autre suivis par un trait horizontal plus ou moins ondulé. Les divisions introduites dans la présente édition sont le fait des éditeurs modernes, en premier lieu Vincent. Les quelques écarts par rapport à la numérotation des éditions Vincent et Schöne sont signalés dans les notes.

3. Figures

Les figures de l'édition sont celles du *Parisinus*. Elles ont été redessinées ; leur forme, leur orientation ainsi que la place des lettres désignatrices ont été respectées. Les ajouts et corrections ont été signalés dans les notes.

4. Graphies adoptées

Le copiste du *Parisinus* adopte l'écriture majuscule pour les points, droites et figures et surmonte les lettres désignatrices d'un trait horizontal. C'est le même système d'écriture pour les lettres numérales, et rien ne distingue la lettre-chiffre cardinale de l'ordinale. On trouvera dans la présente édition les lettres désignant des objets géométriques écrites en majuscule, et les nombres écrits en minuscule, sans autre signe diacritique.

Dans le *Parisinus*, les nombres ordinaux sont tantôt représentés par la lettre-chiffre, tantôt écrits en toutes lettres. Cette alternance a été respectée dans le texte édité.

Pour l'écriture des fractions, le copiste écrit simplement le dénominateur au-dessus du numérateur. Nous avons fait figurer le dénominateur accompagné d'un accent aigu, en haut, à droite, à la suite du numérateur. Nous avons respecté le manuscrit en exprimant $\frac{1}{2}$ par un trait brisé à angle aigu. Pour les grands nombres, nous avons également suivi le manuscrit : les milliers sont accompagnés d'un accent aigu à gauche, en bas ; et au delà de 10 000, c'est la lettre initiale de μύριοι qui est utilisée ; on écrit donc ici 250 000 de la manière suivante : $\mathrm{M}^{\kappa\varepsilon}$.

Avertissement du traducteur

La présente traduction de la *Dioptre* a été effectuée en tenant compte des préconisations de Michel Federspiel, dans son étude fondamentale « Sur l'opposition *défini/indéfini* dans la langue des mathématiques grecques » (*Les Études Classiques* 63, 1995, p. 249-293), complétée par ses diverses notes linguistiques parues dans la *Revue des Études Grecques*, et dans les notes complémentaires de sa traduction des *Coniques* d'Apollonius de Perge.

LA DIOPTRE D'HÉRON ET SES RESTITUTIONS[1]

(Micheline Decorps-Foulquier)

Les restitutions de l'instrument

L'instrument décrit par Héron, et dont il dit dans son préambule qu'il l'a lui-même conçu dans le but de procurer une seule dioptre pour l'ensemble des problèmes de mesure qui se posent, ne cesse pas, encore aujourd'hui[2], de faire l'objet d'un certain nombre de restitutions parfois fort divergentes. La principale raison, on le sait, vient du fait que, dans les chapitres initiaux, une partie de la description du dispositif construit par Héron et la ou les figures correspondantes ont disparu avec la perte des deux bifolios centraux d'un cahier du *Parisinus Suppl. gr.* 607. Les différents exposés des utilisations de la dioptre dans la suite du texte pallient en partie ce manque, mais Héron reste allusif ; on en comprend la raison puisque l'instrument avait été présenté avec précision au début du traité[3]. Le vocabulaire technique

1. La synthèse proposée ci-dessous doit beaucoup aux réflexions dont Anne Roth Congès nous a fait part à l'occasion de son travail sur les utilisations de la dioptre (voir entre autres sa contribution « *Artis copia*. Questions d'arpentage dans la *Dioptre* d'Héron d'Alexandrie et dans les textes gromatiques romains » dans *Autour de la Dioptre d'Héron d'Alexandrie*, p. 107-147).

2. À la faveur du développement de sites dédiés à la reconstitution des instruments de l'Antiquité.

3. Selon une tradition d'exposition que l'on retrouve par exemple dans le célèbre *Traité de l'astrolabe* de Jean Philopon.

est souvent difficile à interpréter, les ressources lexicographiques étant encore insuffisantes ; on manque souvent de repères aussi bien pour circonscrire les référents exacts que pour donner leur juste signification aux termes employés[4]. Quant aux figures qui accompagnent les différents chapitres, elles posent elles-mêmes des problèmes d'interprétation, compte tenu de la maladresse de leur tracé et des déformations enregistrées.

Cette insuffisance du témoignage textuel a eu pour conséquence de laisser à la recherche moderne, qui commence avec la traduction italienne en 1813 de Giambattista Venturi, une latitude importante pour imaginer des dispositifs fondés davantage sur la nécessité de faire fonctionner un appareil pour toutes les occasions décrites par Héron que sur la fidélité due au texte transmis[5]. Les reconstitutions de l'appareil proposées dans les publications anciennes[6] (Venturi, Vincent, Schöne) continuent à être régulièrement remises en cause (depuis déjà l'astronome allemand Johann Adolf Repsold[7] ou le savant danois A. G Drachmann[8]), sans

4. Même incertitude, parfois, pour le sens exact des nombreux diminutifs utilisés par Héron, dont certains peuvent n'attester qu'un état de langue (par exemple l'utilisation pour un même référent, en l'occurrence la vis, du terme κοχλίας et de son diminutif κοχλίδιον), quand d'autres peuvent renvoyer à la forme réduite de certaines pièces.

5. On trouvera dans l'article de J.-P. Adam (« Groma et Chorobate. Exercices de topographie antique », *Mélanges de l'Ecole Française de Rome* 94, 1982, 2, p. 1003-1029) une synthèse utile sur les méthodes topographiques de l'Antiquité, mais la restitution proposée de la dioptre d'Héron, p. 1005, est loin du texte.

6. Voir la présentation de ces éditions dans Notice, « Histoire du texte ».

7. Voir son article « Zur Geschichte der astronomischen Messwerkzeuge », *Astronomische Nachrichten* 206, n° 4931, 11, 1918, p. 93-98.

8. Voir en particulier sa critique de Schöne dans son premier article sur la dioptre (« Dioptra », *RE*, Suppl. 6, 1935, col. 1287-1290) et son étude postérieure « Hero's dioptra

pour autant faire consensus. La restitution de la dioptre d'Héron reste donc une question ouverte[9]. Les représentations qui servent de base aux propositions et discussions des chercheurs sont les figures conçues par l'ingénieur berlinois Julius Neumann et publiées dans l'édition Teubner d'Hermann Schöne[10].

On se contentera de rappeler ci-dessous les étapes décrites par Héron pour l'agencement de l'instrument dans les chapitres 3-5, ainsi que les informations complémentaires qui sont à déduire des exercices d'application et des figures transmises dans la suite du traité ; on examinera ensuite les présupposés qui sous-tendent les choix opérés par les principaux éditeurs, traducteurs et commentateurs. On comprendra mieux ainsi les difficultés que le texte, tel qu'il nous a été transmis, ne permet pas de résoudre.

and levelling-instrument », dans *A History of Technology*, éd. C. Singer, E. S. Holmyard et A. Hali, 3, 1957, p. 609-612 ; et en dernier lieu sa publication « A Detail of Heron's Dioptra », *Centaurus* 13, 1969, p. 241-247.

9. On trouvera, par exemple, parmi les remises en cause récentes des restitutions anciennes, la contribution de l'ingénieur I. Moreno Gallo, « Dioptra », publiée dans *Nuevos Elementos de Ingeniería Romana*, III Congreso de las Obras Públicas Romanas, Astorga, 2006, p. 379-389, ou la publication en ligne (2019) de Jens Kleb, « A critical Analysis of the Reconstructions from Herons Dioptra published during the 18th until 20th Century ». Pour une remise en cause de l'efficacité de l'instrument sur le terrain, on peut consulter, entre autres contributions récentes, l'article de J. J. Coulton, « The Dioptra of Hero of Alexandria » dans *Science and Mathematics in Ancient Greek Culture*, éd. C. J. Tuplin et T. E. Rihll, Oxford, 2002, p. 150-164.

10. En particulier les figures 83b (dioptre sur pied) ; 83a (plan de coupe de la dioptre sur pied) ; 83c (vis du plateau inférieur de la dioptre) ; 84a (le niveau d'eau fixé sur une tablette) ; 84c (plan de coupe d'une extrémité du niveau d'eau). Ces figures ont été présentées par Schöne dans une publication antérieure : « Die Dioptra des Heron », *Jahrbuch des Kaiserlich Deutschen Archäologischen Instituts* 14, 1899, p. 91-103.

1. Les étapes décrites par Héron[11]

On trouve dans les deux développements qui suivent directement le préambule (chapitres 1 et 2), l'inventaire des pièces constituant la dioptre ; ce sont les chapitres 3 et 4, le chapitre 5 étant consacré aux mires.

1.1 L'inventaire des pièces avant la rupture du texte (chapitre 3)

On distingue 4 parties :

a) Dans la première partie, Héron adopte le regard d'un observateur positionné devant l'instrument, il commence la description par le bas, du pied jusqu'au couronnement de ce dernier. Voici dans l'ordre du texte les pièces décrites[12] : (1) le pied (παγεύς)[13] en forme de colonnette (στυλίσκος), sans autre précision sur le diamètre de cette colonnette, sa hauteur, son matériau et le moyen de la faire tenir à la verticale ; (2) « à la partie supérieure » du pied, un cylindre (τόρμος στρογγύλος), dont la hauteur n'est pas donnée, ni le montage précisé[14] ; (3) autour de ce cylindre, un disque (τυμπάνιον) en bronze et de même centre ; (4) autour du même cylindre, un tube en bronze (χοινικίς), servant de moyeu, tournant librement autour de lui ; (5) en bas de ce moyeu, et solidaire de lui, une roue dentée (τυμπάνιον ὠδοντωμένον), plus petite que le disque sur lequel elle est placée ;

11. Voir pour plus de précision les notes complémentaires au texte.

12. Les dimensions qui peuvent varier selon l'instrument construit ne sont pas données.

13. L'utilisation du terme παγεύς montre clairement qu'il s'agit d'un pied unique enfoncé dans le sol (cf. πήγνυμι). On peut supposer qu'il était en bois (moins lourd et moins cher que le bronze) avec une base en bronze à ficher dans la terre.

14. On a ici un axe tourillonné sur le pied et qui est une pièce maîtresse du mécanisme.

(6) en haut du moyeu, une tablette (πλίνθος) qui le couronne comme un petit chapiteau dorique[15].

b) Héron consacre ensuite un développement au fonctionnement de la roue dentée dont il a été question. On identifie plusieurs éléments : (1) la vis elle-même (κοχλίδιον) dont le filet (ἕλιξ) s'engrène dans les dents de la roue, et qui fait tourner la roue dentée et le moyeu ; (2) les fixations (στημάτια) de la vis sur le disque (voir plus haut, pièce a3) ; (3) les éléments de solidarité de la roue dentée et du moyeu, à savoir trois tourillons (τόρμος) sortant de la base du moyeu pour se solidariser avec la roue.

c) Héron procède ensuite à la désignation par des lettres, à la manière de l'ecthèse géométrique[16], des différents éléments présentés : le disque AB, solidaire du pied et placé autour du tourillon, la roue dentée ΓΔ, solidaire du moyeu, la vis EZ, le moyeu HΘ, le petit chapiteau KΛ. Cette récapitulation suggère que tous ces éléments forment un tout et sont installés à demeure sur la dioptre.

d) Héron commence la description de l'appareil sommital de la dioptre, qui, ici encore, débute par le bas, à savoir par la partie inférieure du dispositif de visée qui repose sur l'abaque. On distingue : (1) deux fixations (στημάτια) de bronze sur l'abaque du petit chapiteau, comparées à des réglettes (κανόνια) ; (2) l'espace entre les deux fixations, adapté à l'épaisseur (πάχος) d'un disque (τυμπάνιον) ; (3) entre les deux réglettes, une vis (κοχλίας) ; (4) les fixations de la vis <...>.

Le positionnement décrit du disque entre les deux réglettes de bronze (pièces d1-2) montre qu'il ne peut s'agir que d'un disque vertical, manœuvré par la vis qui s'engrène dans les dents de la roue et servant de support à un appareillage supérieur, dont la description a disparu du texte.

15. La comparaison est à faire avec l'abaque d'un chapiteau, qui permet de donner une assise large aux éléments qu'il supporte.

16. Sur les différentes parties d'une proposition géométrique, voir Note complémentaire [8].

Héron décrit ici l'appareillage inférieur qui conditionne la mobilité d'un dispositif de visée monté dans la partie supérieure de la dioptre et supporté par le chapiteau qui couronne le pied.

1.2 L'inventaire des pièces après la reprise du texte (chapitre 4)

Après l'interruption de la description précédente, on trouve, sans doute possible, la description d'un niveau d'eau. La tradition manuscrite sauvegarde au tout début un membre de phrase relatif à des éléments adaptés au tourillon « dont on a parlé », ce qui montre qu'on ne change pas d'instrument, même si on doit supposer un changement de dispositif de visée (voir plus loin). L'unicité de la dioptre est ici confirmée, conformément au préambule et à la transition du début du chapitre 5 : « Voilà pour la construction de la dioptre ». On a perdu le passage où Héron devait préciser la manière dont le niveau d'eau était monté sur le pied.

Voici dans l'ordre les pièces du niveau d'eau décrites : (1) dépassant en hauteur le tourillon de quatre doigts (≈ 7,5 cm), deux grandes règles (μακροὶ κανόνες)[17] ; (2) dans l'intervalle, une règle (celle du niveau d'eau) de quatre coudées (≈ 1,72 cm) ; (3) dans la mortaise à la surface de la règle[18], un tube (σωλήν) en bronze, inférieur de douze doigts (≈ 22,2 cm) à la longueur de la règle et protégé par un couvercle ; (4) à chaque extrémité du tube, un autre tube vertical pas plus haut que deux doigts (≈ 3,7 cm) ; (5) ajustée à chacun des deux tubes verticaux, une fiole de verre (ὑέλινον κυλίνδριον) haute de douze doigts, par laquelle l'eau sera versée et utilisée pour tirer le niveau ; (6) juste à côté des fioles, deux cadres (πηγμάτια)[19] ; (7) deux plaquettes (λεπίδια) de bronze pourvues d'une fente verticale pour les visées et coulissant dans une feuillure (σωλήν)

17. Sur ce dispositif, voir p. 7, note 6.

18. Héron décrit un canal (σωλήν) cylindrique ou quadrangulaire.

19. Leur fonction est de maintenir les fioles et les plaquettes.

du montant des deux cadres ; (8) solidaire de chacune des deux plaquettes, à la partie inférieure, un tube[20] (χοινικίδιον) haut d'un demi-doigt (≈ 0,9 cm) ; (9) pour faire monter et descendre chaque plaquette, une tige (ἀξόνιον) en bronze qui traverse la règle et dont l'extrémité supérieure a un écrou fixe (τυλάριον) qui s'engage dans la butée à la base des plaquettes ; le filet de la tige s'engrène dans un écrou (τυλάριον) fixé à la règle.

1.3 Le témoignage des figures

a) L'illustration accompagnant la description de la dioptre

La tradition manuscrite ne nous a transmis qu'une seule représentation de la dioptre relative aux descriptions précédentes. C'est la figure 4 de notre édition (voir p. 9). Elle représente le dispositif du niveau d'eau, décrit dans le chapitre 4. L'illustration du dispositif décrit dans le chapitre 3 a disparu avec la perte de texte. La figure du manuscrit de Mynas, qui a été amputée par le relieur dans sa partie droite, doit être complétée par la figure reproduite dans le *Vindobonensis phil. gr.* 140 (f. 34v)[21], qui permet de restituer un petit élément supplémentaire, posé sur la dernière ligne horizontale figurant la règle du niveau d'eau : il est constitué d'un mince trait vertical surmonté d'un petit rectangle long et étroit, suggérant la représentation de la tige de bronze qui guide la montée et la descente des plaquettes[22], et son écrou fixe au sommet.

La figure du manuscrit de Mynas a été diversement interprétée. Drachmann, en particulier, y a vu une représentation partielle de la dioptre, en considérant que le pied n'y était pas figuré, et que la colonnette dessinée était en fait le moyeu

20. Cet embout sert de butée femelle, la partie mâle étant la tige filetée qui monte et descend dans la règle du niveau d'eau.

21. La figure du manuscrit de Vienne est reproduite également dans le *Parisinus gr.* 2430, f. 83r (voir plus loin la planche II de la traduction de Venturi (*fig. 2*).

22. Un dessin précis reconstituant le système décrit par Héron est donné dans l'article précité de J. A. Repsold, p. 96.

d'où sortaient les trois pièces (pièces b3) qui rendaient solidaires le moyeu (pièce a4) et la roue dentée (pièce a5). Il est difficile de retenir cette interprétation, comme nous le verrons plus loin.

La figure apporte trois éléments nouveaux par rapport au texte : (1) le fait que le niveau d'eau repose directement sur l'abaque du chapiteau, ce qui laisse penser que le dispositif décrit avant l'interruption du texte (pièces d1-4) ne le concerne pas[23] ; (2) les fentes de visée représentées en forme de croix[24] ; (3) la représentation d'un fil à plomb ajouté au pied.

b) Les figures dans le reste du traité

Dans le reste du traité, ce sont les visées qui sont représentées, et donc des lignes droites qui servent de support à un traitement géométrique des problèmes. On trouve une représentation concrète de l'instrument dans les chapitres 12, 14, 16 et 21, mais très schématisée avec le dessin d'un pied, réduit à une ligne verticale, surmonté d'une règle de visée, horizontale ou inclinée, et d'un cercle central sous la règle de visée ; si ce dernier renvoie au demi-cercle vertical du système de l'alidade, cela voudrait dire que, dans l'esprit du dessinateur, l'utilisation du niveau d'eau est éliminée.

1.4. Les précisions supplémentaires des exercices proposés

Le chapitre 6, qui illustre une opération de nivellement[25], fournit la seule mention explicite de l'utilisation d'une règle de visée avec des fioles remplies d'eau, donc d'un niveau d'eau ; la description des manipulations confirme le fait que la règle de visée surmonte directement le pied de la dioptre

23. Il s'agit clairement d'un dispositif d'inclinaison, qui ne peut être que celui de l'alidade.

24. Voir p. 9, note 3.

25. Le nivellement a pour but de déterminer les distances (les cotes) des principaux points d'un terrain par rapport à un plan horizontal choisi comme plan de référence. On recherche donc des différences de niveau.

(voir la figure transmise dans le chapitre 4), puisqu'elle est désignée comme « la règle au sommet de la petite colonne » pour la différencier de la mire, désignée par le même terme κανών[26]. Elle est pivotante et sert à la visée horizontale sur les mires. L'exercice confirme que la dioptre peut être bloquée dans une position.

C'est dans la suite du traité, où l'on voit l'utilisation conjointe des visées d'alignement, des mesures prises sur le terrain et des propriétés géométriques, qu'apparaît un dispositif de visée pouvant correspondre à la description qui figure avant la rupture du texte ; il s'agit du système de l'alidade où la règle de visée est mobile sur un plateau circulaire (τύμπανον) inclinable (chapitres 8, 17, 18 et 32). Le chapitre 32 nous apprend qu'à la règle de visée étaient fixées des aiguilles de mesure d'angles (μοιρογνωμόνια), ce qui fait de la dioptre d'Héron un instrument goniométrique. L'inclinaison du plateau était commandée par un « demicercle » (ἡμικύκλιον), dont la désignation explicite se trouve la première fois dans le chapitre 8 ; il faut y reconnaître la demi-roue dentée verticale dont le montage sur l'abaque du chapiteau (pièces d1-2) a vu sa description interrompue. L'instrument peut alors être utilisé pour les observations astronomiques ou pour les visées d'alignement non horizontales (chapitres 8, 9, 14, 17, 18, 21 et 32). Dans le chapitre 17, le plateau peut être positionné parallèlement à un plan, et dans le chapitre 18, il peut être mis à la verticale. Dans le chapitre 32, on voit que la règle de visée est également amovible, puisqu'on l'enlève le temps de mettre le plateau dans le plan de deux étoiles, afin de ne pas gêner la visibilité. On sait par le même chapitre que sur le plateau figurait un cercle concentrique divisé en 360 degrés.

Les chapitres 7 et 9, où l'on voit l'opérateur mener des lignes perpendiculaires en utilisant la dioptre, donnent une information supplémentaire sur le plateau circulaire qui supporte la règle de visée : il est précisé dans le chapitre 7

26. Voir p. 14, l. 9 et note 3.

qu'on transporte la dioptre sur la droite ΚΛ jusqu'à ce que le point B (qu'on va rechercher sur une ligne perpendiculaire à ΚΛ) soit visible « avec la seconde droite de l'instrument » ; cela suppose le tracé de deux axes perpendiculaires sur le plateau : l'alidade est d'abord placée sur le premier axe pour tracer l'alignement ΚΛ, puis la dioptre est déplacée sur cet alignement jusqu'à ce que, l'alilade ayant pivoté, à 90 sur le deuxième axe, permette de voir le point B au travers des pinnules. Il faut supposer qu'avant de faire pivoter la règle à angle droit, on a bloqué la dioptre au point atteint sur ΚΛ, en l'occurrence le point Λ, avec la roue dentée horizontale du bas. Le chapitre 9 précise bien que c'est « en faisant pivoter la règle » (τῇ ΕΔ διὰ τῆς διόπτρας πρὸς ὀρθὰς ἤγαγον τὴν ΕΖ ἐπιστρέψας τὸν κανόνα, p. 27, l. 4-5) qu'on mène la droite ΕΖ perpendiculaire à la droite ΕΔ.

On voit donc fonctionner sur le terrain, dans les problèmes qui suivent immédiatement les chapitres qui décrivent l'instrument, deux dispositifs de visée différents, un niveau d'eau et une règle de visée pivotant sur un plateau inclinable, manœuvré par une demi-roue dentée verticale. Les chapitres suivants sont plus allusifs quant aux manœuvres concrètement effectuées, ce qui suppose qu'aux yeux de l'auteur, rien n'a besoin d'être ajouté par rapport aux chapitres du début. Les expressions utilisées par Héron dans les chapitres 7 et 8 à propos de l'installation de la dioptre par l'opérateur confirment l'existence de deux dispositifs. Quand il précise au début du chapitre 7 qu'on met en place « la dioptre <celle> qui peut viser des plans à angles droits » ou, dans le chapitre 8, « la dioptre <celle> qui est équipée du demi-cercle », avec chaque fois le procédé grammatical de la seconde position épithétique (répétition de l'article), on peut légitimement supposer que, par une telle détermination, qui concerne la fonction de l'instrument dont on a besoin, Héron entend différencier le dispositif utilisé de celui qui a été mis en place pour le nivellement dans le chapitre précédent (chapitre 6).

On constate donc une correspondance entre le texte et les représentations figurées de l'instrument dans les chapitres 4, 12, 14, 16 et 21 (voir plus haut). Il est important de le souligner, car malgré leur maladresse ou leur schématisation, les figures transmises ont valeur de témoignage. Dans cette portion du manuscrit de Mynas, les figures sont cohérentes et homogènes (à l'exception de la figure du chapitre 37). En admettant même qu'elles ne remontent pas à l'auteur, elles ne peuvent guère avoir été conçues en contradiction avec le texte.

2. Aperçu sur les restitutions de l'instrument

On fait ici un rapide bilan des restitutions les plus connues. Elles ont été proposées successivement par Venturi (1813), Vincent (1858), Neumann dans l'édition de Schöne (1899), et Drachmann (1957).

2.1 La restitution de Venturi (fig. 1)

Venturi appuie sa reconstitution de l'instrument sur une lecture attentive du traité[27]. Sa configuration d'ensemble a clairement inspiré les restitutions qui vont suivre. Mais ni Vincent[28] ni Neumann ne suivront son choix de ne retenir qu'une seule règle de visée, celle du niveau d'eau, qu'il dispose sur le plateau circulaire manœuvré par la demi-roue dentée verticale ; parti pris qu'il appuie, sans méconnaître d'autres hypothèses, sur le fait qu'Héron insiste sur l'unicité de l'instrument et sur la possibilité de vider de leur eau les petits tubes de verre pour d'autres opérations que celles du nivellement.

2.2 La restitution de Vincent (fig. 2)

Vincent admet avec raison qu'on ne contrevient pas au principe d'unicité affirmé par Héron en supposant que la

27. Voir sa note explicative à sa traduction du chapitre 3, *Commentarj sopra la storia e le teorie dell'ottica del Cavaliere Giambattista Venturi Reggiano*, p. 85-86 et planche II.

28. Voir les diverses critiques de la dioptre de Venturi formulées par Vincent, *op. cit.*, p. 182-185.

dioptre possédait plusieurs pièces mobiles et interchangeables selon les besoins des opérateurs. Mais la principale difficulté de sa restitution vient du fait qu'il ne reconnaît pas de perte de texte entre les chapitres 3 et 4 ; cela le conduit à faire l'hypothèse d'une dioptre avec un niveau d'eau reposant directement sur la dernière pièce décrite par Héron avant la rupture du texte, à savoir le disque, dont on a vu qu'il représentait la demi-roue dentée verticale des exercices relatifs non pas au nivellement, mais aux opérations de visée avec l'alidade.

2.3 La restitution de Neumann et Schöne (fig. 3 et 4)

Les restitutions graphiques de l'ingénieur Neumann ont été présentées par Schöne dans son article précité « Die Dioptra des Heron » de 1899 et sont les figures de référence pour le traité[29], car chaque détail y est pensé avec grand soin, même si l'analyse du texte ne confirme pas l'existence de certains éléments. On y retrouve les deux accessoires de l'alidade et du niveau d'eau ; le dessin du niveau d'eau n'illustre aucune hypothèse relative au montage du niveau sur le pied, puisque Neumann respecte ici la perte de texte enregistrée par la tradition[30].

2.4 La restitution de Drachmann (fig. 5)

Dans son étude précitée « Hero's dioptra and levelling-instrument », Drachmann livre une nouvelle interprétation du texte transmis et de la figure du manuscrit de Mynas[31]. Estimant que la représentation manuscrite donne une image invraisemblable de la dioptre, si on doit interpréter la colonnette dessinée comme le pied de l'instrument, Drachmann

29. Voir plus haut.

30. Le niveau d'eau est représenté indépendamment de l'instrument entier ; il est imaginé reposant sur un support horizontal.

31. Le dispositif de l'alidade est reconstitué, « Hero's dioptra and levelling-instrument », p. 610, fig. 360, et celui du niveau d'eau p. 611, fig. 361.

propose d'y reconnaître la seule représentation du moyeu avec en bas les 3 pièces qui rendaient solidaires le moyeu de la roue dentée (pièces b3, a4, a5). Il est difficile de suivre ici l'auteur pour deux raisons essentielles : (1) la forme très étirée qu'il faudrait supposer à ce moyeu, si l'on respecte la figure du manuscrit de Mynas, n'est pas justifiée par sa fonction ; (2) la présence du fil à plomb fixé à une pièce intermédiaire qu'il faut supposer relativement courte et qui, de plus, tourne. Quant aux trois éléments à la base de la colonnette, très légèrement ondoyants dans la figure du manuscrit de Mynas, il semble plus vraisemblable d'y voir un trépied de stabilisation auquel on aurait donné une forme décorative, comme pour le haut du pied, plutôt que la représentation de trois pièces assurant la solidarité du moyeu et de la roue dentée, et dont on a supposé qu'il s'agissait de tourillons. Leur association avec un cercle rappellerait dans l'une et l'autre hypothèse le caractère cylindrique du pied ou du moyeu.

3. Les difficultés restantes

Les doutes qui peuvent naître pour l'identification des dispositifs utilisés dans les problèmes exposés tout comme les hypothèses qui peuvent être émises sur la forme exacte de la dioptre conçue par Héron n'auraient pas lieu d'être si le cahier du manuscrit de Mynas n'avait pas perdu ses quatre folios centraux. Il nous manque au moins (1) la description de l'appareil sommital au-dessus de l'abaque du chapiteau dans le dispositif de l'alidade, commencée dans le chapitre 3 ; (2) la figure de la dioptre sur pied avec l'assemblage des pièces décrites dans le chapitre ; (3) la relation de l'expérience de physique correspondant à la première figure sauvegardée dans le manuscrit de Mynas (f. 63v)[32] ; la présence de lettres désignatrices montre qu'elles accompa-

32. Voir Note complémentaire [11].

gnaient une véritable démonstration[33] ; (4) le montage sur la dioptre du niveau d'eau.

Malgré le rassemblement de tous les indices laissés dans le traité, il reste un certain nombre de questions en suspens qui continuent de nourrir les diverses remises en cause des représentations traditionnelles précédentes. Une autre difficulté, et non des moindres, est de situer le lieu de l'interchangeabilité des deux accessoires du niveau d'eau et de l'alidade[34].

Les figures du traité de la *Dioptre*

Les figures de M sont exécutées de manière malhabile, mais gardent leur cohérence première, qu'elles appartiennent ou non au traité d'origine.

1. La figure représentée dans les opérations de terrain

Le cœur du traité est constitué de problèmes de nivellement ou de mesure d'espaces éloignés ou difficiles à atteindre, pour lesquels Héron a conçu son instrument. Sa dioptre doit offrir le moyen d'effectuer des visées d'alignement horizontales et perpendiculaires. Ces visées servent de base à un raisonnement mathématique qui permet de trouver la solution du problème posé. On opère donc avec des objets du concret qui demandent qu'on aille sur le terrain, et qui en même temps réclament un traitement mathématique pour conduire à la solution.

33. Sur les hypothèses qui peuvent rendre compte du contenu des huit pages perdues, voir Note complémentaire [10].

34. Pour Drachmann, qui ne reconnaît pas dans la colonnette de la figure de Mynas le pied de la dioptre, les deux accessoires auraient leur propre moyeu, mais cette hypothèse ne correspond pas au texte d'Héron, qui arrête au niveau du chapiteau la partie inamovible de la dioptre.

Dans ces chapitres, qui se donnent comme des problèmes à résoudre, la figure est le support d'un raisonnement géométrique. Priorité est donc donnée à cette représentation qui fait voir des droites, des cercles, des triangles, des rectangles et des trapèzes, autant d'objets obtenus par la succession des visées. Mais, comme nous sommes dans le cadre d'un travail sur le terrain, il s'instaure un décalage entre le texte, d'une part, qui décrit avec précision les déplacements de l'opérateur avec la dioptre et les mires, en épousant sa vision partielle du terrain, et d'autre part, la figure ; cette dernière, en effet, représente l'état final de la construction, une fois toutes les visées réalisées et une fois les réalités du terrain ramenées à des figures géométriques mesurables grâce aux instruments géométriques que sont les propriétés euclidiennes.

Les réalités du terrain ne sont pas absentes pour autant, puisqu'on voit apparaître sur ces figures soit une représentation très schématique de la règle de visée montée sur un pied (ch. 12, 14, 21), soit la représentation du sol avec ses dénivelées (ch. 6, 12, 14), soit des conventions de dessin qui nous rappellent que nous opérons sur des données concrètes : par exemple, dans la figure du chapitre 23, où les contours irréguliers du champ à mesurer sont représentés par une ligne à double trait ; ou encore dans la figure du chapitre 9, où la succession des visées permet d'obtenir une perpendiculaire EZ menée aux deux rives, qu'on nous demande de concevoir comme parallèles : le dessin rappelle avec ses lignes ondulées qu'on se trouve sur de vraies berges (l'opérateur, qui est sur une seule rive, ne peut pas avoir la vision dégagée que propose la figure, qui est une vision d'ensemble géométrisée, correspondant à une vue de dessus).

2. La figure comme illustration technique

Quand il s'agit d'accompagner la description d'un instrument, il n'est plus question de faire un raisonnement géométrique, et de s'appuyer sur une figure figée dans l'état final des constructions. On est dans le cadre de la figure-illustration avec un projet pédagogique : montrer comment l'appareil se présente ou comment il fonctionne. On nous donne à voir de manière séparée et selon des points de vue différents, des pièces d'un dispositif, par exemple une mire vue à plat (ch. 5)[35] ; ou bien une vue de profil avec des éléments vus de face pour être bien identifiés : c'est la forme de représentation adoptée pour le niveau d'eau de la dioptre dans le chapitre 4[36]. On trouve aussi des dispositifs vus par dessus, comme le système des différentes roues dentées de l'appareil de levage, que Pappus nomme le baroulkos (ch. 36), engrenées les unes dans les autres et insérées dans leur caisse, représentée par un rectangle (on n'y relève aucun effet de perspective, alors que les roues sont à des niveaux différents dans le boîtier) ; ou encore des pièces en vue éclatée comme les roues de l'odomètre marin (ch. 37). Certains dispositifs sont présentés de manière indépendante, comme la mire, alors que d'autres sont dessinés dans leur environnement, comme les roues du baroulkos dans leur caisse, ou le niveau d'eau placé sur le pied, fiché en terre, dont le dessin montre clairement qu'on a voulu privilégier l'aspect extérieur, sans illustrer le montage des pièces. Il vaut mieux parler dans tous ces cas, malgré la grande maladresse des représentations transmises, de dessin technique ou de schéma modélisant un fonctionnement, comme dans les chapitres 34, 36 et 37, plutôt que de figure.

35. Sur l'identification des différentes pièces, voir Note complémentaire [19].

36. La règle du niveau d'eau est représentée de profil, mais les fixations verticales, comme les pinnules avec leur fente en croix sont vues de face.

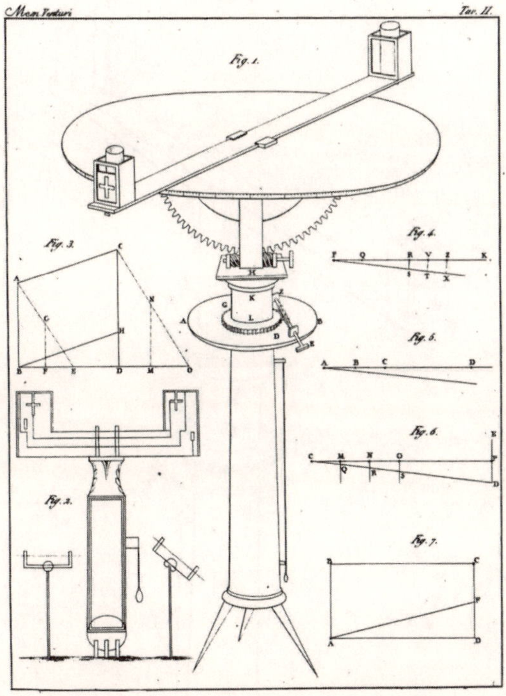

Figure n° 1 (éd. Venturi, planche II)

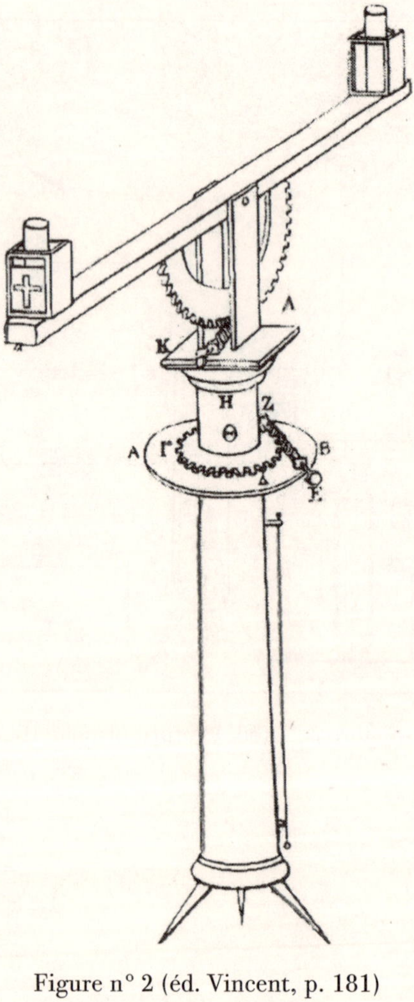

Figure n° 2 (éd. Vincent, p. 181)

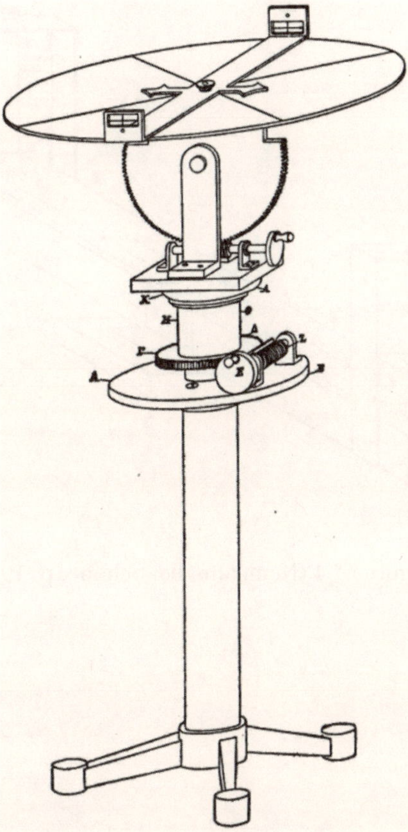

Figure n° 3 (Neumann, éd. Schöne, p. 193)

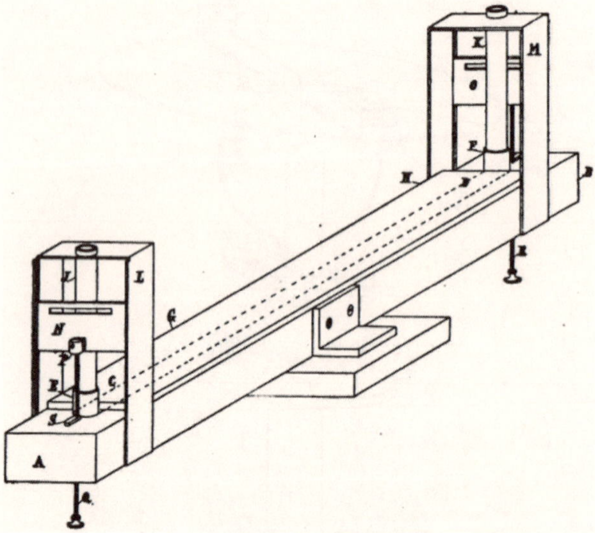

Figure n° 4 (Neumann, éd. Schöne, p. 198)

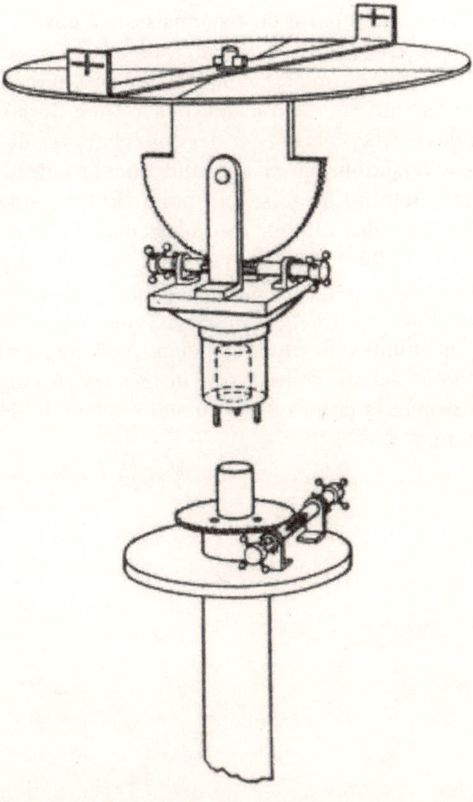

Figure n° 5 (Drachmann, « Hero's dioptra and levelling-instrument », p. 610)

Remerciements

Nous avons une dette de reconnaissance envers Jacques Chollet, qui a été un réviseur très méthodique et nous a suggéré bien des enrichissements. Il nous est agréable aussi de souligner tout ce que nous devons à Anne Roth Congès, qui, par des écrits précis et des dessins éclairants, des lettres et des conversations aussi amicales que savantes, nous a aidés pour nombre de mises au point. Enfin notre travail porte la marque de l'influence de deux collègues et amis trop tôt disparus. Gilbert Argoud (†2011) s'était, dès les années 2000, impliqué dans ce qui était encore une entreprise balbutiante et nous avait fait profiter de sa connaissance des réalités techniques du monde ancien. À Michel Federspiel (†2013) nous devons de nous être dirigés vers les mathématiques grecques et latines, sous un maître plein de science et de subtilité.

CONSPECTVS SIGLORVM

Codices graeci

Codex praecipuus :

M = *Parisinus Suppl. gr.* 607 ; saec. x.

M[1] = emendatio scribae ipsius.

Codex inferior

V = *Vindobonensis phil. gr.* 140 ; saec. xv.

Translatio latina

Mieg = *Guelferbytanus* 68. 2 Aug. 2° (*Heronis Alexandrini De dioptra. Liber singularis e graeco in latinum conversus*) ; saec. xvi-xvii.

Editiones

Vincent = A. J. H. Vincent, *Héron d'Alexandrie. Traité de la dioptre. Extraits des manuscrits relatifs à la géométrie pratique des Grecs*, Paris, 1858, p. 157-337.

Schmidt = W. Schmidt, *Heronis Mechanicorum Fragmenta. Heronis Alexandrini opera quae supersunt omnia*, 2, Leipzig, 1900, p. 257-266.

Schoene = H. Schöne, *Commentatio dioptrica. Heronis Alexandrini opera quae supersunt omnia*, 3, Leipzig, 1903, p. 188-315.

Commentaria antiqva

Papp. = *Pappi Alexandrini Collectio*, éd. Fr. Hultsch, III, 1, Berlin, 1878.

Coniectvrae

Rome = A. Rome, « Le problème de la distance entre deux villes dans la *Dioptra* d'Héron », *Annales de la Société scientifique de Bruxelles* 42, 1923, p. 234-258.

Sidoli = N. Sidoli, « Heron's *Dioptra* 35 and Analemma Methods : An Astronomical Determination of the Distance between Two Cities », *Centaurus* 47, 2005, p. 236-258.

HÉRON D'ALEXANDRIE
LA DIOPTRE

HÉRON D'ALEXANDRIE
LA DIOPTRE

1. La dioptrique[1] est une matière qui rend des services nombreux et indispensables, et nombreux sont ceux qui se sont exprimés sur ce sujet ; aussi est-il nécessaire, à mon avis, de mettre par écrit ce que mes prédécesseurs ont laissé de côté lorsque cela présente l'utilité dont je viens de parler, de rendre faciles à entendre les obscurités qui s'y trouvent et de corriger les erreurs. Pourtant, je crois qu'il n'est pas indispensable de signaler ici les fautes et les obscurités de leur présentation, ou même leurs erreurs caractérisées : le lecteur qui le voudra pourra juger de la différence[2]. De plus, tous ceux qui ont écrit sur cette matière n'ont pas utilisé une seule et même dioptre pour traiter de sa mise en œuvre, mais plusieurs dioptres différentes, qui pourtant ne leur permettaient de résoudre qu'un petit nombre de problèmes.

Or notre ambition a été précisément d'utiliser la même dioptre pour mettre en œuvre les problèmes qui se posent

1. Voir Note complémentaire [1].
2. Voir Note complémentaire [2].

ΗΡΩΝΟΣ ΑΛΕΞΑΝΔΡΕΩΣ
ΠΕΡΙ ΔΙΟΠΤΡΑΣ

1. Τῆς διοπτρικῆς πραγματείας πολλὰς καὶ ἀναγκαίας παρεχομένης χρείας καὶ πολλῶν περὶ αὐτῆς λελεχότων ἀναγκαῖον εἶναι νομίζω τά τε ὑπὸ τῶν πρὸ ἐμοῦ παραλειφθέντα καί, ὡς προείρηται, χρείαν παρέχοντα γραφῆς ἀξιῶσαι, τὰ δὲ δυσχερῶς εἰρημένα εἰς εὐχέρειαν μεταγαγεῖν, τὰ δὲ ψευδῶς εἰρημένα εἰς διόρθωσιν προάξαι. Οὐχ ἡγοῦμαι δ' ἀναγκαῖον εἶναι τά τε ἡμαρτημένως καὶ δυσχερῶς ἐκτεθειμένα ἢ καὶ διημαρτημένα ὑπὸ τῶν πρὸ ἡμῶν νῦν εἰς μέσον φέρειν· ἐξέσται γὰρ τοῖς βουλομένοις ἐντυγχάνουσι κρίνειν τὴν διαφοράν. Ἔτι δὲ καὶ ὅσοι ἀναγραφὴν πεποίηνται περὶ τῆς πραγματείας, οὐ [διὰ] μιᾷ καὶ τῇ αὐτῇ διόπτρᾳ κέχρηνται πρὸς τὴν ἐνέργειαν, πολλαῖς δὲ καὶ διαφόροις, καὶ ὀλίγας δι' αὐτῶν προτάσεις ἐπιτελέσαντες.

Ἡμεῖς μὲν οὖν καὶ τοῦτο αὐτὸ πεφιλοτιμήμεθα

Tit. Ἥρωνος ἀλεξανδρέως περὶ διόπτρας V : folio resecto reliquiae difficile leguntur in M || 10 ἡμαρτημένως H. Schoene : -μένα M || 15 διὰ del. H. Schoene || μιᾷ H. Schoene : μιᾶς M || καὶ Decorps-F. : ἢ (sic) M || τῇ αὐτῇ διόπτρᾳ H. Schoene : τῆς αὐτῆς διόπτρας M.

à nous. Cependant, au cas où l'on imaginerait d'autres[1] problèmes, la dioptre que nous avons construite ne les laissera pas hors de son champ d'action, de sorte qu'elle pourra les traiter aussi.

2. Les utilisations courantes de cette science sont nombreuses, comme on peut le montrer en peu de mots. Pour les adductions d'eau[2], la construction de murailles et de ports[3], et de toutes sortes de bâtiments, elle se révèle tout à fait utile, mais nombreuses sont aussi ses utilisations en astronomie, car elle permet de mesurer les intervalles entre les astres ainsi que tout ce qui concerne les dimensions, les distances et les éclipses du soleil et de la lune. Elle est utile aussi pour la géographie, <parce qu'elle permet de mesurer> à distance[4] des îles, des mers, et de manière générale toutes sortes d'intervalles <...>.

Souvent, notre projet se heurte à un obstacle, soit que l'ennemi ait déjà occupé les lieux, ou qu'il s'avère impossible de s'approcher de l'endroit ou d'y pénétrer[5], ce qui s'accompagne toujours[6] de quelque particularité du relief ou d'un courant violent. Beaucoup, entreprenant le siège d'une ville, ont fabriqué des échelles[7] ou des machines[8] plus petites que nécessaire, et, les rapprochant de la muraille, se sont retrouvés à la merci de l'adversaire : tout cela pour avoir

1. On trouvera au ch. 16 (p. 44, l. 9) le même emploi de ἕτερος.

2. Sur l'utilisation de la dioptre pour les adductions d'eau, voir la fin du chapitre 6.

3. Sur ces exemples, voir Note complémentaire [3].

4. Dans cette phrase, même incomplète, on reconnaît l'annonce des développements célèbres qui seront ceux du chapitre 35.

5. Cf. le chapitre 27 de la *Dioptre*.

6. Voir Note complémentaire [4].

7. Voir Note complémentaire [5].

8. Le contexte montre que ces machines sont des tours.

ὥστε διὰ τῆς αὐτῆς τὰς προκειμένας ἡμῖν προτάσεις ἐνεργεῖσθαι. Οὐ μὴν ἀλλὰ καὶ ἂν ἑτέρας τις ἐπινοήσῃ, οὐκ ἀμοιρήσει ἡ κατασκευασθεῖσα ὑφ᾽ ἡμῶν διόπτρα, ὥστε καὶ ταύτας ἐνεργεῖν.

2. Ὅτι δὲ πολλὰς παρέχεται τῷ βίῳ χρείας ἡ πραγματεία, δι᾽ ὀλίγων ἔστιν ἐμφανίσαι. Πρός τε γὰρ ὑδάτων ἀγωγὰς καὶ τειχῶν κατασκευὰς καὶ λιμένων καὶ παντὸς οἰκοδομήματος εὔχρηστος τυγχάνει, πολλὰ δ᾽ ὤνησεν καὶ τὴν περὶ τὰ οὐράνια θεωρίαν, ἀναμετροῦσα τὰ [τε] μεταξὺ τῶν ἀστέρων διαστήματα καὶ τὰ περὶ μεγεθῶν καὶ ἀποστημάτων καὶ ἐκλείψεων ἡλίου καὶ σελήνης. Πρός τε τὴν τῶν γεωγραφουμένων πραγματείαν, νήσους τε καὶ πελάγη καὶ καθόλου πᾶν διάστημα ἐξ ἀποστήματος <...>.

Πολλάκις γὰρ ἐμποδὼν ἵσταταί τι εἶργον ἡμᾶς τῆς προθέσεως, ἤτοι διὰ πολεμίων προκατάληψιν ἢ διὰ τὸ ἀπρόσιτον καὶ ἄβατον εἶναι τὸν τόπον παρεπομένου τινὸς ἰδιώματος φυσικοῦ ἢ ῥεύματος ὀξέα ὑποσύροντος. Πολλοὶ γοῦν πολιορκεῖν ἐπιχειροῦντες κλίμακας ἢ μηχανήματα κατασκευασάμενοι ἐλάσσονα ὧν χρὴ καὶ προσαγόμενοι τοῖς τείχεσιν ὑποχειρίους ἑαυτοὺς παρέσχον τοῖς ἀντιπάλοις

2 ἑτέρας R. Schoene uide adn. : ἑτέραν M || 10 τε del. H. Schoene || 15 post ἀποστήματος lacunam ind. H. Schoene || 22 προσαγόμενοι M : προσαγαγόμενοι prop. H. Schoene || 23 ἑαυτοὺς Vincent : ἑαυτοῖς M.

mal évalué la hauteur de la muraille[1], par ignorance de la dioptrique. Car il faut toujours mesurer ces dimensions en se tenant hors de portée des traits.

Nous allons donc commencer par exposer la construction de la dioptre[2] ; puis nous indiquerons également, à la suite, les manières de l'utiliser[3].

3. Voici donc comment on construit la dioptre en question[4].

On a un pied[5], une sorte de petite colonne[6], avec, à sa partie supérieure, un tourillon[7]. Et autour de ce tourillon est mis en place un disque de bronze, qui a le même centre que le tourillon. Est mis en place aussi autour du tourillon un moyeu de bronze qui doit pouvoir tourner librement autour

1. Le chapitre 13 enseignera à le faire correctement. Sur les échelles de siège et la nécessité qu'elles aient la bonne longueur, voir Polybe 9, 19, 5-9 et spécialement ch. 8 sur le calcul à distance de la hauteur du rempart. Un exemple de chef militaire fort déconfit pour être venu sous le rempart avec des échelles trop courtes est celui de Philippe V chez le même Polybe 9, 18, 5-8.

2. Chapitres 3 à 5.

3. Chapitres 6 et suivants, avec la gamme d'utilisations variées qui a été évoquée au début de ce chapitre 2. Cette méthode d'exposition est également suivie par Jean Philopon dans son *Traité de l'astrolabe* (éd. Cl. Jarry, Paris, 2015, p. 12, l. 18-20).

4. Sur les différentes étapes suivies dans cette description, voir Notice, « La dioptre d'Héron et ses restitutions ».

5. Voir Note complémentaire [6].

6. Héron n'indique ni le diamètre ni la hauteur de ce pied, comparé à une colonnette, ni le matériau ni le moyen de le faire tenir à la verticale.

7. Héron n'indique ni la hauteur ni la matière de cet axe cylindrique. Dans son plan de coupe, l'ingénieur Neumann (H. Schöne, « Die Dioptra des Heron », figure 2, p. 99, et *Dioptra*, éd. Schöne, fig. 83a, p. 192) restitue une pièce engagée dans le pied creux.

παραλογισθέντες τῇ ἀναμετρήσει τῶν τειχῶν διὰ τὸ ἀπείρους εἶναι τῆς διοπτρικῆς πραγματείας. Αἰεὶ γὰρ ἐκτὸς ὄντας βέλους ἀναμετρεῖν δεῖ τὰ προειρημένα διαστήματα.

Πρότερον οὖν ἐκθέμενοι τὴν τῆς διόπτρας κατασκευὴν ἑξῆς καὶ τὰς χρείας προστάξομεν.

3. Ἡ τοίνυν τῆς εἰρημένης διόπτρας κατασκευή ἐστι τοιαύτη.

Παγεὺς γίνεται καθάπερ στυλίσκος, ἔχων ἐκ τοῦ ἀνωτέρου τόρμον στρογγύλον. Περὶ δὲ τὸν τόρμον τυμπάνιον περιτίθεται χάλκεον περὶ τὸ αὐτὸ κέντρον τῷ τόρμῳ. Περιτίθεται δὲ καὶ χοινικὶς χαλκῆ περὶ τὸν τόρμον, εὐλύτως δυναμένη περὶ αὐτὸν πολεῖσθαι, ἔχουσα ἐκ μὲν τοῦ κάτω μέρους

10 ἀνωτέρου M : ἄνω μέρους coni. R. Schoene || 14 αὐτὸν Vincent : αὐτὸ M || πολεῖσθαι H. Schoene : πλεῖσθαι M.

de lui[1], avec en bas d'une part un disque denté solidaire de ce moyeu, plus petit que le disque dont on a parlé précédemment et sur lequel il est placé, et en haut d'autre part une tablette[2], comme un petit chapiteau de colonne dorique[3], dans un souci d'élégance[4].

Parallèlement au disque denté dont on a parlé, est placée une vis[5] dont le filet s'engrène dans les dents de la roue. Et les fixations[6] de la vis sont solidaires du grand disque. Si donc nous faisons tourner la vis en question, nous ferons tourner aussi le disque denté et le moyeu qui en est solidaire ; il en est solidaire par le fait qu'on fait sortir trois tourillons de la base du moyeu pour qu'ils l'assemblent avec le disque lui-même.

Et la vis reçoit sur toute sa longueur une gorge dont la profondeur est égale à la hauteur de son filet[7] ; donc, si nous faisons tourner la vis jusqu'à ce que la gorge qui s'y trouve soit en face des dents du disque, ce dernier tournera d'une façon indépendante[8]. Nous placerons donc le disque comme l'exige l'utilisation, puis nous tournerons un peu la

1. En tournant autour de l'axe, le moyeu fera tourner la partie supérieure de la dioptre, où se trouve installé le dispositif de visée.

2. Comme le terme στυλίσκος qui précède (voir aussi plus loin Δωρικοῦ κιονίου κεφάλιον), πλίνθος appartient au vocabulaire de l'architecture.

3. La figure du *Parisinus Suppl. gr.* 607 (M) lui a donné un aspect vaguement corinthien.

4. Cette tablette, à la manière de l'abaque d'un chapiteau, a aussi son utilité en offrant une assise plus large aux éléments qui vont la surmonter.

5. Héron utilise tantôt le diminutif τὸ κοχλίδιον, « petite vis », tantôt le terme simple ὁ κοχλίας, pour le même référent. Par souci d'unité, nous traduisons par « vis », même lorsque le diminutif est employé en grec.

6. Voir Note complémentaire [7].

7. C'est-à-dire à la profondeur du pas.

8. C'est-à-dire sans entraînement de la vis.

τυμπάνιον ὠδοντωμένον συμφυὲς αὐτῇ, ἔλασσον τοῦ προειρημένου τυμπανίου καὶ ἐπικαθήμενον αὐτῷ, ἐκ δὲ τοῦ ἄνω μέρους πλίνθον καθάπερ Δωρικοῦ κιονίου κεφάλιον εὐπρεπείας ἕνεκα.

Τῷ δ' εἰρημένῳ ὀδοντωτῷ τυμπανίῳ παρατίθεται κοχλίδιον ἔχον τὴν ἕλικα ἁρμοστὴν τοῖς ὀδοῦσι τοῦ τυμπανίου. Τὰ δὲ στημάτια τοῦ κοχλιδίου συμφυῆ γίνεται τῷ μείζονι τυμπανίῳ. Ἐὰν ἄρα ἐπιστρέφωμεν τὸ εἰρημένον κοχλίδιον, ἐπιστρέψομεν καὶ τὸ ὠδοντωμένον τυμπάνιον καὶ τὴν συμφυῆ αὐτῷ χοινικίδα· γίνεται δὲ συμφυὴς αὐτῷ τόρμων τριῶν ἀφιεμένων ἐκ τῆς ἕδρας τῆς χοινικίδος καὶ συγκοινουμένων αὐτῷ τῷ τυμπανίῳ.

Λαμβάνει δ' ὁ κοχλίας κατὰ μῆκος σωλῆνα πάχος ἔχοντα ὅσον ἐστὶ τὸ τῆς ἕλικος αὐτοῦ βάθος· οὐκοῦν ἐὰν ἐπιστρέψωμεν τὸν κοχλίαν ἄχρις ὁ εἰρημένος ἐν αὐτῷ σωλὴν κατὰ τοὺς ὀδόντας τοῦ τυμπανίου γένηται, ἰδίᾳ στραφήσεται τὸ τυμπάνιον. Καταστήσαντες οὖν αὐτὸ ὡς ἂν ἡ χρεία ἀπαιτῇ ἐπιστρέψομεν

1 ὠδοντωμένον Vincent : ὀδοντωμένον M ut semper || 4 κιονίου Vincent : κιωνίου M || 6 ἁρμοστὴν M[1] : ἁρμοστειν (sic) M || 9 ἐπιστρέφομεν V : -ψωμεν M || 17 τυμπανίου V : τυπανίου M || 18 ἰδίᾳ στραφήσεται H. Schoene : ἤ (sic) διαστραφήσεται M || 19 ἐπιστρέψομεν V : -ψωμεν M.

vis, de manière que le filet vienne s'engrener dans les dents, et ainsi le disque restera immobilisé[1].

Soit[2] AB le disque placé autour du tourillon et solidaire du pied, ΓΔ le disque[3] solidaire du moyeu, EZ la vis en contact avec ce disque denté[4], HΘ le moyeu solidaire du disque ΓΔ et surmonté de KΛ, le petit chapiteau dorique, comme on l'a dit[5].

Que[6] sur la tablette[7] soient placées[8] deux fixations de bronze, comme des réglettes, avec entre elles une distance

1. La vis permettra donc de débrayer la roue dentée et d'orienter l'appareillage supérieur dans une direction précise, ou bien de la bloquer.

2. Voir Note complémentaire [8].

3. Il faut sous-entendre (l. 5) τυμπάνιον après χοινικίδι. Il s'agit de la roue dentée.

4. C'est la première attestation du verbe παράκειμαι, qui sera constamment repris dans la description des engrenages des chapitres de fin. Le contexte de ce passage nous invite à donner un sens technique au verbe (cf. παρακειμένως). Il s'agit de signifier chaque fois, plus qu'un simple voisinage, un contact entre deux pièces qui sont dans le même plan.

5. Ici s'arrête la description des différentes parties du pied de la dioptre, que l'arrangement du texte nous invite à considérer comme communes aux deux dispositifs de visée (l'alidade et le niveau d'eau), et donc inamovibles.

6. Héron commence la description de l'appareillage inférieur d'un dispositif d'inclinaison, qui devait être celui de l'alidade.

7. Le terme renvoie à l'abaque du chapiteau dont il a été question plus haut (πλίνθον καθάπερ Δωρικοῦ κιονίου κεφάλιον).

8. Sur l'emploi des impératifs parfaits passifs à la 3e personne, voir Note complémentaire [9].

τὸν κοχλίαν βραχύ, ὥστ᾽ ἐμπλακῆναι τὴν ἕλικα τοῖς ὀδοῦσιν, καὶ οὕτω μενεῖ ἀκίνητον τὸ τυμπάνιον.

Ἔστω οὖν τὸ μὲν περὶ τὸν τόρμον τυμπάνιον καὶ συμφυὲς τῷ παγεῖ τὸ ΑΒ, τὸ δὲ συμφυὲς τῇ χοινικίδι τὸ ΓΔ, ὁ δὲ παρακείμενος τούτῳ κοχλίας ὁ ΕΖ, ἡ δὲ συμφυὴς χοινικὶς τῷ ΓΔ τυμπανίῳ ἡ ΗΘ, ἔχουσα ἐπικείμενον, ὡς εἴρηται, Δωρικὸν κεφάλιον τὸ ΚΛ.

Ἐπὶ δὲ τῆς πλίνθου ἐφεστάτω δύο χαλκᾶ στημάτια καθάπερ κανόνια, ἀπέχοντα ἀπ᾽ ἀλλήλων τοσοῦτον ὥστ᾽ εἰς τὸν μεταξὺ τόπον αὐτῶν πάχος τυμπανίου δύνασθαι ἐναρμοσθῆναι. Ἐπὶ δὲ τῆς πλίνθου

telle que l'épaisseur d'un disque[1] puisse s'ajuster dans cet intervalle. Et sur la tablette, entre ces deux réglettes, soit une vis qui tourne, dont les fixations <...>[2].

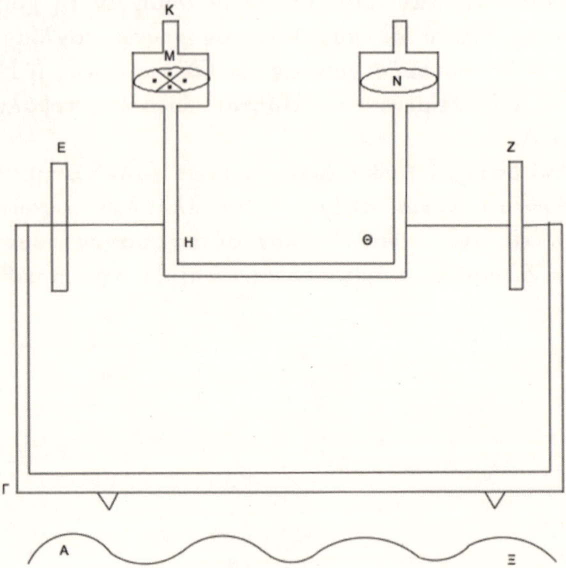

Fig. 3[3]

1. Il ne peut s'agir que d'un disque vertical, celui qu'on voit pour la première fois explicitement désigné sous la forme d'une demi-roue dentée dans le chapitre 8, support du grand plateau circulaire où se trouve la règle de visée, en l'occurrence, l'alidade (voir Notice, « La dioptre d'Héron et ses restitutions »). Quant à la vis installée entre les deux fixations montées verticalement sur la tablette, son diamètre ne doit pas être supérieur à l'épaisseur de la roue dentée.

2. Sur la perte de texte, qui nous prive de la description de l'alidade et de son montage, voir Note complémentaire [10].

3. Cette figure est le seul témoignage qui nous reste de ce qui pourrait être une l'expérience de physique précédant la description du niveau d'eau ; voir Note complémentaire [11].

μεταξὺ τῶν κανονίων κοχλίας ἔστω στρεφόμενος οὗ τὰ στημάτια <...>.

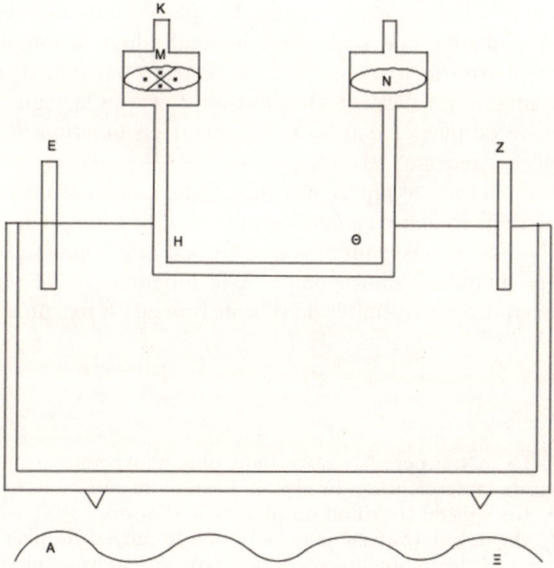

Fig. 3

2 στημάτια [post στημάτια 17 paginae uacant V] V : στη M in extrema pagina || lacunam ind. H. Schoene uide adn.

4. <...>[1] adaptés au tourillon dont on a parlé[2]. Les grandes règles, celles qui sont avec le tourillon[3], placées de part et d'autre, le dépassent[4] vers le haut d'environ 4 doigts[5]. Dans l'espace entre les parties qui dépassent vient s'adapter une règle latéralement[6], dont la longueur est d'environ quatre coudées[7], largeur et épaisseur devant être adaptées à l'espace en question[8] ; et que la règle soit répartie de part et d'autre en longueur en fonction de cet espace[9].

Sur[10] la surface supérieure de la règle, on creuse un canal de section circulaire ou quadrangulaire, d'une longueur telle qu'il puisse recevoir un tube de bronze d'une longueur inférieure d'environ douze doigts à la longueur de la règle. À chacune des extrémités du tube de bronze est fixé un autre

1. La même perte de texte (voir plus haut) nous prive du début de la description du niveau d'eau et de son montage.
2. Il s'agit du tourillon du pied de la dioptre.
3. On devait trouver dans la lacune le moyen de fixer ces grandes règles à un dispositif solidaire du moyeu tournant autour du tourillon.
4. Voir Note complémentaire [12].
5. Environ 7,4 cm, selon la métrologie attico-romaine.
6. Ce sont les parties des règles qui dépassent en hauteur le tourillon (τῶν ὑπεροχῶν) qui servent à bloquer la règle du niveau d'eau latéralement (κανὼν πλάγιος) par un système de coinçage (il faut donner son sens technique au verbe composé ἐναρμόζειν). Dans l'espace ménagé (χώρα) entre les parties des règles qui dépassent, on adapte la règle du niveau d'eau par son grand côté, la largeur de la règle du niveau d'eau étant égale au diamètre du tourillon.
7. Environ 1,78 m dans la métrologie attico-romaine. Sur les dimensions données par Héron, voir Note complémentaire [13].
8. La largeur et l'épaisseur de la règle sont en rapport avec l'écartement et la hauteur des fixations qui l'encadrent.
9. Pour une question d'équilibre.
10. L'éditeur Schöne fait commencer ici le chapitre 4.

4. <...> ἁρμοστὰ τῷ εἰρημένῳ τόρμῳ. Οἱ δὲ μακροὶ κανόνες οἱ ὄντες τῷ τόρμῳ παρυπεραίρουσιν εἰς τὸ ἄνω μέρος ὅσον δακτύλους δ. Ἐν δὲ τῇ μεταξὺ τῶν ὑπεροχῶν χώρᾳ ἐναρμόζεται κανὼν πλάγιος, μῆκος μὲν ἔχων ὡς πήχεις τέσσαρας, πλάτος δὲ καὶ πάχος ὥσθ' ἁρμόζειν εἰς τὴν εἰρημένην χώραν· καὶ διατεμνέσθω ὑπ' αὐτῆς κατὰ μῆκος.

Ἐν δὲ τῇ ἄνω ἐπιφανείᾳ τοῦ κανόνος σωλὴν ἐγκέκοπται ἤτοι στρογγύλος ἢ τετράγωνος, τῷ μήκει τηλικοῦτος ὥστε δέξασθαι σωλῆνα χαλκοῦν μῆκος ἔχοντα ἔλασσον τοῦ κανόνος ὡς δακτύλους δώδεκα. Τῷ δὲ χαλκῷ σωλῆνι πρόσκεινται ἕτεροι σωλῆνες ὀρθοὶ ἐκ τῶν ἄκρων, ὥστε δοκεῖν ἀνακεκάμφθαι

1 lacunam ind. H. Schoene uide adn. || 2 κανόνες Vincent (*regulae* Mieg) : καὶ M || 7 διατεμνέσθω M[1] : διατεμέσθω M.

tube vertical, de sorte que le tube semble se recourber ; la hauteur de la partie courbée n'est pas supérieure à deux doigts. Puis, après cela, le tube de bronze est recouvert par une règle[1] d'une longueur convenable pour s'adapter à celle du canal, de façon à maintenir le tube de bronze et offrir un aspect élégant[2].

Aux parties courbées du tube, on ajuste à chacun des deux tubes un petit cylindre de verre[3] d'une grosseur adaptée à celle du tube, et d'une hauteur d'environ douze doigts. Ensuite, on enduit ces cylindres jusqu'aux parties courbées avec de la cire ou un autre enduit, pour que, quand on versera de l'eau dans l'un des cylindres, il n'y ait nulle part d'écoulement.

1. Héron ne précise pas le matériau de ce couvercle, sans doute en bois.

2. Le même souci d'élégance présidait à la forme donnée au chapiteau qui couronne le moyeu décrit au début du chapitre 3.

3. La mention de ces tubes de verre constitue un *terminus post quem* pour la réalisation de l'appareil décrit. Le verre soufflé n'est pas antérieur au Ier s. avant J.-C.

τὸν σωλῆνα· τῆς δ' ἀνακαμπῆς τὸ ὕψος οὐ πλεῖον γίνεται δακτύλων δύο. Εἶτα μετὰ τοῦτο ἐπιπωμάζεται ὁ χαλκοῦς σωλὴν κανόνι ἐπὶ μήκει ἁρμόζοντι εἰς τὸν σωλῆνα, ὥστε συνέχειν τόν τε χαλκοῦν σωλῆνα καὶ εὐπρεπεστέραν τὴν ὄψιν παρέχειν.

Ἐν δὲ ταῖς εἰρημέναις ἀνακαμπαῖς τοῦ σωλῆνος ἐναρμόζεται ἐν ἑκατέρᾳ ὑέλινον κυλίνδριον, πάχος μὲν ἔχον ἁρμοστὸν τῷ σωλῆνι, ὕψος δ' ὡς δακτύλων δώδεκα. Εἶτα περιστεγνοῦται εἰς τὰς ἀνακαμπὰς τὰ ὑέλινα κυλίνδρια κηρῷ ἢ ἄλλῳ τινὶ στεγνώματι, πρὸς τὸ ὕδατος ἐμβληθέντος δι' ἑνὸς τῶν κυλινδρίων μηδαμόθεν διαρρεῖν.

3 ἐπὶ μήκει [ἐπι μηκει M] M : ἐπιμήκει H. Schoene cum Vincent || 7 ἑκατέρᾳ H. Schoene : ἑκατέρῳ M.

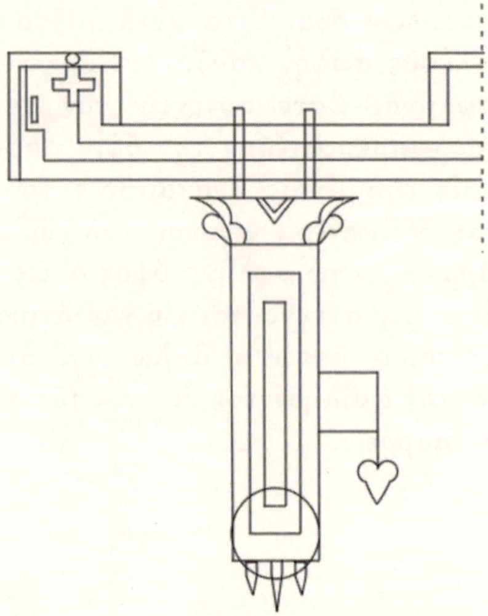

Fig. 4[1]

Sont aussi placés, de part et d'autre de la règle, deux cadres à l'endroit où se trouvent les cylindres de verre, de sorte qu'en s'y engageant, les fioles se maintiennent. Et aux cadres en question, on adapte des plaquettes de bronze qui peuvent coulisser dans des feuillures entre les parois des cadres, en frottant contre les cylindres de verre, et au milieu desquelles il y a une fente verticale[2] par laquelle il sera possible de faire une visée[3].

1. Sur cette figure, voir Note complémentaire [14].
2. Voir Note complémentaire [15].
3. Héron n'aborde pas la question de la précision de la visée réalisée à travers un tube de verre par l'intermédiaire d'une fente, dont il ne donne pas davantage les dimensions. La fente est verticale comme l'indique le mot ἀνατομή. L'ouverture est représentée en forme de croix dans la figure de M, sans doute parce que le niveau d'eau donne l'horizontale, et la fente donne la verticale.

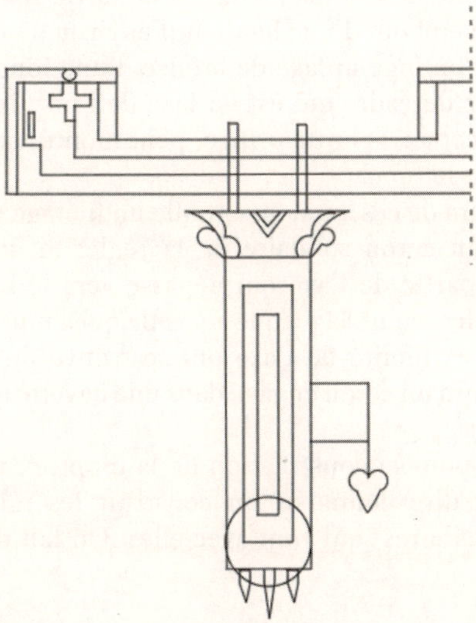

Fig. 4

Περίκειται δὲ τῷ πλαγίῳ κανόνι πηγμάτια δύο κατὰ τοὺς τόπους ἐν οἷς ἐστι τὰ ὑέλινα κυλίνδρια, ὥστε δι' αὐτῶν διελθόντα τὰ ὑέλινα συνέχεσθαι. Ἐν δὲ τοῖς εἰρημένοις πηγματίοις λεπίδια χαλκᾶ ἐναρμόζεται, διατρέχειν μὲν δυνάμενα ἐν σωλῆσι διὰ τῶν τοίχων τῶν πηγματίων ψαύοντα τῶν ὑελίνων κυλινδρίων, μέσας <δ'> ἔχοντα ἀνατομὰς δι' ὧν δυνατὸν ἔσται διοπτεύειν.

Τοῖς δ' εἰρημένοις λεπιδίοις συμφυὴ γίνεται

7 δ' add. Decorps-F. (fort. addendum H. Schoene).

De chacune de ces plaquettes, à la partie inférieure, est solidaire un embout d'une hauteur d'environ un demi-doigt, dans lequel on loge un axe de bronze d'une longueur égale à la hauteur du cadre qui est en face de l'un[1] des cylindres de verre[2] ; cet axe, par un orifice, peut monter dans la règle qui contient le tube.

Sur chacun de ces axes, on entaille un filetage pour lequel se trouve un écrou solidaire de la règle. Si donc on fait tourner la partie de l'axe qui dépasse vers le bas, on fera monter ou descendre la plaquette, celle qui a une fente verticale ; car l'extrémité de l'axe qui se trouve du côté de la plaquette aura un écrou engagé dans une cuvette à l'intérieur de l'embout[3].

5. Voilà pour la construction de la dioptre ; nous allons maintenant dire comment on construit les mires[4] et les voyants circulaires[5] qui vont avec elles. On fait deux mires,

1. Pour une visée, le premier point étant fixé par le niveau d'eau, le réglage ne se fait que pour trouver le second, d'où l'emploi de εἷς.

2. Voir Note complémentaire [16].

3. Le copiste de M marque ici l'achèvement d'une première unité textuelle (sur le mode de signalement adopté pour la division du texte, voir Notice, « Histoire du texte »).

4. Le mot grec utilisé est κανόνες, littéralement « règles », dont Héron fait si souvent usage que l'on préfère le rendre ici par le terme technique convenable, celui de « mires » ; car ces « règles » sont celles qui servent de repères pour les visées sur le terrain, où elles seront toujours maintenues verticalement.

5. Voir Note complémentaire [17].

ἐκ τῶν κάτω μερῶν χοινικίδια, ὕψος ἔχοντα ὡς ἡμιδακτυλίου· καὶ τούτοις ἁρμοστὰ γίνεται ἀξόνια χαλκᾶ, μῆκος μὲν ἔχοντα ὅσον ἐστὶ τὸ ὕψος τοῦ πήγματος τοῦ πρὸς ἑνὶ τῶν ὑελίνων κυλινδρίων, ἃ διὰ τρήματος ἀνέρχεται ἐν τῷ κανόνι τῷ τὸν σωλῆνα ἔχοντι.

Ἐν δὲ τοῖς ἀξονίοις ἕλικες ἐντέμνονται εἰς ἃς τυλάρια ἁρμοστὰ γίνεται συμφυῆ ὄντα τῷ κανόνι. Ἐὰν ἄρα τὰς τῶν ἀξονίων ὑπεροχὰς τὰς εἰς τὸ κάτω μέρος ἐπιστρέφῃ τις, κινήσει τὰ λεπίδια τὰ τὰς ἀνατομὰς ἔχοντα ἔκ τε τοῦ ἄνω καὶ κάτω μέρους· ἕξει γὰρ τὸ πρὸς τῇ λεπίδι ἄκρον τοῦ ἀξονίου τυλάριον ἐμβαῖνον εἰς σωλῆνα ἐνόντα ἐν τῷ χοινικιδίῳ.

5. Καὶ ἡ μὲν τῆς διόπτρας κατασκευὴ εἴρηται· τὴν δὲ <τῶν> παρατιθεμένων αὐτῇ κανόνων καὶ ἀσπίδων νῦν ἐροῦμεν. Δύο γίνονται κανόνες, μῆκος

2 ἡμιδακτυλίου H. Schoene : ἡμιδακτύλου M || ἀξόνια H. Schoene : ἀξώνια M || 3 τοῦ H. Schoene : τῷ M || 4 ὑελίνων Vincent (*uitrea* Mieg) uide adn. : γαληνῶν M || ἃ Vincent : ὃ M || 7 ἀξονίοις H. Schoene : ἀξωνίοις M || ἐντέμνονται Vincent : ἐντεμονται (sic) M || 9 ἀξονίων H. Schoene : ἀξώνων M || 12 ἀξονίου H. Schoene : ἀξωνίου M || 15 τὴν Vincent : τῶν M || τῶν add. Vincent || 16 μῆκος H. Schoene : μήκους M.

dont la longueur est d'environ 10 coudées[1], la largeur d'environ 5 doigts, et l'épaisseur d'environ 3 doigts. Par le milieu de la largeur de chacune des deux, on fait une mortaise en queue d'aronde dont la partie étroite est vers l'extérieur, sur toute la longueur de la mire. On y adapte un curseur[2] qui peut librement y coulisser sans en sortir et tomber.

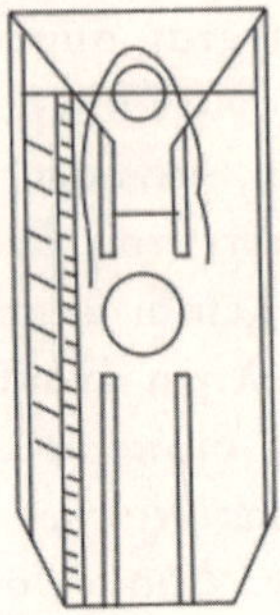

Fig. 5[3]

À ce curseur est cloué un voyant circulaire d'un diamètre

1. Cette longueur sera répétée au début du chapitre 21. On a donc affaire ici à une pièce dont la longueur est sensiblement égale à 4,5 m ; la section rectangulaire, comme le texte l'indique plus loin, fait environ 9 cm sur 5,5 cm. À titre de comparaison, la *pertica* ou *decempeda* des *mensores* romains (utilisée généralement pour des mesures horizontales — plusieurs *decempedae* pouvant être aboutées —, mais que rien n'empêche de placer verticalement) fait, comme son nom l'indique, 10 pieds romains, soit un peu plus de 3 m.
2. Voir Note complémentaire [18].
3. Voir Note complémentaire [19].

μὲν ὡς πηχῶν ι, πλάτος δ' ὡς δακτύλων ε, πάχος δ' ὡς δακτύλων τριῶν. Ἐν δὲ τῷ μέσῳ πλάτει ἑκατέρου αὐτῶν πελεκῖνος γίνεται θῆλυς τὰ στενὰ εἰς τὸ ἔξω μέρος ἔχων, ἰσομήκης τῷ κανόνι. Τούτῳ δ' ἁρμοστὸν γίνεται χελωνάριον εὐλύτως διατρέχειν εἰς αὐτὸν δυνάμενον καὶ μὴ ἐκπίπτειν.

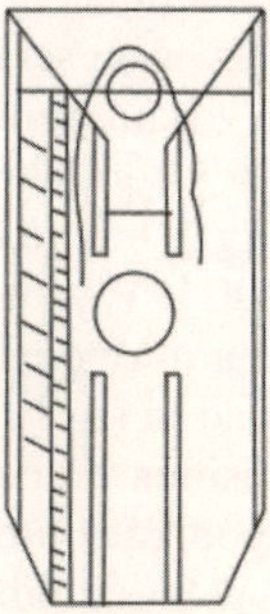

Fig. 5

Τούτῳ δὲ τῷ χελωναρίῳ προσηλοῦται ἀσπιδίσκη τὴν διάμετρον ἔχουσα ὡς δακτύλων δέκα ἢ δώδεκα·

3 ἑκατέρου Decorps-F. (iam prop. H. Schoene) : ἑκατέρων M || 4 Τούτῳ Vincent : τοῦτο M.

d'environ dix ou douze doigts[1] ; une droite[2] étant menée à travers le voyant circulaire perpendiculairement à la longueur de la mire, l'un des demi-cercles est peint en blanc, l'autre en noir. On attache au curseur une cordelette qui, passant par une poulie placée en haut de la mire, tombe de l'autre côté de la mire, celui qui est opposé au voyant.

Si donc on place la mire en position verticale sur le sol et que l'on tire la cordelette depuis l'arrière, on fera monter le voyant. Si on la relâche, le voyant sera entraîné vers le bas par son propre poids ; car le voyant aura sur sa face postérieure une plaque de plomb qui y sera clouée, de sorte qu'il sera de lui-même entraîné vers le bas ; à la suite de quoi, si nous laissons aller la cordelette, le voyant, lui aussi, descendra et s'arrêtera à l'endroit de la mire que nous voudrons[3].

Que soient marquées aussi sur la mire, depuis son extrémité inférieure, des divisions précises en coudées, palmes et doigts, autant qu'en pourra contenir la longueur ; et que soient gravées les lignes correspondant à ces divisions sur la face qui est à droite du voyant. Le voyant aura aussi sur sa face arrière un petit gnomon[4] partant du diamètre de celui-ci[5] et coïncidant avec les lignes marquées sur le côté de la mire[6], et dont on vient de parler.

Pour placer les mires à la verticale exacte par rapport au

1. Soit une vingtaine de centimètres.

2. C'est exactement ce qu'on appelle en langage technique une « ligne de foi », mais le vocabulaire technique d'Héron ici n'est pas distinct du vocabulaire de la géométrie.

3. Héron ne décrit pas le dispositif prévu pour le blocage de la corde à l'arrêt, une fois la visée faite, quand il faut, compte tenu de la hauteur de la mire, l'incliner ou la coucher pour effectuer les lectures hautes.

4. Le mot est ici employé au sens d'« index ».

5. Le mot διάμετρος désigne ici la ligne de foi dont il a été question au début de la description du voyant, où on appelait cette ligne εὐθεῖα.

6. C'est-à-dire son chant.

καὶ διὰ τοῦ κύκλου εὐθείας βληθείσης πρὸς ὀρθὰς τῷ μήκει τοῦ κανόνος τὸ μὲν τῶν ἡμικυκλίων λευκῷ χρίεται χρώματι, τὸ δ' ἕτερον μέλανι. Ἐκ δὲ τοῦ χελωναρίου σπάρτος ἐκδεθεῖσα διὰ τροχίλου εἰς τὸ ἄνω τοῦ κανόνος κειμένου ἀποδίδοται εἰς τὸ ἕτερον τοῦ κανόνος μέρος, ὅπου οὐκ ἔστιν ἡ ἀσπιδίσκη.

Ἐὰν ἄρα τις τὸν κανόνα ὀρθὸν στήσῃ ἐπὶ τοῦ ἐδάφους καὶ ἐπισπάσηται ἐκ τῶν ὄπισθεν μερῶν τὴν σπάρτον, μετεωρίσει τὴν ἀσπιδίσκην. Ἐὰν δ' ἀφῇ, κατενεχθήσεται εἰς τὸ κάτω μέρος τῷ ἰδίῳ βάρει· ἕξει γὰρ ἐκ τῶν ὄπισθε μερῶν ἡ ἀσπιδίσκη μολιβοῦν πλάτυσμα προσηλωμένον, ὥστ' αὐτομάτως καταφέρεσθαι· πρὸς ὃ ἐὰν τὴν σπάρτον ἀνιῶμεν, κατασταθήσεται καὶ ἡ ἀσπιδίσκη καθ' ὃν ἂν βουλώμεθα τοῦ κανόνος τόπον χαλωμένη.

Διῃρήσθω δὲ καὶ ὁ κανὼν ἀπὸ τῆς κάτω κουρᾶς ἀκριβῶς εἰς πήχεις καὶ παλαιστὰς καὶ δακτύλους, ὅσους ἂν ἐπιδέχηται τὸ μῆκος· καὶ κατὰ τὰς διαιρέσεις αἱ γραμμαὶ ἐγκεχαράχθωσαν <ἐκ> <τῶν> τοῦ κανόνος μερῶν τῶν ἐπὶ τὰ δεξιὰ τῆς ἀσπιδίσκης. Ἕξει δὲ καὶ ἡ ἀσπιδίσκη ἐκ τῶν ὄπισθε μερῶν γνωμόνιον ἀπὸ τῆς εἰρημένης ἐν αὐτῇ διαμέτρου παραπῖπτον παρὰ τὰς εἰρημένας ἐν τῷ πλαγίῳ μέρει τοῦ κανόνος γραμμάς.

Οἱ δὲ κανόνες ὀρθοὶ σταθήσονται ἐπὶ τοῦ ἐδάφους

4 τροχίλου Vincent : τροχήλου M || 7 στήσῃ Decorps-F. (iam prop. H. Schoene) : ἐάσῃ M || 9 μετεωρίσει Vincent : μετεωρίσῃ M || 15 χαλωμένη Vincent : χαλωμένης M || 18 ἂν Vincent : ἐὰν M || κατὰ V : κα M || 19 ἐκ add. Vincent || τῶν add. Decorps-F.

sol, on procédera ainsi : sur le côté de la mire opposé à celui où se trouvent les lignes, on enfonce une fiche d'une longueur d'environ trois doigts, avec près de son extrémité un trou percé de haut en bas, et pouvant recevoir une cordelette à laquelle est suspendu un poids. Vers le bas de la mire, on place une fiche d'une longueur égale à la distance de ce perçage par rapport à la mire en question. À l'extrémité de la fiche inférieure, il y a, au milieu, une ligne verticale ; quand la cordelette vient s'y adapter, la verticalité de la mire est assurée[1].

Voilà pour l'ensemble de la construction ; passons maintenant à son utilisation, que nous allons exposer autant qu'il sera possible[2].

6. Deux points étant donnés, séparés par une distance quelconque, examiner lequel des deux est le plus haut et lequel est le plus bas, et de combien, ou également si tous deux sont de même niveau, c'est-à-dire dans un plan parallèle à l'horizon[3].

Examinons aussi les emplacements donnés dans l'intervalle entre les deux points, leurs positions relatives et leurs positions par rapport aux points donnés au début.

Soient des emplacements donnés[4], c'est-à-dire les points A et B.

1. Le copiste de M marque ici la fin d'une seconde unité textuelle (voir plus haut, p. 10, note 3).

2. Cette phrase de transition est rattachée dans M à la démonstration qui suit, sans qu'aucun signe distinctif ne les sépare.

3. La détermination de la différence de niveau entre deux points donnés, ici dans le cadre d'un chantier d'adduction d'eau, ne diffère pas des opérations de nivellement direct employées dans la pratique moderne.

4. Voir Note complémentaire [20].

ἀκριβῶς οὕτως· ἐκ πλαγίων τῶν κανόνων, ὅπου οὐκ εἰσὶν αἱ τῶν μερῶν γραμμαί, τύλος ἐμπήγνυται μῆκος ἔχων ὡς δακτύλους τρεῖς, οὗ παρὰ τὴν κουρὰν τρῆμα γίνεται ἀπὸ τῶν ἄνω μερῶν εἰς τὰ κάτω, δυνάμενον σπάρτον δέξασθαι βάρος ἔχουσαν κρεμάμενον. Ὡς δὲ τὸ κάτω μέρος τύλος ἐγκείμενος γίνεται τοσοῦτος ὅσον καὶ τὸ εἰρημένον τρύπημα ἀφέστηκεν ἀπὸ τοῦ εἰρημένου κανόνος. Ἐν δὲ τῇ [εἰρημένῃ] κουρᾷ τῇ τοῦ κάτω τύλου μέσῃ καὶ ὀρθὴ γραμμὴ γίνεται, ᾗ ἐφαρμόσασα ἡ εἰρημένη σπάρτος τὸν κανόνα ὀρθὸν καταστήσει.

Τῆς οὖν κατασκευῆς πάσης εἰρημένης νῦν καὶ τὴν χρῆσιν ἐκθησόμεθα ὡς δυνατὸν ἔσται.

6. Δύο σημείων δοθέντων ἐν ἀποστήματι τυχόντι ἐπισκέψασθαι ὁπότερον αὐτῶν μετεωρότερόν ἐστιν ἢ ταπεινότερον καὶ πόσῳ, ἢ <εἰ> καὶ ἀμφότερα ἐξ ἴσου κεῖται, τουτέστιν ἐν ἑνὶ ἐπιπέδῳ παραλλήλῳ τῷ ὁρίζοντι.

Οὐ μὴν ἀλλὰ καὶ τοὺς δοθέντας τόπους ἐν τῷ μεταξὺ διαστήματι τῶν σημείων ἐπισκεψώμεθα πῶς ἔχουσι πρὸς ἀλλήλους καὶ τὰ ἐξ ἀρχῆς δοθέντα σημεῖα.

Ἔστωσαν οἱ δοθέντες τόποι, τουτέστι τὰ σημεῖα τὰ Α, Β.

1 τῶν H. Schoene : τε M || 4 τὰ Decorps-F. (iam prop. H. Schoene) : τὸ M || 6 τύλος Vincent : στῦλος M || 7 τοσοῦτος Vincent : τοσοῦτον M || 9 εἰρημένῃ del. H. Schoene || τοῦ κάτω Decorps-F. (iam prop. H. Schoene) : κάτω τοῦ M || 10 ᾗ Vincent : ἡ M || 15 ὁπότερον V : ὁπώτερον M || 16 ἢ V : ἢ M || εἰ add. Decorps-F. (fort. addendum H. Schoene) || 23 Ἔστωσαν Vincent : ἔστω [compendium ut plerumque] M || 24 Α, Β Vincent : ΑΒ M ut semper.

Il faut examiner lequel des deux est le plus haut et lequel est le plus bas.

Soit le point B l'endroit où il y a de l'eau, et A celui où l'on va la conduire.

Je[1] dresse en A l'une des mires dont on a parlé : soit ΑΓ cette mire. Ensuite, ayant déplacé la dioptre depuis A en direction de la zone de B[2], mais à une distance telle que nous puissions voir la mire ΑΓ, je fais pivoter la règle[3] placée au sommet de la petite colonne[4] et sur laquelle se trouvent les cylindres de verre, jusqu'à ce que cette règle soit dans l'alignement de ΑΓ.

Ensuite, je fais tourner les tiges filetées de la règle et je fais monter les plaquettes jusqu'à ce que leurs fentes soient au niveau de la ligne que fait dans les cylindres de verre la surface de l'eau qu'ils contiennent ; et une fois que les plaquettes sont arrêtées dans cette position, je vise à travers les fentes, dans la direction de la mire ΑΓ, en faisant monter ou descendre le voyant jusqu'à ce qu'apparaisse la ligne[5]

1. Voir Note complémentaire [21].

2. Voir Note complémentaire [22].

3. La règle de visée (alidade ou niveau d'eau) et la mire étant désignées par le même terme κανών, qui appartient au vocabulaire technique d'Héron, celui-ci prend soin dans l'ensemble du traité, de distinguer les deux dispositifs par différentes formes de détermination : ici Héron distingue la « règle » ΑΓ (= la mire ΑΓ), τὸν ΑΓ κανόνα, de celle qui surmonte le pied (τὸν ἐπ' ἄκρῳ τῷ στυλίσκῳ), qui est le niveau d'eau ; voir Note complémentaire [47].

4. Cette « petite colonne » est le pied (*supra*, début du chapitre 3). Le texte d'Héron confirme ici la figure de M, qui voit la règle du niveau d'eau montée au sommet du pied et non pas supportée par une demi-roue dentée verticale, comme le voulait Vincent dans sa restitution (voir Notice, « La dioptre d'Héron et ses restitutions »). Cette règle est pivotante et sert à la visée horizontale sur les mires.

5. Après avoir été désignée précédemment par εὐθεῖα puis par διάμετρος, la ligne de foi est ici appelée ἡ μέση τοῦ λευκοῦ καὶ μέλανος χρώματος.

Δεῖ δ' ἐπισκέψασθαι ὁπότερον αὐτῶν μετεωρότερόν ἐστιν ἢ ταπεινότερον.

Καὶ τὸ μὲν Β σημεῖον ἔστω ἐν ᾧ τὸ ὕδωρ ἐστίν, τὸ δὲ Α εἰς ὃν μέλλει φέρεσθαι.

Ἕνα οὖν τῶν εἰρημένων κανόνων ἵστημι πρὸς τῷ Α, καὶ ἔστω ὁ ΑΓ. Εἶτα ἀποστήσας τὴν διόπτραν ἀπὸ τοῦ Α <ἐπὶ> τοσοῦτον ἐφ' ὅσον δυνάμεθα ὁρᾶν τὸν ΑΓ κανόνα, ἐπὶ τὰ αὐτὰ μέρη τῷ Β, ἐπιστρέφω τὸν ἐπ' ἄκρῳ τῷ στυλίσκῳ ἐν ᾧ ἐστι τὰ ὑέλινα κυλίνδρια, ἄχρις ἂν ἐπ' εὐθείας γένηται ὁ πλάγιος κανὼν τῷ ΑΓ.

Εἶτα ἐπιστρέψας τὰ κοχλίδια <τὰ> ἐν τῷ κανόνι ἀνάγω τὰς λεπίδας ἄχρις ἂν αἱ ἐν αὐταῖς ἀνατομαὶ γένωνται κατὰ τὰς ἐν τοῖς ὑελίνοις γραμμὰς ἃς ποιεῖ ἡ τοῦ ὕδατος ἐν αὐτοῖς ἐπιφάνεια· καὶ κατασταθέντων οὕτω τῶν λεπιδίων διὰ τῶν ἐν αὐτοῖς ἀνατομῶν διοπτεύω θεωρῶν τὸν ΑΓ κανόνα τῆς ἀσπιδίσκης μετεωριζομένης ἢ ταπεινουμένης ἄχρις ἂν φανῇ ἡ μέση τοῦ λευκοῦ καὶ μέλανος χρώματος γραμμή. Καὶ μενούσης τῆς διόπτρας ἀκινήτου μεταβὰς ἐκ τοῦ ἑτέρου μέρους διοπτεύω διὰ τῶν

3 post ἔστω add. τόπος H. Schoene (iam dubitanter R. Schoene) || ἐν ᾧ Vincent : ἐν αὐτῷ M || 7 ἐπὶ add. Decorps-F. || 12 τὰ add. Decorps-F. || 14 ὑελίνοις Vincent : ὑαλίνοις M || post ὑελίνοις fort. addendum κυλινδρίοις M || 16 αὐτοῖς H. Schoene : αὐταῖς M || 18 ἢ V : ἡ M.

séparant les couleurs blanche et noire[1]. Sans rien bouger à la dioptre, je passe de l'autre côté et je vise à travers les fentes l'autre mire, en l'éloignant[2] de la dioptre d'une distance telle qu'elle reste visible ; à nouveau, en laissant descendre l'autre voyant, je vise la ligne qui sur lui sépare les couleurs[3].

Soit ΔE la seconde mire, Z la dioptre, Γet E les points que l'on prend à l'aide de la dioptre ; soit Δ le point où la mire ΔE repose sur le sol.

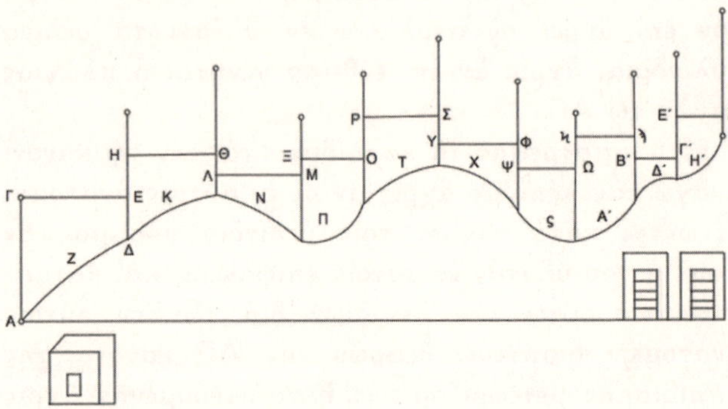

Fig. 6[4]

J'ai mesuré[5] chacune des deux droites ΑΓ et ΔE ; mettons

1. Héron vient de procéder à deux opérations distinctes : d'abord arrêter sa visée sur le plan horizontal en repérant la mire ΑΓ, puis s'aligner sur la ligne de foi en plaçant son appareil de visée sur un plan parfaitement horizontal.

2. Comprendre : « en la faisant éloigner », car l'opérateur principal a nécessairement des aides sur le terrain.

3. Après avoir décrit la procédure générale, Héron passe à une application numérique.

4. Voir Note complémentaire [23].

5. Voir Note complémentaire [24].

ἀνατομῶν ἀποστήσας ἀπὸ τῆς διόπτρας τὸν ἕτερον κανόνα τοσοῦτον ὥστε βλέπεσθαι· καὶ πάλιν χαλωμένης τῆς ἑτέρας ἀσπιδίσκης θεωρῶ τὴν ἐν αὐτῇ μέσην τῶν χρωμάτων γραμμήν.

Ἔστω οὖν ὁ δεύτερος κανὼν ὁ ΔΕ, διόπτρα δ' ἡ Ζ, τὰ δ' εἰλημμένα σημεῖα διὰ τῆς διόπτρας τὰ Γ, Ε· καθ' ὃ δ' ἐπίκειται ὁ ΔΕ κανὼν τῷ ἐδάφει ἔστω τὸ Δ.

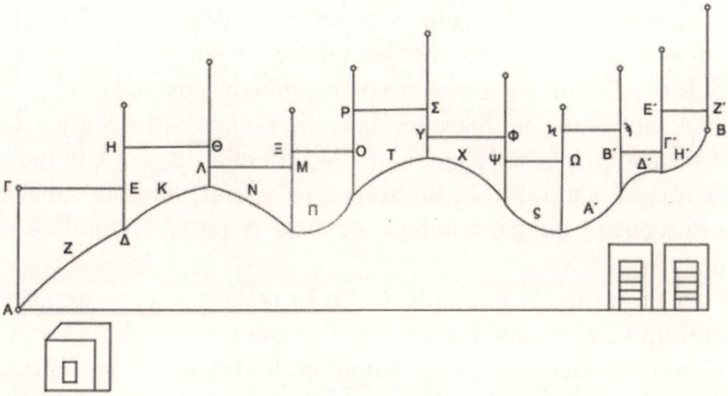

Fig. 6

Ἐμέτρησα οὖν ἑκατέραν τῶν ΑΓ, ΔΕ· καὶ ἔστω ἡ μὲν ΑΓ ηὑρημένη πηχῶν ϛ, ἡ δὲ ΔΕ πηχῶν β.

10 ηὑρημένη Vincent : ηυραμένη (sic) M.

que j'aie trouvé[1] 6 coudées pour ΑΓ[2] et 2 coudées pour ΔΕ. J'ai tracé deux rangées, intitulant l'une « descente », <l'autre « montée »,> comme c'est fait ci-dessous[3] ; et je marque les six coudées dans la rangée « descente », et les deux coudées dans la rangée « montée ».

Et la mire ΔΕ restant fixe, je déplace la dioptre ; qu'elle soit au point K. Je fais pivoter la règle jusqu'à ce que je voie à nouveau, dans l'axe de la règle, la mire ΔΕ. Et immobilisant les plaquettes, je place la mire ΑΓ en avant de la dioptre, c'est-à-dire du côté opposé à la mire ΔΕ[4].

À nouveau, sans rien changer à la dioptre, je mets le voyant dans l'alignement des fentes, et soient H et Θ les points pris sur les mires et correspondant aux voyants[5].

À nouveau, je marque dans la rangée « descente » la distance du point H jusqu'au sol, et celle du point Θ dans la rangée « montée » ; mettons que ce soit, dans la rangée « descente » quatre coudées, et dans la rangée « montée », deux coudées.

À nouveau, la mire placée en Θ restant fixe, je déplace la dioptre ainsi que l'autre mire, et mettant en alignement, comme cela a été dit précédemment, les voyants et les fentes,

1. Voir Note complémentaire [25].

2. La hauteur lue sur la mire placée en A (6 coudées) donne la distance verticale entre le plan horizontal de visée (obtenu en plaçant le pied de la dioptre en Z) et le point A du sol situé au-dessous.

3. L'expression ὡς ὑπογέγραπται ressemble à un appel de figure, mais il n'y a aucune illustration dans M de ces deux rangées avec les cotes « de descente » et les cotes « de montée ». Voir Note complémentaire [26].

4. Héron suit la progression du travail effectué par le topographe. Il part du point le plus bas, où l'on veut faire arriver l'eau, et les visées arrière et avant successives sont effectuées en direction de la source par déplacement alterné de la dioptre et des deux mires utilisées.

5. Exactement, aux aiguilles des disques.

Ἀπεγραψάμην οὖν δύο στίχους ἐν μὲν τῷ ἑνὶ ἐπιγράψας καταβάσεως, <ἐν δὲ τῷ ἑτέρῳ ἀναβάσεως,> ὡς ὑπογέγραπται· καὶ τοὺς μὲν ἓξ πήχεις ἐν τῷ τῆς καταβάσεως στίχῳ σημειοῦμαι, τοὺς δὲ δύο ἐν τῷ τῆς ἀναβάσεως.

Καὶ μένοντος τοῦ ΔΕ κανόνος μετατίθημι τὴν διόπτραν· καὶ ἔστω πρὸς τῷ Κ. Καὶ ἐπιστρέφω τὸν πλάγιον κανόνα ἄχρις ἂν πάλιν ἴδω διὰ τοῦ πλαγίου κανόνος τὸν ΔΕ κανόνα. Καὶ καταστήσας τὰ [τε] λεπίδια τίθημι τὸν ΑΓ κανόνα ἔμπροσθεν τῆς διόπτρας, τουτέστιν ἐπὶ τὰ ἕτερα μέρη τοῦ ΔΕ κανόνος.

Καὶ πάλιν ἀκινήτου τῆς διόπτρας οὔσης καθίστημι τὴν ἀσπιδίσκην ἐπ' εὐθείας ταῖς ἀνατομαῖς· καὶ ἔστω τὰ πρὸς ταῖς ἀσπιδίσκαις σημεῖα ἐπὶ τῶν κανόνων τὰ Η, Θ.

Πάλιν οὖν τὸ μὲν ἀπὸ τοῦ Η διάστημα ἄχρι τοῦ ἐδάφους σημειοῦμαι εἰς τὸν τῆς καταβάσεως στίχον, τὸ δ' ἀπὸ τοῦ Θ εἰς τὸν τῆς ἀναβάσεως· καὶ ἔστωσαν μὲν καταβάσεως πήχεις τέσσαρες, ἀναβάσεως δὲ πήχεις δύο.

Καὶ πάλιν μένοντος τοῦ πρὸς τῷ Θ κανόνος μετατίθημι τὴν διόπτραν καὶ τὸν ἕτερον κανόνα <καὶ> καταστήσας, ὡς προείρηται, ἐπ' εὐθείας τάς τε ἀσπιδίσκας καὶ τὰς ἀνατομὰς λαμβάνω [καὶ] ἐπὶ

2-3 ἐν δὲ τῷ ἑτέρῳ ἀναβάσεως add. Vincent (*alterum uero ascensum* add. Mieg) || 4 σημειοῦμαι Vincent : σημειοῦται M || 6 μένοντος Vincent : μένοντας M || 7 τῷ H. Schoene : τὸ M || 8 πλάγιον Decorps-F. : ΔΕ M || διὰ H. Schoene : καὶ M || 10 τε del. H. Schoene || 22 τῷ H. Schoene : τὸ M || 23 καὶ add. H. Schoene || 25 καὶ del. H. Schoene.

je prends sur les mires les points Λ et M.

À nouveau, la mesure en Λ sera dans la rangée « descente », et la mesure en M dans la rangée « montée » ; soit, pour la descente, une coudée, et pour la montée trois coudées.

À nouveau, la mire placée en M restant fixe, que soit déplacées la dioptre et l'autre mire. Soit ΞO la droite obtenue à l'aide de la dioptre, et qu'il y ait en Ξ quatre coudées pour la descente, et en O deux coudées pour la montée.

Continuons ensuite à opérer de la même façon, jusqu'à ce que nous arrivions en B.

Soit T la dioptre, et PΣ la droite visée par les fentes ; et 5 coudées pour la descente, trois pour la montée. Ensuite, soit X la dioptre et ΥΦ la droite ; et une coudée pour la descente, trois pour la montée. Ensuite, ϛ la dioptre et ΨΩ la droite ; et deux coudées pour la descente, trois pour la montée.

À nouveau, A′ la dioptre et ϟ ϡ la droite ; et 5 coudées pour la descente, 3 pour la montée. Ensuite, Δ′ la dioptre et B′ Γ′ la droite ; et 2 coudées pour la descente, une pour la montée.

À nouveau, H′ la dioptre et E′Z′ la droite ; et trois coudées pour la descente, 1 pour la montée. Et que la dernière mire soit placée près de la surface même de l'eau.

Les nombres ayant été marqués dans les rangées dont

τῶν κανόνων σημεῖα τὰ Λ, Μ.

Καὶ πάλιν τὸ μὲν πρὸς τῷ Λ μέτρον καταβάσεως ἔσται, τὸ δὲ πρὸς τῷ Μ ἀναβάσεως· ἔστω οὖν καταβάσεως πῆχυς εἷς, ἀναβάσεως δὲ πήχεις τρεῖς.

Πάλιν οὖν μένοντος τοῦ πρὸς τῷ Μ κανόνος μετακείσθω ἥ τε διόπτρα καὶ ὁ ἕτερος κανών. Ἡ δὲ διὰ τῆς διόπτρας ἔστω εὐθεῖα ἡ ΞΟ, καὶ πρὸς μὲν τῷ Ξ καταβάσεως ἔστωσαν πήχεις τέσσαρες, πρὸς δὲ τῷ Ο ἀναβάσεως πήχεις δύο.

Εἶθ' ἑξῆς τὰ αὐτὰ γινέσθω ἄχρις ἂν ἐπὶ τὸ Β παραγενώμεθα.

Καὶ ἔστω διόπτρα μὲν ἡ Τ, ἡ δὲ διὰ τῶν ἀνατομῶν εὐθεῖα ἡ ΡΣ· καὶ καταβάσεως μὲν πήχεις ϵ, ἀναβάσεως δὲ πήχεις τρεῖς. Εἶτα διόπτρα μὲν ἡ Χ, εὐθεῖα δ' ἡ ΥΦ· καὶ καταβάσεως πῆχυς εἷς, ἀναβάσεως δὲ πήχεις τρεῖς. Εἶτα διόπτρα μὲν ἡ ϛ, εὐθεῖα δ' ἡ ΨΩ· καὶ καταβάσεως πήχεις δύο, ἀναβάσεως δὲ πήχεις τρεῖς.

Πάλιν διόπτρα μὲν ἡ Α′, εὐθεῖα δ' ἡ ϟϡ· καὶ καταβάσεως μὲν πήχεις ϵ, ἀναβάσεως <δὲ> πήχεις γ. Εἶτα διόπτρα μὲν ἔστω ἡ Δ′, εὐθεῖα δ' ἡ Β′ Γ′· καὶ καταβάσεως μὲν πήχεις β, ἀναβάσεως δὲ πῆχυς εἷς. Καὶ πάλιν διόπτρα μὲν ἡ Η′, εὐθεῖα δ' ἡ Ε′Ζ′· καὶ καταβάσεως μὲν πήχεις τρεῖς, ἀναβάσεως δὲ πῆχυς α. Ὁ δὲ τελευταῖος κανὼν κείσθω πρὸς αὐτῇ τῇ τοῦ ὕδατος ἐπιφανείᾳ.

Τῶν οὖν ἀριθμῶν σεσημειωμένων ἐν τοῖς εἰρημέ-

8 τῷ V : τὸ M || 15 εἷς Vincent : μία M || 20 ε Vincent (πέντε scribit) : ρ M || δὲ add. Vincent || 23 H′ Decorps-F. uide adn. : Z′ M || E′Z′ Decorps-F. uide adn. : E′ς M.

on a parlé, j'additionne tous les nombres de la rangée « descente » : cela fait 33 ; et de la même façon, ceux de la colonne « montée » : cela fait 23 ; de sorte que la différence est de 10 coudées.

Puisque le nombre de la rangée « descente », c'est-à-dire le nombre concernant l'endroit[1] où nous voulons conduire l'eau, est le plus grand, l'eau descendra ; et elle sera dix coudées plus haut[2] que la zone du point A. Si l'on avait obtenu deux nombres égaux, les deux points A et B auraient été à la même hauteur, c'est-à-dire dans un seul plan parallèle à l'horizon ; dans ce cas aussi, on peut faire descendre l'eau. Mais si le nombre de la colonne « descente » était le plus petit, il est impossible que l'eau coule d'elle-même ; nous devons alors recourir à un dispositif de puisage[3]. Pour cela, on utilise, si le lieu était beaucoup plus bas, le système des godets en grand nombre[4], c'est-à-dire ce que l'on appelle

1. Littéralement : « le nombre qui est du côté de l'endroit où nous voulons conduire l'eau ».

2. Héron désigne ici la source, au point B, évidemment.

3. Le mot grec est ἄντλημα, qui va être immédiatement suivi de ἄντλησις. Sur ἄντλησις, cf. D. Bonneau, *Le régime administratif de l'eau du Nil...*, p. 212-216 : le verbe ἀντλέω et le substantif ἄντλησις « ne concernent que l'irrigation où l'eau est puisée à l'aide d'un appareil élévatoire (shadouf, roue à eau, saqiâ). Pour l'Égypte, les exemples papyrologiques abondent. » L'auteur distingue ensuite (*ibid.*) le terme ἀντλησμός (plutôt pour l'alimentation urbaine) du mot ἄντλησις, qui évoque davantage les modalités de réalisation concrète de l'opération, comme ici.

4. Πολυκαδία « multi-seaux », pour désigner la noria, est un hapax.

νοις στίχοις συντίθημι πάντας τοὺς τῆς καταβάσεως ἀριθμούς· εἰσὶ δὲ λγ. Ὁμοίως καὶ τοὺς τῆς ἀναβάσεως· εἰσὶ δὲ κγ, ὥσθ' ὑπεροχὴ πήχεις ι.

Ἐπεὶ οὖν ὁ τῆς καταβάσεως ἀριθμός, τουτέστιν ὁ ἐπὶ τὰ μέρη τοῦ τόπου εἰς ὃν θέλομεν ἄγειν τὸ ὕδωρ, μείζων ἐστίν, κατενεχθήσεται τὸ ὑγρόν· καὶ ἔσται μετεωρότερον τοῦ πρὸς τῷ Α πήχεις δέκα. Εἰ δ' ἴσοι γεγόνασιν ἀριθμοί, ἰσοϋψῆ ὑπῆρχε τὰ Α, Β σημεῖα, τουτέστιν ἐν ἑνὶ ἐπιπέδῳ παραλλήλῳ τῷ ὁρίζοντι· καὶ οὕτω δὲ δυνατὸν κατάγεσθαι τὸ ὕδωρ. Εἰ δ' ἐλάττων ἦν ὁ τῆς καταβάσεως ἀριθμός, ἀδύνατον αὐτοματίσαι τὸ ὕδωρ· ἀντλήματος ἄρα προσδεόμεθα. Ἡ δ' ἄντλησις γίνεται, εἰ μὲν πολὺ ταπεινότερος ἦν ὁ τόπος, διὰ πολυκαδίας ἢ τῆς

5 τόπου Vincent (*loci* Mieg) : πόθου M || εἰς ὃν Vincent : ἐν ᾧ M || θέλομεν V : θέλωμεν M || 6 μείζων Vincent : μεῖζον M || 8-9 τὰ Α, Β σημεῖα Vincent (*puncta a, b* Mieg) : τὸ ΑΒ σημεῖον M || 11 ἐλάττων Vincent : ἔλαττον M || 13 γίνεται H. Schoene : ἐγίνετο M.

la chaîne[1] ; s'il était seulement un peu plus bas, soit les vis à eau[2] soit les roues parallèles[3].

Et les endroits intermédiaires par lesquels nous avons décidé de conduire l'eau, nous les examinerons pour déterminer leur position aussi bien les uns par rapport aux autres que par rapport aux points donnés au départ : et cela, à l'aide de la même méthode, en prenant les points intermédiaires en question comme s'ils étaient les points donnés au départ, car il n'y aura aucune différence.

Il faut aussi, ayant calculé la totalité de la longueur, examiner pour chaque stade combien de pente il y aura de la pente totale[4] ; et ainsi, pour les sections intermédiaires, exécuter les travaux de remblaiement ou de soutènement[5] en ayant des repères[6], des bornes et des inscriptions pour empêcher toute déviation des ouvriers[7].

D'autre part, on conduira l'eau non pas en suivant la direction de la pente qui aura été reconnue, mais par une autre voie, celle qui sera convenable pour la canalisation[8]. Car souvent se rencontre un obstacle, montagne dont la roche est trop dure ou qui est trop haute, sols spongieux

1. Vitruve 10, 4, 4 décrit ces chaînes à godets, dont les deux éléments les plus caractéristiques sont chez lui la *catena* (= ἅλυσις chez Héron) et les *situli* (= κάδοι) qui y sont suspendus ; cette machine, dit-il, doit être utilisée *si magis altis locis erit praebendum*, « s'il faut amener l'eau à une plus grande hauteur encore » (trad. L. Callebat, CUF, 1986), cf. ici εἰ μὲν πολὺ ταπεινότερος ἦν ὁ τόπος. Voir les commentaires de L. Callebat et Ph. Fleury, p. 143-145.

2. Voir Note complémentaire [27].

3. Voir Note complémentaire [28].

4. On rapporte au stade la mesure du dénivelé.

5. Voir Note complémentaire [29].

6. Voir Note complémentaire [30].

7. Voir Note complémentaire [31].

8. Voir Note complémentaire [32].

καλουμένης ἁλύσεως· εἰ δ' ὀλίγον, ἤτοι διὰ κοχλιῶν ἢ διὰ τῶν παραλλήλων τυμπανίων.

Καὶ τοὺς μέσους δὲ τόπους δι' ὧν ἀπεκρίναμεν ἄγειν τὸ ὕδωρ ἐπισκεψόμεθα πῶς πρὸς ἀλλήλους τε καὶ τοὺς ἐξ ἀρχῆς τόπους ἔχουσι διὰ τῆς αὐτῆς μεθόδου, ὑπολαβόντες τοὺς εἰρημένους μέσους τόπους εἶναι τοὺς ἐξ ἀρχῆς δοθέντας· κατ' οὐδὲν γὰρ διοίσει.

Δεῖ δὲ καὶ ἐκλογισάμενον πᾶν τὸ μῆκος ἐπισκέψασθαι ἂν τῷ σταδίῳ πόσον κλίμα γενήσεται τοῦ παντὸς κλίματος· καὶ οὕτως εἰς τοὺς μέσους τόπους σημεῖα καὶ ὅρους καὶ ἐπιγραφὰς ἔχοντας συγχωννύειν ἢ προσανοικοδομεῖν πρὸς τὸ τοὺς ἐργαζομένους ἐν μηδενὶ πλανᾶσθαι.

᾿Αχθήσεται δὲ τὸ ὑγρὸν οὐ διὰ τῆς αὐτῆς ὁδοῦ δι' ἧς καὶ τὸ κλίμα ἐπέγνωμεν, ἀλλὰ δι' ἑτέρας εὐθετούσης πρὸς τὸ ὑδραγώγιον. Πολλάκις γὰρ ἐμποδὼν ἵσταταί τι, ἢ ὄρος σκληρότερον ἢ μετεωρότερον ἢ χαῦνοι τόποι ἢ θειώδεις ἢ τοιοῦτοί τινες τόποι βλάπτοντες τὸ ὕδωρ. Τοιούτοις ὅταν περι-

1 ὀλίγον V : ὀλίγων M || 3 ἀπεκρίναμεν Guillaumin : ἀνεκρίναμεν M || 10 ἂν M : ἀνὰ dubit. Guillaumin ἐν M[1] || τῷ σταδίῳ M : στάδιον dubit. Guillaumin || 15 ὁδοῦ Vincent : οὐδὲ M || 19 θειώδεις Vincent : θειοειδεις (sic) M || 20 τοιούτοις H. Schoene : τοιούτους M.

ou sulfureux[1], et autres lieux de ce genre, qui nuisent à la qualité de l'eau. Dans ces cas-là, nous contournerons l'obstacle[2], pour que l'adduction d'eau ne subisse aucun dommage.

Mais pour éviter de tomber dans des dépenses plus importantes[3] en allongeant le parcours de la conduite, nous allons montrer tout de suite comment il sera possible de trouver la droite qui joint les deux points ; car c'est la plus courte de toutes les lignes qui ont les mêmes extrémités[4]. Ensuite, s'il se rencontre sur cette ligne une fois déterminée l'un des obstacles dont nous parlions, alors, nous le contournerons.

7. D'un point donné, mener à l'aide d'une dioptre une droite qui le joigne à un point donné, ce dernier étant invi-

1. Voir Note complémentaire [33].

2. Les arpenteurs romains parlent de *deuitare* (Frontin 4, 4, éd. J.-Y. Guillaumin, *Les arpenteurs romains* t. I, CUF, 2005 : *si in rigore dictando quaedam deuitanda occurrunt*, « si, pendant que l'on dicte l'alignement, se présentent des obstacles à éviter... »). On contourne l'obstacle par une série de droites perpendiculaires en appliquant le procédé qui va être décrit au chapitre suivant et au chapitre 15.

3. C'est qu'un devis a été établi par le géomètre, auquel il s'agit de se conformer. Sur ce devis en Égypte, σύνοψις, cf. D. Bonneau, *Le système administratif de l'eau du Nil...*, p. 143.

4. C'est la définition archimédienne de la droite (*Sphère et Cylindre*, I, postulat 1).

τύχωμεν, ἐκνεύσομεν ὥστε κατὰ μηδὲν βλάπτεσθαι τὴν τοῦ ὕδατος ἀγωγήν.

Ἕνεκα δὲ καὶ τοῦ μὴ μακροτέραν ὁδὸν φερόμενον τὸ ὕδωρ εἰς μείζονα δαπάνην ἐκπίπτειν, δείξομεν ἑξῆς ὡς δυνατὸν ἔσται τὴν ἐπὶ τὰ δύο σημεῖα ἐπιζευγνυμένην εὐθεῖαν εὑρίσκειν· αὕτη γὰρ ἐλαχίστη ἐστὶ πασῶν τῶν τὰ αὐτὰ πέρατα ἐχουσῶν γραμμῶν. Εἶτα ὅταν ἐν ταύτῃ τῇ ὁρισθείσῃ ἐμπέσῃ <τι> τῶν εἰρημένων ἀπόρων, τότε ἐκεῖνο ἐκνεύσομεν.

7. Ἀπὸ τοῦ δοθέντος σημείου ἐπὶ τὸ δοθὲν σημεῖον ἀθεώρητον ὑπάρχον εὐθεῖαν ἐπιζεῦξαι διὰ

1 ἐκνεύσομεν V : ἐκνεύσωμεν M || 9 τι add. Vincent || ἀπόρων Decorps-F. (iam prop. H. Schoene) : ἀτόπων M.

sible[1], et cela, quelle que soit la distance entre les points[2].

Soient deux points donnés A et B[3].

Que soit installée[4] la dioptre qui peut viser des plans à angles droits entre eux[5], et qu'elle soit placée en A ; et que soit prise dans le plan, à l'aide de la dioptre, une droite ΑΓ[6], de la longueur que nous voudrons.

Que la dioptre soit transportée <en Γ, et que soit menée une droite ΓΔ de la longueur que l'on voudra à angle droit avec ΑΓ. De la même façon, que la dioptre soit transportée> en Δ, et que soit menée à angle droit avec ΓΔ une droite ΔΕ, de longueur quelconque.

1. De la position du point donné au départ. En l'occurrence, ce sera le point B. C'est le dernier emplacement de la dioptre en Λ qui permettra de l'apercevoir.

2. Partant d'un point donné, on se rapproche progressivement du point à atteindre grâce à une série de droites perpendiculaires. « L'auteur procède par une sorte de tâtonnement, en construisant une ligne brisée à angles droits successifs, à peu près comme les arpenteurs romains », note A. J. H. Vincent, p. 158. Cela revient à dire que pratiquement, ici comme en bien d'autres problèmes, Héron utilise sa dioptre perfectionnée comme le *mensor* romain sa fruste *groma*, tout à fait suffisante pour ce genre d'opération. La méthode, déjà invoquée *supra*, à la fin du chapitre 6, sera de nouveau utilisée *infra*, chapitre 15, pour le percement d'un tunnel dont les deux extrémités sont données sur les flancs d'une montagne.

3. Voir Note complémentaire [34].

4. On trouve trois autres occurrences chez Héron de la forme verbale κατεσκευάσθω, deux dans la *Dioptre* (ch. 36 et 37) et une dans les *Pneumatiques* (II, 34), chaque fois pour une pièce que l'on construit destinée à faire fonctionner un dispositif. L'emploi du verbe semble indiquer ici que la dioptre, pour l'utilisation qui va en être faite, a besoin d'un équipement spécifique, en l'occurrence du montage du dispositif de l'alidade.

5. Voir Note complémentaire [35].

6. Voir Note complémentaire [36].

διόπτρας, ἡλίκον ἂν ᾖ τὸ μεταξὺ τῶν σημείων διάστημα.

Ἔστω γὰρ <τὰ> δοθέντα δύο σημεῖα τὰ Α, Β.

Καὶ κατεσκευάσθω ἡ διόπτρα ἡ δυναμένη ἐπίπεδα πρὸς ὀρθὰς ἀλλήλοις διοπτεύειν· καὶ κείσθω πρὸς τῷ Α. Καὶ εἰλήφθω διὰ τῆς διόπτρας ἐν τῷ ἐπιπέδῳ εὐθεῖα ἡ ΑΓ, ἡλίκην ἂν βουλώμεθα τῷ μεγέθει. Καὶ μετακείσθω ἡ διόπτρα <πρὸς τῷ Γ· καὶ τῇ ΑΓ πρὸς ὀρθὰς ἤχθω ἡ ΓΔ, ἡλίκη ἂν ᾖ τῷ μεγέθει. Καὶ ὁμοίως μετακείσθω ἡ διόπτρα> πρὸς τῷ Δ· καὶ τῇ ΓΔ πρὸς ὀρθὰς ἡ ΔΕ, ἡλίκη ἂν ᾖ τῷ μεγέθει.

3 τὰ add. Decorps-F. || 4 κατεσκευάσθω Vincent : κατασκευάσθω M || 6 pr. τῷ Vincent : τὸ M || 8-10 πρὸς — διόπτρα add. Vincent (sed ἤχθω omisit et εἴη pro ᾖ posuit) || 11 ᾖ M^{1} : εἴ (sic) ᾖ M.

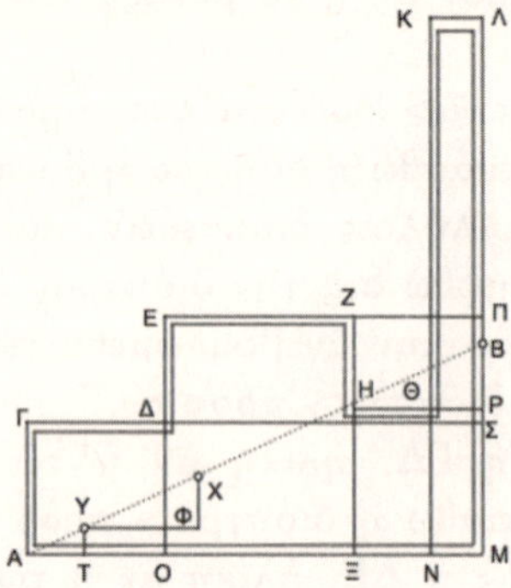

Fig. 7[1]

Que la dioptre soit transportée de nouveau en E, et que soit menée à angle droit une droite EZ ; et de la même façon, que soit pris un point quelconque Z ; ZH à angle droit avec ZE[2] et un point quelconque H ; HΘ à angle droit avec ZH et un point quelconque Θ ; ΘK à angle droit avec HΘ et un point quelconque K ; KΛ à angle droit avec ΘK. Et que cela se fasse jusqu'à ce que le point B soit en vue.

Que cela soit fait[3] ; que la dioptre soit transportée sur la droite KΛ jusqu'à ce que le point B soit visible avec la seconde droite de l'instrument[4]. Mettons que cela se produise quand la dioptre se trouve en Λ.

En même temps[5] que nous faisons les visées[6], nous dessinerons sur une feuille ou sur une tablette[7] la figure de notre

1. Voir Note complémentaire [37].
2. En faisant un retour à angle droit plutôt que de continuer à faire progresser dans la même direction la ligne brisée à angles droits successifs. Le texte ne le dit pas ici, mais les données numériques qui vont suivre l'imposeront. Il en sera de même quand on placera la perpendiculaire ΛB.
3. Voir Note complémentaire [38].
4. Voir Note complémentaire [39].
5. Voir Note complémentaire [40].
6. Voir Note complémentaire [41].
7. Voir Note complémentaire [42].

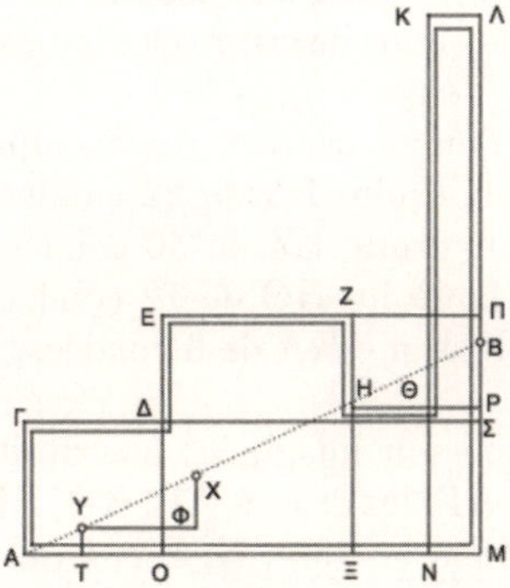

Fig. 7

Καὶ πάλιν μετακείσθω ἡ διόπτρα πρὸς τῷ Ε· καὶ πρὸς ὀρθὰς ἡ ΕΖ· καὶ ὁμοίως τυχὸν εἰλήφθω τὸ Ζ· καὶ τῇ ΖΕ πρὸς ὀρθὰς ἡ ΖΗ· καὶ τυχὸν τὸ Η· καὶ τῇ ΖΗ πρὸς ὀρθὰς ἡ ΗΘ· καὶ τυχὸν τὸ Θ· καὶ τῇ ΗΘ πρὸς ὀρθὰς ἡ ΘΚ· καὶ τυχὸν τὸ Κ· καὶ τῇ ΘΚ πρὸς ὀρθὰς ἡ ΚΛ. Καὶ τοῦτο γινέσθω ἄχρις ἂν ὀφθῇ τὸ Β σημεῖον.

Γεγονέτω· καὶ παραγέσθω ἡ διόπτρα ἐπὶ τῆς ΚΛ ἕως οὗ διὰ τῆς ἑτέρας ἐν αὐτῇ εὐθείας φανῇ τὸ Β. Πεφηνέτω οὔσης τῆς διόπτρας κατὰ τὸ Λ.

Ἅμα δὴ διοπτεύοντες γράψομεν ἐν χάρτῃ ἢ δέλτῳ

8 παραγέσθω H. Schoene : παραγεγενήσθω M || 9 ἐν αὐτῇ H. Schoene : ἑαυτῇ M.

relevé à la dioptre, c'est-à-dire les points où se brisent les droites[1], et de plus nous inscrirons les longueurs de chacune d'elles[2].

Mettons que l'on ait trouvé[3], par exemple, la droite ΑΓ de 20 coudées, la droite ΓΔ de 22 coudées, la droite ΔΕ de 16 coudées, la droite ΕΖ de 30 coudées, la droite ΖΗ de 14 coudées, la droite ΗΘ de 12 coudées, la droite ΘΚ de 60 coudées, la droite ΚΛ de 8 coudées, la droite ΛΒ de 50 coudées.

Cela étant, que soit imaginée[4] une droite ΑΜ menée à angle droit avec ΑΓ, les droites ΛΒ, ΚΘ, ΖΗ et ΕΔ prolongées respectivement en <Μ>, Ν, Ξ et Ο, et les droites ΕΖ, ΗΘ et ΓΔ respectivement en Π, Ρ et Σ. À cause des nombres posés, la droite ΑΟ fera donc 22 coudées, puisque telle était la longueur de ΓΔ ; ΟΞ, 30, comme ΕΖ ; ΞΝ, 12, comme ΗΘ ; ΜΝ, 8, comme ΚΛ ; de sorte que ΑΜ, dans sa totalité, fera 72 coudées.

À nouveau, ΜΣ fera 20 coudées, puisque telle était

1. Voir Note complémentaire [43].

2. Sur les distances relativement courtes dont il est question, voir Note complémentaire [44].

3. Le procédé utilisé suppose que les différents points de station de la dioptre soient tous accessibles à partir du point qui les précède, générant des distances mesurables ; les visées se font à l'horizontale, ainsi que les mesures sur le terrain, sans doute par cultellation, car il est peu probable qu'on évolue sur terrain plat pour ces exercices topographiques.

4. « Acte de la pensée par lequel on se donne une figure », ainsi le verbe νοεῖν est-il défini par Ch. Mugler, *Dictionnaire historique de la terminologie géométrique des Grecs*, Paris, 1958, p. 297. L'emploi de ce terme indique le retour au travail géométrique sur la figure que constitue le plan ; le travail sur le terrain lui-même s'est achevé avec les dernières droites mesurées. On reviendra par la suite au travail au sol, comme le suggère la dernière phrase. On aura donc obtenu à la fois un plan du travail réalisé et sa concrétisation sur le terrain.

τό τε σχῆμα τοῦ διοπτρισμοῦ, τουτέστι τὰς κλάσεις τῶν εὐθειῶν, καὶ ἔτι τὰ μεγέθη ἑκάστης αὐτῶν ἐπιγράψομεν.

Ἔστω οὖν ἡ μὲν ΑΓ πηχῶν εὑρημένη λόγου χάριν κ, ἡ δὲ ΓΔ πηχῶν κβ, ἡ δὲ ΔΕ πηχῶν ιϛ, ἡ δὲ ΕΖ πηχῶν λ, ἡ δὲ ΖΗ πηχῶν ιδ, ἡ δὲ ΗΘ πηχῶν ιβ, ἡ δὲ ΘΚ πηχῶν ξ, ἡ δὲ ΚΛ πηχῶν η, ἡ δὲ ΛΒ πηχῶν ν.

Τούτων δὲ οὕτως ἐχόντων νενοήσθω τῇ ΑΓ πρὸς ὀρθὰς ἠγμένη ἡ ΑΜ καὶ ἐκϐεϐλημέναι αἱ ΛΒ, ΚΘ, ΖΗ, ΕΔ ἐπὶ τὰ <Μ>, Ν, Ξ, Ο, αἱ δὲ ΕΖ, ΗΘ, ΓΔ ἐπὶ τὰ Π, Ρ, Σ. Ἔσται ἄρα διὰ τοὺς ἐπικειμένους ἀριθμοὺς ἡ μὲν ΑΟ πηχῶν κβ, ἐπεὶ καὶ ἡ ΓΔ, ἡ δὲ ΟΞ λ, ἐπεὶ καὶ ἡ ΕΖ, ἡ δὲ ΞΝ ιβ, ἐπεὶ καὶ ἡ ΗΘ, ἡ δὲ ΜΝ η, ἐπεὶ καὶ ἡ ΚΛ, ὥσθ' ὅλη ἡ ΑΜ ἔσται πηχῶν οβ.

Πάλιν δὲ ἔσται ἡ μὲν ΜΣ πηχῶν κ, ἐπεὶ καὶ ἡ ΑΓ, ἡ δὲ ΠΣ πηχῶν ιϛ, ἐπεὶ καὶ ἡ ΔΕ, ἡ δὲ ΠΡ

7 ΛΒ Vincent : ΛΕ Μ || 11 Μ add. Vincent || 17 ante πάλιν del. ἐπεὶ καὶ ἡ ΗΘ (uide l. 14) M[1].

la longueur de ΑΓ ; ΠΣ, 16 coudées, comme ΔΕ ; ΠΡ, 14 coudées, comme ΖΗ ; le reste, ΡΣ, fera donc 2 coudées. La droite ΡΜ tout entière fera donc 22 coudées.

À nouveau, ΡΛ fera 60 coudées, comme ΚΘ ; de ce nombre, ΠΡ représente 14 coudées ; le reste, ΛΠ, fera donc 46 coudées. Et la droite ΛΒ tout entière fait 50 coudées ; donc, le reste, ΠΒ, fera 4 coudées ; le reste ΒΡ fera donc 10 coudées. Mais[1] la droite ΡΜ fait 22 coudées ; la droite ΜΒ tout entière fera donc 32 coudées. Mais on a aussi la droite ΑΜ de 72 coudées ; le rapport de ΑΜ <à ΜΒ> est donc celui de 72 à 32.

Une fois cela trouvé, que soit délimitée <sur ΑΜ> une droite ΑΤ, de 9 coudées si l'on veut, et à angle droit avec elle ΤΥ. Qu'il soit fait en sorte que[2] ΑΤ, c'est-à-dire les 9 coudées, soit à un autre nombre comme 72 est à 32 : c'est à 4 coudées[3]. <Que soit délimitée la droite ΤΥ, de 4 coudées ;> le point Υ sera alors sur la droite qui joint les points Α et Β.

À nouveau, ΥΦ à angle droit avec ΥΤ ; que soit délimitée ΥΦ, de 18 coudées, si l'on veut ; ΦΧ à angle droit avec elle. Qu'il soit fait en sorte que les 18 coudées soient à un autre nombre comme 72 est à 32 : c'est à 8. Que soit délimitée ΦΧ, de 8 coudées ; et le point Χ sera sur la droite qui joint les points Α et Β.

1. On retrouve ici avec la correspondance ἀλλὰ/ἄρα les particules usuelles qui, dans la langue mathématique grecque, articulent un syllogisme.

2. Héron reprend ici l'expression codifiée du rapport demandé avec la forme verbale πεποιήσθω et la corrélation comparative ὡς...<οὕτως>.

3. C'est la première occurrence de la forme verbale γίνεται, largement utilisée dans les chaînes de calcul du corpus héronien pour donner le résultat d'une opération.

πηχῶν ιδ, ἐπεὶ καὶ ἡ ΖΗ· λοιπὴ ἄρα ἡ ΡΣ ἔσται πηχῶν β. Ὅλη ἄρα ἡ ΡΜ ἔσται πηχῶν κβ.

Πάλιν δὲ ἔσται ἡ ΡΛ πηχῶν ξ, ἐπεὶ καὶ ἡ ΚΘ, ὧν ἡ ΠΡ πηχῶν ιδ· λοιπὴ ἄρα ἡ ΛΠ πηχῶν μϛ. Ὅλη δὲ ἡ ΛΒ πηχῶν ν· λοιπὴ οὖν ἡ ΠΒ πηχῶν δ· λοιπὴ ἄρα ἡ ΒΡ πηχῶν ι. Ἀλλὰ ἡ ΡΜ πηχῶν κβ· ὅλη ἄρα ἡ ΜΒ ἔσται πηχῶν λβ. Ἀλλὰ καὶ ἡ ΑΜ πηχῶν οβ· λόγος ἄρα τῆς ΑΜ <πρὸς τὴν ΜΒ> ὃν ἔχει τὰ οβ πρὸς λβ.

Τούτου δὲ εὑρεθέντος ἀπειλήφθω <ἐπὶ τῆς ΑΜ> ἡ ΑΤ πηχῶν εἰ τύχοι θ, καὶ ταύτῃ πρὸς ὀρθὰς ἡ ΤΥ. Καὶ πεποιήσθω ὡς τὰ οβ πρὸς λβ, ἡ ΑΤ, τουτέστιν οἱ θ πήχεις, πρὸς ἄλλον τινά· γίνεται δὲ πρὸς δ. <Ἀπειλήφθω οὖν ἡ ΤΥ πηχῶν δ·> ἔσται οὖν τὸ Υ ἐπὶ τῆς ζευγνυούσης τὰ Α, Β σημεῖα.

Πάλιν δὲ τῇ ΥΤ πρὸς ὀρθὰς ἡ ΥΦ· καὶ ἀπειλήφθω, εἰ τύχοι, πηχῶν ιη, καὶ ταύτῃ πρὸς ὀρθὰς ἡ ΦΧ. Καὶ πεποιήσθω ὡς τὰ οβ πρὸς λβ, οὕτως οἱ ιη πήχεις πρὸς ἄλλον τινά· [καὶ] γίνεται δὲ πρὸς η. Ἀπειλήφθω οὖν ἡ ΦΧ πηχῶν η· καὶ ἔσται τὸ Χ ἐπὶ τῆς ζευγνυούσης τὰ Α, Β σημεῖα.

8 πρὸς τὴν ΜΒ add. Vincent (*ad mb* add. Mieg) || 10 ἐπὶ τῆς ΑΜ add. H. Schoene || 11 εἰ V : η (sic) M || 14 πρὸς Decorps-F. : πηχῶν M || Ἀπειλήφθω οὖν ἡ ΤΥ πηχῶν δ add. R. Schoene || 17 πηχῶν H. Schoene : πήχεις M || 19 τινά Vincent : τὸν ϛ ut uidetur M || καὶ del. H. Schoene.

En menant <des droites> de la même façon à l'aide de la dioptre et en faisant en sorte qu'elles soient dans le même rapport, nous aurons des points continus[1] sur la ligne cherchée AB.

8. Deux points étant donnés, l'un proche de nous, l'autre éloigné, prendre la distance qui les sépare à l'horizontale[2], sans s'approcher du point éloigné.

Soient deux points donnés A et B ; que A soit situé près de nous, et B éloigné ; et que la dioptre qui est équipée du demi-cercle[3] soit au point A.

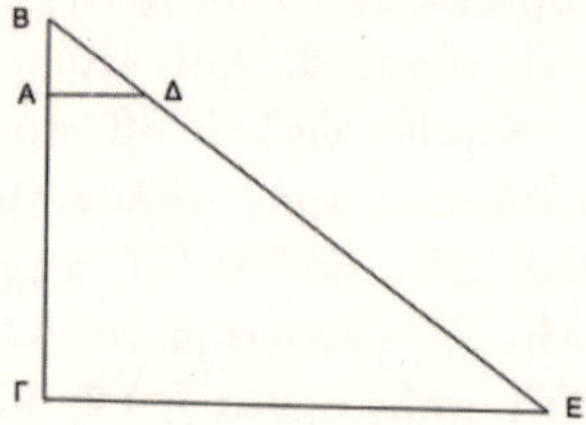

Fig. 8

Que la règle[4] du disque[5] pivote jusqu'à ce que le point B apparaisse. Ensuite, allant me placer de l'autre côté de la

1. C'est-à-dire des points « successifs ».

2. Voir Note complémentaire [45].

3. La seconde position épithétique utilisée (ἡ διόπτρα ἡ τὸ ἡμικύκλιον ἔχουσα « la dioptre, celle qui est équipée du demi-cercle ») permet d'identifier l'appareillage requis, c'est-à-dire l'alidade montée sur un plateau circulaire dont on règle la position au moyen de la demi-roue dentée verticale qui le supporte ; voir Note complémentaire [46].

4. Voir Note complémentaire [47].

5. Ce τυμπάνον est le plateau supérieur inclinable qui porte la règle de visée en rotation libre dans le dispositif de l'alidade, et dont la description a été perdue. La présence de l'article montre que le τυμπάνον a déjà été présenté. On le retrouve aux chapitres 17 et 32.

Ὡσαύτως οὖν διὰ τῆς διόπτρας <εὐθείας> ἄγοντες καὶ ἐν τῷ αὐτῷ λόγῳ ποιοῦντες ἕξομεν συνεχῆ σημεῖα ἐπὶ τῆς ζητουμένης εὐθείας τῆς ΑΒ.

8. Δύο σημείων δοθέντων οὗ μὲν πρὸς ἡμᾶς, οὗ δὲ πόρρω, τὸ μεταξὺ αὐτῶν διάστημα λαβεῖν τὸ πρὸς διαβήτην μὴ προσεγγίσαντα τῷ πόρρω σημείῳ.

Ἔστω τὰ δοθέντα δύο σημεῖα τὰ Α, Β· καὶ τὸ μὲν Α πρὸς ἡμᾶς, τὸ δὲ Β πόρρω· κείσθω δ' ἡ διόπτρα ἡ τὸ ἡμικύκλιον ἔχουσα πρὸς τῷ Α.

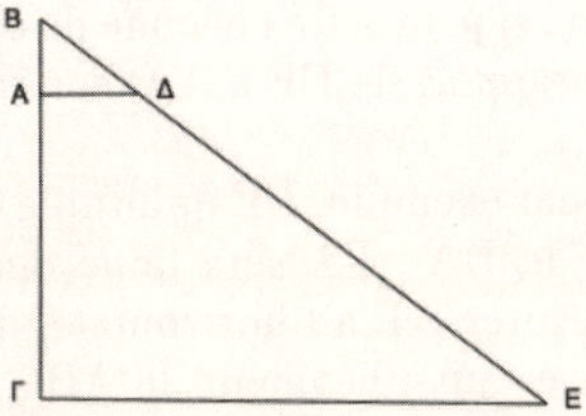

Fig. 8

Καὶ ἐπεστράφθω ὁ κανὼν ὁ ἐπὶ τῷ τυμπάνῳ ἄχρις ἂν φανῇ τὸ Β. Εἶτα ἀντιπεριστὰς ἐπὶ τὸ ἕτερον μέρος τοῦ κανόνος ἀνανεύω τὸ ἡμικύκλιον

1 εὐθείας add. Decorps-F. || 8 πόρρω· κείσθω δ' ἡ διόπτρα Decorps-F. : πόρρω κείσθω· ἡ δὲ διόπτρα M.

règle, j'incline le demi-cercle[1] sans faire bouger le reste, et je prends dans la zone où nous nous trouvons un point Γ situé dans l'alignement des points A et B. Ensuite, à l'aide de la dioptre, je mène du point A une droite AΔ à angle droit avec BΓ, et du point Γ[2], toujours à l'aide de la dioptre[3], une seconde droite ΓE ; et j'ai pris sur elle un point quelconque E. Et transportant la dioptre au point E, j'ai placé la règle de façon à faire apparaître dans son axe le point B, et sur la droite AΔ un second point Δ dans l'alignement de B et E ; on obtient alors un triangle BΓE, dans lequel AΔ est parallèle à ΓE. ΓB est donc à BA comme ΓE à AΔ[4]. Mais je peux connaître, si je mesure chacune de ces deux droites à l'horizontale, le rapport de ΓE à AΔ, comme on l'a montré précédemment[5].

Soit trouvée, par exemple, ΓE quintuple de AΔ ; BΓ sera donc quintuple de BA ; ΓA sera donc quadruple de AB. Mais je peux mesurer AΓ à l'horizontale, de sorte qu'il est possible de trouver aussi la valeur de AB à l'horizontale[6].

9. Prendre la plus petite largeur d'un cours d'eau en restant sur une seule rive[7].

Soient AB et ΓΔ les rives du cours d'eau.

1. Cette manœuvre sur la demi-roue dentée verticale permet l'inclinaison du plateau.

2. Il faut supposer un déplacement de la dioptre au point Γ.

3. Héron ne dit pas comment les perpendiculaires AΔ et ΓE sont construites à l'aide de la dioptre ; voir Note complémentaire [39].

4. Par application d'*Éléments*, VI, 4 dans les triangles équiangles BAΔ et BΓE.

5. Voir Note complémentaire [48].

6. Voir Note complémentaire [49].

7. Voir Note complémentaire [50]. Le problème est traité dans le chapitre 15 des *Cestes* de Julius Africanus (éd. Vieillefond, p. 154-158).

τῶν ἄλλων ἀκινήτων μενόντων καὶ λαμβάνω σημεῖον ἐν τοῖς πρὸς ἡμᾶς μέρεσι τὸ Γ ἐπ᾽ εὐθείας τοῖς Α, Β κείμενον. Εἶτα τῇ ΒΓ ἀπὸ τοῦ Α πρὸς ὀρθὰς ἄγω διὰ τῆς διόπτρας τὴν ΑΔ καὶ ἑτέραν ἀπὸ τοῦ Γ διὰ τῆς διόπτρας τὴν ΓΕ· καὶ ἔλαβον ἐπ᾽ αὐτῆς τυχὸν τὸ Ε. Καὶ μεταθεὶς τὴν διόπτραν πρὸς τὸ Ε κατέστησα τὸν κανόνα ὥστε δι᾽ αὐτοῦ φανῆναι τὸ Β σημεῖον καὶ ἕτερον ἐπὶ τῆς ΑΔ τὸ Δ ἐπ᾽ εὐθείας τοῖς Β, Ε· γίνεται δὴ τρίγωνον τὸ ΒΓΕ παράλληλον ἔχον τὴν ΑΔ τῇ ΓΕ. Ἔστιν ἄρα ὡς ἡ ΓΕ πρὸς ΑΔ, οὕτως ἡ ΓΒ πρὸς ΒΑ. Ἔχω δὲ τὸν τῆς ΓΕ πρὸς ΑΔ λόγον ἐπιγνῶναι ἑκατέραν αὐτῶν μετρήσας πρὸς διαβήτην, ὡς προδέδεικται.

Ἔστω οὖν, εἰ τύχοι, εὑρημένη πενταπλῆ ἡ ΓΕ τῆς ΑΔ· ἔσται ἄρα ἡ ΒΓ τῆς ΒΑ πενταπλῆ· ἡ ἄρα ΓΑ τῆς ΑΒ τετραπλῆ. Ἔχω δὲ μετρῆσαι τὴν ΑΓ πρὸς διαβήτην, ὥστε δυνατὸν εὑρεθῆναι καὶ τὴν ΑΒ πρὸς διαβήτην ἡλίκη ἐστίν.

9. Ποταμοῦ πλάτος τὸ ἐλάχιστον λαβεῖν πρὸς τῇ μιᾷ ὄχθῃ ὄντας.

Ἔστωσαν αἱ τοῦ ποταμοῦ ὄχθαι αἱ ΑΒ, ΓΔ.

6 τὸ H. Schoene : τῷ M || 11 ἔχω H. Schoene (*possum* Mieg) : ἐχέτω M || 14 τύχοι V : τύχῃ M || εὑρημένη Vincent : εὑραμένη M || 19 τὸ H. Schoene : τι M^{pc} τῇ M^{ac} || πρὸς H. Schoene : καὶ M || 20 ὄντας Vincent : ὄντος M.

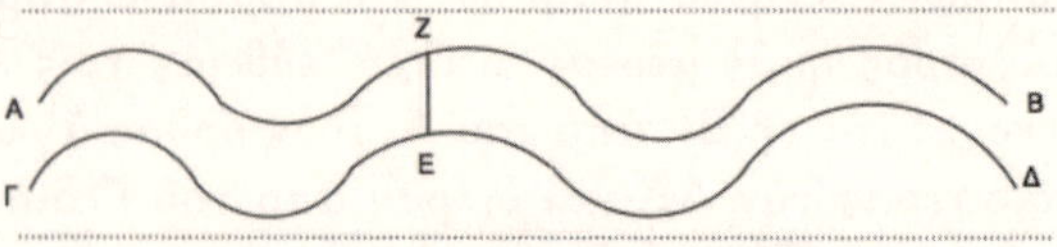

Fig. 9[1]

Plaçant la dioptre[2] sur la rive ΓΔ, par exemple en E, j'ai fait pivoter la règle jusqu'à ce qu'apparaisse dans son axe un point Δ situé sur la rive ΓΔ. Et j'ai mené, à l'aide de la dioptre, une droite EZ à angles droits avec EΔ, en faisant pivoter la règle. Ensuite, j'incline le demi-cercle jusqu'à ce qu'apparaisse dans l'axe de la règle un point quelconque sur la rive AB. Soit Z ce point ; EZ sera alors la plus petite largeur du cours d'eau ; car EZ est pour ainsi dire une perpendiculaire tombant sur chacune des deux rives, si précisément nous les imaginons parallèles.

Que soit donc prise, comme nous l'avons appris plus haut[3], la distance de E à Z à l'horizontale ; nous déclarerons[4] que c'est la plus petite largeur du cours d'eau[5].

1. On a figuré ici en pointillés les deux lignes parallèles auxquelles les rives sont assimilées.

2. On se sert du même appareillage que dans le chapitre précédent, à savoir de l'alidade pivotante sur son plateau, lequel s'incline pour viser un point précis sur la rive opposée.

3. Il s'agit d'appliquer la méthode exposée dans le chapitre précédent, pour calculer numériquement la valeur de l'intervalle séparant les points E et Z, c'est-à-dire la plus petite largeur du cours d'eau.

4. Première occurrence du verbe ἀποφαίνεσθαι pour exprimer l'obtention du résultat cherché, largement représenté chez Héron ; le livre III des *Metrica* fournit de nombreux exemples de cet emploi.

5. Voir Note complémentaire [51].

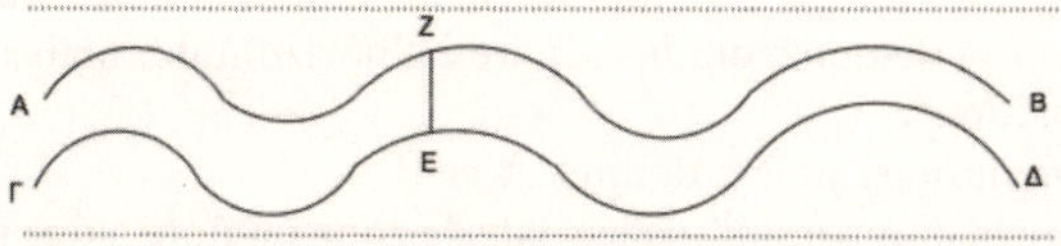

Fig. 9

Στήσας οὖν τὴν διόπτραν πρὸς τῇ ΓΔ ὄχθῃ, ὡς ἐπὶ τοῦ Ε, ἐπέστρεψα τὸν κανόνα ἄχρις ἂν φανῇ δι᾽ αὐτοῦ σημεῖον ἐπὶ τῆς ΓΔ ὄχθης τὸ Δ. Καὶ τῇ ΕΔ διὰ τῆς διόπτρας πρὸς ὀρθὰς ἤγαγον τὴν ΕΖ ἐπιστρέψας τὸν κανόνα. Εἶτα ἐγκλίνω τὸ ἡμικύκλιον ἄχρις ἂν ἐπὶ τῆς ΑΒ ὄχθης φανῇ τι σημεῖον διὰ τοῦ κανόνος. Πεφηνέτω τὸ Ζ· ἔσται δὴ τὸ ἐλάχιστον πλάτος τοῦ ποταμοῦ τὸ ΕΖ· ἡ γὰρ ΕΖ ὡσανεὶ κάθετός ἐστιν ἐπ᾽ ἀμφοτέρας τὰς ὄχθας, εἴπερ παραλλήλους αὐτὰς ἐννοούμεθα.

Ὡς οὖν ἐμάθομεν ἐπάνω, εἰλήφθω τὸ ἀπὸ τοῦ Ε διάστημα ἐπὶ τὸ Ζ τὸ πρὸς διαβήτην, ὃ καὶ ἀποφανούμεθα ἐλάχιστον εἶναι τοῦ ποταμοῦ πλάτος.

2 τοῦ Decorps-F. (iam prop. H. Schoene) : τὸ M || 4 τῇ Vincent : τῆς M || 6 τι H. Schoene : τὸ M || 10 ἐννοούμεθα Decorps-F. (iam prop. H. Schoene) : ἐννοοίμεθα M.

10. [1] Deux points éloignés mais visibles étant donnés, trouver la distance qui les sépare à l'horizontale, mais aussi sa position[2].

Soient deux points donnés A et B.

Que la dioptre soit placée dans la zone où nous nous trouvons, au point Γ, et que la règle soit tournée jusqu'à ce qu'apparaisse dans son axe le point A ; la ligne AΓ, dans l'axe de la règle, est donc une droite. À cette droite, j'ai mené à angle droit, à l'aide de la dioptre, la droite ΓΔ, et je fais avancer la dioptre sur celle-ci jusqu'à ce qu'apparaisse dans l'axe de la règle le point B[3]. Que la dioptre se trouve alors en E, si l'on veut ; BE est donc à angles droits avec ΓΔ ; AΓ est donc parallèle à BE[4]. Je mesure alors la distance de Γ à A, comme nous l'avons appris plus haut[5], et ensuite la distance de E à B.

Si la distance ΓA est égale à la distance BE, je déclarerai que la distance ΓE est aussi égale à la distance AB ; or nous pouvons mesurer la distance ΓE ; elle est, en effet, dans la zone où nous nous trouvons.

Que la distance maintenant ne soit pas égale, mais que la distance BE soit plus petite[6] que ΓA, de 20 coudées par exemple.

1. La proposition avec ses variantes de démonstration est paraphrasée par Héron de Byzance et appliquée à un cas concret (éd. Sullivan, *Géodésie*, p. 117-122 ; chap. 3 : 2e méthode ; chap. 4 : 3e méthode ; chap. 5 : 1re méthode).

2. Sur l'emploi du mot en géométrie, voir Ch. Mugler, *Dictionnaire historique de la terminologie géométrique des Grecs*, p. 219-220.

3. Pour ce cheminement rectiligne de la dioptre, avec l'alidade placée sur le deuxième axe perpendiculaire au premier (alignement ΓΔ), voir les chapitres 7 et 15.

4. *Éléments*, I, 28.

5. Au chapitre 8.

6. Voir Note complémentaire [52].

10. Δύο δοθέντων σημείων πόρρω ὁρωμένων εὑρεῖν τὸ μεταξὺ διάστημα αὐτῶν τὸ πρὸς διαβήτην καὶ ἔτι τὴν θέσιν.

Ἔστω τὰ δοθέντα δύο σημεῖα τὰ Α, Β.

Καὶ καθεστάσθω ἡ διόπτρα ἐν τοῖς πρὸς ἡμᾶς μέρεσιν, πρὸς τῷ Γ, καὶ ἐπεστράφθω ὁ κανὼν ἄχρις ἂν δι' αὐτοῦ φανῇ τὸ Α σημεῖον· εὐθεῖα ἄρα ἐστὶν ἡ διὰ τοῦ κανόνος ἡ ΑΓ. Ταύτῃ πρὸς ὀρθὰς ἤγαγον διὰ τῆς διόπτρας τὴν ΓΔ καὶ παράγω ἐπ' αὐτῆς τὴν διόπτραν ἄχρις ἂν διὰ τοῦ κανόνος φανῇ τὸ Β σημεῖον. Τετυχέτω οὖν ἡ διόπτρα πρὸς τῷ Ε· ἡ ἄρα ΒΕ τῇ ΓΔ πρὸς ὀρθάς ἐστιν· παράλληλος ἄρα ἐστὶν ἡ ΑΓ τῇ ΒΕ. Μετρῶ οὖν τὸ ἀπὸ τοῦ Γ διάστημα ἐπὶ τὸ Α, ὡς ἐμάθομεν ἐπάνω, καὶ πάλιν τὸ ἀπὸ τοῦ Ε ἐπὶ τὸ Β.

Καὶ εἰ μὲν ἴσον ἐστὶ τὸ ΓΑ διάστημα τῷ ΒΕ, ἀποφανοῦμαι καὶ τὸ ΓΕ διάστημα ἴσον τῷ ΑΒ· δυνάμεθα δὲ τὸ ΓΕ μετρῆσαι· ἐν γὰρ τοῖς πρὸς ἡμᾶς ἐστι μέρεσι.

Μὴ ἔστω δὲ ἴσον, ἀλλ' ἔστω ἔλασσον τὸ ΒΕ διάστημα τοῦ ΓΑ, εἰ τύχοι, πήχεσι κ.

6 τῷ H. Schoene : τὸ M || 11 τῷ Decorps-F. : τὸ M.

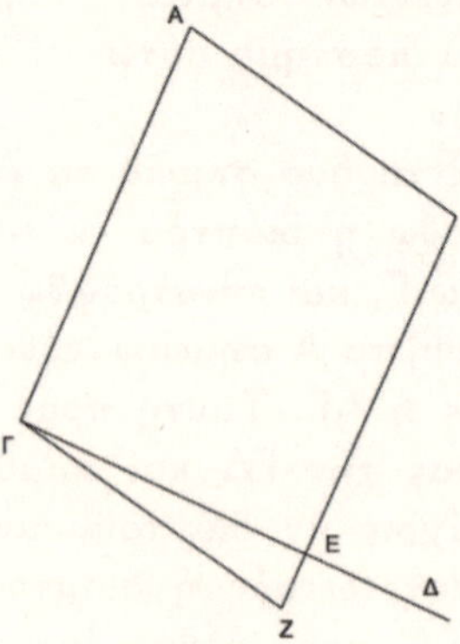

Fig. 10a

Du point E, j'ai délimité dans l'alignement des points B, E la droite EZ, qui est dans la zone où nous nous trouvons, et qui fait 20 coudées : la droite AΓ sera alors égale en grandeur à la droite BZ ; mais elle lui est également parallèle ; la droite AB est donc elle aussi à la fois parallèle et égale à ΓZ ; or on peut mesurer ΓZ, de sorte que l'on peut aussi mesurer AB ; et il est évident que nous avons aussi sa position ; car nous avons trouvé la droite qui lui est parallèle[1].

Il existe aussi une autre façon de prendre la distance entre les points A et B.

1. Voir Note complémentaire [53].

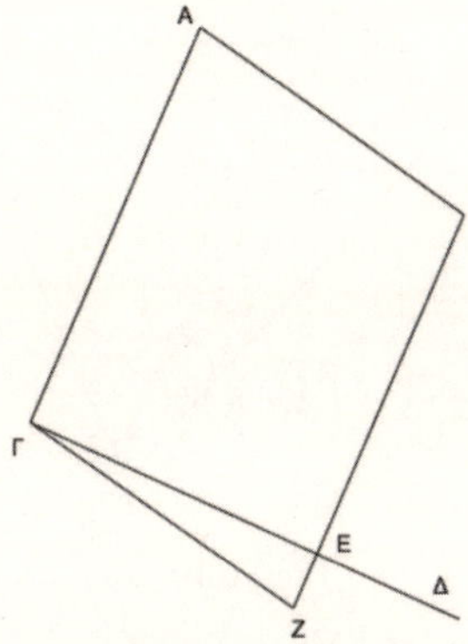

Fig. 10a

Ἀπέλαβον οὖν ἀπὸ τοῦ Ε ἐπ' <εὐθείας> τοῖς Β, Ε ἐν τοῖς πρὸς ἡμᾶς πηχῶν κ τὴν ΕΖ· ἔσται δὴ ἴση ἡ ΑΓ τῇ ΒΖ τῷ μεγέθει· ἔστι δὲ καὶ παράλληλος αὐτῇ, ὥστε καὶ ἡ ΑΒ τῇ ΓΖ ἴση τέ ἐστι καὶ παράλληλος· δυνάμεθα δὲ μετρῆσαι τὴν ΓΖ, ὥστε καὶ τὴν ΑΒ· καὶ φανερὸν ὅτι καὶ τὴν θέσιν <ἔχομεν>· τὴν γὰρ παράλληλον αὐτῇ εὕραμεν.

Δυνατὸν δέ ἐστι καὶ ἄλλως λαβεῖν τὸ μεταξὺ τῶν Α, Β διάστημα.

1 εὐθείας add. Decorps-F. || 2 πηχῶν Decorps-F. : πήχεις M || 4 ΓΖ Vincent : ΓΔ M || 6 ἔχομεν add. Decorps-F. (fort. addendum H. Schoene) || 7 αὐτῇ Decorps-F. (iam prop. H. Schoene) : αὐτῆς M.

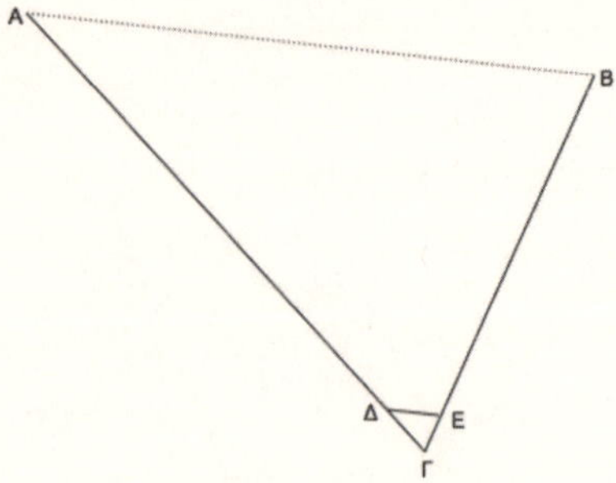

Fig. 10b[1]

J'ai installé la dioptre sur le point que je veux ; que ce soit en Γ. À l'aide de la dioptre, j'ai pris une droite ΓA, puis, de la même façon, une seconde droite ΓB, et j'ai mesuré chacune des deux droites ΓA et ΓB[2], et j'ai pris depuis Γ une partie quelconque de ΓA, par exemple le dixième, la droite ΔΓ, et la même partie de ΓB, la droite ΓE ; la droite qui joint Δ et E sera alors aussi la <dixième partie> de AB, et elle lui sera parallèle[3] ; or je peux mesurer la droite ΔE, qui est dans la zone où nous nous trouvons ; j'ai donc, de AB aussi, et la position et la grandeur.

Il existe encore une autre façon de prendre la distance AB.

1. La distance AB n'est pas représentée dans M.
2. Voir la méthode exposée au chapitre 8.
3. *Éléments*, VI, 2.

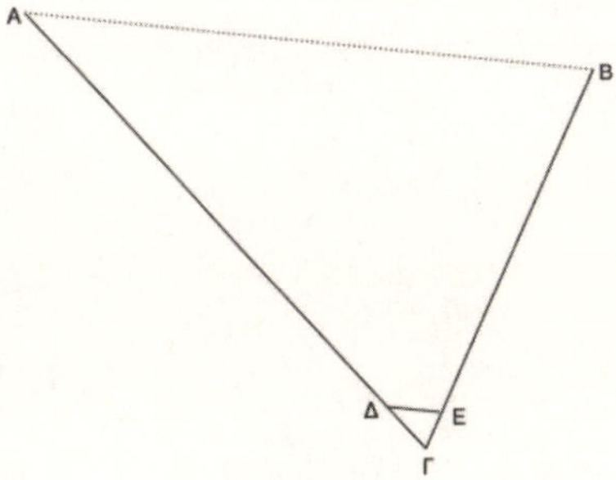

Fig. 10b

Ἔστησα τὴν διόπτραν ἐφ’ οὗ βούλομαι σημείου· ἔστω δὴ τοῦ Γ. Καὶ ἔλαβον διὰ τῆς διόπτρας τὴν ΓΑ, καὶ ὁμοίως ἑτέραν τὴν ΓΒ· καὶ ἐμέτρησα ἑκατέραν τῶν ΓΑ, ΓΒ καὶ ἔλαβον ἀπὸ τοῦ Γ μέρος τι τῆς ΓΑ, οἱονεὶ δέκατον, τὴν ΔΓ καὶ τὸ αὐτὸ μέρος τῆς ΓΒ, τὴν ΓΕ· ἔσται δὴ καὶ ἡ <τὰ> Δ, Ε ἐπιζευγνύουσα μέρος <δέκατον> τῆς ΑΒ καὶ παράλληλος αὐτῇ· δύναμαι <δὲ> μετρῆσαι τὴν ΔΕ ἐν τοῖς πρὸς ἡμᾶς μέρεσιν οὖσαν· ἔχω ἄρα καὶ τῆς ΑΒ καὶ τὴν θέσιν καὶ τὸ μέγεθος.

Δυνατὸν δέ ἐστι καὶ ἄλλως τὸ ΑΒ διάστημα λαβεῖν.

2 διὰ M^1 V : δι’ ἂν M || 6 ΓΒ Vincent : ΓΕ M || τὰ add. Vincent || 7 δέκατον add. H. Schoene || 8 δὲ add. H. Schoene (*autem* Mieg).

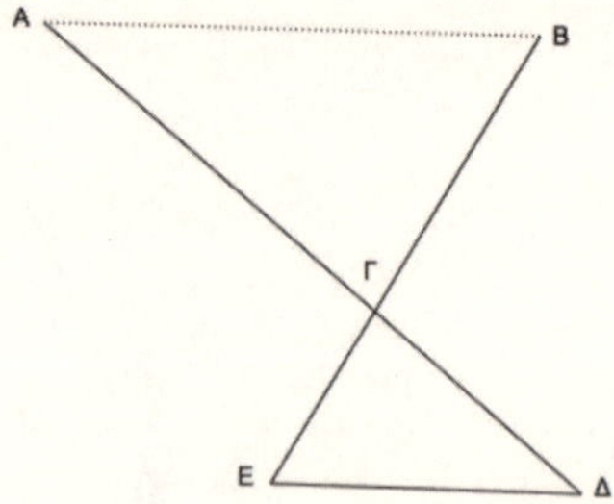

Fig. 10c[1]

J'ai installé la dioptre en Γ et j'ai pris de ΑΓ une partie quelconque, ΓΔ, dans l'alignement de ΑΓ, et j'ai pris de la même façon la même partie de ΒΓ, ΓΕ, dans l'alignement de ΒΓ ; ΕΔ aussi sera alors la même partie de AB, et elle lui sera parallèle ; or il est possible de mesurer ΔΕ[2], de sorte qu'a été trouvée la position et la grandeur de AB[3].

11. À une droite donnée, mener depuis son extrémité <une droite> à angle droit, sans s'approcher ni de la droite ni de l'extrémité.

Soit une droite donnée, celle qui joint les points A et B ; et soit A le point depuis lequel il faut trouver la droite menée à angle droit.

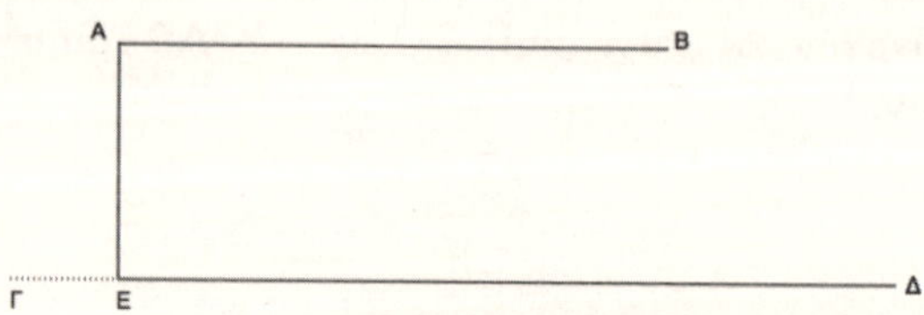

Fig. 11[4]

1. La distance AB n'est pas représentée dans M.
2. C'est-à dire sur le terrain.
3. La troisième méthode est la même que la deuxième, à cette différence près qu'au lieu d'être homothétiques, les triangles équiangles sont opposés par le sommet.
4. Le point Γ n'est pas représenté dans M.

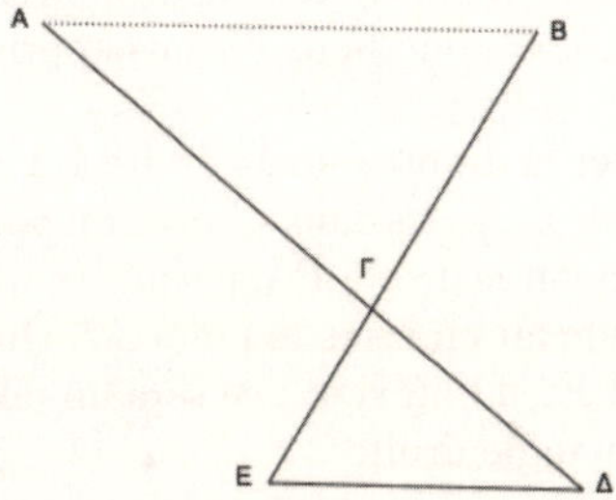

Fig. 10c

Ἔστησα τὴν διόπτραν πρὸς τῷ Γ καὶ ἔλαβον τῆς ΑΓ μέρος <τι>, τὴν [δὲ] ΓΔ, ἐπ' εὐθείας τῇ ΑΓ, καὶ ὁμοίως τῆς ΒΓ τὸ αὐτὸ μέρος τὴν ΓΕ, ἐπ' εὐθείας τῇ ΒΓ· ἔσται δὴ καὶ ἡ ΕΔ τὸ αὐτὸ μέρος τῆς ΑΒ καὶ παράλληλος αὐτῇ· δυνατὸν δὲ μετρῆσαι τὴν ΔΕ, ὥσθ' εὕρηται τῆς ΑΒ ἡ θέσις καὶ τὸ μέγεθος.

11. Τῇ δοθείσῃ εὐθείᾳ <εὐθεῖαν> πρὸς ὀρθὰς ἀγαγεῖν ἀπὸ τοῦ πέρατος αὐτῆς, μὴ προσεγγίσαντα μήτε τῇ εὐθείᾳ μήτε τῷ πέρατι.

Ἔστω ἡ μὲν δοθεῖσα εὐθεῖα ἡ ἐπὶ τὰ Α, Β σημεῖα ἐπιζευγνυμένη· ἀφ' οὗ δὲ δεῖ τὴν πρὸς ὀρθὰς ἀγομένην εὑρεῖν ἔστω τὸ Α.

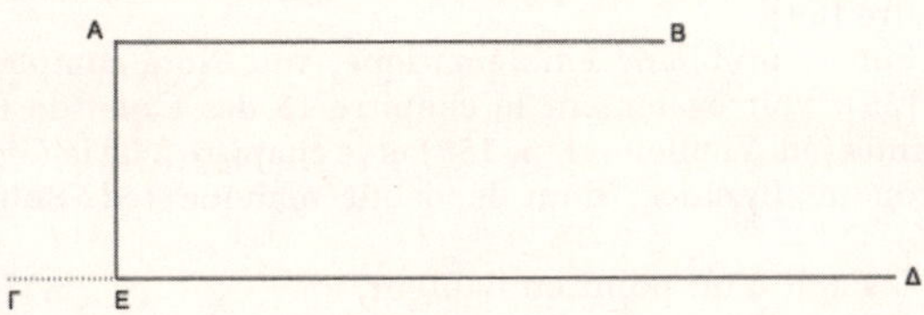

Fig. 11

2 post μέρος lac. 2 litt. M || τι add. Vincent || δὲ del. Decorps-F. || 7 εὐθεῖαν add. Decorps-F. (ἄλλην fort. addendum H. Schoene).

Que soit trouvée la position de la droite AB[1] dans la zone où nous sommes, comme nous l'avons appris[2] ; que ce soit la droite ΓΔ.

Je fais avancer la dioptre sur la droite ΓΔ en veillant à ce que la règle garde toujours dans sa visée un point quelconque de ceux qui sont sur la droite ΓΔ, jusqu'à ce que, en pivotant à angle droit, elle ait en visée le point A[3]. Que la dioptre se trouve au point E, si l'on veut : ce sera un fait, alors, que la droite AE est à angle droit.

12. [4] Un point étant visible[5], trouver la perpendiculaire menée de ce point sur le plan passant par nous et parallèle à l'horizon[6], sans s'approcher du point visible[7].

Soit un point donné A, situé en hauteur, et que le plan passant par nous passe par B.

1. C'est-à-dire : « menons dans la zone où nous nous trouvons une parallèle à la droite AB ».

2. Au chapitre 10.

3. Sur la rédaction de tout ce paragraphe, voir Note complémentaire [54].

4. Sur ce problème emblématique, voir Note complémentaire [55]. Voir également le chapitre 15 des *Cestes* de Julius Africanus (éd. Vieillefond, p. 158) et le chapitre 2 de la *Géodésie* d'Héron de Byzance, dont le début manque (éd. Sullivan, p. 116).

5. Il s'agit d'un point en hauteur.

6. C'est-à-dire un plan horizontal. C'est la base horizontale imaginaire passant à l'intérieur du sol et qui sert de plan de référence pour déterminer les altitudes des points sur le terrain.

7. Cela revient évidemment à calculer la hauteur d'un point visible, mais inaccessible.

Εὑρήσθω ἡ θέσις τῆς ΑΒ ἐν τοῖς πρὸς ἡμᾶς τόποις, ὡς ἐμάθομεν· καὶ ἔστω ἡ ΓΔ εὐθεῖα.

Παράγω οὖν τὴν διόπτραν ἐπὶ τῆς ΓΔ εὐθείας διατηρῶν τὸν κανόνα ἀεὶ ἀποϐλέποντα σημείῳ τινὶ τῶν ἐπὶ τῆς ΓΔ ἄχρις ἂν ἐπιστραφεὶς κατὰ τὴν πρὸς ὀρθὰς θέσιν ἴδῃ τὸ Α σημεῖον. Τετυχέτω οὖν ἡ διόπτρα πρὸς τῷ Ε σημεῖον· ἔσται δὴ πρὸς ὀρθὰς εἶναι τὴν ΑΕ.

12. Σημείου ὁρωμένου εὑρεῖν τὴν ἀπ᾽ αὐτοῦ κάθετον ἀγομένην ἐπὶ τὸ δι᾽ ἡμῶν ἐκϐαλλόμενον ἐπίπεδον παράλληλον τῷ ὁρίζοντι, μὴ προσεγγίσαντα τῷ ὁρωμένῳ σημείῳ.

Ἔστω τὸ δοθὲν σημεῖον μετέωρον τὸ Α, τὸ δὲ δι᾽ ἡμῶν ἐπίπεδον διὰ τοῦ Β.

2 ΓΔ Vincent : ΓΑ M || 3 τῆς ΓΔ εὐθείας H. Schoene : τὴν ΓΔ εὐθεῖαν M || 6 ἴδῃ Vincent : ειδη (sic) M.

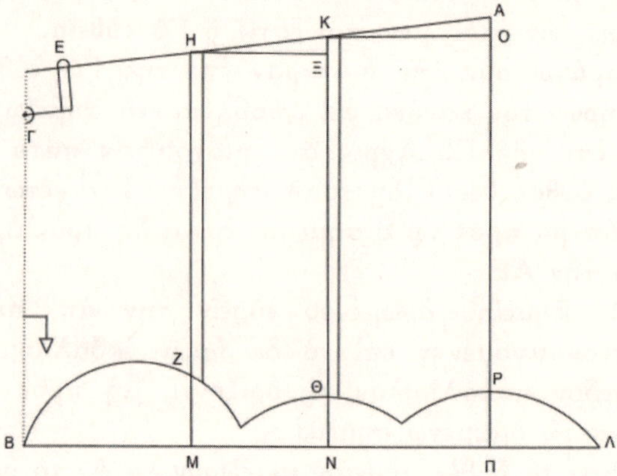

Fig. 12[1]

Que la dioptre soit placée en B ; que soient imaginées la colonnette ΒΓ et la règle mobile qui nous sert à faire les visées ΔΓΕ ; qu'elle soit mise en mouvement jusqu'à ce qu'apparaisse dans son axe le point A ; alors, la règle restant immobile, que soient placées entre la dioptre et le point A deux autres règles[2] ZH et ΘK, verticales, mais de hauteur inégale, et que la plus grande soit placée du côté du point A. Que le sol soit imaginé, par exemple, selon la ligne ΒΖΘΛ ; et que le plan passant par nous et parallèle à l'horizon soit imaginé selon la droite ΒΛ.

1. La figure du *Vind. phil. gr.* 140 (V) permet de restituer la partie manquante de la règle de visée rognée dans M. V a la lettre A pour B, et comme M, ne reproduit pas les lettres Γ, M, N, Π et Λ. On retrouve la même représentation de l'instrument dans les chapitres 14, 16 et 21, avec le même cercle au sommet du pied.

2. Ces « deux autres règles » sont des mires.

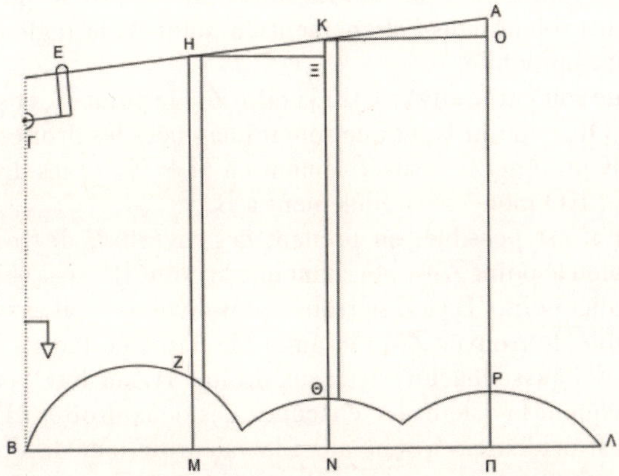

Fig. 12

Κείσθω οὖν ἡ διόπτρα πρὸς τῷ Β· καὶ στυλίσκος μὲν νοείσθω ὁ ΒΓ, ὁ δὲ κινούμενος κανὼν δι᾽ οὗ διοπτεύομεν ὁ ΔΓΕ· καὶ κινείσθω ἄχρις ἂν φανῇ δι᾽ αὐτοῦ τὸ Α· καὶ μένοντος αὐτοῦ ἀκινήτου μεταξὺ τῆς διόπτρας καὶ τοῦ Α σημείου ἕτεροι δύο κανόνες ἐγκείσθωσαν οἱ ΖΗ, ΘΚ ὀρθοί, ἀνισοϋψεῖς, ὧν ὁ μὲν μείζων ἔστω ἐπὶ τὰ πρὸς τῷ Α μέρη. Τὸ δὲ ἔδαφος νοείσθω κατὰ τῆς ΒΖΘΛ γραμμῆς ὡς ἔτυχεν ὑπάρχον· τὸ δὲ δι᾽ ἡμῶν ἐκβαλλόμενον ἐπίπεδον παράλληλον τῷ ὁρίζοντι νοείσθω τὸ κατὰ τῆς ΒΛ εὐθείας.

8 ΒΖΘΛ Vincent : ΒΖΟΛ M || 9 ὑπάρχον Vincent : ὑπάρχων M.

Que l'on fasse avancer[1] les mires ZH et ΘK jusqu'à ce qu'elles soient dans l'alignement du point A, la règle ΔΓΕ restant immobile.

Que soit gardé en visée sur la mire ZH le point H, et sur la mire ΘK le point K, et que soient imaginées les droites ZH et ΘK prolongées respectivement en M et N ; et les droites HΞ et KO menées parallèlement à BΛ[2].

Or il est possible, en prenant des niveaux[3], de voir de combien le point Z est plus haut que le point B[4] – car chacun des deux points B et Z se trouve près de nous – ; il est donc possible de trouver ZM ; et aussi, de la même façon, NΘ ; mais j'ai aussi chacune des deux droites HZ et KΘ[5], et par conséquent la valeur de <chacune> des deux droites HM et KN est évidente, et donc aussi la valeur de leur différence KΞ ; nous connaissons aussi la valeur de HΞ – car c'est la distance à l'horizontale entre les points Z et Θ[6] – ; j'aurai donc le rapport de HΞ à ΞK.

Soit donc trouvée, par exemple, HΞ quintuple de ΞK. Du point A, menons au plan passant par nous, c'est-à-dire à la

1. Παραγέσθωσαν est un hapax, mais il y a tout de même un παραγέσθω chez Héron, *Pneumatiques* 2, 30, et aussi, dans une phrase de structure assez comparable à la nôtre, chez Eutocius, *Commentaire sur la Sphère et le Cylindre*, éd. Ch. Mugler, *Archimède*, IV, Paris, 1972, p. 54, l. 18, phrase qui semble pouvoir être reprise de Pappus, livre III, éd. Hultsch, p. 66 l. 9 ; livre VIII p. 1070 l. 25.

2. Comme l'article neutre le montre, il s'agit du plan (τὸ ἐπίπεδον) passant par BΛ.

3. Sur le sens du participe χωροβατήσαντα, voir Note complémentaire [56].

4. Sur cette opération préalable de nivellement, effectuée par un déplacement de la dioptre et des mires sur le terrain, voir le chapitre 6.

5. Elles ont été obtenues par nivellement. Ce sont les hauteurs de mire.

6. Cette distance à l'horizontale peut être prise sur le terrain.

Παραγέσθωσαν οὖν οἱ ΖΗ, ΘΚ κανόνες ἄχρις ἂν ἐπ' εὐθείας φανῶσι τῷ Α σημείῳ μένοντος ἀκινήτου τοῦ ΔΓΕ κανόνος.

Τεθεωρήσθω οὖν ἐπὶ μὲν τοῦ ΖΗ κανόνος τὸ Η σημεῖον, ἐπὶ δὲ τοῦ ΘΚ τὸ Κ· καὶ νενοήσθωσαν ἐκβεβλημέναι αἱ ΖΗ, ΘΚ ἐπὶ τὰ Μ, Ν· καὶ τῷ ΒΛ παράλληλοι ἠγμέναι αἱ ΗΞ, ΚΟ.

Δυνατὸν δέ ἐστιν ἐπισκέψασθαι τίνι ἐστὶ μετεωρότερον τὸ Ζ τοῦ Β χωροβατήσαντα – ἑκάτερον γὰρ τῶν Β, Ζ σημείων πρὸς ἡμᾶς –, ὥστε δυνατὸν εὑρεῖν τὴν ΖΜ· ὁμοίως καὶ τὴν ΝΘ· ἔχω δὲ καὶ ἑκατέραν τῶν ΗΖ, ΚΘ, ὥστε φανερόν ἐστι τῶν ΗΜ, ΚΝ ἡλίκη ἐστὶν <ἑκατέρα>, ὥστε καὶ ἡ ὑπεροχὴ αὐτῶν ἡ ΚΞ ἡλίκη ἐστίν· ἐπιστάμεθα δὲ καὶ ἡλίκη ἐστὶν ἡ ΗΞ – τὸ γὰρ μεταξὺ τῶν Ζ, Θ διάστημά ἐστι τὸ πρὸς διαβήτην –, ὥσθ' ἕξω τίνα λόγον ἔχει ἡ ΗΞ πρὸς τὴν ΞΚ.

Ἔστω οὖν, εἰ τύχοι, εὑρημένη ἡ ΗΞ τῆς ΞΚ πενταπλῆ. Καὶ ἀπὸ τοῦ Α ἐπὶ τὸ δι' ἡμῶν ἐπίπεδον,

2 σημείῳ Vincent : σημεῖον M || 4 Τεθεωρήσθω Vincent : τεθεωρείσθω M || 5 νενοήσθωσαν [νενοείσθωσαν V] V : νενοήσθωσαι M || 6 τῷ Vincent : τὸ M || 7 παράλληλοι H. Schoene : παράλληλον M || ΗΞ, ΚΟ Vincent : ΝΞ, ΚΘ M || 8-9 μετεωρότερον Vincent (*altius* Mieg) : μετέωρον M || 9 χωροβατήσαντα Vincent : χωροβατησαν (sic) M || 11 pr. τὴν Vincent : τῇ M || alt. τὴν Vincent : τῇ M || 13 ἑκατέρα add. H. Schoene || 14 ΗΞ Vincent : ΝΞ M || 16 ΗΞ Vincent : ΝΞ M || 18 ΗΞ Vincent : ΝΞ M.

droite ΒΛ, la perpendiculaire ΑΟΡΠ ; ΚΟ sera donc aussi quintuple de ΟΑ. Et puisque nous connaissons la valeur de ΚΟ – car c'est la distance à l'horizontale entre les points Θ et Ρ –, j'aurai donc aussi la valeur de ΑΟ ; or j'ai aussi la droite ΟΠ – car elle est égale à ΚΝ – ; j'aurai donc aussi la valeur de la droite ΑΠ tout entière, qui est la perpendiculaire menée au plan passant par nous.

13. [1] Deux points étant visibles, trouver la perpendiculaire menée de l'un d'eux au plan passant par l'autre et parallèle à l'horizon, sans s'approcher des deux points en question, A et B[2].

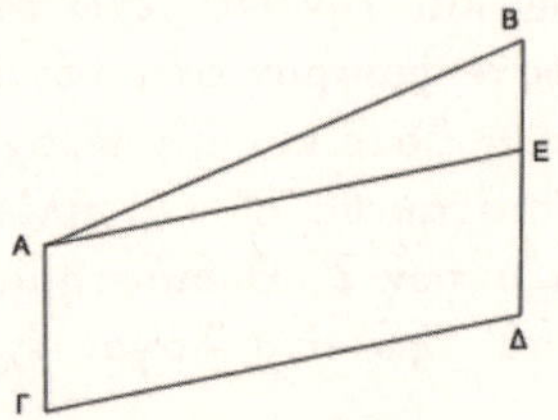

Fig. 13a

Il est donc possible, comme on l'a montré plus haut[3], <de trouver> la perpendiculaire menée de A au plan passant par nous et parallèle à l'horizon.

Qu'elle soit imaginée selon la droite ΓΑ. Que l'on ait aussi, de la même façon, la perpendiculaire du point B au plan passant par nous et parallèle à l'horizon ; et soit ΒΔ cette perpendiculaire. Que soit imaginée une droite ΑΕ menée par le point A et parallèle à la droite ΓΔ, et qu'elle

1. Sur la structure de ce chapitre, voir Note complémentaire [57].

2. Il s'agit donc de déterminer la différence de hauteur entre deux points inaccessibles.

3. Au chapitre 12.

τουτέστιν ἐπὶ τὴν ΒΛ, κάθετος ἤχθω ἡ ΑΟΡΠ· ὥστ' ἔσται καὶ ἡ ΚΟ πενταπλῆ τῆς ΟΑ. Καὶ ἐπεὶ ἴσμεν ἡλίκη ἐστὶν ἡ ΚΟ – τὸ γὰρ μεταξὺ τῶν Θ, Ρ διάστημά ἐστι τὸ πρὸς διαβήτην –, ἕξω ἄρα καὶ τὴν ΑΟ ἡλίκη ἐστίν· ἔχω δὲ καὶ τὴν ΟΠ – ἴση γάρ ἐστι τῇ ΚΝ –, ὥστε καὶ ὅλην τὴν ΑΠ κάθετον οὖσαν ἐπὶ τὸ δι' ἡμῶν ἐπίπεδον ἕξω ἡλίκη ἐστίν.

13. Δύο σημείων ὁρωμένων εὑρεῖν τὴν ἀπὸ τοῦ ἑνὸς αὐτῶν κάθετον ἀγομένην ἐπὶ τὸ διὰ τοῦ ἑτέρου ἐπίπεδον ἐκβαλλόμενον παράλληλον τῷ ὁρίζοντι μὴ προσεγγίσαντα τοῖς εἰρημένοις δύο σημείοις τοῖς Α, Β.

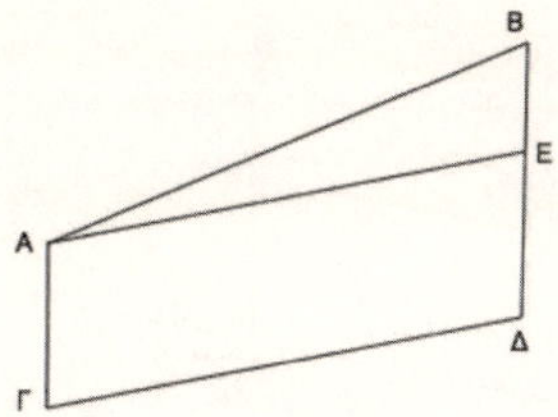

Fig. 13a

Δυνατὸν ἄρα ἐστίν, ὡς ἐπάνω δέδεικται, <εὑρεῖν> τὴν ἀπὸ τοῦ Α κάθετον ἀγομένην ἐπὶ τὸ δι' ἡμῶν ἐκβαλλόμενον ἐπίπεδον παράλληλον τῷ ὁρίζοντι.

Νοείσθω κατὰ τῆς ΓΑ. Ὁμοίως δὴ πεπορίσθω καὶ ἡ ἀπὸ τοῦ Β κάθετος ἐπὶ τὸ δι' ἡμῶν ἐκβαλλόμενον ἐπίπεδον παράλληλον τῷ ὁρίζοντι· καὶ ἔστω ἡ ΒΔ.

9 διὰ τοῦ V : διὰ τὸ τοῦ M || 10 ἐκβαλλόμενον Vincent : ἐκβαλλομένην M || 13 εὑρεῖν add. Decorps-F. || 16 ΓΑ Vincent : ΓΔ M || 18 post ΒΔ del. κατὰ τὸ Ε ἡ ἄρα ζητουμένη κάθετος M[1].

coupe la droite BΔ au point E ; la perpendiculaire cherchée est donc la droite BE.

Il est évident[1] qu'il est possible de trouver, deux points visibles étant donnés, la valeur de la droite qui les joint, puisque précisément sont données la perpendiculaire menée de l'un des deux points au plan passant par l'autre et parallèle à l'horizon, et aussi la distance à l'horizontale entre eux, et que les distances en question sont perpendiculaires entre elles, de sorte que la droite sous-tendant l'angle droit, laquelle est la droite joignant les points donnés, est aussi donnée.

Deux points étant donnés, trouver la position de la droite qui les joint, sans s'approcher des points.

Soient des points donnés A et B.

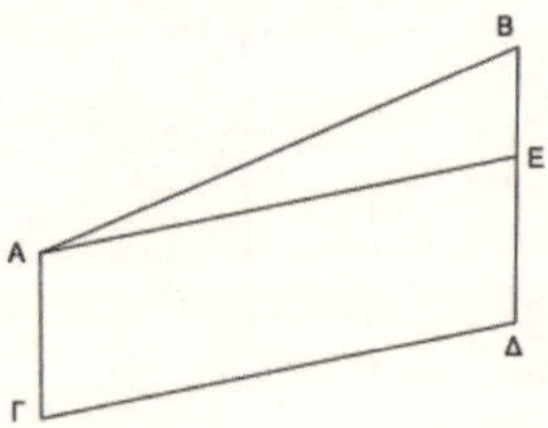

Fig. 13b[2]

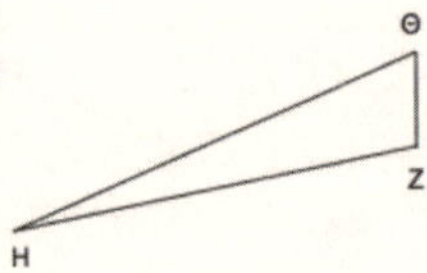

Fig. 13c

1. C'est la formule codifiée du corollaire dans la langue des mathématiciens.

2. Dans M, le triangle HΘZ a été rogné (on peut le restituer avec le témoignage de V), et les lettres E (fig. 13b) et H (fig. 13c), comme dans V, sont interverties, ce qui correspond au texte fautif qui a été transmis.

Καὶ διὰ τοῦ Α τῇ ΓΔ παράλληλος νοείσθω ἡ ΑΕ καὶ τεμνέτω τὴν ΒΔ κατὰ τὸ Ε· ἡ ἄρα ζητουμένη κάθετός ἐστιν ἡ ΒΕ.

Καὶ ἔστι φανερὸν ὅτι δυνατόν ἐστιν εὑρεῖν δύο ὁρωμένων σημείων τὴν ἐπιζευγνύουσαν αὐτὰ εὐθεῖαν ἡλίκη ἐστίν, ἐπειδήπερ δοθεῖσά ἐστιν ἥ τε ἀπὸ τοῦ ἑτέρου αὐτῶν κάθετος ἀγομένη ἐπὶ τὸ διὰ τοῦ ἑτέρου ἐπίπεδον ἐκϐαλλόμενον παράλληλον τῷ ὁρίζοντι, καὶ ἔτι τὸ μεταξὺ αὐτῶν διάστημα τὸ πρὸς διαϐήτην δοθέν ἐστιν, τὰ δ' εἰρημένα διαστήματα πρὸς ὀρθάς ἐστιν ἀλλήλοις, ὥστε καὶ <ἡ> ὑποτείνουσα τὴν ὀρθὴν, ἥτις <ἐστὶν ἡ> ἐπὶ τὰ δοθέντα σημεῖα ἐπιζευγνυμένη, δοθεῖσά ἐστιν.

Δύο δοθέντων σημείων εὑρεῖν τὴν θέσιν τῆς ἐπιζευγνυούσης αὐτὰ εὐθείας, μὴ προσεγγίσαντα τοῖς σημείοις.

Ἔστω τὰ δοθέντα σημεῖα τὰ Α, Β.

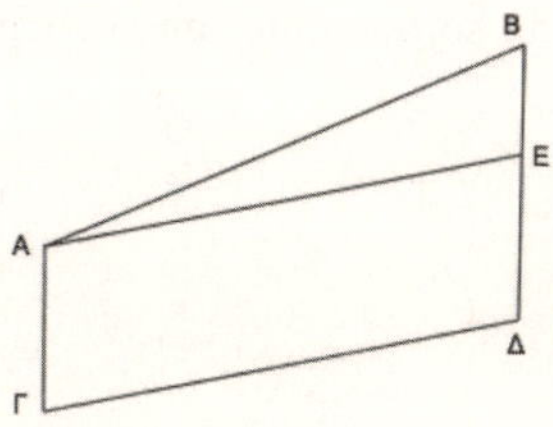

Fig. 13b

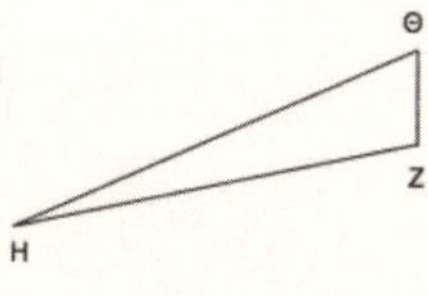

Fig. 13c

3 ΒΕ Vincent : ΑΕ M || 7 τ]οῦ ἑτέρου H. Schoene : M legi nequit (litterae paene euanidae) ὥστ' εἶναι V || 8 παράλληλον Vincent : παραλλήλῳ M || 11 ἡ add. H. Schoene || 12 post τὴν del. ἀρχὴν M[1] || ἐστὶν ἡ add. Decorps-F. (ἐστὶ add. Vincent).

Il est donc possible de trouver la position d'un plan passant par A et B et perpendiculaire à l'horizon[1], comme nous l'avons appris dans ce qui précède, c'est-à-dire, en menant une perpendiculaire au plan parallèle à l'horizon[2], de trouver la position de ΓΔ, les droites AΓ et BΔ étant données. Qu'elle soit trouvée, et soit HZ cette position ; soit, passant par A, une parallèle AE à ΓΔ : elle est aussi parallèle à HZ. Et chacune des deux droites [restantes] AE et BE sera aussi <donnée>, comme on l'a montré précédemment.

Que soient pris sur la droite HZ deux points quelconques H et Z, et si l'on met en place une mire ou autre chose, que du point Z, soit élevée à l'horizon une perpendiculaire ZΘ. Elle est donc parallèle à ΔB ; et qu'il soit fait en sorte que HZ soit à ZΘ comme AE est à EB ; la droite de jonction HΘ sera parallèle à la droite AB : cela est évident à cause des parallèles aussi bien que des rapports ; on a donc trouvé la position de la droite AB dans la zone où nous nous trouvons.

D'après ce qui a été enseigné précédemment, il est évident qu'il est possible, dans le cas d'une montagne, de trouver la perpendiculaire menée de son sommet au plan passant

1. C'est-à-dire un plan vertical.

2. La tournure est elliptique. Il faut comprendre : « en menant de chacun des deux points A et B une perpendiculaire au plan parallèle à l'horizon ».

Δυνατὸν ἄρα ἐστὶ τὴν τοῦ διὰ τῶν Α, Β ἐκβαλλομένου ἐπιπέδου ὀρθοῦ πρὸς τὸν ὁρίζοντα [τὴν] θέσιν εὑρεῖν, ὡς ἐμάθομεν ἐν τοῖς ἔμπροσθεν, τουτέστι καθέτου ἀχθείσης ἐπὶ τὸ παρὰ τὸν ὁρίζοντα ἐπίπεδον δοθεισῶν τῶν ΑΓ, ΒΔ τὴν θέσιν τῆς ΓΔ εὑρεῖν. Ηὑρήσθω καὶ ἔστω ἡ ΗΖ· καὶ διὰ τοῦ Α τῇ ΓΔ παράλληλος ἡ ΑΕ ἔστω· καὶ τῇ ΗΖ παράλληλός ἐστιν. Καὶ <δοθεῖσα> ἔσται [λοιπὴ] ἑκατέρα τῶν ΑΕ, ΒΕ, ὡς προδέδεικται.

Εἰλήφθω δὴ ἐπὶ τῆς ΗΖ δύο τυχόντα σημεῖα τὰ Η, Ζ, καὶ ἀπὸ τοῦ Ζ ἀνεστάτω τις ὀρθὴ πρὸς τὸν ὁρίζοντα ἡ ΖΘ κανόνος παρατεθέντος ἢ ἑτέρου τινός. Παράλληλος ἄρα ἐστὶ τῇ ΔΒ· καὶ πεποιήσθω ὡς ἡ ΑΕ πρὸς ΕΒ, ἡ ΗΖ πρὸς ΖΘ· ἐπιζευχθεῖσα ἡ ΗΘ παράλληλος ἔσται τῇ ΑΒ· τοῦτο γὰρ φανερὸν διά τε τὰς παραλλήλους καὶ τὰς ἀναλογίας· πεπόρισται ἄρα ἡ θέσις τῆς ΑΒ ἐν τοῖς πρὸς ἡμᾶς μέρεσιν.

Ἐκ δὴ τῶν προδεδιδαγμένων φανερὸν ὅτι δυνατόν ἐστιν ὄρους ὑπάρχοντος εὑρεῖν τὴν ἀπὸ τῆς κορυφῆς αὐτοῦ κάθετον ἀγομένην ἐπὶ τὸ δι᾽ ἡμῶν ἐκβαλ-

2 τὴν del. Decorps-F. || 5 ΒΔ Vincent (iam Mieg) : ΓΔ M || 6 Ηὑρήσθω H. Schoene : ηυρείσθω (sic) M || 7 ΑΕ Vincent : ΑΗ M || ΗΖ Vincent : ΕΖ M || 8 δοθεῖσα add. Vincent || λοιπὴ del. Decorps-F. || 9 ΑΕ, ΕΒ Decorps-F. (ΑΕ, ΒΕ Vincent) : ΑΗ, ΗΒ M || 10 ΗΖ Vincent : ΕΖ M || 11 Η, Ζ Vincent : ΕΖ M || ἀπὸ τοῦ V : ἀτοῦ (sic) M || 13 ἐστὶ H. Schoene : ἐπὶ M || ΔΒ Vincent : ΑΒ M || 14 ΑΕ Vincent : ΑΒ M || ΕΒ Vincent : ΗΒ M || ΗΖ Vincent : ΕΖ M || post alt. πρὸς del. ΗΘ M[1] || 15 ΗΘ Vincent : ΕΘ M || 19 δὴ V : δεῖ M.

par nous et parallèle à l'horizon[1], sans s'approcher de la montagne[2], et de trouver la perpendiculaire menée[3] de n'importe quel point visible situé sur la montagne, puisque précisément nous avons appris à trouver la perpendiculaire menée depuis tout point visible[4], et que de la même façon il était possible de le faire pour la perpendiculaire menée de tout <point> visible de la montagne sur le plan passant par un autre point visible situé sur la montagne, et parallèle à l'horizon. Car nous avons appris de manière générale, deux points quelconques étant donnés, à trouver les mêmes choses, c'est-à-dire les perpendiculaires menées à partir de ces points aussi bien que la distance horizontale entre eux, et ce qu'il en est de leur position, sans nous approcher de ces points[5].

14. Un fossé étant donné, prendre sa profondeur, c'est-à-dire la <longueur> de la perpendiculaire menée du point situé sur le fond au plan parallèle à l'horizon et passant par nous, ou encore au plan parallèle à l'horizon et passant par un autre point.

Soit ΑΒΓΔ le fossé donné, et soit Β le point situé sur le fond.

Que la dioptre soit placée en Δ ou en un autre point quelconque ; que ce soit en Ε, et soit ΕΖ <la dioptre> ; soit ΗΘ

1. Ce qui revient à déterminer de loin la hauteur de cette montagne. C'est une application des exercices qui ont précédé.

2. Cela peut avoir, bien sûr, des utilisations militaires ; cf. Balbus, éd. Lachmann, p. 93 l. 1-3 : *Expugnandorum deinde montium altitudines ut sciremus uenerabilis diis ratio monstrabat*, « Ensuite, la hauteur des montagnes à prendre d'assaut pouvait nous être connue grâce aux indications d'une science qui mérite la vénération des dieux ». Et le même procédé peut servir à évaluer de loin la hauteur d'une muraille, pour préparer les matériels nécessaires à l'assaut et donner aux échelles une hauteur suffisante (cf. fin du chapitre 2).

3. À ce plan, évidemment.

4. Au chapitre 12.

5. C'est ce qui vient d'être fait au chapitre 13.

λόμενον ἐπίπεδον παράλληλον τῷ ὁρίζοντι, μὴ προσεγγίσαντα τῷ ὄρει, καὶ τὴν ἀφ' οἱουδηποτοῦν σημείου κειμένου ἐν τῷ ὄρει καὶ ὁρωμένου [τὴν] ἀγομένην κάθετον εὑρεῖν, ἐπειδήπερ ἐμάθομεν τὴν ἀπὸ παντὸς σημείου ὁρωμένου κάθετον πορίσασθαι, καὶ ὁμοίως δυνατὸν ἦν <τὴν> ἀπὸ παντὸς <σημείου> ὁρωμένου ἐν τῷ ὄρει <εὑρεῖν> κάθετον ἀγομένην ἐπὶ τὸ δι' ἑτέρου σημείου ἐν τῷ ὄρει κειμένου καὶ ὁρωμένου ἐκβαλλόμενον ἐπίπεδον παράλληλον τῷ ὁρίζοντι. Ἁπλῶς γὰρ δύο σημείων δοθέντων οἱωνδηποτοῦν τὰ αὐτὰ ἐμάθομεν πορίσασθαι, τουτέστι τάς τε ἀγομένας ἀπ' αὐτῶν καθέτους καὶ <τὸ> μεταξὺ αὐτῶν διάστημα τὸ [τε] πρὸς διαβήτην, καὶ ὡς ἔχει θέσεως μὴ προσιόντα τοῖς σημείοις.

14. Ὀρύγματος δοθέντος τὸ βάθος λαβεῖν, τουτέστι <τὸ μέγεθος> τῆς ἀπὸ τοῦ ἐν τῷ βάθει σημείου καθέτου ἀγομένης ἐπὶ τὸ δι' ἡμῶν ἐκβαλλόμενον ἐπίπεδον παράλληλον τῷ ὁρίζοντι ἢ καὶ ἔτι ἐπὶ τὸ δι' ἑτέρου σημείου ἐκβαλλόμενον ἐπίπεδον παράλληλον τῷ ὁρίζοντι.

Ἔστω τὸ δοθὲν ὄρυγμα τὸ ΑΒΓΔ, τὸ δ' ἐν τῷ βάθει αὐτοῦ σημεῖον τὸ Β.

Κείσθω δὴ ἡ διόπτρα πρὸς τῷ Δ ἢ πρὸς ἄλλῳ τινὶ σημείῳ· ἔστω δὴ πρὸς τῷ Ε, καὶ ἔστω ΕΖ, ὁ δὲ

4 τὴν del. H. Schoene || 6 τὴν add. H. Schoene || 7 σημείου add. Vincent || εὑρεῖν add. Vincent || 11 οἱωνδηποτοῦν V : οἷον δηποτοῦν M || 13 τὸ add. H. Schoene || τε del. Decorps-F. || 17 τὸ μέγεθος add. H. Schoene (μέγεθος add. Vincent) || 19 παράλληλον H. Schoene : ἴσον M || τὸ H. Schoene : τῷ M || 22 tert. τὸ V : τῷ M || 23 B Vincent (iam Mieg) : Δ M || 24 τῷ V : τὸ M.

la règle de la dioptre[1] qui nous sert à faire les visées ; qu'elle soit inclinée jusqu'à ce qu'apparaisse dans son axe le point B. Que la surface du sol soit imaginée selon la ligne ΔΕΚΛΜ ; et que le plan passant[2] par nous soit imaginé selon la droite ΑΔΣΟ. Que soient dressées sur le sol deux mires verticales ΚΝ et ΜΞ, dans l'alignement de la règle ΗΘ ; que soit gardé en visée sur la mire ΚΝ le point Ν, et sur la mire ΞΜ le point Ξ.

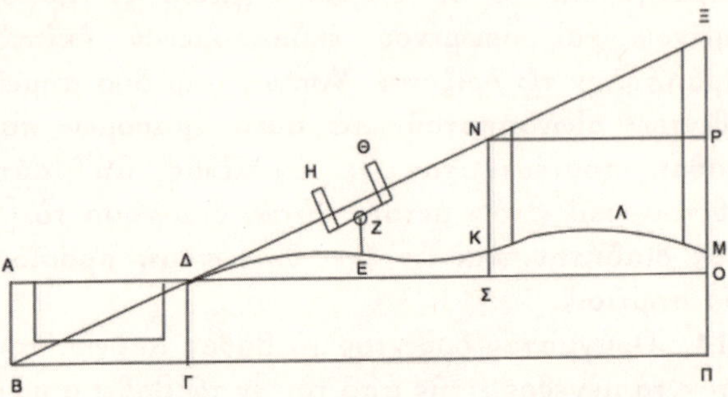

Fig. 14[3]

Qu'il faille <trouver> la perpendiculaire menée de B au plan parallèle à l'horizon et passant par Δ[4], c'est-à-dire la perpendiculaire menée à la ligne ΑΔΟ ; ΒΑ est la perpendiculaire qu'il faut trouver, menée du point B.

1. Sur l'expression ὁ ἐν τῇ διόπτρᾳ κανών pour renvoyer à la règle de visée, voir Note complémentaire [58].

2. Voir Note complémentaire [59]

3. Voir Note complémentaire [60].

4. On reconnaît ici la forme d'un diorisme (voir Note complémentaire [8]) ; la périphrase δέον ἔστω (« qu'il faille »), précédée de καί, se rencontre dans les diorismes des problèmes géométriques (on en trouve quatre occurrences dans les *Éléments* : III, 33 ; IX, 18 ; IX, 19 ; X, 13). Dans la géométrie classique (Euclide, Apollonius, Archimède), c'est une variante rare de la séquence habituelle δεῖ δή. On trouve dans la suite cinq autres occurrences de δέον ἔστω (chap. 24, 26, 28, 30, 35).

ἐν αὐτῇ κανὼν δι᾽ οὗ διοπτεύομεν ὁ ΗΘ· ἐγκλινέσθω οὖν ἕως οὗ φανῇ δι᾽ αὐτοῦ τὸ Β σημεῖον. Ἡ δὲ <τοῦ> ἐδάφους ἐπιφάνεια νοείσθω κατὰ τῆς ΔΕΚΛΜ γραμμῆς· τὸ δὲ δι᾽ ἡμῶν ἐπίπεδον ἐκπῖπτον νοείσθω κατὰ τῆς ΑΔΣΟ εὐθείας. Ἐπὶ δὲ τοῦ ἐδάφους ἐφεστάτωσαν δύο κανόνες οἱ ΚΝ, ΜΞ ὀρθοὶ ἐπ᾽ εὐθείας τῷ ΗΘ κανόνι· καὶ τεθεωρήσθω ἐπὶ μὲν τοῦ ΚΝ κανόνος σημεῖον τὸ Ν, ἐπὶ δὲ τοῦ ΞΜ τὸ Ξ.

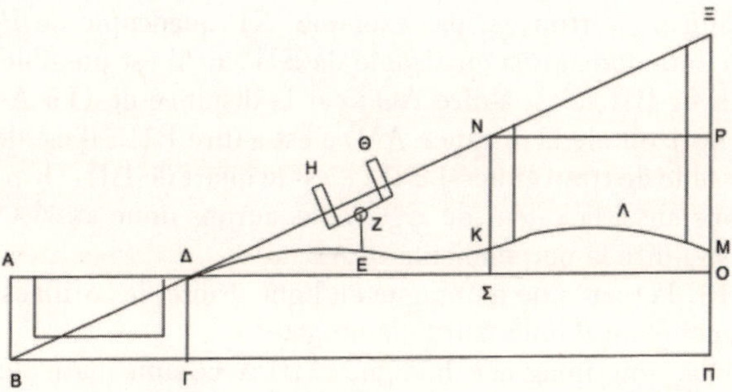

Fig. 14

Καὶ δέον ἔστω τὴν ἀπὸ τοῦ Β κάθετον ἀγομένην ἐπὶ τὸ διὰ τοῦ Δ ἐκβαλλόμενον ἐπίπεδον παράλληλον τῷ ὁρίζοντι <πορίσασθαι>, τουτέστι τὴν ἐπὶ <τὴν> ΑΔΟ γραμμὴν ἀγομένην κάθετον· ἡ δὲ ἀπὸ τοῦ Β κάθετος ἡ ΒΑ ἐστιν ἣν δεῖ πορίσασθαι.

2 τὸ V : τῷ M || 3 τοῦ add. H. Schoene || 6 ἐφεστάτωσαν H. Schoene : ἐφέστωσαν M || KN Vincent : KH M || MΞ Vincent : MZ M || 7 τεθεωρήσθω Vincent : τεθεωρείσθω M || 8 KN Vincent : KH M || 11 τὸ Vincent : τοῦ M || 12 πορίσασθαι add. Vincent || 13 τὴν add. H. Schoene.

Que le plan parallèle à l'horizon et passant par B soit aussi imaginé selon BΠ ; que soit imaginée la mire ΞM prolongée en Π et la mire NK en Σ ; et par le point N, que soit menée à ΔO la parallèle NP ; la droite NP est donc la distance à l'horizontale entre les points K et M. Il est donc possible de trouver cette distance [puisqu'il est possible aussi de trouver KΣ et MO][1] ; or ΞP est la différence entre ΞPO et NΣ ; il est donc possible de trouver aussi cette différence, puisqu'il est possible de trouver KΣ et MO, comme nous l'avons fait quand nous avons trouvé la perpendiculaire menée de tout point à l'aide de deux mires[2].

Soit donc trouvée, par exemple, NP quadruple de PΞ ; BΠ sera donc aussi quadruple de ΞΠ ; or il est possible de trouver BΠ, c'est-à-dire AO ; car la distance de O à A est à l'horizontale la distance AM, c'est-à-dire BΠ ; il est donc possible de trouver aussi ΞΠ : c'est le quart de BΠ. Or nous avons aussi la valeur de ΞO ; nous aurons donc aussi OΠ, c'est-à-dire la perpendiculaire AB.

15. Percer[3] une montagne en ligne droite, les orifices du tunnel étant donnés sur la montagne[4].

Que soit imaginée la ligne ABΓΔ comme base de la montagne, et les points B et Δ comme les orifices dans l'axe desquels il faut effectuer le percement.

1. Voir Note complémentaire [61].
2. Voir le chapitre 12.
3. Le verbe employé est διορύξαι ; et pour l'« excavation », le substantif ὄρυγμα. D. Bonneau, *Le régime administratif de l'eau du Nil...*, p. 16, signale que ce substantif, « à l'époque pionnière des travaux des Grecs au Fayoum, désigne la partie creusée d'un canal » ; quant au verbe διορύττειν, « percer », on ne le trouve guère attesté qu'une fois dans les documents papyrologiques.
4. Voir Note complémentaire [62].

Νενοήσθω οὖν καὶ τὸ διὰ τοῦ Β ἐπίπεδον παράλληλον τῷ ὁρίζοντι τὸ κατὰ τὴν ΒΠ γινόμενον καὶ νενοήσθω ἐκβεβλημένος ὁ ΞΜ κανὼν ἐπὶ τὸ Π, καὶ ὁ ΝΚ ἐπὶ τὸ Σ· καὶ διὰ τοῦ Ν τῇ ΔΟ παράλληλος ἤχθω ἡ ΝΡ· ἡ ἄρα ΝΡ τὸ μεταξὺ τῶν Κ, Μ σημείων ἐστὶ διάστημα τὸ πρὸς διαβήτην. Δυνατὸν ἄρα ἐστὶν αὐτὸ πορίσασθαι [ἐπεὶ καὶ τὰς ΚΣ, ΜΟ]· ἡ δὲ ΞΡ ὑπεροχή ἐστι τῶν ΞΡΟ, ΝΣ· δυνατὸν ἄρα καὶ ταύτην πορίσασθαι, ἐπεὶ τὰς ΚΣ, ΜΟ δυνατόν ἐστι πορίσασθαι, ὥσπερ ἐποιήσαμεν ὅτε τὴν ἀπὸ παντὸς σημείου κάθετον ἀγομένην διὰ τῶν δύο κανόνων ἐπορισάμεθα.

Ἔστω οὖν εὑρημένη, εἰ τύχοι, τετραπλῆ ἡ ΝΡ τῆς ΡΞ· ἔσται ἄρα καὶ ἡ ΒΠ τετραπλῆ τῆς ΞΠ· δυνατὸν δ᾽ ἐστὶ πορίσασθαι τὴν ΒΠ, τουτέστι τὴν ΑΟ· τὸ γὰρ ἀπὸ τοῦ Ο ἐπὶ τὸ Α διάστημά ἐστι τὸ πρὸς διαβήτην τὸ ΑΜ, τουτέστι τὸ ΒΠ, ὥστε δυνατόν ἐστι πορίσασθαι καὶ τὴν ΞΠ· ἔστι γὰρ τέταρτον μέρος τῆς ΒΠ· ἔχομεν δὲ καὶ τὴν ΞΟ ἡλίκη ἐστίν, ὥστε καὶ τὴν ΟΠ ἕξομεν, τουτέστι τὴν ΑΒ κάθετον.

15. Ὄρος διορύξαι ἐπ᾽ εὐθείας τῶν στομάτων τοῦ ὀρύγματος ἐν τῷ ὄρει δοθέντων.

Νενοήσθω τοῦ ὄρους ἕδρα ἡ ΑΒΓΔ γραμμή, τὰ δὲ στόματα δι᾽ ὧν δεῖ ὀρύξαι τὰ Β, Δ.

2 τὴν Decorps-F. : τὸ M || 7 ἐπεὶ καὶ τὰς ΚΣ, ΜΟ del. Decorps-F. uide adn. || 8 ΞΡΟ Vincent : ΡΟ M || 13 τύχοι Vincent : τύχῃ M || 17 ΑΜ Decorps-F. : ΑΟ M || 23-24 τὰ δὲ στόματα Vincent : τὸ δὲ στόμα M.

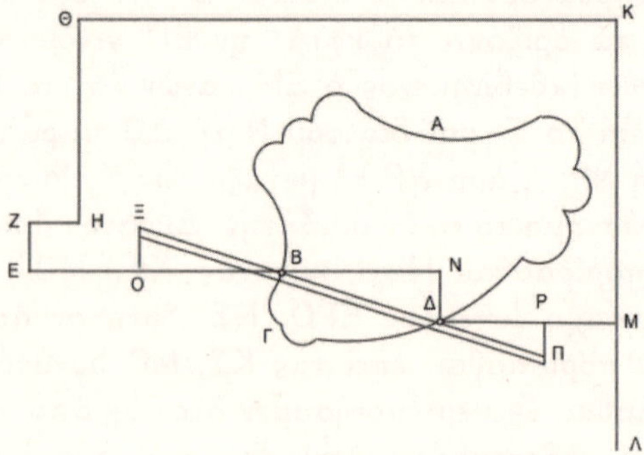

Fig. 15[1]

J'ai mené sur le sol, depuis le point B, une droite BE, par exemple ; d'un point quelconque E, j'ai mené, à l'aide de la dioptre, EZ à angle droit avec BE ; puis, d'un point quelconque Z, j'ai encore mené, à l'aide de la dioptre, à angle droit, ZH ; à nouveau, d'un point quelconque H, j'ai mené HΘ à angle droit avec ZH ; puis, d'un point quelconque Θ, ΘK à angle droit avec ΘH, et KΛ à angle droit avec ΘK.

Je transporte la dioptre sur la droite KΛ jusqu'à ce que le point Δ apparaisse dans l'axe de la position à angle droit de la règle[2] ; que cela se soit produit[3] ; on aura alors une droite MΔ, qui sera perpendiculaire à KΛ.

Que soit imaginée la droite EB prolongée en N, et sur elle une perpendiculaire ΔN. Il est alors possible, d'après les droites EZ, HΘ et KM, de calculer la valeur de ΔN, comme nous l'avons fait quand de n'importe quel point

1. Voir Note complémentaire [63].
2. Sur cette méthode, voir plus haut chapitre 7.
3. Il faut supposer la dioptre en M. Le texte est elliptique.

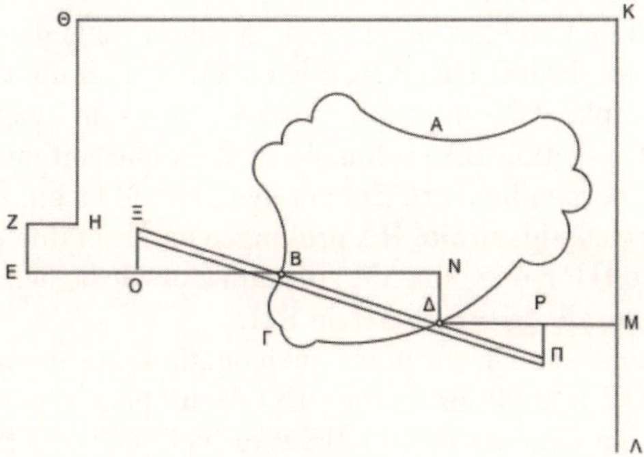

Fig. 15

Ἤγαγον εὐθεῖαν ἀπὸ τοῦ Β ἐν τῷ ἐδάφει τὴν ΒΕ, ὡς ἔτυχεν· καὶ ἀπὸ τυχόντος τοῦ Ε τῇ ΒΕ πρὸς ὀρθὰς ἤγαγον τὴν ΕΖ διὰ τῆς διόπτρας· καὶ ἔτι ἀπὸ τοῦ Ζ τυχόντος διὰ τῆς διόπτρας πρὸς ὀρθὰς ἤγαγον τὴν ΖΗ· καὶ πάλιν ἀπὸ τυχόντος τοῦ Η, τῇ ΖΗ πρὸς ὀρθὰς τὴν ΗΘ· καὶ ἔτι ἀπὸ τυχόντος τοῦ Θ, τῇ ΘΗ πρὸς ὀρθὰς τὴν ΘΚ, καὶ τῇ ΘΚ πρὸς ὀρθὰς τὴν ΚΛ.

Καὶ παραφέρω τὴν διόπτραν ἐπὶ τῆς ΚΛ ἄχρις ἂν διὰ τῆς πρὸς ὀρθὰς θέσεως τοῦ κανόνος φανῇ τὸ Δ σημεῖον· πεφηνέτω· ἔσται δὴ ἡ ΜΔ καὶ ἐπὶ τὴν ΚΛ κάθετος.

Καὶ νενοήσθω ἐκϐεϐλημένη ἡ ΕΒ ἐπὶ τὸ Ν, καὶ ἐπ' αὐτὴν κάθετος ἡ ΔΝ· δυνατὸν δή ἐστιν ἐκ τῶν ΕΖ, ΗΘ, ΚΜ ἐπιλογίσασθαι ἡλίκη ἐστὶν ἡ ΔΝ, ὥσπερ ἐποιοῦμεν ὅτε τὴν ἀπὸ παντὸς σημείου ἐπὶ ἕτερον

13 Ν Vincent : ΚΗ Μ || 15 ΔΝ Vincent : ΔΗ Μ.

nous avons mené la droite qui le joint à un autre point non visible[1] ; de la même façon aussi, la valeur de la droite BN, d'après les droites BE, ZH, ΘK et ΔM. Qu'ait été trouvée, par exemple, BN quintuple de ΔN ; que soit imaginée la droite de jonction BΔ prolongée en Ξ, et que soit menée sur BE une perpendiculaire ΞO ; et de la même façon, que soit imaginée aussi la droite BΔ prolongée en Π, et une perpendiculaire ΠP menée sur ΔM ; on aura alors de la même façon BO quintuple de OΞ et ΔP de PΠ.

Prenant[2] sur BE un point quelconque O, et menant une droite OΞ à angle droit avec BO, nous poserons que OΞ est le cinquième de BO. Et BΞ sera inclinée[3] vers B ; de la même façon, à nouveau, posant que ΠP est le cinquième de ΔP, nous aurons la droite ΔΠ, inclinée vers Δ.

Nous creuserons à partir du point B en menant l'excavation dans l'alignement de BΞ, et à partir du point Δ en menant l'excavation dans l'alignement de ΔΠ. Le percement du tunnel s'opère ensuite en plaçant une mire dans l'un des deux alignements trouvés, ΞB ou ΠΔ, ou des deux côtés. Si l'on perce le tunnel de cette manière, les ouvriers se rencontreront.

16. Creuser dans une montagne des puits pour un conduit souterrain[4], les puits étant perpendiculaires au conduit[5].

Soient A et B les extrémités du conduit ; que soient prises dans l'alignement de AB les droites ΓA et BΔ, comme nous avons appris à le faire[6].

1. La démonstration a été faite au chapitre 7.

2. Le retour au terrain est marqué par l'abandon de la voix passive, propre au raisonnement géométrique, et l'utilisation de la première personne du pluriel.

3. Voir Note complémentaire [64].

4. Le mot ὑπόνομος est classique ; il se trouve aussi dans les papyrus étudiés par D. Bonneau (*Le régime administratif de l'eau du Nil...*, p. 29), où il peut préciser διῶρυξ ; mais, d'après le même auteur (*ibid.*), « il était réservé à un contexte urbanistique ».

5. Voir aussi le chapitre 20.

6. Par une visée d'alignement horizontale effectuée avec la dioptre.

ἀθεώρητον ἐπεζευγνύομεν εὐθεῖαν· ὁμοίως δὲ καὶ τὴν ΒΝ ἐκ τῶν ΒΕ, ΖΗ, ΘΚ, ΔΜ. Εὑρήσθω οὖν, εἰ τύχοι, πενταπλῆ ἡ ΒΝ τῆς ΔΝ· καὶ ἐπιζευχθεῖσα ἡ ΒΔ νενοήσθω ἐκϐεϐλημένη ἐπὶ τὸ Ξ, καὶ ἐπὶ τὴν ΒΕ κάθετος ἤχθω ἡ ΞΟ· ὁμοίως δὴ καὶ ἡ ΒΔ νενοήσθω ἐκϐεϐλημένη ἐπὶ τὸ Π, καὶ κάθετος ἐπὶ τὴν ΔΜ ἡ ΠΡ· ἔσται δὴ ὁμοίως πενταπλῆ ἡ μὲν ΒΟ τῆς ΟΞ, ἡ δὲ ΔΡ τῆς ΡΠ.

Λαϐόντες οὖν ἐπὶ τῆς ΒΕ σημεῖον τυχὸν τὸ Ο καὶ πρὸς ὀρθὰς ἀγαγόντες τὴν ΟΞ τῇ ΒΟ πέμπτον μέρος θήσομεν τὴν ΟΞ τῆς ΒΟ. Καὶ ἔσται ἡ ΒΞ νεύουσα ἐπὶ τὸ Β· ὁμοίως δὴ πάλιν τῆς ΔΡ πέμπτον μέρος θέντες τὴν ΠΡ ἕξομεν τὴν ΔΠ νεύουσαν ἐπὶ τὸ Δ.

Διορύξομεν οὖν ἀπὸ μὲν τοῦ Β ποιοῦντες τὸ ὄρυγμα ἐπ' εὐθείας τῆς ΒΞ, ἀπὸ δὲ τοῦ Δ ἐπ' εὐθείας τῆς ΔΠ. Γίνεται δὲ λοιπὸν τὸ ὄρυγμα κανόνος παρατιθεμένου ἐπὶ τῆς εὑρημένης εὐθείας τῆς ΞΒ, ἤτοι ἐπὶ τῆς ΠΔ, ἢ καὶ ἐπ' ἀμφότερα τὰ μέρη. Γινομένου τοῦ ὀρύγματος οὕτως ὑπαντήσουσιν ἀλλήλοις οἱ ἐργαζόμενοι.

16. Φρεατίας ὑπονόμῳ εἰς ὄρος διορύξαι κατὰ κάθετον οὔσας τῷ ὑπονόμῳ.

Ἔστω τὰ ὑπονόμου πέρατα τὰ Α, Β· καὶ εἰλήφθωσαν ἐπ' εὐθείας τῇ ΑΒ αἱ ΓΑ, ΒΔ, ὡς ἐμάθομεν.

1 ἐπεζευγνύομεν Vincent : ἐπιζευγνύομεν M || 2 ΔΜ Decorps-F. : ΛΜ M || 10 τὴν Vincent : τῇ M || τῇ Vincent : τὴν M || 11 θήσομεν V : θήσωμεν M || 14 Δ Vincent : Β M || 23 οὔσας Vincent : οὖσα M.

J'ai placé aux points A et Γ deux mires verticales ΓΕ et ΑΖ ; quant à la dioptre, je l'ai mise sur la montagne à la distance convenable pour qu'apparaissent ensemble dans l'axe de sa règle les mires ΓΕ et ΑΖ.

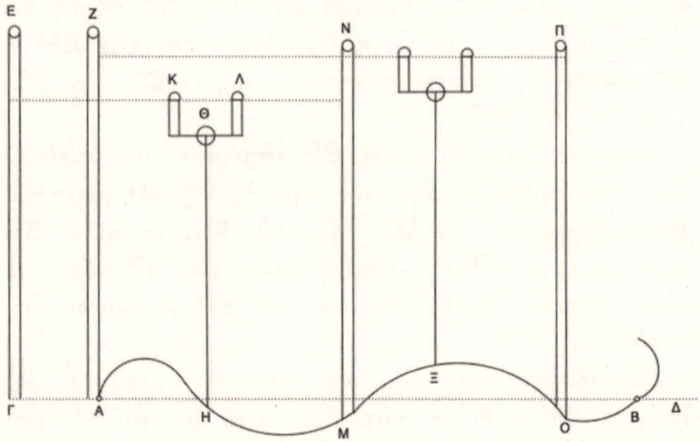

Fig. 16[1]

Soit ΗΘ la dioptre, sa règle ΚΛ ; la règle ΚΛ demeurant immobile, je transporte l'une des mires ΓΕ et ΑΖ, par exemple au point M, en avant de la dioptre, où elle devient, par exemple, MN, en la déplaçant, toujours maintenue verticale, jusqu'à ce que dans l'axe de la règle ΚΛ apparaisse la mire MN ; le point M sera à la perpendiculaire du conduit.

À nouveau, la dioptre ayant été transportée en avant de

1. Voir Note complémentaire [65].

Ἔστησα οὖν δύο κανόνας ὀρθοὺς πρὸς τοῖς Α, Γ τοὺς ΓΕ, ΑΖ καὶ τὴν διόπτραν πρὸς τῷ ὄρει ἀποστήσας σύμμετρον διάστημα ὥστε διὰ τοῦ ἐν τῇ διόπτρᾳ κανόνος ἅμα φανῆναι τοὺς ΓΕ, ΑΖ κανόνας.

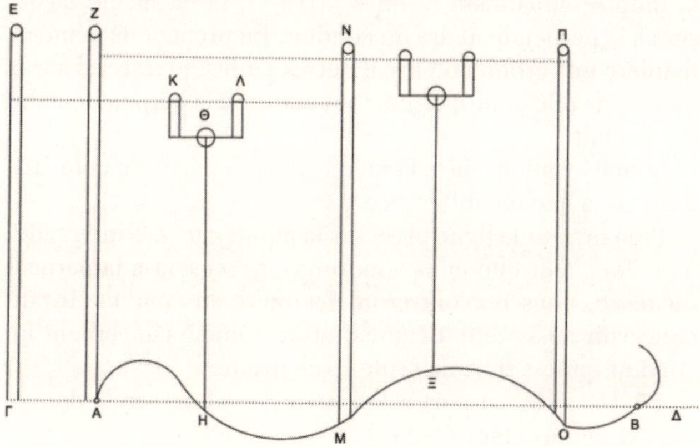

Fig. 16

Ἔστω οὖν ἡ μὲν διόπτρα ἡ ΗΘ, ὁ δὲ ἐν αὐτῇ κανὼν ὁ ΚΛ· καὶ μένοντος τοῦ ΚΛ κανόνος ἀκινήτου μετατίθημι ἕνα τῶν ΓΕ, ΑΖ κανόνων ὡς ἐπὶ τὸ Μ σημεῖον, ἔμπροσθεν τῆς διόπτρας, ὡς τὸν ΜΝ, περιφέρων αὐτὸν ὀρθὸν ἄχρις ἂν διὰ τοῦ ΚΛ κανόνος φανῇ ὁ ΜΝ κανών· καὶ ἔσται τὸ Μ σημεῖον κατὰ κάθετον κείμενον τῷ ὑπονόμῳ.

Πάλιν δὴ μετατεθείσης τῆς διόπτρας, ἔμπροσθεν

1 post κανόνας del. ἐν τοῖς M[1] || ὀρθοὺς M[1] : ὀρθοῖς M || 8 ΓΕ Vincent : ΓΑ M || M Vincent : Z M.

la mire MN, jusqu'en Ξ, je la déplace jusqu'à ce que dans l'axe de la règle de la dioptre apparaissent en même temps les mires AZ et MN ; et à nouveau, la règle de la dioptre demeurant immobile, je transporte en avant de la dioptre, en la maintenant verticale, la mire AZ, par exemple au point O, en la déplaçant jusqu'à ce que dans l'axe de la règle de la dioptre apparaisse la mire OΠ ; O, de la même façon, sera à la perpendiculaire du conduit. En prenant de la même manière un certain nombre d'autres points, je tracerai sur la montagne une ligne qui sera tout entière à la perpendiculaire du conduit.

Si nous voulons faire la même chose à partir du côté BΔ, il n'y aura aucune différence.

Prenant, sur la ligne prise sur la montagne, des intervalles de la longueur que nous voudrons, et creusant à la perpendiculaire, nous rencontrerons les puits du conduit. Il faut concevoir aussi cette démonstration comme concernant un conduit qui est sur une seule ligne droite.

17. Dessiner un port selon un segment de cercle donné, ses extrémités étant données.

Soient A et B les extrémités du port ; que soit mis en place parallèlement à l'horizon le disque de la dioptre[1], sur lequel est mobile la règle ; que soit délimité sur sa circonférence l'arc ΓΔE, semblable au segment de cercle selon lequel nous voulons dessiner le port.

1. Héron ne dit pas comment se fait cette mise à l'horizontale préalable.

τοῦ ΜΝ κανόνος, ἐπὶ τὸ Ξ, περιφέρω ἄχρις ἂν διὰ τοῦ ἐν τῇ διόπτρᾳ κανόνος ἅμα φανῶσιν οἱ ΑΖ, ΜΝ κανόνες· καὶ πάλιν μένοντος τοῦ ἐν τῇ διόπτρᾳ κανόνος ἀκινήτου μεταφέρω τὸν ΑΖ κανόνα, ἔμπροσθεν τῆς διόπτρας, ὀρθὸν ὡς ἐπὶ τὸ Ο σημεῖον περιφέρων αὐτὸν ἕως οὗ διὰ τοῦ ἐν τῇ διόπτρᾳ κανόνος φανῇ ὁ ΟΠ κανών· καὶ ἔσται ὁμοίως τὸ Ο κατὰ κάθετον τῷ ὑπονόμῳ. Ὡσαύτως δὲ καὶ ἕτερα πλείονα λαμβάνων σημεῖα γράψω ἐν τῷ ὄρει γραμμὴν ἥτις πᾶσα κατὰ κάθετον ἔσται τῷ ὑπονόμῳ.

Κἂν βουλώμεθα δὲ καὶ ἐκ τῶν Β, Δ μερῶν τὰ αὐτὰ ποιεῖν, οὐδὲν διοίσει.

Ἐπὶ τῆς ληφθείσης οὖν ἐν τῷ ὄρει γραμμῆς διαστήματα λαμβάνοντες ἡλίκα ἂν βουλώμεθα καὶ κατὰ κάθετον ὀρύσσοντες τὰς φρεατίας ἐπιτευξόμεθα τοῦ ὑπονόμου. Χρὴ δὲ νοεῖν καὶ ταύτην τὴν δεῖξιν ὡς τοῦ ὑπονόμου ἐπὶ μιᾶς εὐθείας ὄντος.

17. Λιμένα περιγράψαι πρὸς τὸ δοθὲν κύκλου τμῆμα, τῶν περάτων αὐτοῦ δοθέντων.

Ἔστω τὰ πέρατα αὐτοῦ τὰ Α, Β καὶ καθεστάσθω <τὸ> ἐν τῇ διόπτρᾳ τύμπανον, περὶ ὃ ὁ κανὼν κινεῖται, παράλληλον τῷ ὁρίζοντι· καὶ ἀπ' αὐτοῦ ἀπειλήφθω ἡ ΓΔΕ ὁμοία τῷ τοῦ κύκλου τμήματι πρὸς ὃ τὸν λιμένα βουλόμεθα περιγράψαι.

3 MN Vincent : MH M || 7 ΟΠ Vincent : ΘΠ M || 9 λαμβάνων Vincent : λαμβάνω M || 14 ληφθείσης V : λειφθήσης M || 15 ἡλίκα H. Schoene : ἡνίκα M || 20 τμῆμα M^1 : σχῆμα M || 22 τὸ add. H. Schoene || 25 ὃ Decorps-F. (iam prop. H. Schoene) : ὃν M.

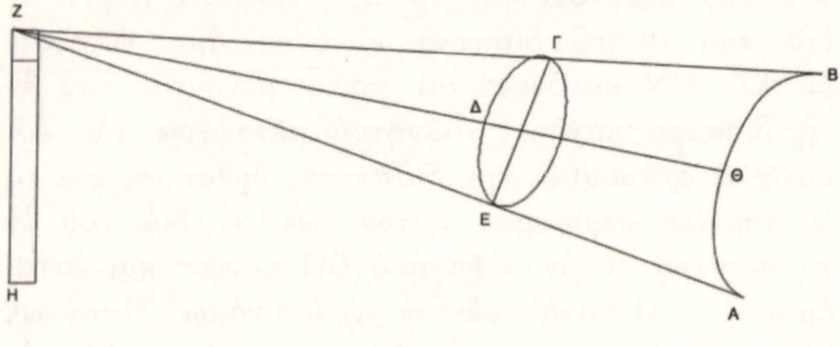

Fig. 17a[1]

Soit, de l'autre côté de la dioptre et tout près d'elle, une mire ZH, de sorte que la prolongation des rayons visuels issus de Z en direction des points Γ et E tombe depuis le point où ils sont émis sur les points A et B. Cela se produira si l'on déplace la dioptre et la mire ZH, ou même l'une des deux.

Ces préparatifs étant faits, que soit dirigé depuis Z un rayon visuel en direction de ΓΔE, jusqu'à ce qu'il tombe sur le sol en Θ ; Θ sera alors sur la ligne de pourtour du port. En prenant aussi de la même façon d'autres points que Θ, nous décrirons la ligne BΘA. Il faudra aussi rendre le sol le plus possible[2] parallèle à l'horizon, pour que la courbe des points pris sur le sol soit aussi dans un plan parallèle à l'horizon.

Que la ligne BΘA est un arc de cercle et qu'elle est semblable à ΓΔE est évident : on a en effet un cône ayant

1. On trouve dans M la lettre P pour E.

2. La *iunctura* εἰς ἔγγιστα ne se trouve nulle part ailleurs qu'ici ; à plus forte raison, donc, ὡς εἰς ἔγγιστα. L'expression ὡς ἔγγιστα est en revanche bien connue.

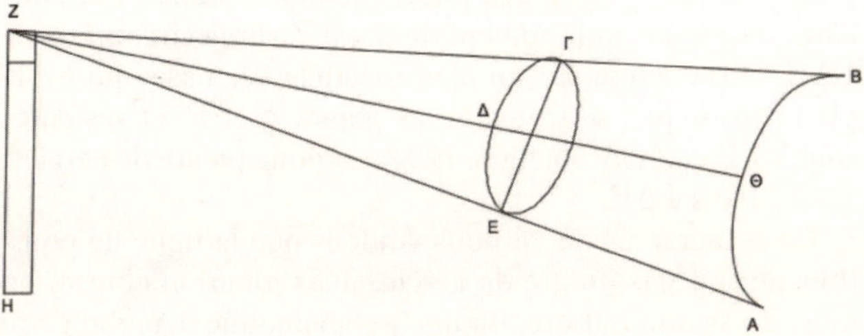

Fig. 17a

Καὶ ἔστω κανὼν ἐπὶ τὰ ἕτερα μέρη ἔγγιστα τῆς διόπτρας ὁ ΖΗ οὕτως ὥστε τὰς ἀπὸ τοῦ Ζ ἐπὶ τὰ Γ, Ε σημεῖα ἐπιζευγνυμένας καὶ ἐκβαλλομένας ἀκτῖνας ἀπὸ τῆς ὄψεως πίπτειν ἐπὶ τὰ Α, Β σημεῖα. Τοῦτο δὲ ἔσται μετακινουμένης τῆς διόπτρας καὶ τοῦ ΖΗ κανόνος ἢ καὶ ἑνὸς αὐτῶν.

Καὶ οὕτω κατασταθέντων προσβεβλήσθω ἀπὸ τοῦ Ζ ἀκτὶς πρὸς τὴν ΓΔΕ ἕως οὗ συμπέσῃ τῷ ἐδάφει κατὰ τὸ Θ· ἔσται δὴ τὸ Θ ἐπὶ τῆς περιγραφομένης ἐν τῷ λιμένι γραμμῆς. Ὁμοίως δὲ καὶ ἕτερα λαμβάνοντες τῷ Θ περιγράψομεν τὴν ΒΘΑ γραμμήν. Δεήσει δὲ καὶ τὸ ἔδαφος ὡς [εἰς] ἔγγιστα καταστῆσαι παράλληλον τῷ ὁρίζοντι, ἵνα καὶ τῶν ἐπ᾽ αὐτοῦ λαμβανομένων σημείων ἡ περιγραφομένη γραμμὴ [ἡ] ἐν ἐπιπέδῳ ᾖ παραλλήλῳ τῷ ὁρίζοντι. Ὅτι δὲ ἡ ΒΘΑ γραμμὴ κύκλου περιφέρειά ἐστι καὶ ὁμοία τῇ ΓΔΕ, φανερόν· κῶνος γὰρ γίνεται οὗ βάσις

2 ΖΗ Vincent : ΖΕ M || 5 ΖΗ Vincent : ΖΕ M || 8 ΓΔΕ Decorps-F. : ΓΔ εὐθεῖαν M || 12 εἰς del. Guillaumin || 15 ἡ del. H. Schoene || παραλλήλῳ Vincent : παράλληλος M.

pour base[1] le cercle ΓΔΕ, pour sommet le point Z, et pour côtés les droites qui tombent du point Z sur la circonférence ΓΔΕ ; il est coupé par un plan parallèle à la base, qui est le plan dans lequel se trouvent les points A et B, et ses côtés sont ΖΓΒ et ΖΕΑ ; la ligne ΒΘΑ est donc un arc de cercle[2], semblable à ΓΔΕ.

De la même façon, si nous voulons que la ligne de pourtour ne soit pas un arc de cercle, mais un arc d'ellipse, ou une ellipse tout entière, ou une parabole, une hyperbole, ou une autre ligne[3], nous en ferons le tracé semblable à elle, découpé dans une planche[4] ; en l'adaptant au disque ΓΔ, de manière à ce qu'elle lui soit solidaire et que le tracé découpé dans la planche dépasse à l'extérieur du disque, nous ferons la même chose que ce qui a été dit pour l'arc ΓΔΕ. Ainsi, nous dessinerons donc une ligne semblable à l'ensemble de la ligne donnée.

Si nous voulons tracer la ligne de pourtour non pas sur le sol parallèle à l'horizon, mais dans un autre plan, nous positionnerons le disque parallèlement au plan dans lequel la ligne devra être tracée, et nous ferons la même chose ; à nouveau, on a un cône coupé par un plan, celui dans lequel se trouve la ligne, parallèle à la base.

1. On trouve ici un type de relatives, intraduisibles littéralement, bien attesté dans la langue des mathématiciens et en particulier dans la tradition des sections coniques. Voir Note complémentaire [66].

2. Voir Apollonius de Perge, *Coniques*, I, 4.

3. Elle sera obtenue en coupant le cône visuel par un plan non parallèle à la base.

4. On réalise ici un gabarit.

μὲν ὁ ΓΔΕ κύκλος, κορυφὴ δὲ τὸ Ζ σημεῖον, πλευραὶ δὲ αὐτοῦ αἱ ἀπὸ τοῦ Ζ σημείου προσπίπτουσαι πρὸς τὴν ΓΔΕ περιφέρειαν· καὶ τέμνεται ἐπιπέδῳ παραλλήλῳ τῇ βάσει τῷ ἐν ᾧ ἐστι τὰ Α, Β σημεῖα, καὶ πλευραὶ αὐτοῦ εἰσὶν αἱ ΖΓΒ, ΖΕΑ· ἡ ἄρα ΒΘΑ γραμμὴ κύκλου γίνεται περιφέρεια καὶ ὁμοία τῇ ΓΔΕ.

Ὁμοίως δὲ ἐὰν βουλώμεθα τὴν περιγραφομένην μὴ εἶναι κύκλου περιφέρειαν, ἀλλὰ ἐλλείψεως, ἢ καὶ ὅλην ἔλλειψιν ἢ καὶ παραβολὴν ἢ ὑπερβολὴν ἢ ἄλλην τινὰ γραμμήν, ποιήσομεν ὁμοίαν αὐτῇ ἐκ σανίδος· καὶ ἐφαρμόσαντες ἐπὶ τὸ ΓΔ τύμπανον, ὥστε συμφυὴς αὐτῷ γενέσθαι, ὑπερέχειν <δὲ> εἰς τὸ ἐκτὸς τοῦ τυμπάνου τὴν ἐκ τῆς σανίδος περιτμηθεῖσαν γραμμήν, τὰ αὐτὰ ποιήσομεν τοῖς ἐπὶ τῆς ΓΔΕ περιφερείας εἰρημένοις. Οὕτως οὖν πάσῃ τῇ δοθείσῃ γραμμῇ ὁμοίαν περιγράψομεν.

Ἐὰν δὲ βουλώμεθα τὴν περιγραφομένην γραμμὴν μὴ ἐν τῷ ἐδάφει γράφεσθαι παραλλήλῳ τῷ ὁρίζοντι, ἀλλ' ἐν ἑτέρῳ ἐπιπέδῳ, καταστήσομεν τὸ τύμπανον παράλληλον τῷ ἐπιπέδῳ ἐν ᾧ μέλλει ἡ γραμμὴ καὶ τὰ αὐτὰ ποιήσομεν· πάλιν γὰρ γίνεται κῶνος ἐπιπέδῳ τεμνόμενος τῷ ἐν ᾧ ἐστιν ἡ γραμμὴ παραλλήλῳ τῇ βάσει.

4 τῷ Vincent : τῇ M || 6 κύκλου Vincent (*circuli* Mieg) : ὃ M || 11 ποιήσομεν Vincent : ποιήσωμεν M || 12 ἐφαρμόσαντες V : ἐφαρμώσαντες M || 13 συμφυὴς Decorps-F. : συμφυὲς M || δὲ add. Vincent || 15 ποιήσομεν Vincent : ποιήσωμεν M || 18 βουλώμεθα V : βουλόμεθα M || 20 καταστήσομεν V : καταστήσωμεν M || 22 ποιήσομεν V : ποιήσωμεν M || 23-24 παραλλήλῳ Decorps-F. (iam prop. H. Schoene) : παράλληλος M.

De la même façon, nous dessinerons aussi une digue[1].

Et nous positionnerons le disque ΓΔΕ parallèlement à un plan donné de la façon suivante.

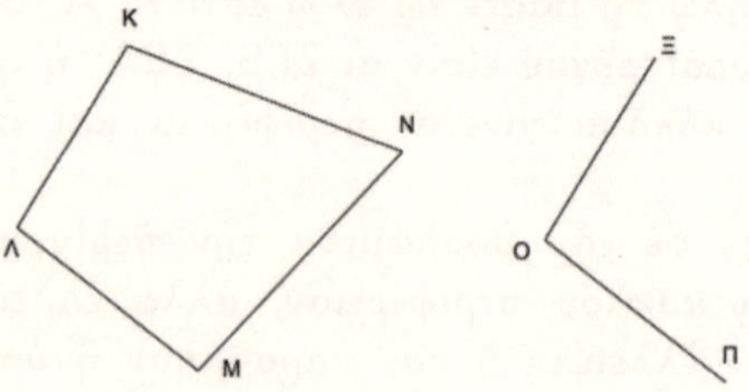

Fig. 17b[2]

Soit un plan donné ΚΛΜΝ, et soient dans ce plan deux droites ΚΛ et ΜΝ, et que soit trouvée la position de ΚΛ dans la partie qui est près de nous, et soit ΞΟ cette position. De la même façon, que soit trouvée aussi la position de ΛΜ, et soit ΟΠ cette position. Le plan ΚΛΜΝ est donc parallèle au plan passant par ΞΟ et ΟΠ. En inclinant le disque de sorte que ΞΟ et ΟΠ soient dans son plan, j'aurai le disque positionné parallèlement au plan ΚΛΜΝ.

18. Rendre convexe un sol[3] pour qu'il ait une surface sphérique selon un segment[4] donné.

Soit un lieu donné ΑΒΓΔ, et en son milieu un point Ε. Et par le point Ε, que soient menées à l'aide de la dioptre, en nombre quelconque, des droites sur le sol, ΑΓ, ΒΔ, ΖΗ et ΚΘ ; et sur ces droites, que soient plantés des piquets

1. Voir Note complémentaire [67].
2. ΚΛΜΝ est une figure carrée dans M.
3. Voir Note complémentaire [68].
4. Il s'agit d'un segment de sphère.

Ὁμοίως καὶ γέφυραν περιγράψομεν.

Τὸ δὲ τύμπανον τὸ ΓΔΕ καταστήσομεν καὶ παράλληλον τῷ δοθέντι ἐπιπέδῳ οὕτως.

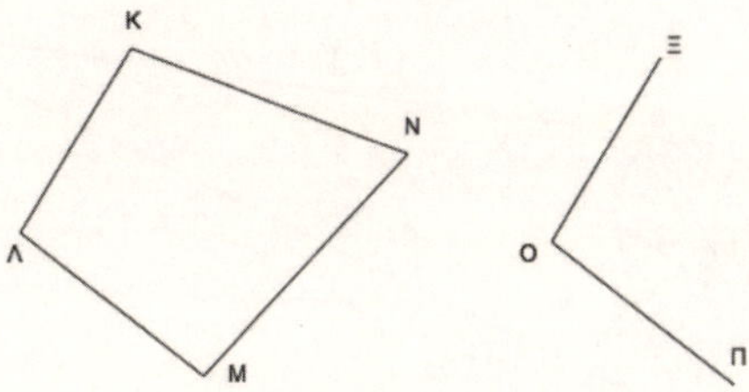

Fig. 17b

Ἔστω γὰρ τὸ δοθὲν ἐπίπεδον τὸ ΚΛΜΝ καὶ ἐν αὐτῷ δύο εὐθεῖαι ἔστωσαν αἱ ΚΛ, ΜΝ, καὶ εὑρήσθω ἡ θέσις τῆς ΚΛ ἐν τοῖς πρὸς ἡμᾶς μέρεσιν, καὶ ἔστω ἡ ΞΟ. Ὁμοίως δὲ καὶ ἡ θέσις τῆς ΛΜ εὑρήσθω, καὶ ἔστω ἡ ΟΠ. Τὸ ἄρα ΚΛΜΝ ἐπίπεδον παράλληλόν ἐστι τῷ διὰ τῶν ΞΟ, ΟΠ. Ἐγκλίνας οὖν τὸ τύμπανον ὥστ' ἐν τῷ ἐπιπέδῳ αὐτοῦ γενέσθαι τὰς ΞΟ, ΟΠ ἕξω καθεσταμένον παράλληλον τῷ ΚΛΜΝ ἐπιπέδῳ.

18. Ἔδαφος κυρτῶσαι ὥστε σφαιρικὴν ἔχειν ἐπιφάνειαν πρὸς τὸ δοθὲν τμῆμα.

Ἔστω ὁ δοθεὶς τόπος ὁ ΑΒΓΔ, μέσον δὲ αὐτοῦ σημεῖον τὸ Ε. Διὰ δὲ τοῦ Ε σημείου διήχθωσαν εὐθεῖαι διὰ τῆς διόπτρας οὖσαι ἐν τῷ ἐδάφει ὁσαιδηποτοῦν αἱ ΑΓ, ΒΔ, ΖΗ, ΚΘ, ἐφ' ὧν πάσσαλοι

1 περιγράψομεν Vincent : περιγράφομεν M || 8 ΚΛΜΝ Vincent : ΚΜΛΝ M || 9 τῷ διὰ iter. M || 11 τῷ Vincent : τὸ M || ΚΛΜΝ Vincent : ΛΜΝ M || 17 ΚΘ Vincent : ΗΘ M.

verticaux. Et que soit imaginée pour les autres droites la même chose que ce que nous allons montrer pour l'une[1] d'entre elles.

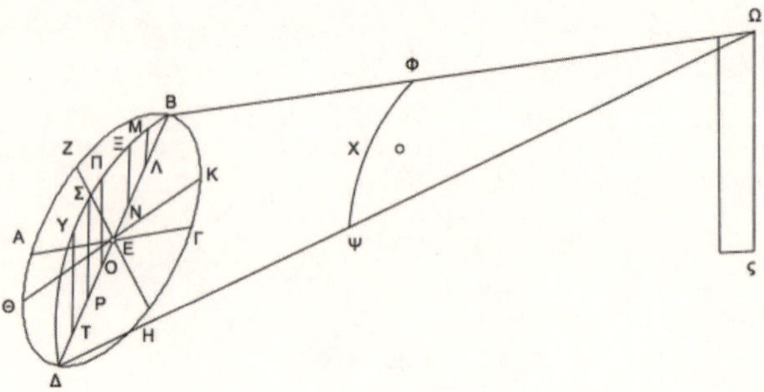

Fig. 18[2]

Que la droite ΒΔ soit piquetée[3] par des jalons ΛΜ, ΝΞ, ΟΠ, ΡΣ et ΤΥ ; soit ΦΧΨ le disque de la dioptre, semblable au segment de la courbure[4] ; positionnons-le maintenant verticalement par rapport à l'horizon, de sorte qu'une mire Ως étant placée de la même façon[5], les rayons visuels depuis le point Ω sur les points Φ et Ψ, prolongés, s'orientent sur les points Β et Δ. Puis, par Ω de nouveau et la circonférence ΦΧΨ, que soient gardés en visée les points Μ, Ξ, Π, Σ et Υ situés sur les piquets ; ces points seront sur le segment de la courbure.

Que pour les autres droites soient faits le même piquetage

1. Il s'agira de ΒΔ.
2. Voir Note complémentaire [69].
3. Sur la forme verbale πεπασσαλοκοπήσθω, voir Note complémentaire [70].
4. Il faut sans doute supposer un gabarit fixé au disque, comme dans le chapitre précédent.
5. Verticalement par rapport à l'horizon, comme on vient de le dire à propos du plateau de la dioptre et des piquets.

ἐγκεκρούσθωσαν ὀρθοί. Ὡς δ' ἂν ἐπὶ μιᾶς ὑποδείξομεν, οὕτω καὶ ἐπὶ τῶν λοιπῶν νοείσθω εὐθειῶν.

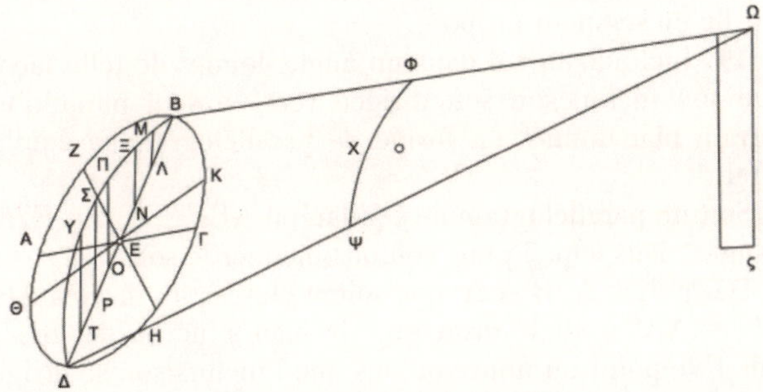

Fig. 18

Πεπασσαλοκοπήσθω οὖν ἡ ΒΔ τοῖς ΛΜ, ΝΞ, ΟΠ, ΡΣ, ΤΥ πασσάλοις· τὸ δὲ τῆς διόπτρας τύμπανον ἔστω τὸ ΦΧΨ, ὅμοιον τῷ τῆς κυρτώσεως τμήματι· καὶ πάλιν καθεστάτω ὀρθῶς πρὸς τὸν ὁρίζοντα ὥστε κανόνος ὁμοίως παρατεθέντος τοῦ Ως, τὰς ἀπὸ τοῦ Ω ἐπὶ τὰ Φ, Ψ ἐπιζευγνυμένας ἀκτῖνας καὶ ἐκβαλλομένας νεύειν ἐπὶ Β, Δ σημεῖα. Εἶτα διὰ τοῦ Ω πάλιν καὶ τῆς ΦΧΨ περιφερείας τεθεωρήσθω ἐπὶ τῶν πασσάλων σημεῖα τὰ Μ, Ξ, Π, Σ, Υ· ταῦτα δὲ ἔσται ἐπὶ τοῦ τμήματος τῆς κυρτώσεως.

Καὶ ἐπὶ τῶν λοιπῶν δὲ εὐθειῶν ἡ αὐτὴ πασσα-

1 ἐπὶ μιᾶς iter. M || 6 ὀρθῶς Vincent : ὀρθῷ M || 7 Ως Vincent : ΩΤ M || 8 Φ, Ψ M[1] : ΦΧΨ M || 10 τεθεωρήσθω V : τεθεωρείσθω M.

et la même dioptre[1], et que des repères étant pris sur les jalons, le secteur soit comblé de terre jusqu'à hauteur des repères pris ; la courbure du lieu sera sphérique, semblable à celle du segment proposé.

19. Incliner un sol dans un angle donné[2] de telle façon que son inclinaison soit dirigée vers un seul point d'un terrain plat donné[3] en forme de parallélogramme équilatéral[4].

Soit un parallélogramme équilatéral ΑΒΓΔ, et soit ΕΖΗ l'angle[5] dans lequel nous voulons incliner le sol.

Des points Α, Β et Δ, que soient élevées les droites ΑΘ, ΒΚ et ΔΛ[6] à angle droit avec le plan situé en dessous[7] ; soit Γ le point où nous voulons que l'inclinaison se dirige. Que soit placée ΖΗ égale à ΑΓ, et que soit menée ΕΗ à angle droit avec ΖΗ ; que soit placée ΑΘ égale à ΕΗ ; et que le rapport de ΑΘ à ΑΓ soit trouvé identique au rapport de ΗΕ à ΖΗ, ΕΗ étant une perpendiculaire. Si maintenant nous imaginons une droite de jonction[8] ΘΓ, l'angle ΘΓΑ sera l'inclinaison voulue[9].

1. C'est-à-dire équipée de la même manière que précédemment.
2. Voir Note complémentaire [71].
3. Il s'agit ici de rehausser une surface pour créer un plan incliné.
4. C'est-à-dire un losange.
5. L'expression complète est la suivante : ἡ ὑπὸ τῶν ΕΖ, ΖΗ εὐθειῶν περιεχομένη γωνία « l'angle compris par les droites ΕΖ et ΖΗ ».
6. Il manque ici l'indication de l'égalité des deux droites.
7. Voir le chapitre 13 pour des verticales abaissées sur un plan horizontal.
8. Voir Note complémentaire [72].
9. La droite ΘΓ coupe le plan au sol ΑΒΓΔ en Γ, et la projection orthogonale du point Θ sur ce plan est le point Α. L'angle aigu ΘΓΑ est donc par définition l'angle de la droite ΘΓ et du plan ΑΒΓΔ et caractérise l'inclinaison de ΘΓ par rapport au terrain.

λοκοπία καὶ διόπτρα γεγενήσθω, καὶ ληφθέντων ἐν τοῖς πασσάλοις σημείων ἐγχωννύσθω ὁ τόπος ἄχρι τῶν ληφθέντων σημείων, καὶ ἔσται ἡ κύρτωσις τοῦ τόπου σφαιρικὴ ὁμοία τῷ εἰρημένῳ τμήματι.

19. Ἔδαφος ἐγκλῖναι ἐν δοθείσῃ γωνίᾳ ὥστε τὸ κλίμα αὐτοῦ ἐφ᾽ ἓν νεύειν σημεῖον δοθέντος ἀκλινοῦς τόπου ἐν παραλληλογράμμῳ ἰσοπλεύρῳ.

Ἔστω παραλληλόγραμμον ἰσόπλευρον τὸ ΑΒΓΔ, ἡ δὲ γωνία ἐν ᾗ βουλόμεθα ἐγκλῖναι τὸ ἔδαφος ἡ ὑπὸ ΕΖΗ.

Ἀπὸ δὲ τῶν Α, Β, Δ <σημείων> τῷ ὑποκειμένῳ ἐπιπέδῳ πρὸς ὀρθὰς ἀνεστάτω αἱ ΑΘ, ΒΚ, ΔΛ· τὸ δὲ Γ σημεῖον ἔστω ὅπου βουλόμεθα τὴν κλίσιν νεύειν. Καὶ τῇ ΑΓ ἴση κείσθω ἡ ΖΗ, τῇ δὲ ΖΗ πρὸς ὀρθὰς ἤχθω ἡ ΕΗ· τῇ δὲ ΕΗ ἴση κείσθω ἡ ΑΘ· καὶ τῇ ΑΓ προσευρήσθω ἡ ΑΘ ἐν τῷ τῆς ΗΕ πρὸς ΖΗ λόγῳ καθέτου οὔσης τῆς ΕΗ. Ἐὰν δὴ νοήσωμεν ἐπιζευγνυμένην τὴν ΘΓ, ἔσται ἡ ὑπὸ ΘΓΑ γωνία κλίσις.

1 διόπτρα M : διοπτεία prop. Guillaumin διοπτρεία coni. H. Schoene || 2 ἐγχωννύσθω V : εγχωνύσθω (sic) M || 9 βουλόμεθα V[1] : βουλώμεθα M V || 11 σημείων add. Vincent || 12 ΔΛ Vincent : ΑΛ M || 13 ὅπου M : ὅποι prop. H. Schoene || 16 ΗΕ Decorps-F. : ΖΗ M || ΖΗ Decorps-F. : ΗΕ M || 18 ΘΓ Vincent : ΟΓ M.

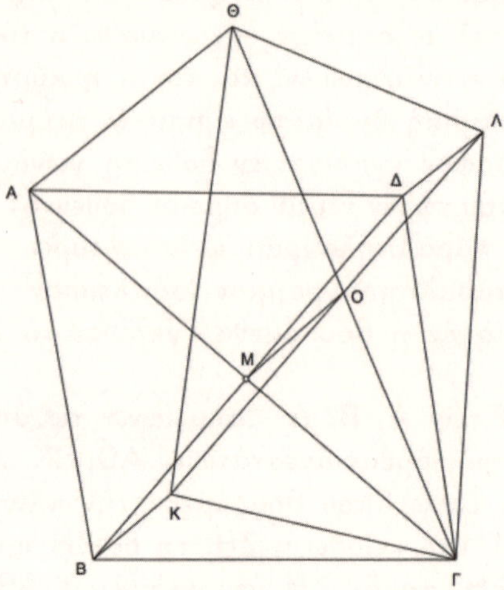

Fig. 19a[1]

Soit une perpendiculaire BM menée du point B sur la droite ΑΓ ; que soit placée ZN égale à ΓM, que soit menée NΞ parallèle à HE, et que soit placée chacune des deux droites BK et ΔΛ égale à NΞ. Que soient menées des droites de jonction ΘK, KΓ, ΓΛ et ΛΘ ; le plan ΘKΓ<Λ> sera alors incliné sur le plan A<B>ΓΔ selon l'angle ΘΓA, c'est-à-dire selon l'angle EZH.

Si nous imaginons, en effet, une droite MO parallèle à AΘ, et si nous menons une droite de jonction OK qui tombe

1. Voir Note complémentaire [73].

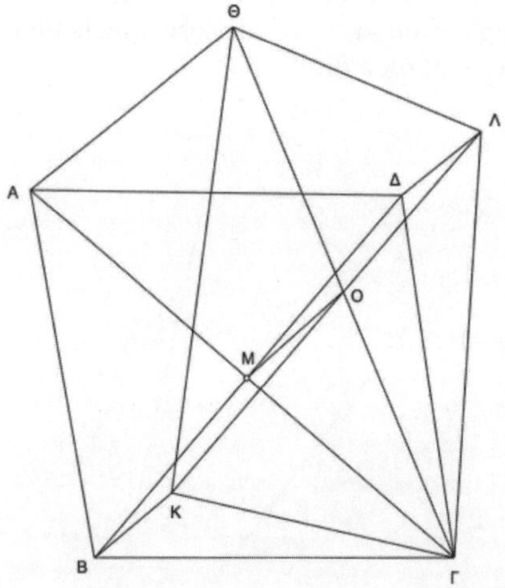

Fig. 19a

Ἔστω δὴ ἡ ἀπὸ τοῦ Β ἐπὶ τὴν ΑΓ κάθετος ἡ ΒΜ· καὶ τῇ ΓΜ ἴση κείσθω ἡ ΖΝ, τῇ δὲ ΗΕ παράλληλος ἤχθω ἡ ΝΞ, τῇ δὲ ΝΞ ἴση κείσθω ἑκατέρα τῶν ΒΚ, ΔΛ. Καὶ ἐπεζεύχθωσαν αἱ ΘΚ, ΚΓ, ΓΛ, ΛΘ· ἔσται δὴ τὸ ΘΚΓ<Λ> ἐπίπεδον κεκλιμένον πρὸς τὸ Α<Β>ΓΔ ἐν τῇ ὑπὸ ΘΓΑ γωνίᾳ, τουτέστι τῇ ὑπὸ ΕΖΗ.

Ἐὰν γὰρ νοήσωμεν τῇ ΑΘ παράλληλον γινομένην τὴν ΜΟ, καὶ ἐπιζεύξωμεν τὴν ΟΚ πίπτουσαν ἐπὶ

1 δὴ Decorps-F. (*igitur* Mieg) : δὲ M || 4 ἐπεζεύχθωσαν M^1 : ἐπεζεύθωσαν M || ΓΛ Vincent : ΓΔ M || 5 Λ add. Vincent || 6 Β add. Vincent || 8 παράλληλον Vincent (*aequidistantem* Mieg) : ἴσον M || 9 ἐπιζεύξωμεν Vincent : ἐπιζεύξομεν M.

sur Λ, MO sera égale à NΞ[1], KO sera égale <et> parallèle à BM, et à angle droit avec ΑΓ, de sorte que le plan est incliné de la manière qu'on a dite[2].

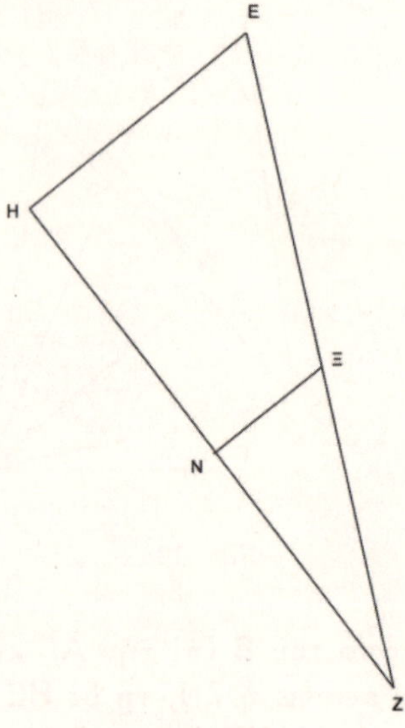

Fig. 19b[3]

Mais si le terrain donné est en forme de quadrilatère quelconque, les diagonales <n'étant> donc pas à angles droits entre elles, BM étant à angle droit avec ΑΓ, nous poserons

1. Par construction, puisque BK et ΔΛ, parallèles à ΑΘ, sont égales à NΞ.

2. La droite ΟΓ coupe le plan au sol en Γ et M est la projection orthogonale du point O sur ce plan. L'angle aigu ΟΓΜ est l'inclinaison de ΟΓ par rapport au terrain. D'autre part, on a le même rapport entre ΑΓ et ΑΘ qu'entre ΓΜ et ΟΜ et donc qu'entre ZN et NΞ. L'inclinaison est bien mesurée selon l'angle EZH.

3. Voir Note complémentaire [74].

τὸ Λ, ἡ μὲν ΜΟ ἴση ἔσται τῇ ΝΞ, ἡ δὲ ΚΟ ἴση <καὶ> παράλληλος τῇ ΒΜ, πρὸς ὀρθὰς δὲ τῇ ΑΓ, ὥστε κέκλιται ὡς εἴρηται τὸ ἐπίπεδον.

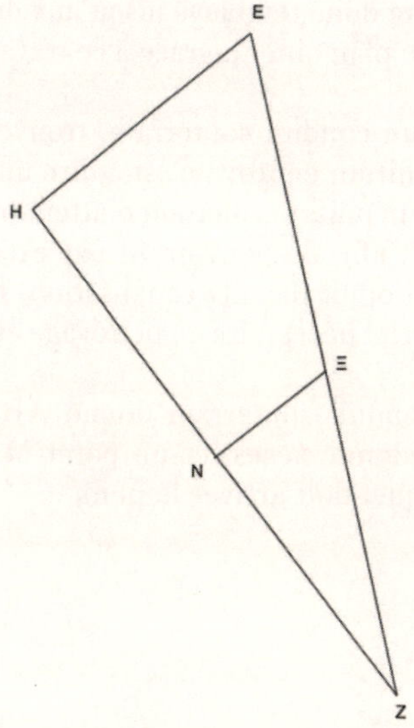

Fig. 19b

Ἐὰν δὲ ὁ τόπος ὁ δοθεὶς ἐν τυχόντι ᾖ τετραπλεύρῳ, ὥστε τὰς διαγωνίους αὐτοῦ μὴ πρὸς ὀρθὰς ἀλλήλαις <εἶναι>, τῆς ΒΜ πρὸς ὀρθὰς οὔσης τῇ

1 ἔσται Vincent : ἴση M || 2 καὶ add. Vincent || ΑΓ Decorps-F. : ΘΓ M || 6 εἶναι add. H. Schoene || τῆς Vincent : τῇ M || οὔσης Vincent : οὔσῃ M.

ZN égale <à ΓΜ>, et BK égale à ΞΝ, comme on l'a dit ; et menant depuis Δ[1] une perpendiculaire sur ΑΓ et procédant de la même façon que sur BM, nous trouverons la longueur de ΔΛ[2].

Le terrain sera donc remblayé jusqu'aux droites ΘΚ, ΚΓ, ΓΛ et ΛΘ ; et le plan obtenu grâce à ce travail aura la pente qu'on a dite.

20. Si on a un conduit souterrain, trouver sur le sol au-dessus du conduit un endroit, c'est-à-dire un point, à partir duquel creuser un puits permettant d'atteindre un endroit du conduit donné[3], afin de pouvoir, si par exemple un effondrement s'est produit dans la canalisation, faire passer par ce puits le matériel nécessaire au nettoyage et à la réparation du conduit.

Soient un conduit souterrain donné ΑΒΓΔΕ, un puits ΗΘΚΛ[4] qui y donne accès, et un point M donné dans le conduit, sur lequel doit arriver le puits[5].

1. Voir Note complémentaire [75].

2. Et donc celle de son côté opposé dans le parallélogramme construit sur cette perpendiculaire, dont l'équivalent est la figure BMOK précédemment construite sur BM, avec comme côtés opposés la projetante OM et la droite BK qu'on a élevée.

3. À rapprocher, évidemment, du chapitre 16. Il s'agit de pouvoir déblayer des matériaux obstruant le canal souterrain. Dans son édition, Vincent, en suivant la traduction de Venturi, place d'ailleurs ce chapitre 20 après le chapitre 16, en lui donnant le numéro 17.

4. Voir Note complémentaire [76].

5. Il s'agit du puits provisoire à construire, le puits permanent qui donne accès au conduit étant le puits ΗΘΚΛ.

ΑΓ, ἴσην θήσομεν τὴν ΖΝ <τῇ ΓΜ>, τῇ δὲ ΞΝ τὴν ΒΚ, ὡς εἴρηται· ἀπὸ <δὲ> τοῦ Δ κάθετον ἀγαγόντες ἐπὶ τὴν ΑΓ καὶ ταὐτὰ ποιήσαντες τοῖς ἐπὶ τῆς ΒΜποριούμεθα τὸ μέγεθος τῆς ΔΛ.

Ἐγχωσθήσεται οὖν ὁ τόπος ἄχρι τῶν ΘΚ, ΚΓ, ΓΛ, ΛΘ εὐθειῶν· καὶ τὸ ἐπίπεδον ἀπεργασθὲν ἕξει τὴν εἰρημένην ἔγκλισιν.

20. Ὑπονόμου ὄντος εὑρεῖν ἐν τῷ ὑπερκειμένῳ ἐδάφει τόπον, τουτέστι σημεῖον, ἀφ᾽ οὗ φρεατίας γενηθείσης ἐπὶ τὸν δοθέντα ὑπόνομον καταντήσομεν τόπον, ὥστε, εἰ τύχοι, πτώματος ἐν τῷ ὑπονόμῳ γενηθέντος διὰ τῆς φρεατίας ἀναφέρεσθαι τὴν ὕλην τὴν πρὸς τὴν κάθαρσιν τοῦ ὑπονόμου καὶ τὴν πρὸς τὴν ἐπισκευήν.

Ἔστω ὁ δοθεὶς ὑπόνομος ὁ ΑΒΓΔΕ, φρεατία δὲ φέρουσα εἰς αὐτὸν ἡ ΗΘΚΛ, τὸ δὲ σημεῖον τὸ δοθὲν ἐν τῷ ὑπονόμῳ ἐφ᾽ ὃ δεῖ τὴν φρεατίαν ἐλθεῖν τὸ Μ.

1 ΖΝ Decorps-F. (ΝΖ Vincent) : ΞΝ Μ || τῇ ΓΜ add. Vincent || 2 δὲ add. Decorps-F. || Δ Decorps-F. (*D* transt. Vincent) uide adn. : Β Μ || 3 ταὐτὰ H. Schoene : ταῦτα Μ || 8 ὑπερκειμένῳ H. Schoene (*imminentis* Mieg) : ὑποκειμένῳ Μ || 15 ὑπόνομος V : ὑπόνομον Μ || 17 ὃ H. Schoene : ᾧ Μ.

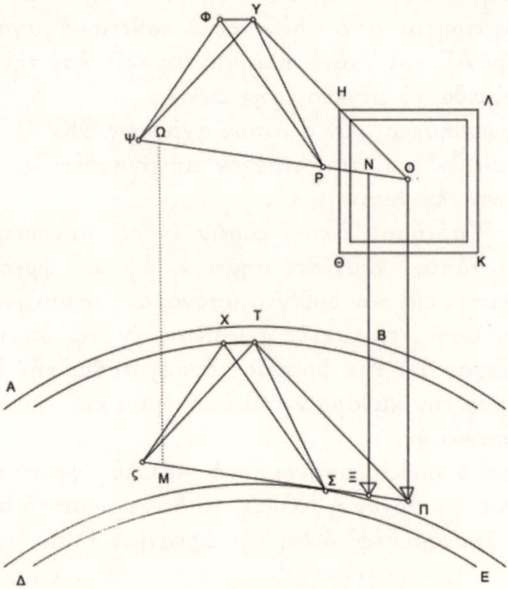

Fig. 20[1]

Qu'on fasse descendre par le puits ΗΘΚΛ des fils ΝΞ et ΟΠ, auxquels sont suspendus des poids ; une fois qu'ils se sont immobilisés, que soit prise d'une part, sur le sol au-dessus, une droite quelconque ΟΝΡ passant par les points Ο et Ν ; et d'autre part, dans le conduit, une droite ΠΞΣ, passant par les points Π et Ξ, et tombant sur l'une des parois du conduit souterrain en Σ ; et que <soit placée> ΟΡ égale à ΠΣ. Prenant un cordeau bien tendu et dont j'ai vérifié au préalable[2] qu'il ne peut plus ni s'allonger ni se raccourcir, je place son extrémité en Σ.

1. Voir Note complémentaire [77].
2. Voir Note complémentaire [78].

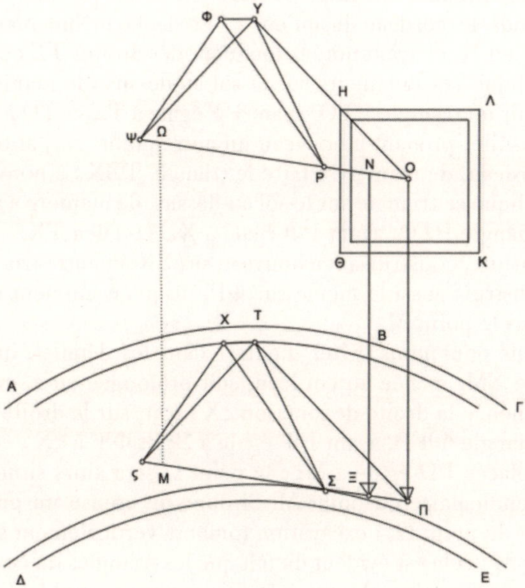

Fig. 20

Κεχαλάσθωσαν σπάρτοι διὰ τῆς ΗΘΚΛ φρεατίας βάρη ἔχουσαι, αἱ ΝΞ, ΟΠ· καὶ κατασταθεισῶν αὐτῶν ἀκινήτων διὰ μὲν τῶν Ο, Ν σημείων εὐθεῖά τις εἰλήφθω ἐν τῷ ἐπάνω ἐδάφει ἡ ΟΝΡ, διὰ δὲ τῶν Π, Ξ, ἐν τῷ ὑπονόμῳ, ἡ ΠΞΣ προσπίπτουσα ἑνὶ τῶν τοῦ ὑπονόμου τοίχων κατὰ τὸ Σ· καὶ τῇ ΠΣ ἴση <κείσθω> ἡ ΟΡ. Καὶ λαβὼν σχοινίον εὖ ἐκτεταμένον καὶ προβεβασανισμένον ὥστε μηκέτι ἐπεκτείνεσθαι ἢ συστέλλεσθαι τὴν μὲν ἀρχὴν αὐτοῦ τίθημι πρὸς τῷ Σ.

1 τῆς Decorps-F. : τῶν M || 7 *κείσθω* add. H. Schoene || 10 Σ Vincent : O M.

Puis, prenant sur la paroi ΑΒΓ un point quelconque Τ, je tends le cordeau jusqu'en Τ, et de la même manière jusqu'en Π, et ayant noté la longueur des droites ΤΣ et ΤΠ, j'applique ces longueurs sur le sol au-dessus, de manière à obtenir un triangle ΡΥΟ, ayant ΡΥ égale à ΤΣ et ΥΟ à ΤΠ.

Ensuite, prenant à nouveau un autre point, Χ, j'ai tendu le cordeau, de manière à faire le triangle ΤΣΧ ; à nouveau, j'applique ce triangle sur le sol au-dessus, de manière à avoir un triangle ΡΥΦ, ayant ΡΦ égale à ΧΣ et ΥΦ à ΤΧ.

Ensuite, construisant à nouveau sur ΣΧ un autre triangle, je construis aussi le même sur ΦΡ, jusqu'au moment où je rejoins le point Μ.

Mais pour nous éviter d'entrer dans les détails[1], que la droite ΣΜ, menée au cordeau, soit prolongée en ς, et que soit menée la droite de jonction ςΧ ; soit, sur la droite ΦΡ, un triangle ΦΨΡ, ayant ΡΨ égale à Σς et ΦΨ à ςΧ ; et que soit placée ΡΩ égale à Μς ; le point Ω sera alors situé à la perpendiculaire du point Μ. Si donc on creuse un puits à partir du point Ω, l'excavation tombera verticalement sur le point Μ ; cela est évident du fait que les triangles du conduit souterrain et du sol sont à la fois égaux et semblables, et semblablement placés.

Il faut s'efforcer de placer les triangles sans aucune incli-

1. Voir Note complémentaire [79].

Λαβὼν δέ τι σημεῖον ἐπὶ τοῦ ΑΒΓ τοίχου τὸ Τ ἐπεκτείνω τὸ σχοινίον ἐπὶ τὸ Τ, καὶ ὁμοίως ἐπὶ τὸ Π, καὶ σημειωσάμενος τὰ μήκη τῶν ΤΣ, ΤΠ ἐφαρμόζω αὐτὰ ἐν τῷ ἐπάνω ἐδάφει ὥστε γενέσθαι τρίγωνον τὸ ΡΥΟ, τὴν μὲν ΡΥ ἴσην ἔχον τῇ ΤΣ, τὴν δὲ ΥΟ τῇ ΤΠ.

Εἶτα πάλιν λαβὼν ἕτερον σημεῖον τὸ Χ ἐπεξέτεινα τὸ σχοινίον ὥστε ποιῆσαι τὸ ΤΣΧ τρίγωνον· καὶ πάλιν τοῦτο ἐν τῷ ἐπάνω ἐδάφει ἐφαρμόζω ὥστε γενέσθαι τὸ ΡΥΦ, τὴν μὲν ΡΦ ἴσην ἔχον τῇ ΧΣ, τὴν δὲ ΥΦ τῇ ΤΧ.

Εἶτα πάλιν ἐπὶ τῆς ΣΧ ἕτερον τρίγωνον συστησάμενος τὸ αὐτὸ συνίσταμαι καὶ ἐπὶ τῆς ΦΡ, ἄχρις ἂν συνεγγίσω τῷ Μ σημείῳ.

Καὶ ἵνα μὴ ποικιλογραφῶμεν, ἐπαχθεῖσα τῷ σχοινίῳ ἡ ΣΜ ἐπὶ τὸ ς ἐκβεβλήσθω, καὶ ἐπεζεύχθω ἡ ςΧ· καὶ ἐπὶ τῆς ΦΡ τρίγωνον ἔστω ΦΨΡ ἴσην ἔχον τὴν μὲν ΡΨ τῇ Σς, τὴν δὲ ΦΨ τῇ ςΧ· καὶ τῇ Μς ἴση κείσθω ἡ ΡΩ· ἔσται δὴ τὸ Ω σημεῖον κατὰ κάθετον κείμενον τῷ Μ σημείῳ. Φρεατίας ἄρα ὀρυχθείσης ἀπὸ τοῦ Ω, ὀρθὴ ἔσται ἡ ὀρυγὴ πίπτουσα ἐπὶ τὸ Μ· τοῦτο δὴ φανερὸν διὰ τὸ τὰ τρίγωνα τὰ ἐν τῷ ὑπονόμῳ καὶ τὰ ἐν τῷ ἐδάφει ἴσα τε καὶ ὅμοια εἶναι, καὶ ὁμοίως κείμενα.

Πειρᾶσθαι δὲ δεῖ τὰ τρίγωνα ἀκλινῆ καθιστᾶν

2 pr. τὸ Decorps-F. (iam prop. H. Schoene) : τί (sic) M || 3 ΤΣ Vincent : ΠΣ M || 5 ΤΣ Vincent : ΠΣ M || 8 ΤΣΧ Vincent : ΤΡΧ M || 15 ἐπαχθεῖσα Guillaumin : ἐπιχθεῖσα M || 17 ἔστω Vincent : ἐν τῷ M || 18 alt. τὴν Vincent : τῇ M || alt. τῇ Vincent : τὴν M.

naison, pour que les droites joignant les angles aux angles[1] soient perpendiculaires à l'horizon.

21. À l'aide de la dioptre, délimiter[2] sur une droite donnée, depuis l'endroit où nous nous trouvons, une distance égale à une distance donnée.

Soit AB la droite donnée sur laquelle il faut délimiter <une distance égale à une distance donnée> ; soit AB <la distance donnée qu'il faut délimiter>, et A le point à partir duquel il faut la délimiter.

Arrivé sur un endroit sans inclinaison, par exemple ΓΔ, je place la dioptre EZ, et devant elle une mire verticale HΘ, longue d'environ 10 coudées[3], éloignée de la dioptre, c'est-à-dire du point E, de la distance que je veux ; que ce soit de 3 coudées. J'ai délimité dans le plan, depuis le point E, une droite EΔ, du nombre de coudées que je veux ; que ce soit de 500. Et, laissant en place un repère en Δ, j'incline la règle <KΛ>[4] de la dioptre, jusqu'à ce que le point Δ apparaisse dans son axe. La règle de la dioptre demeurant immobile, j'ai pris en visée, changeant de côté, un point M sur la mire HΘ, et j'y ai inscrit « 500 coudées ».

1. C'est-à-dire les droites joignant les angles obtenus au sol aux angles obtenus dans le conduit.

2. Sur le sens géométrique du verbe ἀπολαμβάνειν, voir Ch. Mugler, *Dictionnaire historique de la terminologie géométrique des Grecs*, p. 76.

3. Cette longueur de la mire a été définie au début du chapitre 5.

4. Voir Note complémentaire [80].

ὅπως αἱ ἀπὸ τῶν γωνιῶν ἐπὶ τὰς γωνίας ἐπιζευγνύμεναι κάθετοι ὦσιν ἐπὶ τὸν ὁρίζοντα.

21. Διὰ διόπτρας ἀπολαβεῖν ἀπὸ ἡμῶν διάστημα ἐπὶ τῆς δοθείσης εὐθείας ἴσον τῷ δοθέντι διαστήματι.

Ἔστω ἡ δοθεῖσα εὐθεῖα ἐφ᾽ ἧς δεῖ ἀπολαβεῖν <διάστημα ἴσον τῷ δοθέντι διαστήματι> <ἡ ΑΒ· τὸ δὲ δοθὲν διάστημα ὃ δεῖ ἀπολαβεῖν> ἔστω τὸ ΑΒ· ἀφ᾽ οὗ δὲ δεῖ σημείου ἀπολαβεῖν ἔστω τοῦ Α.

Ἐλθὼν ἐπί τινος ἀκλινοῦς ἐπιπέδου τόπου οἷον τοῦ ΓΔ, τίθημι τὴν διόπτραν τὴν ΕΖ καὶ ταύτης ἔμπροσθεν κανόνα ὀρθόν, μήκους ὡς πηχῶν ι, τὸν ΗΘ, ἀπέχοντα ἀπὸ τῆς διόπτρας, τουτέστιν ἀπὸ τοῦ Ε σημείου, ὃ βούλομαι διάστημα· ἔστω δὴ πηχῶν γ. Ἀπέλαβον οὖν ἀπὸ τοῦ Ε ἐν ἐπιπέδῳ εὐθεῖαν τὴν ΕΔ πηχῶν ὅσων ἂν βούλωμαι· ἔστω δὴ πηχῶν φ. Καὶ καταλείψας σημεῖον πρὸς τῷ Δ, ἐγκλίνω τὸν ἐν τῇ διόπτρᾳ κανόνα <τὸν ΚΛ> ἄχρις ἂν φανῇ δι᾽ αὐτοῦ τὸ Δ σημεῖον. Καὶ μένοντος αὐτοῦ ἀκινήτου, ἀντιπεριστὰς ἔλαβον δι᾽ αὐτοῦ σημεῖον ἐπὶ τοῦ ΗΘ κανόνος τὸ Μ καὶ ἐπέγραψα πηχῶν φ.

1 γωνίων V : γονίων M || 7 διάστημα — διαστήματι add. Decorps-F. || 7-8 ἡ ΑΒ — ἀπολάβειν add. H. Schoene || 11 τοῦ H. Schoene : τὸ M || 16 ἂν V : ἐὰν M || βούλωμαι V : βούλομαι M || 17 καταλείψας V : καταλήψας M || 18 τὸν ΚΛ add. Decorps-F. uide adn. || 20 ΗΘ Vincent : ΝΘ M.

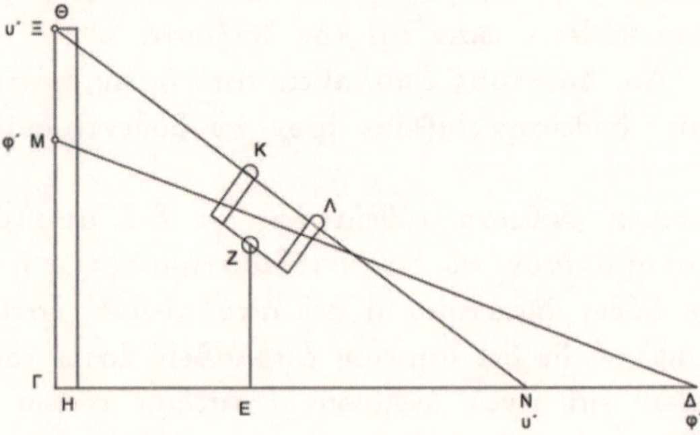

Fig. 21a[1]

Ensuite, prenant à nouveau le nombre de coudées que je veux sur ΕΔ, par exemple, si l'on veut, 400 coudées sur ΕΝ, et laissant en place un repère en Ν, j'ai pris de la même façon, passant de l'autre côté, un second point Ξ sur la mire ΗΘ, où j'ai inscrit « 400 coudées ». De cette façon, en prenant chaque fois les mesures que je veux, j'aurai leur inscription sur la mire ΗΘ.

Soit ΑΟ la dioptre, ΠΡ sa règle servant aux visées, et ΣΤ la mire qui porte les inscriptions[2].

1. Voir Note complémentaire [81].

2. Après avoir décrit l'opération d'étalonnage, Héron passe maintenant au traitement du problème posé. Sur la place de cette ecthèse, transmise à la fin du chapitre dans M, voir Note complémentaire [82].

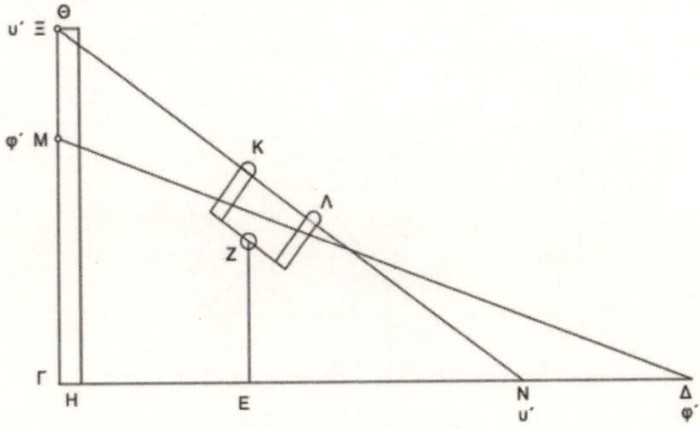

Fig. 21a

Εἶτα πάλιν ἀπολαβὼν ἑτέρους πήχεις ὅσους ἂν βούλωμαι ἐπὶ τῆς ΕΔ, οἷον, εἰ τύχοι, πήχεις υ ἐπὶ τῆς ΕΝ, καὶ καταλείψας πρὸς τῷ Ν σημεῖον ὡσαύτως ἔλαβον ἀντιπεριστὰς ἐπὶ τοῦ ΗΘ κανόνος ἕτερον σημεῖον τὸ Ξ, πρὸς ὃ ἐπέγραψα πήχεις υ. Καὶ οὕτω λαμβάνων ἃ βούλομαι μέτρα ἕξω ἐν τῷ ΗΘ κανόνι τὰς ἐπιγραφάς.

Ἔστω οὖν διόπτρα μὲν ἡ ΑΟ, ὁ δὲ ἐν αὐτῇ κανὼν δι' οὗ διοπτεύομεν ὁ ΠΡ, ὁ δὲ τὰς ἐπιγραφὰς ἔχων κανὼν ὁ ΣΤ.

2 βούλωμαι V : βούλομαι M || τύχοι V : τυχη (sic) M || πήχεις υ Vincent (iam Mieg) : τοῦ ΕΝΥ M || 4 ΗΘ Vincent : ΝΘ M || 8-10 Ἔστω — ΣΤ huc transp. Decorps-F. uide adn. : post τόπου in extremo cap. habet M || 8 ΑΟ Vincent : ΑΒ M.

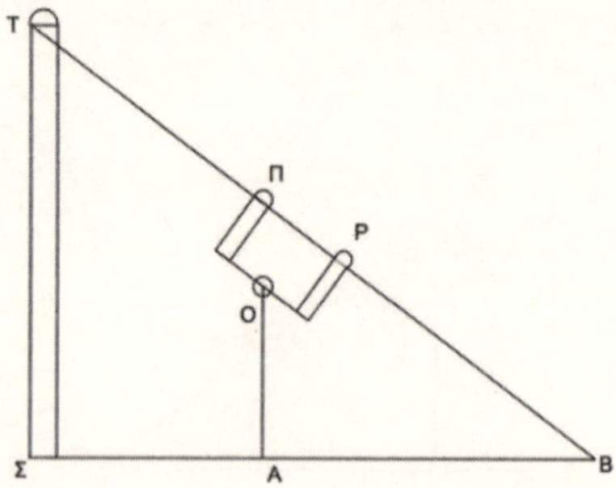

Fig. 21b[1]

Plaçant la dioptre en A et éloignant la mire qui porte les inscriptions à une distance de 3 coudées de A, la même distance que celle dont je l'avais éloignée quand je prenais les inscriptions, j'ai incliné la règle de la dioptre jusqu'à ce que dans son axe apparaisse l'inscription de la mesure qui doit être prise. Ensuite, passant de l'autre côté, j'ai pris sur la droite AB un point B dans l'axe de la règle ; et la distance découpée AB sera celle du terrain donné.

22. [2] Délimiter à l'aide de la dioptre, depuis un autre point donné[3], sur une droite quelconque parallèle à une droite donnée, une distance égale à une distance donnée, sans s'approcher du point et sans avoir la droite en question, sur laquelle il faut délimiter la distance[4].

Soit un point donné A, et que la dioptre soit placée en B ; et que soit trouvée la valeur de la droite AB comme nous l'avons appris[5] ; qu'en soit prise la partie BΓ, de la

1. Voir Note complémentaire [83].
2. Rien ne sépare ce chapitre du précédent dans M.
3. C'est-à-dire depuis un point différent et relativement éloigné de celui où est placée la dioptre.
4. Voir Note complémentaire [84].
5. Voir le chapitre 8.

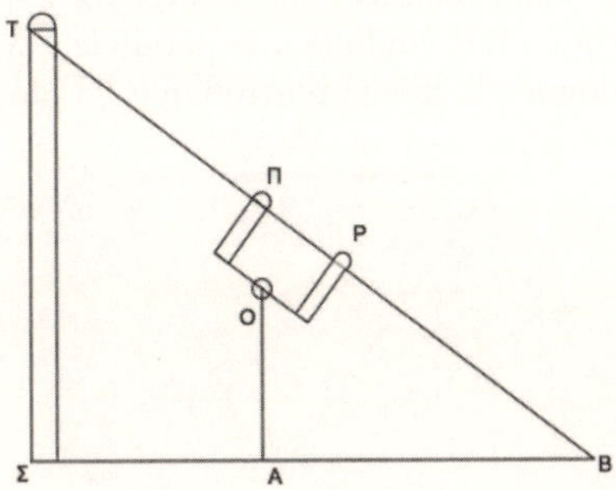

Fig. 21b

Στήσας οὖν [καὶ] τὴν διόπτραν ἐπὶ τοῦ Α καὶ ἀποστήσας τὸν τὰς ἐπιγραφὰς ἔχοντα κανόνα ἀπὸ τοῦ Α πήχεις γ, ὅσους καὶ ὅτε τὰς ἐπιγραφὰς λαμβάνων ἀπέστησα, ἐνέκλινα τὸν ἐπὶ τῇ διόπτρᾳ κανόνα ἄχρις ἂν δι᾽ αὐτοῦ φανῇ ἡ ἐπιγραφὴ τοῦ μέλλοντος ἀπολαμβάνεσθαι μέτρου. Εἶτα ἀντιπεριστὰς ἔλαβον ἐπὶ τῆς ΑΒ εὐθείας διὰ τοῦ κανόνος σημεῖον τὸ Β· καὶ ἔσται ἀπειλημμένον τὸ ΑΒ διάστημα τοῦ δοθέντος τόπου.

22. Διὰ διόπτρας ἀπολαβεῖν διάστημα ἀπὸ ἑτέρου δοθέντος σημείου ἐπί τινος εὐθείας παραλλήλου τῇ δοθείσῃ ἴσον τῷ δοθέντι διαστήματι μὴ προσελθόντα τῷ σημείῳ μηδ᾽ ἔχοντα τὴν εἰρημένην εὐθεῖαν ἐφ᾽ ἧς δεῖ ἀπολαβεῖν.

Ἔστω <τὸ> δοθὲν σημεῖον τὸ Α, καὶ κείσθω πρὸς τῷ Β ἡ διόπτρα· καὶ εὑρήσθω ἡ ΑΒ εὐθεῖα ἡλίκη ἐστίν, ὡς ἐμάθομεν· καὶ ἀπειλήφθω αὐτῆς ἡ ΒΓ

1 καὶ del. Decorps-F. || 6 ante μέτρου del. τόπο (sic) M || 15 τὸ add. Decorps-F.

longueur que nous voulons ; que soit menée à une droite de la longueur que nous voulons une parallèle ΓΔ, qui soit de la distance donnée la même portion que BΓ de BA.

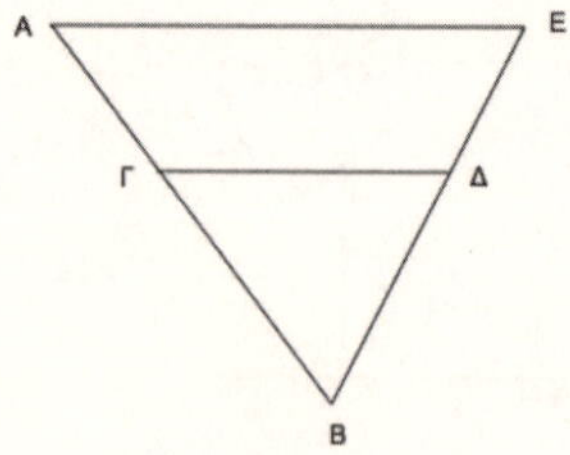

Fig. 22

Et que la droite BΔ soit prolongée à l'aide de la dioptre, et que soit délimitée sur elle une droite BE[1], qui soit autant de fois multiple de BΔ que AB l'est de BΓ. AE sera donc de la mesure donnée, et parallèle à ΔΓ ; cela est évident du fait que EB est à ΔB et AE est à ΓΔ comme AB est à ΓB[2].

23. Mesurer une aire[3] donnée à l'aide de la dioptre.

Soit une aire donnée comprise par[4] une ligne irrégulière ΑΒΓΔΕΖΗΘ.

1. Voir le chapitre 21.
2. *Éléments*, VI, 2 et VI, 4.
3. Voir Note complémentaire [85].
4. Pour περιεχόμενον, voir Ch. Mugler, *Dictionnaire historique de la terminologie géométrique des Grecs*, *s. u.* περιέχειν, p. 341-342. La préposition ὑπό est suivie d'un complément d'agent au génitif et doit être prise au sens de « par », ce qui fait de sa traduction latine par *sub* (« sous »), reprise par les mathématiciens postérieurs, un contresens ; voir J.-Y. Guillaumin, *Dictionnaire de la terminologie latine ancienne de l'arithmétique et de la géométrie*, Paris, 2020, *s. u. sub*, p. 273-274.

μέρος ὃ βουλόμεθα· ἡ δὲ ΓΔ ἤχθω παράλληλος ᾗ βουλόμεθα εὐθείᾳ, μέρος οὖσα τοῦ δοθέντος διαστήματος, ὃ μέρος ἐστὶ καὶ ἡ ΒΓ τῆς ΒΑ.

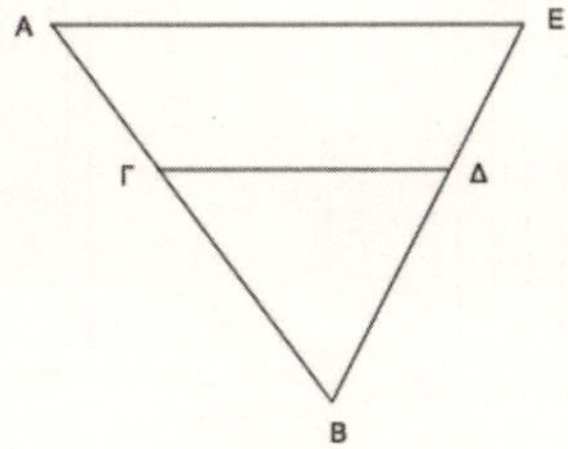

Fig. 22

Καὶ διὰ τῆς διόπτρας ἡ ΒΔ εὐθεῖα προσεκϐεϐλήσθω, καὶ ἀπ᾽ αὐτῆς ἀπειλήφθω ἡ ΒΕ, τοσαυταπλασία οὖσα τῆς ΒΔ ὁσαπλασία καὶ ἡ ΑΒ τῆς ΒΓ. Ἔσται οὖν ἡ ΑΕ τοῦ τε δοθέντος μέτρου καὶ παράλληλος τῇ ΔΓ· τοῦτο γὰρ φανερόν ἐστι διὰ τὸ εἶναι ὡς τὴν ΑΒ πρὸς τὴν ΓΒ, τήν τε ΕΒ πρὸς ΔΒ καὶ τὴν ΑΕ πρὸς ΓΔ.

23. Τὸ δοθὲν χωρίον μετρῆσαι διὰ διόπτρας.

Ἔστω τὸ δοθὲν χωρίον περιεχόμενον ὑπὸ γραμμῆς ἀτάκτου τῆς ΑΒΓΔΕΖΗΘ.

4 τῆς διόπτρας ἡ ΒΔ εὐθεῖα Vincent (iam Mieg) : τῆς ΒΔ εὐθείας τῇ διόπτρᾳ M || 7 Ἔσται Vincent (iam Mieg) : ἔστω M || 9 ΓΒ Vincent (iam Mieg) : ΓΔ M.

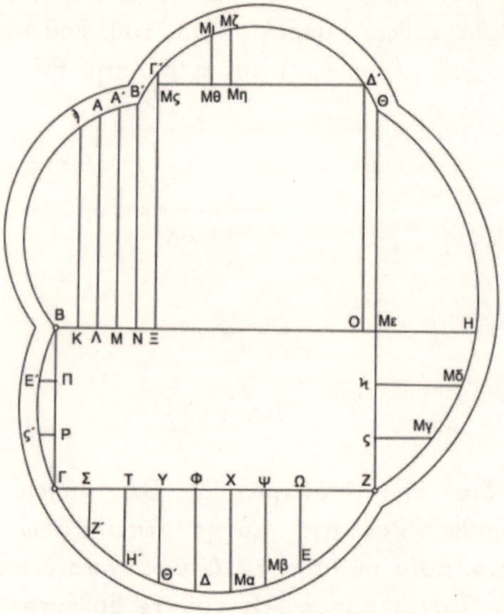

Fig. 23[1]

Puisque nous avons appris[2] à mener à toute droite donnée, au moyen de la dioptre que nous avons construite, une droite à angle droit, j'ai pris un point quelconque B sur la ligne qui comprend cette aire, et j'ai mené à l'aide de la dioptre une droite quelconque BH, et à angle droit avec celle-ci une droite BΓ, puis une autre, à angle droit avec elle, ΓZ, et de la même façon, ZΘ à angle droit avec ΓZ.

Et j'ai pris sur les droites ainsi menées des points continus : sur BH les points K, Λ, M, N, Ξ, O ; sur BΓ les points Π et P ; sur ΓZ les points Σ, T, Υ, Φ, X, Ψ, Ω ; et sur ZΘ les

1. Voir Note complémentaire [86].

2. Voir *supra* chapitre 11, car c'est là que se trouve traitée la « méthode », même si le processus a déjà été utilisé au chapitre 7.

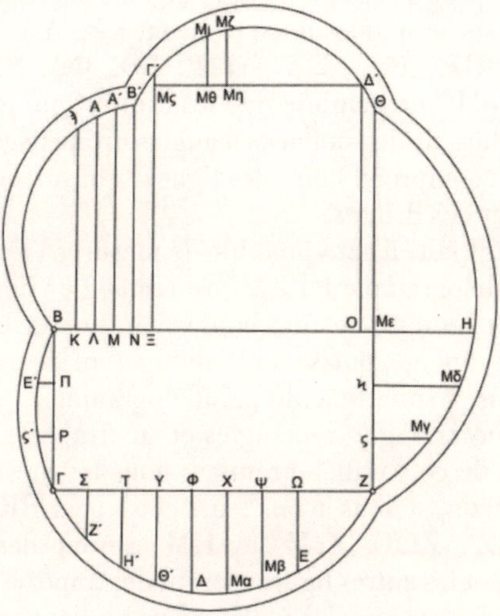

Fig. 23

Ἐπεὶ οὖν ἐμάθομεν διὰ τῆς κατασκευασθείσης διόπτρας διάγειν πάσῃ τῇ δοθείσῃ εὐθείᾳ <εὐθεῖαν> πρὸς ὀρθάς, ἔλαβόν τι σημεῖον ἐπὶ τῆς περιεχούσης τὸ χωρίον γραμμῆς τὸ Β, καὶ ἤγαγον εὐθεῖαν τυχοῦσαν διὰ τῆς διόπτρας τὴν ΒΗ, καὶ ταύτῃ πρὸς ὀρθὰς τὴν ΒΓ, <καὶ ταύτῃ> ἑτέραν πρὸς ὀρθὰς τὴν ΓΖ, καὶ ὁμοίως τῇ ΓΖ πρὸς ὀρθὰς τὴν ΖΘ.

Καὶ ἔλαβον ἐπὶ τῶν ἀχθεισῶν εὐθειῶν συνεχῆ σημεῖα, ἐπὶ μὲν τῆς ΒΗ τὰ Κ, Λ, Μ, Ν, Ξ, Ο, ἐπὶ δὲ τῆς ΒΓ τὰ Π, Ρ, ἐπὶ δὲ τῆς ΓΖ τὰ Σ, Τ, Υ, Φ, Χ, Ψ, Ω, ἐπὶ δὲ τῆς ΖΘ τὰ ς, ϟ. Καὶ ἀπὸ

2 εὐθεῖαν add. Decorps-F. || 6 καὶ ταύτῃ add. H. Schoene.

points ϛ et ϟ. Et de ces points, j'ai mené à angles droits avec les droites sur lesquelles ils se trouvent ΚϠ, ΛΑ, ΜΑ′, ΝΒ′, ΞΓ′, ΟΔ′, ΠΕ′, Ρϛ′, <ΣΖ′>, ΤΗ′, ΥΘ′, ΦΔ, ΧΜ$^{\alpha}$, ΨΜ$^{\beta}$, ΩΕ, ϛΜ$^{\gamma}$, ϟΜ$^{\delta}$, de manière que les droites[1] qui joignent les extrémités des droites menées à angles droits découpent sur la ligne qui comprend l'aire des lignes <qui soient> approximativement des droites.

Cela étant fait, il sera possible de mesurer l'aire.

Le parallélogramme ΒΓΖΜ$^{\varepsilon}$ est rectangle ; donc, si nous mesurons les côtés avec une chaîne ou une corde bien testée, c'est-à-dire qui ne puisse ni s'allonger ni se raccourcir[2], nous aurons la superficie du parallélogramme.

Quant aux triangles rectangles et aux trapèzes qui sont à l'extérieur de ce parallélogramme, nous les mesurerons de la même façon, si nous avons leurs côtés ; car ΒΚϠ, ΒΠΕ′, ΓΡϛ′, ΓΣΖ′, ΖΩΕ, ΖϛΜ$^{\gamma}$, ΘΗΜ$^{\varepsilon}$ seront des triangles rectangles, et les autres figures seront des trapèzes rectangles.

La mesure des triangles se fait en multipliant entre eux les côtés qui comprennent l'angle droit et en prenant la moitié du résultat ; pour les trapèzes : en multipliant la moitié de la somme[3] des côtés parallèles par la perpendiculaire abaissée sur eux[4] ; par exemple, la moitié de la somme de ΚϠ et de

1. Ce sont autant de segments qui vont approcher la courbe irrégulière du champ en constituant une ligne polygonale, et déterminer ainsi les côtés de figures mesurables.

2. Cf. les exigences formulées à l'égard de la corde au début du chapitre 20.

3. Voir Note complémentaire [87].

4. Formules de calcul des superficies universellement connues. Mais il est intéressant de noter que, si dans les *Metrica* (I, 2 pour le triangle rectangle et I, 10 pour le trapèze rectangle) elles ont fait l'objet d'une démonstration géométrique, elles ne sont ici présentées que de manière utilitaire et directement opératoire, exactement comme c'est le cas dans le corpus des *Geometrica* et dans les textes gromatiques latins (p. ex. dans les *Extraits d'Épaphrodite et de Vitruvius Rufus*, § 14 pour le triangle rectangle et § 10 et 18 pour le trapèze rectangle).

τῶν ληφθέντων σημείων ταῖς εὐθείαις ἐφ' ὧν ἐστι τὰ σημεῖα πρὸς ὀρθὰς ἤγαγον τὰς Κϡ, ΛΑ, ΜΑ′, ΝΒ′, ΞΓ′, ΟΔ′, ΠΕ′, Ρϛ′, <ΣΖ′>, ΤΗ′, ΥΘ′, ΦΔ, ΧΜ$^{\alpha}$, ΨΜ$^{\beta}$, ΩΕ, ϛΜ$^{\gamma}$, ϟΜ$^{\delta}$ οὕτως ὥστε τὰς ἐπὶ τὰ πέρατα τῶν ἀχθεισῶν πρὸς ὀρθὰς ἐπιζευγνυμένας ἀπολαμβάνειν γραμμὰς ἀπὸ τῆς περιεχούσης τὸ χωρίον γραμμῆς σύνεγγυς εὐθείας <οὔσας>.

Καὶ τούτων γενηθέντων ἔσται δυνατὸν τὸ χωρίον μετρεῖν.

Τὸ μὲν γὰρ ΒΓΖΜ$^{\epsilon}$ παραλληλόγραμμον ὀρθογώνιόν ἐστιν· ἔπειτα τὰς πλευρὰς ἁλύσει ἢ σχοινίῳ βεβασανισμένῳ, τουτέστι μήτ' ἐκτείνεσθαι μήτε συστέλλεσθαι δυναμένῳ, μετρήσαντες ἕξομεν τὸ ἐμβαδὸν τοῦ παραλληλογράμμου.

Τὰ δ' ἐκτὸς τούτου τρίγωνα ὀρθογώνια καὶ τραπέζια ὁμοίως μετρήσομεν, ἔχοντες τὰς πλευρὰς αὐτῶν· ἔσται γὰρ τρίγωνα μὲν ὀρθογώνια τὰ ΒΚϡ, ΒΠΕ′, ΓΡϛ′, ΓΣΖ′, ΖΩΕ, ΖϛΜ$^{\gamma}$, ΘΗΜ$^{\epsilon}$, τὰ δὲ λοιπὰ τραπέζια ὀρθογώνια.

Τὰ μὲν οὖν τρίγωνα μετρεῖται τῶν περὶ τὴν ὀρθὴν γωνίαν πολλαπλασιαζομένων ἐπ' ἄλληλα· καὶ τοῦ γενομένου τὸ ἥμισυ· τὰ δὲ τραπέζια· συναμφοτέρων τῶν παραλλήλων τὸ ἥμισυ ἐπὶ τὴν ἐπ' αὐτὰς κάθετον οὖσαν, οἷον τῶν Κϡ, ΑΛ τὸ ἥμισυ ἐπὶ

3 ΣΖ′ add. Vincent || ΦΔ Vincent : ΦΔ′ M || 4 ΨΜ$^{\beta}$ Vincent : ΨΜ$^{\epsilon}$ M || 7 οὔσας add. Decorps-F. || 17 ΒΚϡ Vincent : ΒΚΤ M || 18 ΖϛΜ$^{\gamma}$ Vincent : ΖϛΜ$^{\epsilon}$ M || 23 αὐτὰς H. Schoene : αὐτῆς M.

ΑΛ par ΚΛ ; même chose pour les autres. On aura donc la mesure de la totalité de l'aire en faisant la somme du parallélogramme médian et des triangles et trapèzes extérieurs.

Et s'il se trouve entre les droites qui ont été menées à angles droits avec les côtés du parallélogramme une ligne courbe, par exemple, entre ΞΓ′ et ΟΔ′, la ligne Γ′Δ′, qui puisse se ramener approximativement non pas à une droite, mais à une ligne circulaire[1], nous mesurerons comme suit.

En menant à angle droit avec ΟΔ′ une droite Δ′M$^{\varsigma}$, et en prenant sur elle les points continus M$^{\theta}$ et M$^{\eta}$, et en menant de ces points, à angles droits avec M$^{\varsigma}$Δ′, des droites M$^{\theta}$M$^{\iota}$ et M$^{\eta}$M$^{\zeta}$, de sorte que les lignes entre les droites qui ont été menées[2] soient approximativement des droites[3], nous mesurerons à nouveau le parallélogramme M$^{\varsigma}$ΞΟΔ′ et le triangle M$^{\eta}$M$^{\zeta}$Δ′, ainsi que le trapèze Γ′M$^{\varsigma}$M$^{\theta}$M$^{\iota}$ et encore l'autre trapèze[4], et nous aurons la mesure de l'aire comprise par la ligne Γ′M$^{\iota}$M$^{\zeta}$Δ′ et par les droites Γ′Ξ, <ΞΟ> et ΟΔ′[5].

24. Il y a une autre manière d'effectuer cette mesure[6].

Soit une aire qu'il faut mesurer, celle qui est dessinée ci-

1. Voir Note complémentaire [88].
2. C'est-à-dire les droites qui ont été menées plus haut à angles droits avec les côtés du parallélogramme.
3. Voir Note complémentaire [89].
4. C'est-à-dire le trapèze M$^{\iota}$M$^{\theta}$M$^{\eta}$M$^{\zeta}$.
5. Voir Note complémentaire [90].
6. À la différence de celle qui a été exposée au chapitre précédent, la méthode que le texte va donner maintenant n'apparaît pas dans les textes gromatiques latins.

τὴν ΚΛ· καὶ τῶν λοιπῶν δὲ ὁμοίως. Ἔσται ἄρα μεμετρημένον ὅλον τὸ χωρίον διά τε τοῦ μέσου παραλληλογράμμου καὶ τῶν ἐκτὸς αὐτοῦ τριγώνων καὶ τραπεζίων.

Ἐὰν δὲ τύχῃ ποτὲ μεταξὺ αὐτῶν τῶν ἀχθεισῶν πρὸς ὀρθὰς ταῖς τοῦ παραλληλογράμμου πλευραῖς καμπύλη γραμμὴ μὴ συνεγγίζουσα εὐθείᾳ, οἷον μεταξὺ τῶν ΞΓ′, ΟΔ′ γραμμὴ ἡ Γ′Δ′, ἀλλὰ περιφερεῖ, μετρήσομεν οὕτως.

Ἀγαγόντες <τῇ> ΟΔ′ πρὸς ὀρθὰς τὴν Δ′$M^{ϛ}$, καὶ ἐπ᾽ αὐτῆς λαβόντες σημεῖα συνεχῆ τὰ M^{θ}, M^{η}, καὶ ἀπ᾽ αὐτῶν πρὸς ὀρθὰς ἀγαγόντες τῇ $M^{ϛ}$Δ′ τὰς $M^{\theta}M^{\iota}$, $M^{\eta}M^{\zeta}$ ὥστε τὰς μεταξὺ τῶν ἀχθεισῶν σύνεγγυς εὐθείας εἶναι, πάλιν μετρήσομεν τό τε $M^{ϛ}$ΞΟΔ′ παραλληλόγραμμον καὶ τὸ $M^{\eta}M^{\zeta}$Δ′ τρίγωνον καὶ τὸ Γ′$M^{ϛ}M^{\theta}M^{\iota}$ τραπέζιον, καὶ ἔτι τὸ ἕτερον τραπέζιον, καὶ ἕξομεν τὸ περιεχόμενον χωρίον ὑπό τε τῆς Γ′$M^{\iota}M^{\zeta}$Δ′ γραμμῆς καὶ τῶν Γ′Ξ, <ΞΟ>, ΟΔ′ εὐθειῶν μεμετρημένον.

24. Ἔστι δὲ καὶ ἄλλος τρόπος μετρήσεως.

Ἔστω χωρίον, ὃ δεῖ μετρῆσαι, τὸ ὑπογεγραμμένον,

1-2 ἄρα μεμετρημένον Vincent : ἀναμεμετρημένον M || 2 χωρίον Vincent (*aream* Mieg) : ωρειον (sic) M || 7 συνεγγίζουσα M : σύννεγυς οὖσα dubit. Guillaumin || 8 ἡ Vincent : τῇ M || Γ′Δ′ Vincent : ΓΔ′ M || 8-9 περιφερεῖ Vincent : περιφερῆ M περιφερής dubit. Guillaumin || 9 μετρήσομεν V : μετρήσωμεν M || 10 τῇ add. Vincent || Δ′$M^{ϛ}$ Vincent : Δ$M^{ϛ}$ M (ϛ in rasura) || 11 M^{η} Vincent : M^{λ} M || 12 M^{ι} Vincent : M^{ε} M || 13 M^{η} Vincent : M^{τ} M || M^{ζ} Vincent : MZ M || 14 μετρήσομεν V : μετρήσωμεν M || 15 M^{η} Vincent : M^{ι} M || 16 $M^{ϛ}$ Vincent : M^{ι} M || M^{ι} Vincent : M^{ε} M || 18 M^{ι} Vincent : M^{ε} M || ΞΟ add. H. Schoene (ΟΞ add. Vincent).

dessous, et qu'à l'intérieur de cette aire soit menée sur toute la longueur, à l'aide de la dioptre, une droite AB qui soit le plus près possible du milieu de l'aire[1]. Que soient pris sur cette droite des points continus Γ, Δ, E, Z, H et Θ ; que de ces points, à l'aide de la dioptre[2], soient menées à angles droits avec AB des droites ΓK, ΓΛ, ΔM, ΔN, EΞ, EO, ZΠ, ZP, HΣ, HT, ΘΥ et ΘΦ, de sorte que les lignes qui sont entre elles soient, cette fois encore, approximativement des droites.

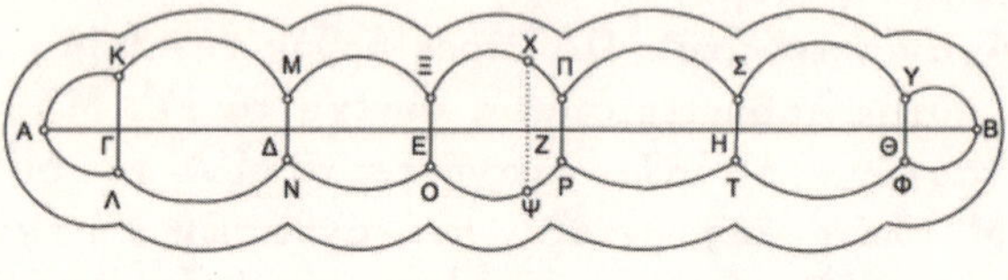

Fig. 24[3]

Cette fois encore, l'aire est divisée en triangles, AΓK, AΓΛ, BΘΦ et BΘΥ, et les autres figures sont des trapèzes. Il est donc possible, en faisant la somme des triangles que l'on vient de dire et des trapèzes, de mesurer l'aire. Mais si cette fois encore il se présente une ligne intermédiaire circulaire, nous diviserons le trapèze qui s'appuie sur cette ligne de la même manière que ci-dessus, et c'est ainsi que nous mesurerons.

Cette façon de mesurer est très commode aussi dans le cas où il faut diviser l'aire en parties données.

1. La découpe en figures régulières dont les côtés sont mesurables est effectuée ici à partir d'une droite axiale obtenue avec la dioptre, et non plus à partir d'un rectangle inscrit.

2. Là encore, la *groma* de l'arpenteur romain suffirait amplement pour ce travail sur le terrain.

3. Voir Note complémentaire [91].

ἐν ᾧ διὰ τῆς διόπτρας δι' ὅλου τοῦ μήκους διήχθω τις εὐθεῖα κατὰ τὸ δυνατὸν μέση τοῦ χωρίου ὡς ἔγγιστα, ἡ ΑΒ. Ἐπὶ δὲ ταύτης εἰλήφθω συνεχῆ σημεῖα τὰ Γ, Δ, Ε, Ζ, Η, Θ· ἀπὸ δὲ τῶν ληφθέντων σημείων τῇ ΑΒ πρὸς ὀρθὰς ἤχθωσαν διὰ τῆς διόπτρας αἱ ΓΚ, ΓΛ, ΔΜ, ΔΝ, ΕΞ, ΕΟ, ΖΠ, ΖΡ, ΗΣ, ΗΤ, ΘΥ, ΘΦ, ὥστε πάλιν τὰς μεταξὺ γραμμὰς σύνεγγυς εὐθείας εἶναι.

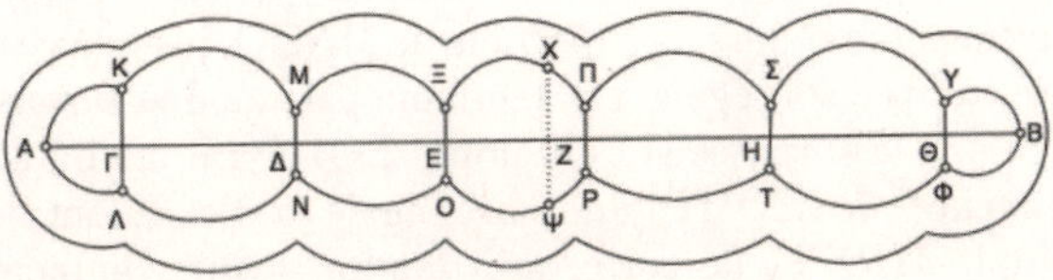

Fig. 24

Πάλιν οὖν διῄρηται τὸ χωρίον εἰς τρίγωνα τὰ ΑΓΚ, ΑΓΛ, ΒΘΦ, ΒΘΥ, καὶ τὰ λοιπὰ τραπέζια. Δυνατὸν οὖν διά τε τῶν εἰρημένων τριγώνων καὶ διὰ [τε] τῶν τραπεζίων τὸ χωρίον μετρηθῆναι. Ἐὰν δὲ πάλιν ἐμπέσῃ τις μεταξὺ περιφερὴς γραμμή, διελοῦμεν τὸ πρὸς αὐτῇ τραπέζιον ὡσαύτως τῷ ἐπάνω, καὶ οὕτω μετρήσομεν.

Αὕτη δ' ἡ μέτρησις εὔχρηστός ἐστιν ὅταν δέῃ καὶ διελεῖν τὸ χωρίον εἰς τὰ δοθέντα μέρη.

6 ΔΝ Vincent : ΔΗ M || ΖΡ Vincent : ΗΡ M || 12 τε del. Vincent || 13 περιφερὴς V : περιφερὶς M || 14 ὡσαύτως V : ὡσαυτὸς (sic) M || 15 μετρήσομεν V : μετρήσωμεν M.

Qu'il faille en effet diviser cette aire en sept parties égales[1] par des droites parallèles.

J'ai donc mesuré l'aire, et j'ai pris la septième partie de ce que j'ai obtenu, de manière à attribuer cette quantité à chaque partie.

J'ai mesuré l'aire ΚΑΛ, et si elle est égale à la septième partie, nous avons l'aire ΚΑΛ ; sinon, j'ajoute à la superficie de l'aire ΚΑΛ celle de l'aire ΚΛΜΝ. Et si l'aire trouvée est égale à la <septième> partie, ΜΝ délimitera l'une des parties ; mais si l'aire trouvée est plus petite, il faudra à nouveau ajouter aussi la superficie de ΜΝΞΟ, jusqu'à ce que l'aire trouvée soit égale à la septième partie ou la surpasse.

Qu'elle la surpasse si l'on ajoute ΞΟΠΡ ; il faudra alors retrancher de ΞΟΠΡ une aire égale à l'excédent, par exemple ΠΡΧΨ, de sorte qu'il faudra savoir comment il faut, d'un trapèze donné, retrancher un trapèze égal à un trapèze donné ; c'est ce que nous allons montrer par la suite[2]. Ainsi donc, l'aire ΨΑΧ sera l'une des parties.

J'ai ajouté de nouveau ΠΡΣΤ à ΧΨΠΡ ; et si la superficie obtenue est égale <à la septième> partie, la droite ΣΤ sera celle qui délimitera la deuxième partie ; si elle la surpasse, l'excédent devra de nouveau être retranché du trapèze ΠΡΣΤ. Et que l'on imagine le même procédé pour les parties restantes.

1. Cf. le problème traité *infra* au chapitre 26, où l'on divisera aussi une aire en sept parties égales, mais à partir d'un point unique ; le nombre identique de « sept parties » dans les deux problèmes est une manière de souligner leur parenté.

2. Au chapitre 28.

Δέον γὰρ ἔστω διελεῖν αὐτὸ εἰς ἴσα μέρη ἑπτὰ διὰ παραλλήλων εὐθειῶν.

Ἐμέτρησα οὖν τὸ χωρίον καὶ ἔλαβον τοῦ γενομένου τὸ ἕβδομον μέρος ὥσθ' ἑκάστῳ μέρει τοσοῦτον ἀπονέμειν.

Ἐμέτρησα οὖν τὸ ΚΑΛ χωρίον, καὶ εἰ μὲν ἴσον ἐστὶ τῷ ἑβδόμῳ μέρει, ἔχομεν τὸ ΚΑΛ χωρίον· εἰ δὲ μή, προστίθημι τῷ τοῦ ΚΑΛ τὸ τοῦ ΚΛΜΝ ἐμβαδόν. Καὶ εἰ μὲν ἴσον εὑρεθείη τῷ <ἑβδόμῳ> μέρει, ἔσται ἡ ΜΝ ἀφορίζουσα τὸ ἓν τῶν μερῶν· εἰ δὲ ἔλασσον εὑρεθείη, δεήσει πάλιν προσθεῖναι καὶ τὸ τοῦ ΜΝΞΟ ἐμβαδόν, ἄχρις ἂν ἴσον γένηται τῷ ἑβδόμῳ μέρει ἢ ὑπερβάλῃ.

Ὑπερβεβληκέτω οὖν προστεθέντος τοῦ ΞΟΠΡ· δεήσει ἄρα ἀπὸ τοῦ ΞΟΠΡ ἀφελεῖν χωρίον ἴσον τῷ ὑπερβάλλοντι, οἷον τὸ ΠΡΧΨ, ὥστε δεήσει ἐπίστασθαι ἀπὸ τοῦ δοθέντος τραπεζίου ὡς δεῖ ἀφελεῖν τραπέζιον ἴσον τῷ δοθέντι· τοῦτο δὲ ἑξῆς δείξομεν. Οὐκοῦν ἔσται τὸ ΧΑΨ χωρίον ἓν τῶν μερῶν.

Πάλιν οὖν τῷ ΧΨΠΡ προσέθηκα τὸ ΠΡΣΤ· καὶ εἰ μὲν ἴσον εἴη αὐτοῦ τὸ ἐμβαδὸν <τῷ ἑβδόμῳ> μέρει, ἔσται ἡ ΣΤ ἀφορίζουσα τὸ δεύτερον μέρος· εἰ δὲ ὑπερβάλοι, πάλιν δεήσει ἀφελεῖν τὸ ὑπερβάλλον ἀπὸ τοῦ ΠΡΣΤ τραπεζίου. Καὶ οὕτω νοείσθω ἐπὶ τῶν λοιπῶν μερῶν.

7 τῷ Vincent : τὸ Μ || 9 ἑβδόμῳ add. Vincent || 20 τῷ Vincent : τὸ Μ || ΧΨΠΡ Decorps-F. : ΠΨΡ Μ || τὸ Vincent : τῷ Μ || 21 αὐτοῦ Decorps-F. (iam prop. H. Schoene) : αὐτὸ Μ || τῷ ἑβδόμῳ add. Vincent || μέρει Vincent : μέρος Μ || 23 ὑπερβάλοι V : ὑπερβαλλη (sic) M.

25. Les bornes d'un terrain ne sont plus visibles, mais il en reste deux ou trois et on a le plan[1] : trouver les autres bornes[2].

Pour plus de généralité, nous allons présenter une méthode de mesure facile[3] avec un plan.

Soit une aire donnée – c'est-à-dire son plan – ΑΒΓΔΕΖΗΘ, comprise par des lignes ΑΒ, ΒΓ, ΓΔ, ΔΕ, ΕΖ, ΖΗ, ΗΘ et ΘΑ qui sont approximativement des droites[4]. Que soit menée ΒΚ à angle droit avec ΒΓ, et à ΒΚ <une perpendiculaire ΚΑ ; ΘΛ à angle droit avec ΑΘ, et à ΘΛ> une perpendiculaire ΗΛ ; ΖΜ à angle droit avec ΗΖ et à ΖΜ une perpendiculaire ΜΕ ; et à nouveau ΓΝ à angle droit avec ΒΓ, et à ΓΝ une perpendiculaire ΔΝ.

1. Voir Note complémentaire [92].

2. Th. L. Heath, *A History of Greek Mathematics*, vol. 2, p. 307, pense immédiatement, à propos de ce problème, aux effets de la crue annuelle du Nil. Mais le problème ne concerne pas seulement cette situation régionale. On voit aussi les arpenteurs romains rétablir des limites dans le contexte de zones centuriées : voir Marcus Junius Nypsius IV, 1-2 (*Les Arpenteurs romains*, vol. 4, CUF).

3. Voir Note complémentaire [93].

4. Ce sont les droites qui approchent le pourtour irrégulier de l'aire à mesurer. On travaille donc sur un modèle mathématisé, un plan à l'échelle, sur lequel on reporte les longueurs mesurées au sol.

25. Ὅρων χωρίου ἀφανῶν γενομένων, καταλειπομένων δὲ δύο ἢ τριῶν καὶ τοῦ μιμήματος ὑπάρχοντος, πορίσασθαι τοὺς λοιποὺς ὅρους.

Τοῦ δὲ καθολικωτέρου ἕνεκα εὐκολωτέραν μέτρησιν καὶ μίμημα ἐκθησόμεθα.

Ἔστω τὸ δοθὲν χωρίον, τουτέστι τὸ μίμημα, τὸ ΑΒΓΔΕΖΗΘ, περιεχόμενον ὑπὸ τῶν σύνεγγυς εὐθειῶν τῶν ΑΒ, ΒΓ, ΓΔ, ΔΕ, ΕΖ, ΖΗ, ΗΘ, ΘΑ. Καὶ ἤχθω τῇ ΒΓ πρὸς ὀρθὰς ἡ ΒΚ, καὶ ἐπ᾽ αὐτὴν <κάθετος ἡ ΚΑ· τῇ δὲ ΑΘ πρὸς ὀρθὰς ἡ ΘΛ, καὶ ἐπ᾽ αὐτὴν> κάθετος ἡ ΗΛ· τῇ δὲ ΗΖ πρὸς ὀρθὰς ἡ ΖΜ, καὶ ἐπ᾽ αὐτὴν κάθετος ἡ ΜΕ· πάλιν δὲ τῇ ΒΓ πρὸς ὀρθὰς ἡ ΓΝ, καὶ ἐπ᾽ αὐτὴν κάθετος ἡ ΔΝ.

4 εὐκολωτέραν Guillaumin uide adn. : σχολιωτέραν M an σχολικωτέραν ? || 6 Ἔστω H. Schoene : ὡς τὸ M || 9 αὐτὴν H. Schoene : αὐτῆς M || 10-11 κάθετος — αὐτὴν [αὐτῆς Vincent] add. Vincent || 12 αὐτὴν H. Schoene : αὐτῆς M || δὲ Vincent : δὴ M || 13 αὐτὴν H. Schoene : αὐτῆς M.

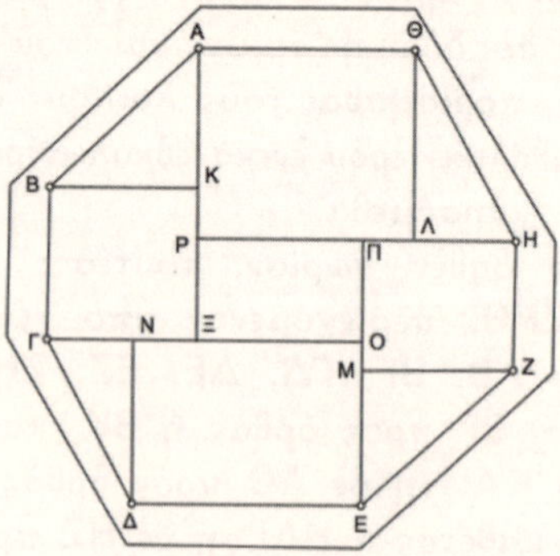

Fig. 25a[1]

Il est donc possible de mesurer les triangles ΑΒΚ, ΗΘΛ, ΕΖΜ, ΓΔΝ ; de mesurer aussi, après les avoir découpés, les parallélogrammes[2] restants[3], en prolongeant les droites à angles droits de façon à avoir les parallélogrammes ΒΞ, ΝΕ, ΗΜ, ΘΡ, ΞΠ.

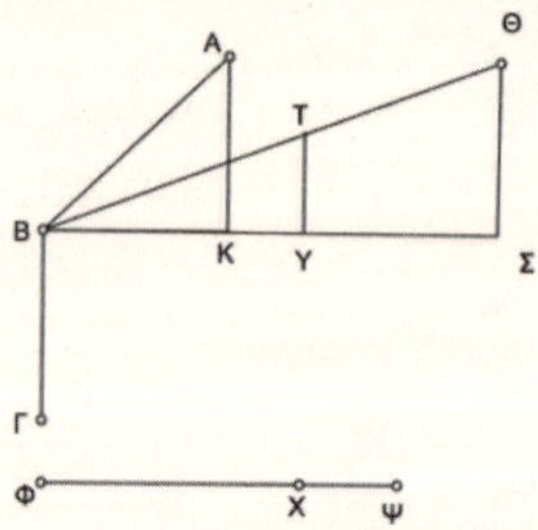

Fig. 25b[4]

1. Voir Note complémentaire [94].
2. Voir Note complémentaire [95].
3. Cette mesure de l'aire entière constitue en elle-même une troisième méthode à rapprocher des deux procédés respectivement décrits dans les chapitres 23 et 24, puisqu'on travaille en suivant le pourtour du terrain, et non plus à partir d'un rectangle central ou d'une droite axiale.
4. La borne Γ est représentée, mais on ne travaille que sur les bornes Β et Θ.

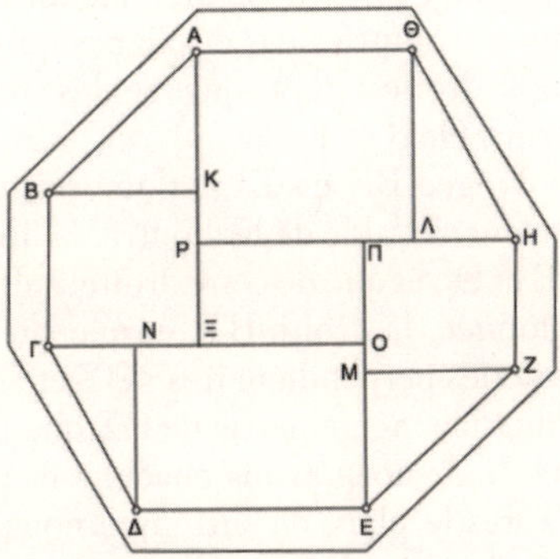

Fig. 25a

Δυνατὸν ἄρα ἐστὶ τὰ ΑΒΚ, ΗΘΛ, ΕΖΜ, ΓΔΝ τρίγωνα μετρῆσαι, τὰ δὲ καταλειπόμενα παραλληλόγραμμα τεμόντα μετρῆσαι, ἐκβάλλοντα τὰς πρὸς ὀρθὰς εὐθείας ὥστ᾽ εἶναι παραλληλόγραμμα τὰ ΒΞ, ΝΕ, ΗΜ, ΘΡ, ΞΠ.

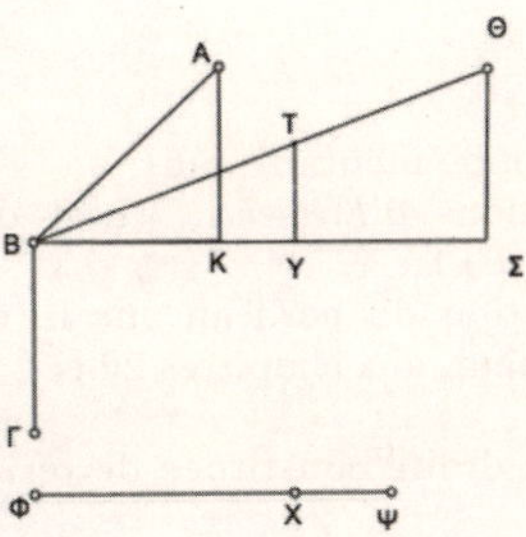

Fig. 25b

5 ΗΜ Vincent : ΠΜ M || ΞΠ Vincent : ΞΝ M.

Soit donné le plan tel qu'on l'a dit, <fait> de triangles et de parallélogrammes, compris <par des lignes qui sont approximativement des droites> ; et que seules restent encore visibles les bornes Θ, B et Γ.

Que soit prolongée BK en Σ[1] ; et que soit prise en position et en grandeur, à l'aide de la dioptre, la droite qui passe par les points B et Θ ; et que de cette droite, soit prise ensuite <une partie> donnée, la droite BT, et que sur la droite BΣ <soient menées> des perpendicuaires <ΘΣ et> TΥ ; la droite TΥ sera donc aussi la même partie de ΘΣ que BΥ de BΣ <et que BT de BΘ>[2]. Or nous avons chacune des deux droites BΣ et ΣΘ, d'après le plan, de sorte que nous aurons aussi chacune des deux droites BΥ et ΥT.

Prenant une corde[3] inextensible ΦΨ, égale à la somme de BΥ et ΥT[4], nous délimiterons sur elle une partie ΦX, <égale à BΥ, qui est la même partie de BΣ> que <TΥ de ΘΣ> et BT de BΘ. Nous placerons les extrémités Φ et Ψ de la corde sur BT de sorte que Φ soit en B et Ψ en T ; prenant alors le point X, nous tendrons la corde, et X aura exactement la même position que Υ[5].

1. Voir Note complémentaire [96].

2. Par applications d'*Éléments*, VI, 4 dans les triangles équiangles BΘΣ et BTΥ.

3. Cette utilisation du cordeau sur le terrain a déjà été mentionnée plus haut, aux chapitres 20 et 23, et le sera encore au chapitre 27.

4. BΥT est une droite constituée de termes additifs BΥ + ΥT.

5. La corde permet de matérialiser au sol un triangle rectangle semblable à celui qui a été préalablement tracé sur le plan. A. Roth Congès, « Modalités pratiques d'implantation des cadastres romains : quelques aspects », *MEFRA* 108, 1996, p. 389 n. 348, a suggéré de comparer le procédé tel qu'il est appliqué, « dans un contexte à la fois proche et différent », chez Marcus Junius Nypsius III, 1-2 (*Les Arpenteurs romains*, vol. 4, CUF), et dans le présent passage de la *Dioptre*.

Δεδόσθω οὖν τὸ μίμημα οἷον εἴρηται, ἐκ τριγώνων καὶ παραλληλογράμμων <συγκείμενον καὶ ὑπὸ τῶν σύννεγυς εὐθειῶν> περιεχόμενον· μόνοι δὲ φαινέσθωσαν οἱ Θ, Β, Γ ὅροι.

Καὶ ἐκβεβλήσθω ἡ ΒΚ ἐπὶ τὸ Σ· καὶ εἰλήφθω ἡ διὰ τῶν Β, Θ σημείων εὐθεῖα διὰ τῆς διόπτρας τῇ θέσει καὶ τῷ μεγέθει· καὶ ἀπειλήφθω αὐτῆς <τὸ> δοθὲν <μέρος> ἡ ΒΤ, ἐπὶ δὲ τὴν ΒΣ κάθετος <ἤχθω ἡ ΘΣ καὶ> ἡ ΤΥ· ἔσται ἄρα καὶ ἡ ΤΥ τὸ αὐτὸ μέρος τῆς ΘΣ ὃ μέρος ἐστὶν ἡ ΒΥ τῆς ΒΣ <καὶ ἡ ΒΤ τῆς ΒΘ>. Ἔχομεν δὲ ἑκατέραν τῶν ΒΣ, ΣΘ ἐκ τοῦ μιμήματος, ὥσθ' ἕξομεν καὶ ἑκατέραν τῶν ΒΥ, ΥΤ.

Λαβόντες οὖν σχοινίον μὴ ἐκτείνεσθαι δυνάμενον, ἴσον τῇ ΒΥΤ, τὸ ΦΨ, ἐπ' αὐτοῦ μέρος ἀποληψόμεθα τὴν ΦΧ <ἴσον τῇ ΒΥ, τὸ αὐτὸ μέρος τῆς ΒΣ> ὃ μέρος ἐστὶν <ἡ ΤΥ τῆς ΘΣ> καὶ ἡ ΒΤ τῆς ΒΘ. Τὰ δὲ πέρατα τοῦ σχοινίου τὰ Φ, Ψ θήσομεν πρὸς τὴν ΒΤ ὥστε τὸ μὲν Φ πρὸς τῷ Β εἶναι, τὸ δὲ Ψ πρὸς τῷ Τ· καὶ λαβόμενοι τὸ Χ σημεῖον ἐκτενοῦμεν τὸ σχοινίον, καὶ πάντως τὸ Χ τὴν αὐτὴν θέσιν ἕξει τῷ Υ.

2 παραλληλογράμμων Vincent : παραλλήλων (compendium) M || 2-3 συγκείμενον — εὐθειῶν add. Decorps-F. (συγκείμενον καὶ ὑπὸ γραμμῶν σύννεγυς εὐθειῶν add. R. Schoene) || 7 τὸ add. Decorps-F. || 8 μέρος add. Vincent || ΒΣ Decorps-F. : ΒΕ M || 8-9 ἤχθω ἡ ΘΣ καὶ add. Vincent || 10-11 καὶ ἡ ΒΤ τῆς ΒΘ add. Vincent || 11 τῶν Vincent : τῷ M || 15 ΦΧ Vincent : ΨΧ M || ἴσον — ΒΣ add. Vincent || post ΒΥ fort. addendum καὶ || 16 ἡ ΤΥ τῆς ΘΣ add. Vincent || 18 τῷ V[1] : τὸ M V || 19 τὸ Χ σημεῖον Vincent : τοῦ Χ σημείου M || ἐκτενοῦμεν Vincent : ἐκτείνομεν M || 21 τῷ Vincent : τὸ M.

Menant une droite de jonction Bϒ, soit avec le cordeau, soit avec la dioptre, nous placerons sur elle la mesure de BK, que nous avons d'après le plan, et nous aurons le point K. Ensuite, menant KA à angle droit avec BK et plaçant sur elle la mesure de KA, nous obtiendrons le point A. Quant aux autres points, nous les obtiendrons en suivant les droites à angles droits du plan et les mesures qui sont portées sur elles.

26. Diviser une aire donnée en parties données à l'aide d'un point donné[1] ; que le point donné soit, si l'on veut, une citerne[2], de sorte que tous les récipiendaires des parts utilisent la même eau.

Soit une aire donnée comprise par des droites AB, BΓ, ΓΔ, ΔE, EZ, ZH, HΘ, ΘK, KΛ et ΛA.

Si l'aire n'est pas comprise par des droites, mais par une ligne irrégulière, nous prendrons sur cette ligne des points, de sorte que les lignes menées entre eux soient approximativement des droites.

Soit un point donné M, et qu'il faille diviser l'aire en sept parties égales à l'aide du point M.

1. Voir Note complémentaire [97].
2. Voir Note complémentaire [98].

Ἐπιζεύξαντες οὖν τὴν ΒΥ ἤτοι σπάρτῳ ἢ διόπτρᾳ ἐπ' αὐτῆς θήσομεν τὸ μέτρον τῆς ΒΚ, ὃ ὑπάρχει ἐκ τοῦ μιμήματος, καὶ ἕξομεν τὸ Κ σημεῖον. Εἶτα τῇ ΒΚ πρὸς ὀρθὰς ἀγαγόντες τὴν ΚΛ καὶ θέντες ἐπ' αὐτῆς τὸ μέτρον τῆς ΚΛ ἕξομεν πεπορισμένον τὸ Λ σημεῖον. Καὶ τὰ λοιπὰ δὲποριούμεθα ἀκολουθοῦντες ταῖς ἐν τῷ μιμήματι πρὸς ὀρθὰς εὐθείαις, καὶ τοῖς ἐπ' αὐταῖς μέτροις.

26. Τὸ δοθὲν χωρίον διελεῖν διὰ τοῦ δοθέντος σημείου εἰς τὰ δοθέντα μέρη· ἔστω δὲ τὸ δοθὲν σημεῖον ὥσπερ ὕδρευμα ἢ ὡς πάντες οἱ τὰς διαιρέσεις λαϐόντες τῷ αὐτῷ χρῶνται ὕδατι.

Ἔστω τὸ δοθὲν χωρίον περιεχόμενον ὑπὸ εὐθειῶν τῶν ΑΒ, ΒΓ ΓΔ, ΔΕ, ΕΖ, ΖΗ, ΗΘ, ΘΚ, ΚΛ, ΛΑ.

Ἐὰν γὰρ μὴ αἱ τὸ χωρίον περιέχουσαι εὐθεῖαι, ἀλλ' ἄτακτός τις γραμμή, ληψόμεθα ἐπ' αὐτῆς σημεῖα ὥστε τὰς μεταξὺ αὐτῶν σύνεγγυς εὐθείας εἶναι.

Τὸ δὲ δοθὲν σημεῖον ἔστω τὸ Μ, καὶ δέον ἔστω διελεῖν εἰς ἑπτὰ ἴσα μέρη τὸ χωρίον διὰ τοῦ Μ σημείου.

2 θήσομεν V : θήσωμεν M || ΒΚ, ὃ Vincent : ΒΚΘ M || 8 αὐταῖς H. Schoene : αὐτὰς M || 11 ἢ fort. delendum || 14 ΔΕ V : om. M.

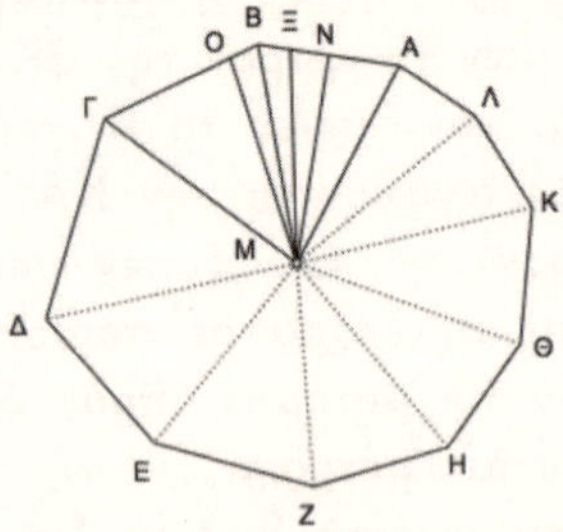

Fig. 26[1]

Menons à AB, à l'aide de la dioptre, une perpendiculaire MN, de sorte que si nous imaginons des droites de jonction MA et MB, il sera possible de mesurer le triangle AM<B>. En effet, le rectangle compris par AB et MN[2] est le double du triangle ABM.

Mais il est possible de mesurer aussi, comme on l'a écrit précédemment[3], la totalité de l'aire.

Si donc le triangle ABM est la septième partie de la totalité de l'aire, le triangle ABM sera l'une des parties cherchées ; s'il est plus grand, il faut en retrancher <une partie>, en menant MΞ, et faire le triangle AMΞ égal à la septième partie de la totalité de l'aire ; mais <si> le triangle ABM est plus petit que la septième partie, il faudra retrancher du triangle BΓM le triangle BMO, lequel, ajouté au triangle AM<B>, sera la septième partie de la totalité de

1. Voir Note complémentaire [99].
2. C'est-à-dire le produit de AB par MN. Voir Note complémentaire [100].
3. Aux chapitres 23 et 24.

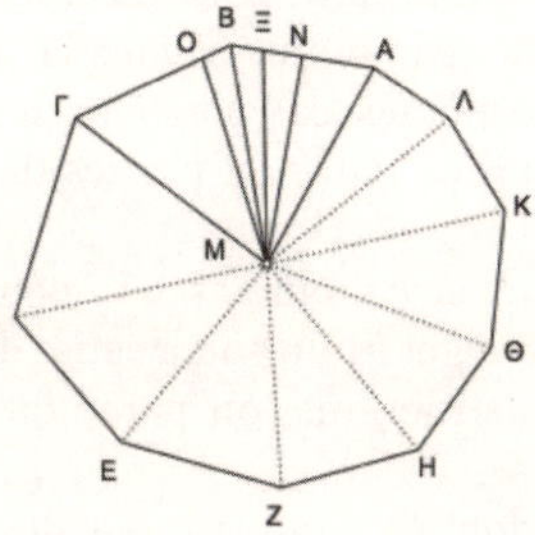

Fig. 26

Ἤχθω ἐπὶ τὴν ΑΒ κάθετος ἡ ΜΝ διὰ τῆς διόπτρας, ὥστ' ἐὰν νοήσωμεν ἐπιζευχθείσας τὰς ΜΑ, ΜΒ, δυνατὸν ἔσται μετρεῖν τὸ ΑΜ<Β> τρίγωνον· τὸ γὰρ ὑπὸ τῶν ΑΒ, ΜΝ διπλάσιόν ἐστι τοῦ ΑΒΜ τριγώνου.

Δυνατὸν δ' ἐστὶ μετρῆσαι, ὡς προγέγραπται, καὶ ὅλον τὸ χωρίον.

Εἰ μὲν οὖν τὸ ΑΒΜ τρίγωνον ἕβδομον μέρος ἐστὶ τοῦ ὅλου χωρίου, ἔσται τὸ ΑΒΜ τρίγωνον ἓν τῶν μερῶν· εἰ δὲ μεῖζον, ἀφελεῖν <μέρος> δεῖ ἀπ' αὐτοῦ διαγαγόντα τὴν ΜΞ καὶ ποιεῖν τὸ ΑΜΞ τρίγωνον ἴσον τῷ ἑβδόμῳ μέρει τοῦ ὅλου χωρίου· <εἰ> δ' ἔλασσόν ἐστι τὸ ΑΒΜ τρίγωνον τοῦ ἑβδόμου, δεήσει ἀπὸ τοῦ ΒΓΜ τριγώνου ἀφελεῖν τὸ ΒΜΟ τρίγωνον, ὃ μετὰ τοῦ ΑΜ<Β> τριγώνου ἕβδομον ἔσται μέρος

1 τὴν Vincent : τῆς M || 3 B add. Vincent (iam Mieg) || τρίγωνον Vincent : τριγώνιον (sic) M || 10 μεῖζον V[1] : μείζων M V (ω supra scripsit V) || μέρος add. Decorps-F. || 11 ΜΞ Vincent : μεταξὺ M || 12 εἰ add. Vincent (iam Mieg) || 15 B add. Vincent (iam Mieg).

l'aire ; comment il faut faire pour retrancher un triangle ou l'ajouter, nous allons le montrer dans la suite[1].

En faisant les mêmes calculs pour les autres triangles aussi, nous diviserons l'aire en parties données à partir du point M.

27. Mesurer une aire donnée sans y pénétrer, soit à cause de la densité de la végétation, soit à cause de l'obstacle représenté par des constructions, ou parce qu'il est interdit d'y pénétrer.

Soit une aire donnée comprise par des droites ΑΒ, ΒΓ, ΓΔ, ΔΕ, ΕΖ, ΖΗ, ΗΘ et ΘΑ.

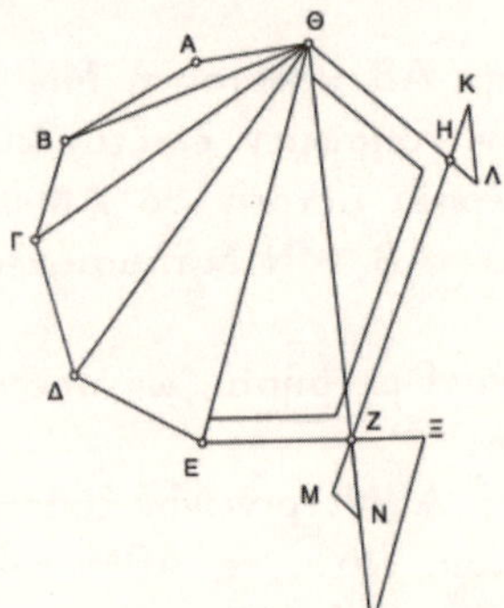

Fig. 27[2]

Que soient prolongées ΖΗ et ΘΗ[3] vers l'extérieur de l'aire, soit à l'aide de perches[4], soit à l'aide du cordeau[5] ;

1. Au chapitre 29.
2. La lettre désignatrice O a été omise dans M.
3. On commence à travailler sur des segments du périmètre de l'aire, et donc accessibles.
4. Ces κανόνες sont l'équivalent des *perticae* des *mensores* romains.
5. Cette opération au sol permettra d'avoir les côtés que l'on veut du triangle ΗΚΛ.

τοῦ ὅλου χωρίου· ὡς δεῖ δὲ ἀφελεῖν τρίγωνον ἢ προσθεῖναι, ἑξῆς δείξομεν.

Οὕτως οὖν καὶ ἐπὶ τῶν λοιπῶν τριγώνων ἐπιλογιζόμενοι διεξελοῦμεν τὸ χωρίον εἰς τὰ δοθέντα μέρη ἀπὸ τοῦ Μ σημείου.

27. Τὸ δοθὲν χωρίον μετρῆσαι μὴ εἰσελθόντα εἰς τὸ χωρίον, ἤτοι διὰ φυτείας πυκνότητα ἢ διὰ οἰκοδομημάτων ἐμποδισμὸν ἢ διὰ τὸ μὴ ἐξεῖναι εἰς τὸ χωρίον εἰσιέναι.

Ἔστω τὸ δοθὲν χωρίον περιεχόμενον ὑπὸ εὐθειῶν τῶν ΑΒ, ΒΓ, ΓΔ, ΔΕ, ΕΖ, ΖΗ, ΗΘ, ΘΑ.

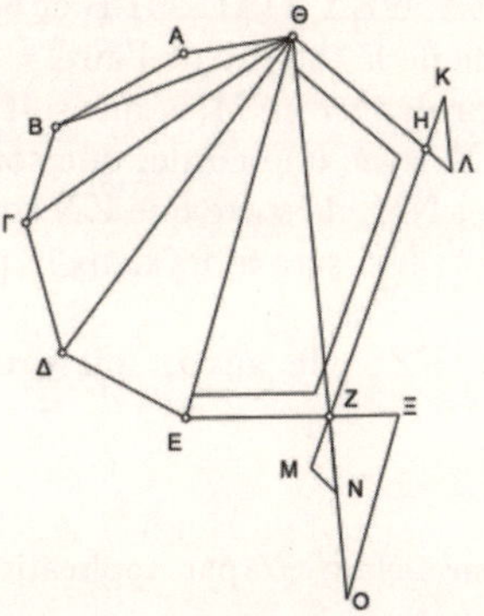

Fig. 27

Ἐκβεβλήσθωσαν αἱ ΖΗ, ΘΗ ἐπὶ τὰ ἐκτὸς τοῦ χωρίου μέρη, ἤτοι διὰ κανόνων ἢ σπάρτου· καὶ τῆς

7 φυτείας Vincent : φυτίας M.

que HK soit une partie quelconque de ZH, et HΛ la même partie de ΘH ; et que soit menée une droite de jonction KΛ[1] ; KΛ, elle aussi, sera alors la même partie de ΘZ[2]. Et le triangle ZHΘ a au triangle HKΛ le même rapport que le carré[3] sur ZH au carré sur HK[4], du fait que la droite ΘZ est parallèle à la droite KΛ ; par exemple, si l'on veut, si ZH est quintuple de HK, le triangle ZHΘ vaudra vingt-cinq fois le triangle HKΛ ; or il est possible de mesurer le triangle HKΛ, puisque j'ai ses côtés : nous allons le montrer dans ce qui suit[5] ; il est donc possible de trouver aussi la superficie du triangle ZHΘ.

Si nous imaginons des droites de jonction ΘZ, ΘE, ΘΔ, ΘΓ et ΘB, et si nous trouvons la superficie de chacun des triangles ΘEZ, ΘEΔ, ΘΔΓ, ΘΓB et ΘBA, nous avons obtenu aussi celle de la totalité de l'aire.

Que HZ soit prolongée en M, et que soit placée ZM égale à HK ; et sur ZM, avec une corde, que soient déterminées par brisure ZN et NM, de sorte que ZN soit égale à KΛ, et NM égale à HΛ[6] ; NZ sera alors dans le prolongement de ZΘ[7].

Que la droite EZ, elle aussi, soit prolongée jusqu'au

1. Elle sera parallèle à ΘZ par application d'*Éléments*, VI, 2.

2. *Éléments*, VI, 4.

3. L'expression complète du carré géométrique est la suivante : τὸ ἀπὸ τῆς ZH εὐθείας ἀναγεγραμμένον τετράγωνον « le carré construit sur la droite ZH ».

4. *Éléments*, VI, 19.

5. Au chapitre 30 (méthode « héronienne » de calcul de la superficie d'un triangle dont on connaît la valeur des trois côtés).

6. Les triangles MZN et HKΛ sont donc égaux. L'égalité des angles MZN et HKΛ fait que les segments ZN et KΛ ont même direction et donc que NZ est dans le prolongement de ΘZ.

7. Placer NZ dans le prolongement de ΘZ permet de construire à partir du segment accessible EZ le triangle ΞZO, qui conduira à l'évaluation du triangle intérieur ΘEZ.

μὲν ΖΗ μέρος τι κείσθω ἡ ΗΚ, τῆς δὲ ΘΗ τὸ αὐτὸ μέρος ἡ ΗΛ· καὶ ἐπεζεύχθω ἡ ΚΛ· ἔσται δὴ καὶ ἡ ΚΛ τὸ αὐτὸ μέρος τῆς ΘΖ. Καὶ ὃν λόγον ἔχει τὸ ἀπὸ τῆς ΖΗ πρὸς τὸ ἀπὸ τῆς ΗΚ, τὸν αὐτὸν λόγον ἔχει καὶ τὸ ΖΗΘ τρίγωνον πρὸς τὸ ΗΚΛ τρίγωνον, διὰ τὸ παράλληλον γίνεσθαι τὴν ΘΖ τῇ ΚΛ· οἷον, εἰ τύχοι, εἰ πενταπλασία ἐστὶν ἡ ΖΗ τῆς ΗΚ, ἔσται τὸ ΖΗΘ τρίγωνον πεντεκαιεικοσαπλάσιον τοῦ ΗΚΛ τριγώνου· δυνατὸν δὲ μετρῆσαι τὸ ΗΚΛ τρίγωνον, ἐπειδήπερ ἔχω τὰς πλευρὰς αὐτοῦ· τοῦτο γὰρ ἑξῆς δείξομεν· δυνατὸν οὖν καὶ τοῦ ΖΗΘ τριγώνου τὸ ἐμβαδὸν πορισθῆναι.

Ἐὰν οὖν νοήσωμεν ἐπιζευχθείσας τὰς ΘΖ, ΘΕ, ΘΔ, ΘΓ, ΘΒ, καὶ εὕρωμεν ἑκάστου τῶν ΘΕΖ, ΘΕΔ, ΘΔΓ, ΘΓΒ, ΘΒΑ τριγώνων τὸ ἐμβαδόν, ἔστι καὶ ὅλου τοῦ χωρίου πεπορισμένον.

Ἐκβεβλήσθω ἡ ΗΖ ἐπὶ τὸ Μ, καὶ κείσθω τῇ ΗΚ ἴση ἡ ΖΜ· καὶ ἐπὶ τῆς ΖΜ σχοινίῳ κεκλάσθωσαν αἱ ΖΝ, ΝΜ, ὥστ' ἴσην εἶναι τὴν μὲν ΖΝ τῇ ΚΛ, τὴν δὲ ΝΜ τῇ ΗΛ· ἔσται δὴ καὶ ἡ ΝΖ τῇ ΖΘ ἐπ' εὐθείας.

Ἐκβεβλήσθω δὴ καὶ ἡ ΕΖ ἐπὶ τὸ Ξ· καὶ τῆς μὲν ΕΖ μέρος ἔστω ἡ ΖΞ, τῆς δὲ ΘΖ τὸ αὐτὸ μέρος

2 ἐπεζεύχθω Vincent : ἐπιζεύχθω M || 4 τὸ H. Schoene : τῷ M || 14 εὕρωμεν V : ευρομεν (sic) M || τῶν Vincent : τὸν M || 19 pr. ΖΝ Vincent : ΖΗ M.

point Ξ ; et que ZΞ soit une partie de EZ et ZO la même partie de ΘZ ; et que soit menée une droite de jonction ΞO ; ΞO sera alors, elle aussi, la même partie de ΘE, et lui sera parallèle. Et le triangle EΘZ est au triangle ZΞO comme le carré sur EZ au carré sur ZΞ ; or nous pouvons trouver ΞZO, puisqu'il est possible de mesurer chacun de ses côtés[1], de sorte qu'il est possible de trouver aussi le triangle EΘZ.

Et nous trouverons de la même façon la superficie de chacun des triangles restants, de sorte qu'il est possible de trouver la superficie de la totalité de l'aire.

28. [2] Nous allons maintenant montrer ce qui a été posé ci-dessus[3].

Un trapèze ABΓΔ étant donné ayant BΓ parallèle à AΔ, ayant encore chacune de ces deux droites donnée, ainsi que la perpendiculaire abaissée sur elles, mener à AΔ une parallèle, par exemple EZ, découpant un trapèze AΔEZ donné en grandeur[4].

Que cela soit fait[5], et que soient prolongées BA et ΓΔ jusqu'au point H ; et que soit abaissée la perpendiculaire HΘ.

1. Voir le chapitre 30, auquel il a été expressément renvoyé *supra*.

2. Un problème semblable est résolu dans *Metrica*, 3, 7. Voir Note complémentaire [101].

3. À la fin du chapitre 24.

4. Voir Note complémentaire[102].

5. La forme verbale γεγονέτω, qui était apparue au chapitre 7 dans un contexte non géométrique (voir Note complémentaire [38]), introduit l'analyse dans les problèmes, ici un problème de construction. Elle doit être comprise au sens de « soit le problème résolu ». La synthèse, introduite par la formule trouvée plus loin συντεθήσεται δὴ οὕτως, sera numérique comme dans *Metrica*, 3, 7.

ἡ ΖΟ· καὶ ἐπεζεύχθω ἡ ΞΟ· ἔσται δὴ καὶ ἡ ΞΟ τὸ αὐτὸ μέρος τῆς ΘΕ καὶ παράλληλος αὐτῇ. Καὶ ἔστιν ὡς τὸ ἀπὸ ΕΖ πρὸς τὸ ἀπὸ ΖΞ, τὸ ΕΘΖ τρίγωνον πρὸς τὸ ΖΞΟ τρίγωνον· δυνάμεθα δὲ πορίσασθαι τὸ ΞΖΟ, ἐπειδήπερ ἑκάστην τῶν πλευρῶν αὐτοῦ δυνατόν ἐστι μετρῆσαι, ὥστε καὶ τὸ ΕΘΖ τρίγωνον πορίσασθαι δυνατόν ἐστιν.

Ὁμοίως δὴ καὶ ἑκάστου τῶν λοιπῶν τριγώνων τὸ ἐμβαδὸνποριούμεθα, ὥστε καὶ τοῦ ὅλου χωρίου δυνατόν ἐστι τὸ ἐμβαδὸν πορίσασθαι.

28. Τὰ δὲ ὑπερτεθέντα νῦν δείξομεν.

Τραπεζίου δοθέντος τοῦ ΑΒΓΔ παράλληλον ἔχοντος τῇ ΑΔ τὴν ΒΓ, καὶ ἔτι ἑκατέραν αὐτῶν καὶ τὴν [μὲν] ἐπ᾽ αὐτὰς κάθετον δοθεῖσαν, ἀγαγεῖν παράλληλον τῇ ΑΔ, ὡς τὴν ΕΖ, ἀπολαμβάνουσαν τὸ ΑΔΕΖ τραπέζιον δοθὲν τῷ μεγέθει.

Γεγονέτω δὴ καὶ ἐκβεβλήσθωσαν αἱ ΒΑ, ΓΔ ἐπὶ τὸ Η· καὶ κάθετος ἡ ΗΘ.

2 ἔστιν H. Schoene : ἔτι M || 3 alt. τὸ H. Schoene : τῷ M || 4 τρίγωνον H. Schoene : τριγώνῳ M (compendium) || 14 μὲν del. H. Schoene.

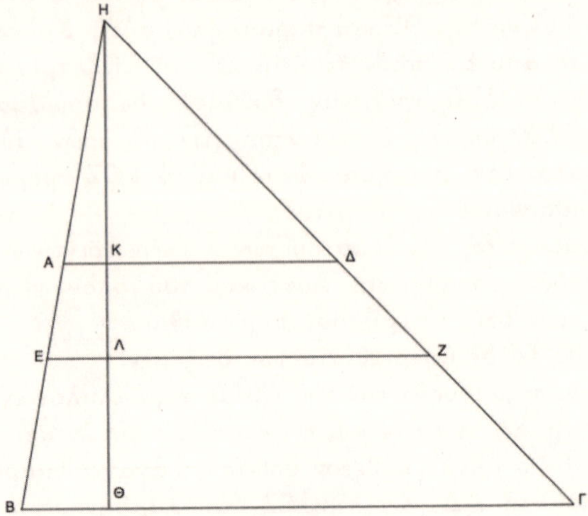

Fig. 28[1]

Puisque chacune des deux droites AΔ et BΓ est donnée en grandeur, le rapport de BΓ à AΔ est donné[2], de sorte qu'est donné aussi celui de ΘH à HK[3] et de ΘK à KH[4] ; et ΘK est donnée[5] ; donc, KH est aussi donnée[6]. Mais AΔ est aussi donnée[7] ; le triangle AΔH est donc aussi donné en grandeur[8] ; le triangle entier HEZ est donc aussi donné[9] ; le

1. La lettre désignatrice Θ a été omise dans M.
2. Euclide, *Data*, 1.
3. *Éléments*, VI, 4.
4. Par application de *Data*, 5, le rapport de ΘH avec ΘK est donné, et donc, par application de *Data* 8, le rapport de ΘK avec KH est également donné.
5. Par hypothèse.
6. *Data*, 2.
7. Par hypothèse.
8. Puisque sont données sa base et sa hauteur.
9. Par application de *Data*, 3, puisque le triangle entier est composé de deux grandeurs données (le triangle AΔH et le trapèze AΔEZ donné par hypothèse).

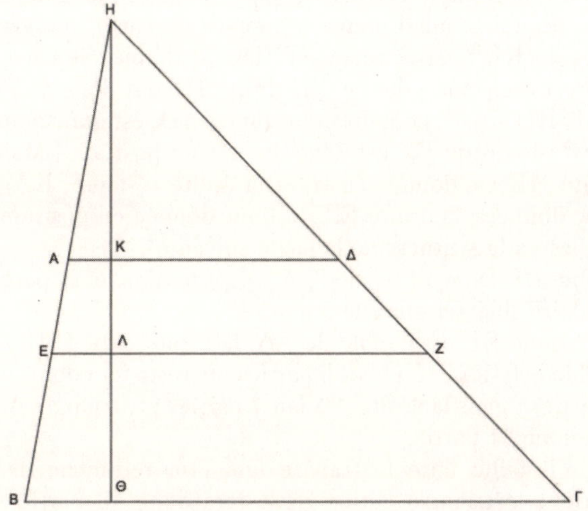

Fig. 28

Ἐπεὶ οὖν ἑκατέρα τῶν ΑΔ, ΒΓ δοθεῖσά ἐστι τῷ μεγέθει, λόγος ἄρα τῆς ΒΓ πρὸς ΑΔ δοθείς, ὥστε καὶ τῆς ΘΗ πρὸς ΗΚ, καὶ τῆς ΘΚ ἄρα πρὸς ΚΗ· καὶ ἔστι δοθεῖσα ἡ ΘΚ, δοθεῖσα ἄρα καὶ ἡ ΚΗ. Ἀλλὰ καὶ ἡ ΑΔ δοθεῖσα· δέδοται οὖν καὶ τὸ ΑΔΗ τρίγωνον τῷ μεγέθει· δέδοται ἄρα καὶ ὅλον τὸ ΗΕΖ τρίγωνον· λόγος ἄρα τοῦ ΗΕΖ τριγώνου πρὸς τὸ

rapport du triangle HEZ au triangle HΑΔ est donc donné[1], de sorte qu'est aussi donné le rapport du carré sur ΛH au carré de KH[2] ; et le carré sur HK est donné ; le carré de HΛ est donc aussi donné[3] ; la droite HΛ est donc donnée. [Mais HΘ aussi[4], et la droite restante, ΛΘ, est donc donnée aussi[5] ; la droite EZ est donc donnée en position.] Mais la droite HK est donnée aussi, et la droite restante, KΛ, est donc donnée ; la droite EZ est donc donnée en position[6].

On fera la synthèse de la façon suivante[7].

Que BΓ fasse 14 parties[8], AΔ sept parties, et la perpendiculaire abaissée sur elle 6 parties.

Puisque BΓ est double de AΔ, la droite entière HΘ est double de HK ; et KΘ fait 6 parties ; le reste fera donc aussi 6 parties ; mais la droite AΔ fait 7 parties ; le triangle AΔH fera donc 21 parties.

Qu'il faille faire le trapèze que l'on retranche de 19 parties ; le triangle entier HEZ fera donc 40 parties. Et

1. *Data*, 1.
2. Par application d'*Éléments*, VI, 19 dans les triangles semblables HKΔ et HΛZ, et de *Data*, 54.
3. *Data*, 2.
4. *Data*, 3.
5. *Data*, 4.
6. Par application de *Data*, 28, puisqu'on a démontré dans ce qui précède que le point Λ est donné de position.
7. La synthèse conduit à la construction de la parallèle EZ, qui donne la solution du problème. Elle est numérique comme dans les deux chapitres suivants, le segment de droite étant à la fois un objet géométrique et une longueur mesurable sur le terrain. Sur l'élocution propre à ces parties numériques, voir Note complémentaire [103].
8. On trouve ici comme dans les parties numériques des chapitres 29 et 30 le terme μοῖραι là où les propositions correspondantes des *Metrica* ont μονάδες « unités ».

ΗΑΔ τρίγωνον δοθείς, ὥστε καὶ τοῦ ἀπὸ ΛΗ πρὸς τὸ ἀπὸ ΚΗ λόγος ἐστὶ δοθείς· καὶ ἔστι δοθὲν τὸ ἀπὸ ΗΚ, δοθὲν ἄρα καὶ τὸ ἀπὸ ΗΛ· δοθεῖσα ἄρα ἡ ΗΛ. [Ἀλλὰ καὶ ἡ ΗΘ, καὶ λοιπὴ ἄρα ἡ ΛΘ δοθεῖσά ἐστιν· θέσει ἄρα ἡ ΕΖ.] Ἀλλὰ καὶ ἡ ΗΚ δοθεῖσα, καὶ λοιπὴ ἄρα ἡ ΚΛ δοθεῖσά ἐστιν· θέσει ἄρα [καὶ] ἡ ΕΖ·

Συντεθήσεται δὴ οὕτως.

Ἔστω ἡ μὲν ΒΓ μοιρῶν ιδ, ἡ <δὲ> ΑΔ μοιρῶν ἑπτά, ἡ δὲ ἐπ' αὐτὴν κάθετος μοιρῶν ϛ.

Ἐπεὶ οὖν διπλασία ἐστὶν ἡ ΒΓ τῆς ΑΔ, ὅλη ἄρα ἡ ΗΘ τῆς ΗΚ ἐστι διπλασίων· καὶ ἔστιν ἡ ΚΘ μοιρῶν ϛ· ἔσται ἄρα καὶ <ἡ> λοιπὴ μοιρῶν ϛ· ἀλλὰ [καὶ] ἡ ΑΔ μοιρῶν ζ· τὸ ἄρα ΑΔΗ τρίγωνον ἔσται μοιρῶν κα.

Δέον οὖν ἔστω τὸ ἀφαιρούμενον τραπέζιον ποιεῖν μοιρῶν ιθ· ὅλον ἄρα τὸ ΗΕΖ τρίγωνον ἔσται μοιρῶν

2 pr. τὸ Η. Schoene : τῷ M || 4 Ἀλλὰ — ΕΖ del. Vincent || ΛΘ Vincent : ΛΗ M || 5 θέσει Vincent : θέσις M || καὶ del. Decorps-F. || 7 ΕΖ Vincent : ΕΒ M || 9 δὲ add. Vincent || 10 αὐτὴν V : αὐτ/ς M || 12 ΗΘ Vincent : ΠΟ M || 13 ἡ add. Vincent || 14 καὶ del. Decorps-F.

puisque HK fait 6 parties, le carré sur elle fait 36 parties. Je multiplie donc 36 par 40[1] : cela donne 1 440 ; et je divise par 21[2] : cela donne 68 1/2 1/14[3] ; la racine carrée de ce nombre donne approximativement[4] 8 2/7[5] ; la droite HΛ fera donc 8 2/7 parties, dont la droite HK représente 6 parties ; donc, le reste, KΛ, fait 2 2/7parties, de sorte que, si de la perpendiculaire je retranche deux parties et 2/7, et que je mène une parallèle, le trapèze que l'on retranche fera 19 parties.

29. [6] Si on a un triangle ABΓ ainsi qu'une perpendiculaire AΔ, mener une droite AE délimitant le triangle donné ABE[7].

Que cela soit fait ; le rectangle compris par les droites AB et BE[8] est donc donné aussi ; le point E est donc donné.

1. En reprenant la proportion tr. HEZ : tr. HAΔ = $HΛ^2$: HK^2 par application d'*Éléments*, VI, 19.

2. Pour obtenir la mesure de $HΛ^2$.

3. Quand on lit dans un texte grec une expression numérique comme 68 1/2 1/14, il faut comprendre 68 + 1/2 + 1/14, c'est-à-dire 68 4/7 ; une suite de fractions de numérateur égal à l'unité est à lire comme la somme de ces fractions, non pas comme leur produit. Cette façon d'exprimer une fraction par une somme de plusieurs fractions de numérateur égal à l'unité remonte aux Égyptiens.

4. Le texte suppose connue et appliquée la méthode d'approximation de la racine carrée exposée dans les *Metrica* (livre I, chap. 8), dans le cas où l'on n'a pas affaire au carré d'un nombre entier.

5. On a ici à quelques lignes d'intervalle deux notations différentes pour les nombres fractionnaires, l'une qui juxtapose la partie entière et les parties fractionnaires (ξη ∠ ιδ'), l'autre qui coordonne la partie entière et la partie fractionnaire (η καὶ β ζ').

6. Nouveau problème de division qui répond directement à la demande formulée à la fin du chapitre 26.

7. Voir Note complémentaire [104].

8. *Éléments*, I, 41.

μ. Καὶ ἐπεὶ ἡ ΗΚ μοιρῶν ἐστι ϛ, τὸ ἄρα ἀπ᾽ αὐτῆς μοιρῶν ἐστι λϛ. Πολλαπλασιάζω οὖν τὰ λϛ ἐπὶ τὰ μ· γίνεται ͵αυμ· καὶ παραβάλλω παρὰ τὸν κα, γίνεται ξη ∠ ιδʹ· καὶ τούτων πλευρὰ τετραγωνικὴ γίνεται ὡς ἔγγιστα η καὶ β ζʹ· ἔσται οὖν ἡ ΗΛ μοιρῶν η καὶ β ζʹ, ὧν ἡ ΗΚ μοιρῶν ϛ· λοιπὴ ἄρα ἡ ΚΛ μοιρῶν β καὶ β ζʹ, ὥστ᾽ ἐὰν ἀπὸ τῆς καθέτου ἀφέλω μοίρας δύο καὶ β ζʹ καὶ παράλληλον ἀγάγω, ἔσται τὸ ἀφαιρούμενον τραπέζιον μοιρῶν ιθ.

29. Τριγώνου ὄντος τοῦ ΑΒΓ καὶ καθέτου τῆς ΑΔ διαγαγεῖν τὴν ΑΕ ἀπολαμβάνουσαν τὸ ΑΒΕ τρίγωνον δοθέν.

Γεγονέτω· δοθὲν οὖν καὶ τὸ ὑπὸ ΑΒΕ· δοθὲν ἄρα τὸ Ε.

2 λϛ Vincent (iam Mieg) : λϟ M (ϟ e corr.) || 5 β ζʹ Vincent : β ξʹ M || 6 β ζʹ Vincent : β ξʹ M.

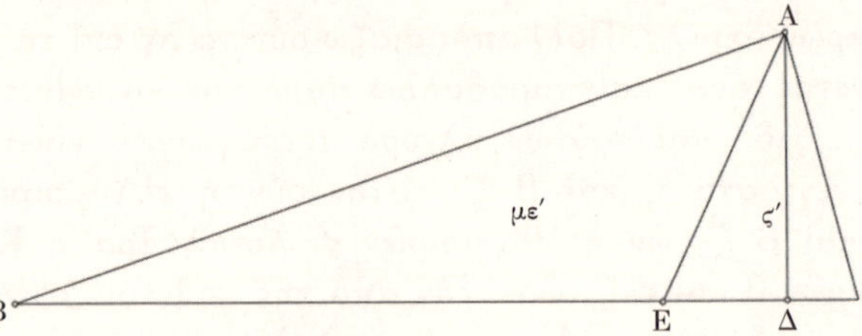

Fig. 29[1]

Que[2] la perpendiculaire AΔ fasse 6 parties, et le triangle que l'on retranche, 45 parties.

Deux fois 45 font 90[3]. Je divise par 6, cela donne 15.

<Que soit délimitée une droite BE de 15 parties> et que soit menée une droite de jonction AE ; le triangle ABE fera alors 45 parties.

30. [4] Trouver la superficie d'un triangle, les côtés étant donnés.

Il est d'abord[5] possible, en menant une perpendiculaire et en trouvant sa longueur, de découvrir la superficie du triangle[6].

Qu'il faille trouver maintenant la superficie sans la perpendiculaire[7].

Soit un triangle donné ABΓ, et soit donné chacun des côtés.

Trouver la superficie[8].

1. L'ordre des figures des chapitres 29 et 30 a été interverti dans M.
2. C'est ici le début de la synthèse, qui va construire la droite de partage AE, issue du sommet A du triangle donné à diviser, le triangle ABΓ.
3. C'est la surface double du triangle ABE.
4. Voir Note complémentaire [105].
5. Voir Note complémentaire [106].
6. Voir Note complémentaire [107].
7. Voir Note complémentaire [108].
8. Voir Note complémentaire [109].

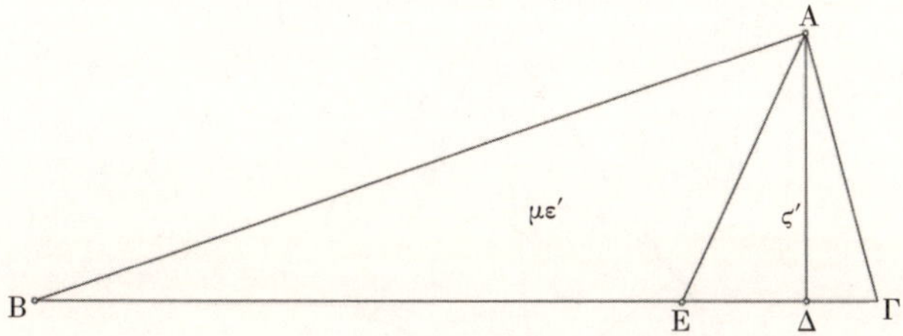

Fig. 29

Ἔστω οὖν ἡ ΑΔ κάθετος μοιρῶν ϛ, τὸ δὲ ἀφαιρούμενον τρίγωνον μοιρῶν με.

Δὶς τὰ με γίνονται ϟ. Παραβάλλω παρὰ τὸν ϛ· γίνονται ιε.

<Ἀπειλήφθω οὖν ἡ ΒΕ μοιρῶν ιε> καὶ ἐπεζεύχθω ἡ ΑΕ· ἔσται δὴ τὸ ΑΒΕ τρίγωνον μοιρῶν με.

30. Τριγώνου δοθεισῶν τῶν πλευρῶν εὑρεῖν τὸ ἐμβαδόν.

Δυνατὸν μὲν οὖν ἐστιν ἀγαγόντα μίαν κάθετον καὶ πορισάμενον αὐτῆς τὸ μέγεθος εὑρεῖν τοῦ τριγώνου τὸ ἐμβαδόν.

Δέον δ' ἔστω χωρὶς τῆς καθέτου τὸ ἐμβαδὸν πορίσασθαι.

Ἔστω τὸ δοθὲν τρίγωνον τὸ ΑΒΓ, καὶ ἔστω ἑκάστη τῶν πλευρῶν δοθεῖσα.

Εὑρεῖν τὸ ἐμβαδόν.

3 τὸν H. Schoene : τῶν M || 5 ἀπειλήφθω — ιε add. H. Schoene || 10 αὐτῇ]ς e corr. M || 12 Δέον δ' ἔστω H. Schoene : δεδόσθω δὲ M.

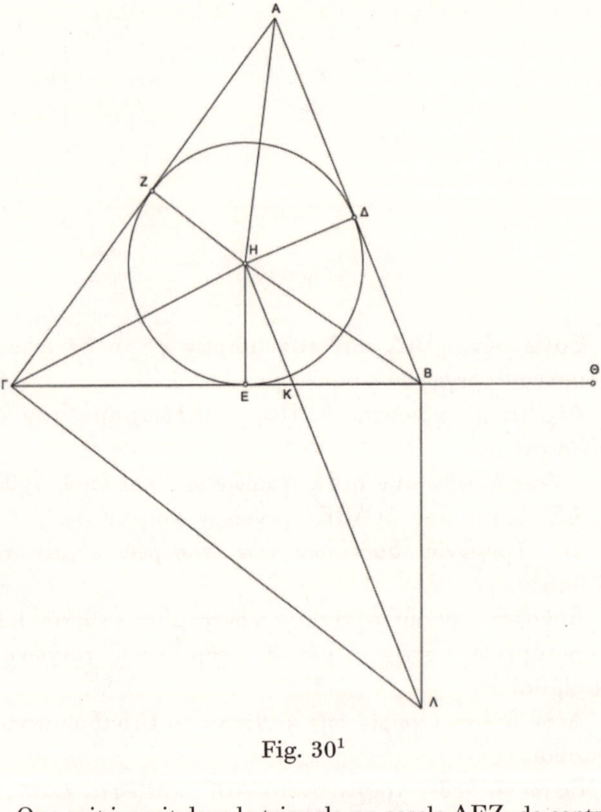

Fig. 30[1]

Que soit inscrit dans le triangle un cercle ΔEZ, de centre H[2] ; et que soient menées des droites de jonction HA, HB, HΓ, HΔ, HE et HZ.

Le rectangle compris par BΓ, HE est donc le double du triangle BHΓ[3], le rectangle compris par AB, HΔ est le double de AHB, et le rectangle compris par AΓ, HZ est le double de AΓH. Le rectangle compris par le périmètre

1. Voir Note complémentaire [110].
2. Voir Note complémentaire [111].
3. *Éléments*, I, 41.

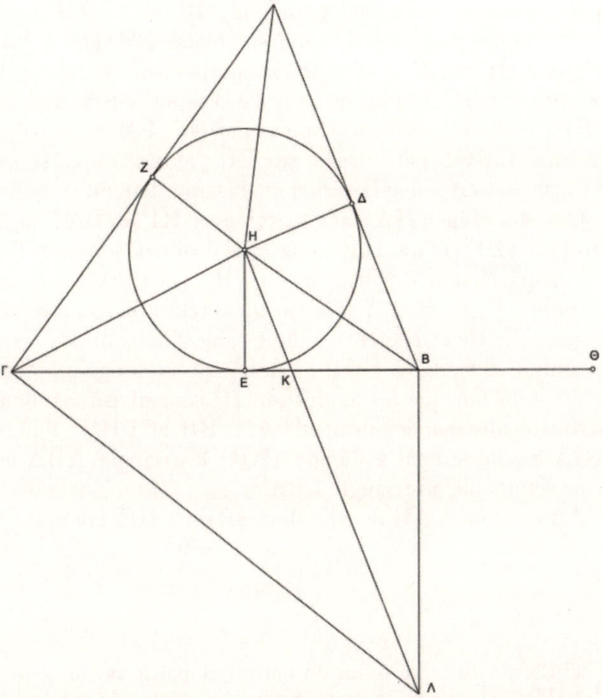

Fig. 30

Ἐγγεγράφθω δὲ εἰς τὸ τρίγωνον κύκλος ὁ ΔΕΖ οὗ κέντρον ἔστω τὸ Η· καὶ ἐπεζεύχθωσαν αἱ ΗΑ, ΗΒ, ΗΓ, ΗΔ, ΗΕ, ΗΖ.

Τὸ μὲν ἄρα ὑπὸ ΒΓ, ΗΕ διπλάσιόν ἐστι τοῦ ΒΗΓ τριγώνου, τὸ δὲ ὑπὸ ΑΒ, ΗΔ τοῦ ΑΗΒ, τὸ δὲ ὑπὸ ΑΓ, ΗΖ τοῦ ΑΓΗ. Τὸ οὖν ὑπὸ τῆς περιμέτρου τοῦ ΑΒΓ τριγώνου καὶ τῆς ΗΕ, τουτέστι τῆς ἐκ τοῦ

du triangle ΑΒΓ et ΗΕ[1], c'est-à-dire le rayon[2] du cercle ΔΖΕ, est donc le double du triangle ΑΒΓ.

Que soit prolongée ΓΒ, et que soit placée ΒΘ égale à ΑΔ ; la droite ΘΓ est donc la moitié du périmètre[3] ; le rectangle compris par ΘΓ, ΕΗ est donc égal à la superficie du triangle ΑΒΓ ; mais le rectangle compris par ΘΓ, ΕΗ est le côté[4] du carré sur ΘΓ par le carré sur ΕΗ ; le côté du carré sur ΘΓ par le carré sur ΕΗ sera donc la superficie du triangle.

Que soit menée ΗΛ à angle droit avec ΗΓ, et ΒΛ à angle droit avec ΒΓ ; et que soit menée une droite de jonction ΓΛ.

Puisque chacun des deux angles ΓΗΛ <et ΓΒΛ> est droit, les points Γ, Η, Β et Λ sont sur un cercle[5] ; la somme[6] des angles ΓΗ<Β> et ΓΛ<Β> est donc égale à deux droits[7] ; <or la somme des angles ΓΗΒ et ΑΗΔ est aussi égale à deux droits,> du fait que les angles[8] en Η[9] sont divisés en deux parties égales par les droites[10] ΑΗ, ΒΗ et ΓΗ[11] ; l'angle ΑΗΔ est donc égal à l'angle ΓΛΒ ; le triangle ΑΗΔ est donc semblable au triangle ΓΒΛ[12].

ΑΔ est donc à ΔΗ, c'est-à-dire ΘΒ est à ΗΕ, comme ΓΒ

1. C'est-à-dire le produit du périmètre par le rayon.
2. Littéralement « la droite menée du centre du cercle » (ἡ ἐκ τοῦ κέντρου τοῦ κύκλου εὐθεῖα). Sur cette expression canonique, voir M. Federspiel, « Sur l'expression linguistique du rayon dans les mathématiques grecques », Les *Études classiques* 73, 2005, p. 97-108.
3. Voir Note complémentaire [112].
4. C'est-à-dire, en langage moderne, la racine carrée.
5. Un cercle de diamètre ΓΛ ; voir *Éléments*, III, 31.
6. Voir Note complémentaire [113].
7. *Éléments*, III, 22.
8. Voir Note complémentaire [114].
9. C'est-à-dire les angles ΖΗΔ, ΕΗΔ, ΖΗΕ.
10. Ce sont les bissectrices intérieures du triangle ΑΒΓ.
11. Voir Note complémentaire [115].
12. Puisque les deux triangles rectangles ont un angle aigu égal.

κέντρου τοῦ ΔΖΕ κύκλου, διπλάσιόν ἐστι τοῦ ΑΒΓ τριγώνου.

Ἐκϐεϐλήσθω ἡ ΓΒ, καὶ τῇ ΑΔ ἴση κείσθω ἡ ΒΘ· ἡ ἄρα ΘΓ ἡμίσειά ἐστι τῆς περιμέτρου· τὸ ἄρα ὑπὸ ΘΓ, ΕΗ ἴσον ἐστὶ τῷ τοῦ ΑΒΓ τριγώνου ἐμϐαδῷ· ἀλλὰ τὸ ὑπὸ ΘΓ, ΕΗ πλευρά ἐστι τοῦ ἀπὸ ΘΓ ἐπὶ τὸ ἀπὸ [τοῦ] ΕΗ· τοῦ ἄρα ἀπὸ ΘΓ ἐπὶ τὸ ἀπὸ ΕΗ ἡ πλευρὰ ἔσται τὸ τοῦ τριγώνου ἐμϐαδόν.

Ἤχθω τῇ ΗΓ πρὸς ὀρθὰς ἡ ΗΛ, τῇ δὲ ΒΓ ἡ ΒΛ· καὶ ἐπεζεύχθω ἡ ΓΛ.

Ἐπεὶ οὖν ὀρθή ἐστιν ἑκατέρα τῶν ὑπὸ ΓΗΛ, <ΓΒΛ>, ἐν κύκλῳ ἄρα ἐστὶ τὰ Γ, Η, Β, Λ· αἱ ἄρα ὑπὸ ΓΗ<Β>, ΓΛ<Β> δυσὶν ὀρθαῖς ἴσαι· <εἰσὶν δὲ καὶ αἱ ὑπὸ ΓΗΒ, ΑΗΔ δυσὶν ὀρθαῖς ἴσαι,> διὰ τὸ δίχα τέμνεσθαι τὰς πρὸς τῷ Η γωνίας ταῖς ΑΗ, ΒΗ, ΓΗ· ἴση ἄρα ἐστὶν ἡ ὑπὸ ΑΗΔ τῇ ὑπὸ ΓΛΒ· ὅμοιον ἄρα τὸ ΑΗΔ τῷ ΓΒΛ τριγώνῳ.

Ὡς ἄρα ἡ ΓΒ πρὸς ΒΛ, ἡ ΑΔ πρὸς ΔΗ, τουτέστιν ἡ ΘΒ πρὸς ΗΕ. Καὶ ἐναλλὰξ ὡς ἡ ΓΒ πρὸς ΒΘ, ἡ

4 ἡμίσειά Vincent : ἡμισει (sic) M || 5 ἐμϐαδῷ Vincent : ἐμϐαδὸν M || 7 pr. τοῦ del. Vincent || pr. ἀπὸ Vincent : ἴσον (compendium) ut uid. M || 8 τὸ Vincent : τῷ M || 9 ΗΓ Vincent : ΝΓ M || 10 ΓΛ Vincent : ΓΔ M || 12 ΓΒΛ add. Vincent (iam Mieg) || 13 ὑ[πὸ fere euan. M || pr. Β add. Vincent (iam Mieg) || alt. Β add. Vincent (iam Mieg) || 13-14 εἰσὶν — ἴσαι Heron (*Metrica*, I, 8) : om. M || 15 τῷ Vincent : τὸ M || 18 ΒΛ M^1 : ΑΒΛ M.

est à BΛ[1]. Et par permutation[2], BΛ est à HE, c'est-à-dire BK est à KE[3], comme ΓB est à BΘ. Et par composition, BE est à EK comme ΓΘ est à ΘB, de sorte que, également, le rectangle compris par BE et EΓ est au rectangle compris par ΓE et EK, c'est-à-dire au carré sur HE[4], comme le carré sur ΓΘ est au rectangle compris par ΓΘ et ΘB ; de sorte que le carré sur ΓΘ par le carré sur EH, dont le triangle était le côté, sera égal au rectangle compris par ΓΘ et ΘB par le rectangle compris par ΓE et EB.

Et chacune des droites ΓΘ, ΘB, BE et EΓ sera donnée, car ΓΘ est la moitié du périmètre ; et ΘB est l'excès par lequel la moitié du périmètre surpasse ΓB, <BE, l'excès par lequel la moitié du périmètre surpasse AΓ>, et ΓE l'excès par lequel la moitié du périmètre surpasse AB ; la superficie du triangle sera donc donnée aussi.

On fera la synthèse de la façon suivante.

Que AB fasse 13 parties, BΓ, 14, et ΓA, 15.

Additionne les trois[5], cela fait 42 ; la moitié de ce nombre, 21 ; retranche 13, il reste 8 ; retranche 14, il reste 7 ; retranche 15, il reste 6. Et 21, 8, 7 et 6, multipliés entre eux, font 7 056 ; le côté[6] de ce nombre sera 84.

La superficie du triangle est de 84.

1. *Éléments*, VI, 4.

2. Sur cette opération et la suivante, voir Note complémentaire [116].

3. En raison de la similitude des triangles rectangles opposés par le sommet, HKE et ΛKB.

4. Par application d'*Éléments*, VI, 8, porisme dans le triangle rectangle ΓHK.

5. C'est-à-dire les trois côtés.

6. Les valeurs numériques, dans cet exemple, ont été soigneusement choisies pour que l'on évite de se trouver maintenant en face d'un nombre dont il faudrait donner la racine carrée par approximation ; tel n'était pas le cas à la fin du chapitre 28.

ΒΛ πρὸς ΗΕ, τουτέστιν ἡ ΒΚ πρὸς ΚΕ. Καὶ συνθέντι ὡς ἡ ΓΘ πρὸς ΘΒ, οὕτως ἡ ΒΕ πρὸς ΕΚ, ὥστε καὶ ὡς τὸ ἀπὸ ΓΘ πρὸς τὸ ὑπὸ ΓΘΒ, οὕτω τὸ ὑπὸ ΒΕΓ, πρὸς τὸ ὑπὸ ΓΕΚ, τουτέστι πρὸς τὸ ἀπὸ ΗΕ, ὥστε τὸ ἀπὸ ΓΘ ἐπὶ τὸ ἀπὸ ΕΗ, οὗ πλευρὰ ἦν τὸ τρίγωνον, ἴσον ἔσται τῷ ὑπὸ ΓΘΒ ἐπὶ τὸ ὑπὸ ΓΕΒ.

Καὶ ἔσται δοθεῖσα ἑκάστη τῶν ΓΘ, ΘΒ, ΒΕ, ΕΓ· ἡ μὲν γὰρ ΓΘ ἡμίσειά ἐστι τῆς περιμέτρου· ἡ δὲ ΘΒ ὑπεροχὴ ᾗ ὑπερέχει ἡ ἡμίσεια τῆς περιμέτρου τῆς ΒΓ· <ἡ δὲ ΒΕ, ᾗ ὑπερέχει ἡ ἡμίσεια τῆς περιμέτρου τῆς ΑΓ,> ἡ δὲ ΓΕ, ᾗ ὑπερέχει ἡ ἡμίσεια τῆς περιμέτρου τῆς ΑΒ· δοθὲν ἄρα καὶ τὸ ἐμβαδὸν <τοῦ> τριγώνου.

Συντεθήσεται δὴ οὕτως.

Ἔστω ἡ μὲν ΑΒ μοιρῶν ιγ, ἡ δὲ ΒΓ μοιρῶν ιδ, ἡ δὲ ΓΑ ιε.

Σύνθες τὰς τρεῖς, γίνονται μβ· τούτων τὸ ἥμισυ κα· ἄφελε τὰ ιγ, λοιπὸν η· καὶ τὰ ιδ, λοιπὸν ζ· καὶ τὰ ιε, λοιπὸν ϛ. Τὰ κα, η, ζ, ϛ δι' ἀλλήλων γίνονται ,ζνϛ· τούτων ἡ πλευρὰ ἔσται πδ.

Τὸ ἐμβαδὸν τοῦ τριγώνου πδ.

1 ΗΕ Vincent (iam Mieg) : ΝΕ Μ || 2 ΕΚ Vincent (iam Mieg) : ΗΚ Μ || 3 pr. τὸ H. Schoene : τῷ Μ || alt. τὸ H. Schoene : τῷ Μ || 5 ἐπὶ Vincent : ἐπεὶ Μ || 9 ὑπεροχὴ ᾗ Vincent : ὑπεροχὴν Μ || 10-11 ἡ — ΑΓ add. Vincent (iam Mieg, sed post ΑΒ, l. 11) || 13 τοῦ add. H. Schoene || 17 σύνθες H. Schoene : συνθέντας Μ || 20 ,ζνϛ Vincent (iam Mieg) : ,ζηϛ Μ || πδ Vincent (iam Mieg) : ΗΔ Μ.

31. [1] Une source[2] étant donnée, examiner la quantité de son écoulement[3], c'est-à-dire de son jaillissement[4].

Il faut bien sûr savoir que le jaillissement ne demeure pas toujours identique. Quand il y a de fortes pluies, il augmente, parce que l'eau des montagnes, qui est en surabondance, est expulsée avec plus de force ; en période de sécheresse au contraire l'écoulement se réduit, parce que l'alimentation est moindre. Cependant les bonnes sources ne réduisent que très peu leur jaillissement. Il faut donc enfermer la totalité de l'eau de la source de sorte qu'elle n'ait nulle part où s'échapper, et construire un conduit en plomb[5], de section carrée[6], en le calculant[7] plutôt beaucoup plus important que l'écoulement ; ensuite l'adapter en un endroit précis de sorte que l'eau de la source s'écoule par le conduit. Il faut que ce dernier soit placé à l'endroit le plus bas de la

1. Voir Note complémentaire [117].

2. Le mot utilisé est πηγή, qu'il faut distinguer de κρηνή « fontaine ». Cette dernière est un endroit aménagé où l'on puise l'eau ; cette eau n'est pas jaillissante ; tandis que πηγή se dit d'une eau qui sort du sol.

3. Le traitement de cette question a été repris dans la *Géodésie* de l'Anonyme de Byzance au chapitre 10 (voir Notice, « Histoire du texte »), mais avec d'autres mesures et l'ajout d'un exemple numérique pour illustrer la mesure du temps d'écoulement (voir l'édition de D. F. Sullivan, p. 142-145).

4. Ἀνάϐλυσις est très rare en grec. La première occurrence semble être chez Aristote, *De mundo* 396A 22 (πηγῶν ἀναϐλύσεις). Ce chapitre de la *Dioptre* en offre à lui seul quatre occurrences. Mais le mot ne se trouve nulle part ailleurs chez Héron.

5. Voir Note complémentaire [118].

6. Voir Note complémentaire [119]

7. Le verbe στοχάζομαι, qui n'apparaît nulle part ailleurs chez Héron, est présent deux fois dans ce chapitre ; la seule autre occurrence, στοχαζομένῳ, se trouve dans le chapitre sur la scénographie des *Definitiones*, ouvrage pseudo-héronien (= *Heron Alexandrinus Opera*, 4, p. 106, l. 24).

31. Πηγῆς ὑπαρχούσης ἐπισκέψασθαι τὴν ἀπόρρυσιν αὐτῆς, τουτέστι τὴν ἀνάβλυσιν, ὅση ἐστίν.

Εἰδέναι μέντοι χρὴ ὅτι οὐκ ἀεὶ ἡ ἀνάβλυσις ἡ αὐτὴ διαμένει. Ὄμβρων μὲν γὰρ ὄντων ἐπιτείνεται διὰ τὸ ἐπὶ τῶν ὀρῶν τὸ ὕδωρ πλεονάζον βιαιότερον ἐκθλίβεσθαι, αὐχμῶν δὲ ὄντων ἀπολήγει ἡ ῥύσις διὰ τὸ μὴ ἐπιφέρεσθαι πλέον ὕδωρ. Αἱ μέντοι γενναῖαι πηγαὶ οὐ παρὰ πολὺ τὴν ἀνάβλυσιν ἴσχουσιν. Δεῖ οὖν περιλαβόντα τὸ πᾶν τῆς πηγῆς ὕδωρ, ὥστε μηδαμόθεν ἀπορρεῖν, σωλῆνα τετράγωνον μολιβοῦν ποιῆσαι στοχασάμενον μᾶλλον μείζονα πολλῷ τῆς ἀπορρύσεως· εἶτα δι' ἑνὸς τόπου ἐναρμόσαι αὐτὸν ὥστε δι' αὐτοῦ τὸ ἐν τῇ πηγῇ ὕδωρ ἀπορρεῖν. Δεῖ δὲ αὐτὸν κεῖσθαι εἰς τὸν ταπεινότερον τῆς πηγῆς τόπον, ὥστ' ἔχειν τὴν ἀπόρρυσιν· τὸν δὲ ταπει-

4 ἐπιτείνεται Anonym. Byz. uide adn. : ἐπιτίθεται διατίθεται M || 5 πλεόναζον Anonym. Byz. : πλεονάζειν M || 6 ἐκθλίβεσθαι Anonym. Byz. : ἐκθλιβόμενον M || 7 γενναῖαι Vincent : γένναι αἵ M || 10 μολιβοῦν Anonym. Byz. : μολιβον (sic) M || 15 ὥστ' M : ὡς ῥᾳδίαν Anonym. Byz. || τὴν Anonym. Byz. : αὐτὸν M.

source[1], de sorte qu'il reçoive l'écoulement[2]. C'est à l'aide de la dioptre que nous déterminerons l'endroit le plus bas de la source[3].

L'eau qui s'écoule par le conduit sera interceptée[4] à l'embouchure du conduit ; celle-ci intercepte, par exemple, 2 doigts[5]. Que l'embouchure du conduit ait également comme largeur 6 doigts ; 6 fois 2 font 12[6] ; nous déclarerons[7] alors que le jaillissement de la source est de 12 doigts[8].

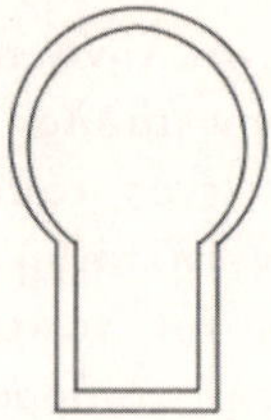

Fig. 31

Mais il faut savoir qu'il n'est pas suffisant, pour connaître la quantité d'eau fournie par la source, de trouver le volume[9] de l'écoulement, que nous disons être de 12 doigts : il faut aussi connaître la vitesse de cet écoulement ; plus

1. Voir Note complémentaire [120].
2. C'est-à-dire la totalité de l'écoulement.
3. Voir le chapitre 6.
4. Voir Note complémentaire [121].
5. 3,7 cm. C'est la hauteur de l'eau dans le conduit.
6. La surface est donc de 12 doigts carrés. La surface d'écoulement est donc de 41,07 cm^2. On caractérise le volume du jaillissement par la seule surface d'écoulement.
7. Voir Note complémentaire [122].
8. Dans M, cette séquence a été reproduite à la fin du chapitre. Le déplacement à cet endroit s'impose, voir Note complémentaire [123].
9. Voir Note complémentaire [124].

νότερον ἐπιγνωσόμεθα τῆς πηγῆς τόπον διὰ τῆς διόπτρας.

Ἀπολήψεται οὖν τὸ ἀπορρέον διὰ τοῦ σωλῆνος ὕδωρ ἐν τῷ περιστομίῳ τοῦ σωλῆνος· οἷον ἀπολαμβάνει δακτύλους β. Ἐχέτω δὲ καὶ τὸ πλάτος τὸ περιστόμιον τοῦ σωλῆνος δακτύλους ς· ἑξάκις δύο γίνονται ιβ· ἀποφανούμεθα δὴ τὴν ἀνάβλυσιν τῆς πηγῆς δακτύλων ιβ.

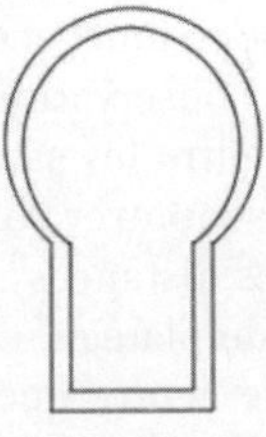

Fig. 31

Εἰδέναι δὲ χρὴ ὅτι οὐκ ἔστιν αὔταρκες πρὸς τὸ ἐπιγνῶναι πόσον χορηγεῖ ὕδωρ ἡ πηγὴ [ἢ] τὸ εὑρεῖν τὸν ὄγκον τοῦ ῥεύματος, ὃν λέγομεν εἶναι δακτύλων ιβ, ἀλλὰ καὶ τὸ τάχος αὐτοῦ· ταχυτέρας

4-5 ἀπολαμβάνει H. Schoene : ἀπολαμβάνειν M || 7 ἀποφανούμεθα — ιβ huc transp. Vincent : in extremo cap. habet M || δὴ Vincent : δὲ M || 8 ιβ Vincent : δέδεκα (sic) M || 10 ἢ del. Vincent || 12 τάχος Anonym. Byz. : πάχος M.

l'écoulement est rapide, plus l'eau est abondante ; plus il est lent, moins il y a d'eau. C'est pourquoi il faut creuser un réservoir en-dessous de l'écoulement de la source et observer avec un cadran solaire la quantité d'eau qui entre dans le réservoir en un certain laps de temps, et ainsi, calculer la quantité d'eau fournie en un jour ; il n'est même pas nécessaire de mesurer le volume de l'écoulement : c'est le temps qui montre ce que fournit la source[1].

32. [2] Puisque nous avons montré les utilisations terrestres de la dioptre que nous avons construite en ce qui concerne tout ce que propose la dioptrique, et que cela a de nombreuses utilités également pour l'observation du ciel, quand on veut connaître les distances entre les astres fixes ou bien encore les planètes, nous allons montrer comment il faut utiliser la dioptre pour prendre ces distances[3].

Sur le bord intérieur du plateau[4] de la dioptre, nous traçerons un cercle de même centre que ce plateau, cercle que décrira la pointe d'un index de graduation[5] fixé sur la règle ; et nous le diviserons en 360 degrés.

Quand nous voulons observer la distance en degrés entre deux astres, que ce soient des planètes ou des astres fixes, ou même que l'un soit un astre fixe et l'autre une planète, retirant du plateau la règle qui sert aux visées[6], nous inclinons le

1. Sur le présent chapitre et sur la question du débit volumique, voir P.-L. Viollet, *L'hydraulique dans les civilisations anciennes. 3500 ans d'histoire*, Paris, 2004, spécialement p. 156.

2. Voir Note complémentaire [125].

3. Voir Note complémentaire [126]

4. Voir Note complémentaire [127].

5. Voir Note complémentaire [128].

6. La règle de visée (l'alidade à pinnules) est non seulement pivotante (voir les chapitres 12 et 17), mais également amovible pour que l'on puisse mettre le plateau dans le plan voulu sans gêner la visibilité. On remet ensuite la règle pour les visées.

μὲν γὰρ οὔσης τῆς ῥύσεως πλέον ἐπιχορηγεῖ τὸ ὕδωρ, βραδυτέρας δέ, ἔλασσον. Διὸ δεῖ ὑπὸ τὴν τῆς πηγῆς ῥύσιν ὀρύξαντα τάφρον τηρῆσαι ἐξ ἡλιακοῦ ὡροσκοπίου ἐν τινὶ ὥρᾳ πόσον ἀπορρεῖ ὕδωρ ἐν τῇ τάφρῳ, καὶ οὕτω στοχάσασθαι τὸ ἐπιχορηγούμενον ὕδωρ ἐν τῇ ἡμέρᾳ πόσον ἐστίν, ὥστ᾽ οὐδὲ ἀναγκαῖόν ἐστι τὸν ὄγκον τῆς ῥύσεως τηρεῖν· διὰ γὰρ τοῦ χρόνου δήλη ἐστὶν ἡ χορηγία.

32. Ἐπεὶ οὖν [διὰ] τῆς κατασκευασθείσης ἡμῖν διόπτρας τὰς ἐπὶ γῆς χρείας πρὸς τὰς διοπτρικὰς ἐπαγγελίας ἀπεδείξαμεν, εὔχρηστον δ᾽ ἐστὶν εἰς πολλὰ καὶ πρὸς τὰ οὐράνια πρὸς τὸ τὰς τῶν ἀπλανῶν ἀστέρων ἢ καὶ τῶν πλανητῶν ἀποστάσεις εἰδέναι, ἀποδείξομεν διὰ τῆς διόπτρας ὡς δεῖ καὶ τὰ ἀποστήματα λαμβάνειν.

Ἐν γὰρ τῷ ὑπὸ γαστέρα τοῦ τυμπάνου τοῦ ἐν τῇ διόπτρᾳ κύκλον γράψομεν περὶ τὸ αὐτὸ κέντρον τῷ τυμπάνῳ, ὃν γράψει τὸ τοῦ μοιρογνωμονίου ἄκρον τοῦ ἐν τῷ κανόνι· καὶ τοῦτον διελοῦμεν εἰς μοίρας τξ.

Ὅταν οὖν βουλώμεθα δύο ἀστέρων τὸ μεταξὺ διάστημα ἐπισκέψασθαι ὅσων μοιρῶν ὑπάρχει, ἐάν τε τῶν πλανητῶν εἴησάν τινες ἢ καὶ τῶν ἀπλανῶν ἢ καὶ ὁ μὲν ἕτερος αὐτῶν εἴη τῶν ἀπλανῶν, ὁ δὲ ἕτερος τῶν πλανητῶν, ἀφελόντες τὸν κανόνα δι᾽ οὗ διοπτεύομεν ἀπὸ τοῦ τυμπάνου, ἐγκλίνομεν αὐτὸ

2 δεῖ Vincent (iam Mieg) : δὴ M || 9 διὰ del. Decorps-F. (fort. delendum H. Schoene) || 17 τὸ αὐτὸ M[1] : τῷ αὐτῷ M || 18 μοιρογνωμονίου Vincent : μυρογνωμονίου M || 23 εἴησάν V : εἰ M || ἢ V : ἡ M || 24 ἕτερος Vincent (iam Mieg) : ἀστέρος M.

plateau lui-même jusqu'à ce qu'apparaissent ensemble dans son plan les deux astres en question. Ensuite, remettant la règle, avec sa position habituelle, tout le reste demeurant immobile, je la ferai pivoter jusqu'à ce qu'apparaisse en visée l'un des astres ; et ayant marqué le degré où se trouve l'un des index de graduation, je fais pivoter la règle jusqu'à ce que le deuxième astre apparaisse aussi dans son axe.

Ensuite, en marquant de la même manière le degré où se trouve le même index, je saurai le nombre de degrés qu'il y a entre les deux points que j'ai pris ; et je pourrai déclarer que tel est le nombre de degrés dont les astres sont distants l'un de l'autre.

33. [1] Puisque certains se servent de ce que l'on appelle l'*astériskos*[2] pour un petit nombre d'opérations qui relèvent entièrement de la dioptre, il est raisonnable, pensons-nous, d'indiquer ce qui arrive avec cet appareil à ceux qui tentent de l'utiliser, pour leur éviter de commettre à leur insu des erreurs imputables à l'ignorance.

Les utilisateurs, je pense, ont pu faire l'expérience de ses difficultés d'emploi[3] : les fils auxquels sont suspendus les poids, au lieu de s'immobiliser rapidement, restent un certain temps à bouger, surtout quand il souffle un fort vent.

1. M ne présente aucune séparation entre les deux chapitres 32 et 33.
2. Voir Note complémentaire [129].
3. Le principe de fonctionnement de l'instrument peut être rapproché de celui de notre équerre d'arpenteur utilisée pour les visées orthogonales : 4 branches perpendiculaires de même dimension, les quatre fils suspendus formant deux à deux des plans de visée. Héron montre les deux inconvénients de l'instrument sur le terrain : 1) les fils peuvent ne pas être bien verticaux (vent, tube avec frottement intérieur du poids) ; 2) même quand les fils sont bien verticaux, ou qu'on a réussi à les immobiliser à la verticale, il arrive que la croix sommitale aux extrémités de laquelle sont suspendus les fils avec leurs plombs ne soit pas dans un plan absolument horizontal, ce qui est une autre manière de fausser les mesures.

τὸ τύμπανον, ἄχρις ἂν διὰ τοῦ ἐπιπέδου αὐτοῦ φανῶσιν οἱ εἰρημένοι ἀστέρες ἅμα ἀμφότεροι. Εἶτα ἐντιθεὶς τὸν κανόνα ὡς εἴθισται, τῶν ἄλλων ἀκινήτων ἐπιστρέψω αὐτὸν ἄχρις ἂν εἷς τῶν ἀστέρων φανῇ· καὶ παρασημηνάμενος τὴν μοῖραν καθ' ἣν ἓν τῶν μοιρογνωμονίων ὑπάρχει [τὸ μέρος αὐτῆς] ἐπιστρέφω τὸν κανόνα ἄχρις οὗ καὶ ὁ ἕτερος ἀστὴρ δι' αὐτοῦ φανῇ.

Εἶτα ὁμοίως παρασημηνάμενος τὴν μοῖραν καθ' ἣν τὸ αὐτὸ μοιρογνωμόνιον ὑπάρχει, ἐπιγνώσομαι τὸ πλῆθος τῶν μοιρῶν τὸ μεταξὺ τῶν ληφθέντων δύο σημείων· καὶ τοσαύτας ἀποφανοῦμαι τοὺς ἀστέρας ἀπέχειν ἀπ' ἀλλήλων μοίρας.

33. Ἐπεὶ οὖν τινες χρῶνται τῷ καλουμένῳ ἀστερίσκῳ πρὸς ὀλίγας παντελῶς διοπτρικὰς χρείας, εὔλογον ἡγούμεθα τὰ περὶ αὐτὸν συμβαίνοντα μηνῦσαι τοῖς πειρωμένοις χρήσασθαι αὐτῷ, ὅπως μὴ παρὰ τὴν ἄγνοιαν ἁμαρτάνοντες λανθάνωσιν.

Τοὺς μὲν οὖν κεχρημένους οἶμαι πεπειρᾶσθαι τῆς δυσχρηστίας αὐτοῦ, ὅτι αἱ σπάρται ἐξ ὧν τὰ βάρη κρέμανται οὐ ταχέως ἠρεμοῦσιν, ἀλλὰ χρόνον τινὰ διαμένουσι κινούμεναι, καὶ μάλιστα ὅταν σφοδρὸς ἄνεμος πνέῃ. Διὸ πειρῶνταί τινες, παραβοηθεῖν βουλόμενοι ταύτῃ τῇ δυσχρηστίᾳ, ξυλίνας σύριγγας

6 τὸ μέρος αὐτῆς del. H. Schoene || 12 ἀποφανοῦμαι V : ἀποφαινοῦμαι M || 16 αὐτὸν H. Schoene : αὐτῶν M || 19 πεπειρᾶσθαι H. Schoene : πειρᾶσθαι M || 20 αὐτοῦ H. Schoene : αὐτῶν M || βάρη Vincent (*pondera* Mieg) : βερη (sic) M || 21-22 τινὰ διαμένουσι H. Schoene : ην ἀναμένουσαι (sic) M || 24 δυσχρηστίᾳ V : δυσχριστία M.

De là la tentative de certains, dans leur volonté de pallier cette difficulté, de fabriquer des étuis de bois creux pour y faire passer les poids, de manière à éviter qu'ils reçoivent le choc du vent. Mais à cause du frottement des poids contre les étuis, les fils ne restent pas rigoureusement à la verticale par rapport à l'horizon ; de plus, même s'ils arrivent à immobiliser les fils et à les maintenir à la verticale par rapport à l'horizon, les plans passant par les fils ne sont pas toujours à angles droits entre eux ; et s'ils ne le sont pas, aucun de leurs résultats n'est convenable ; c'est ce que nous allons montrer.

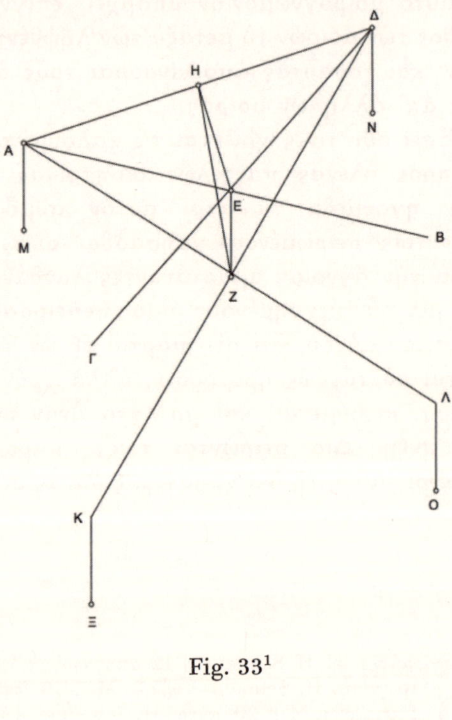

Fig. 33[1]

1. La figure de M, très maladroitement dessinée, omet les lettres désignatrices N, Ξ, et O.

κοίλας ποιοῦντες ἐμβαλεῖν τὰ βάρη εἰς ταύτας, ὥστε μὴ ὑπὸ τοῦ ἀνέμου τύπτεσθαι. Παρατρίψεως οὖν γινομένης τῶν βαρῶν πρὸς τὰς σύριγγας οὐκ ἀκριβῶς αἱ σπάρτοι ὀρθαὶ διαμένουσι πρὸς τὸν ὁρίζοντα· ἔτι δὲ καὶ ἐὰν ἐπιτύχωσιν ὥστε τὰς σπάρτας ἠρεμεῖν καὶ ὀρθὰς διαμένειν πρὸς τὸν ὁρίζοντα, οὐ πάντως τὰ διὰ τῶν σπάρτων ἐπίπεδα πρὸς ὀρθὰς γίνεται ἀλλήλοις· τούτου δὲ μὴ γινομένου οὐδ᾽ αὐτοῖς κατὰ τρόπον ἀκολουθεῖ τι τῶν ηὑρημένων· τοῦτο γὰρ δείξομεν.

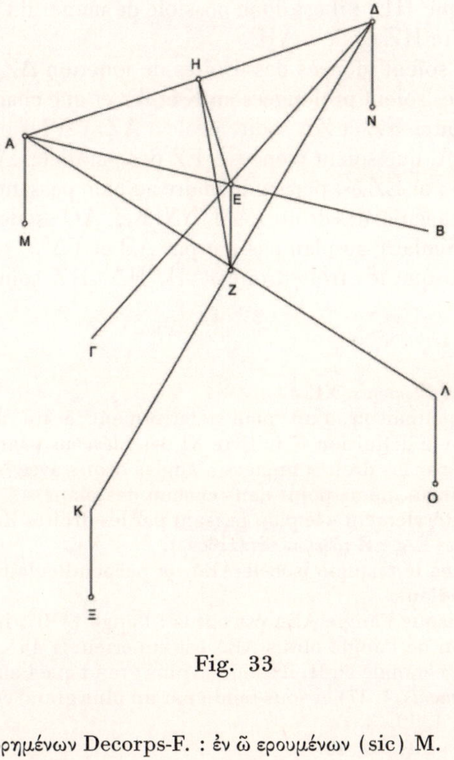

Fig. 33

10 ηὑρημένων Decorps-F. : ἐν ῷ ερουμένων (sic) M.

Soient dans un plan deux droites AB et ΓΔ, qui ne se coupent pas l'une l'autre à angles droits ; et que l'angle AEΔ soit obtus ; que, du point E, soit élevée EZ à angles droits avec le plan passant par AB et ΓΔ ; elle est donc aussi à angles droits avec chacune des deux droites AE et EΓ[1] ; or l'angle AEΓ est l'inclinaison[2] du plan EAZ[3] sur le plan ΓEZ, et c'est un angle aigu ; les plans en question ne sont donc pas à angles droits entre eux.

Que soient délimitées deux droites égales AE et EΔ, et que soit menée une droite de jonction AΔ ; et qu'à cette droite soit menée une perpendiculaire <E>H ; AH est donc aussi égale à HΔ[4] ; et chacune de ces deux droites est plus grande que HE[5] ; il est donc possible de mener du point H une droite HZ égale à AH.

<Que soient menées des droites de jonction ΔZ et AZ> et qu'elles soient prolongées en K et Λ ; et que chacune des deux droites KZ et ZΛ <soit> égale à AZ. Par les points A, Δ, K et Λ, que soient menées à EZ des parallèles AM, ΔN, KΞ, ΛO ; or EZ est perpendiculaire au plan passant par AB et ΓΔ ; chacune des droites AM, ΔN, KΞ, ΛO est donc aussi perpendiculaire au plan passant par AB et ΓΔ[6].

Et puisque les trois droites AH, HΔ, HZ sont égales,

1. Voir *Éléments*, XI, 4.

2. L'inclinaison d'un plan relativement à un plan fait l'objet de la définition 6 du livre XI des *Éléments* (« angle aigu compris par les droites menées à angles droits avec la section commune au même point dans chacun des plans »).

3. Littéralement « le plan passant par les droites EA et EZ » (τὸ διὰ τῶν EA, AZ εὐθειῶν <ἐπίπεδον>).

4. Dans le triangle isocèle AEΔ, la perpendiculaire EH est aussi médiane.

5. Puisque l'angle AEΔ est obtus : l'angle AEH, issu de la bissection de l'angle obtus AEΔ est supérieur à 45°. Dans le triangle rectangle en H, il est donc plus grand que l'angle HAE (voir *Éléments*, I, 17) et sous-tendu par un plus grand côté selon *Éléments*, I, 19.

6. *Éléments*, XI, 18.

Ἔστωσαν γὰρ ἐν ἐπιπέδῳ δύο εὐθεῖαι αἱ ΑΒ, ΓΔ, μὴ πρὸς ὀρθὰς ἀλλήλας τέμνουσαι· ἀμβλεῖα δὲ ἔστω ἡ ὑπὸ ΑΕΔ γωνία· καὶ ἀπὸ τοῦ Ε τῷ διὰ τῶν ΑΒ, ΓΔ ἐπιπέδῳ πρὸς ὀρθὰς ἀνεστάτω ἡ ΕΖ· καὶ πρὸς ἑκατέραν ἄρα τῶν ΑΕ, ΕΓ ὀρθή ἐστιν· ἡ δὲ ὑπὸ τῶν ΑΕΓ γωνία ἡ κλίσις ἐστὶν ἐν ᾗ κέκλιται τὸ διὰ τῶν ΕΑΖ πρὸς τὸ διὰ τῶν ΓΕΖ, καὶ ἔστιν ὀξεῖα· τὰ <ἄρα> εἰρημένα ἐπίπεδα οὐκ ἔστιν ὀρθὰ πρὸς ἄλληλα.

Ἀπειλήφθωσαν οὖν δύο ἴσαι εὐθεῖαι αἱ ΑΕ, ΕΔ καὶ ἐπεζεύχθω ἡ ΑΔ· καὶ ἐπ᾽ αὐτὴν κάθετος ἤχθω ἡ <Ε>Η· ἴση ἄρα καὶ ἡ ΑΗ τῇ ΗΔ· καὶ ἑκατέρα αὐτῶν μείζων ἐστὶ τῆς ΗΕ· δυνατὸν ἄρα ἐστὶ προσβαλεῖν ἀπὸ τοῦ Η ἴσην τῇ ΑΗ τὴν ΗΖ.

<Ἐπεζεύχθωσαν αἱ ΔΖ, ΑΖ καὶ> προσεκβεβλήσθωσαν [καὶ ἐπεζεύχθωσαν] ἐπὶ τὰ Κ, Λ καὶ τῇ ΑΖ ἴση <ἔστω> ἑκατέρα τῶν ΚΖ, ΖΛ. Διὰ δὲ τῶν Α, Δ, Κ, Λ τῇ ΕΖ παράλληλοι ἤχθωσαν αἱ ΑΜ, ΔΝ, ΚΞ, ΛΟ· ἡ δὲ ΕΖ ὀρθή ἐστι πρὸς τὸ διὰ τῶν ΑΒ, ΓΔ ἐπίπεδον· καὶ ἑκάστη ἄρα τῶν ΑΜ, ΔΝ, ΚΞ, ΛΟ ὀρθή ἐστι πρὸς τὸ διὰ τῶν ΑΒ,ΓΔ ἐπίπεδον.

Καὶ ἐπεὶ αἱ τρεῖς αἱ ΑΗ, ΗΔ, ΗΖ ἴσαι εἰσίν,

1 Ἔστωσαν Vincent : ἔστω (compendium) M || 7 alt. τὸ H. Schoene : τῷ M || 8 ἄρα add. Decorps-F. || 12 E[H add. Vincent (iam Mieg) || 13 μείζων M[1] : μεῖζον M || προσβαλεῖν H. Schoene : προσλαβεῖν M || 14 HZ Vincent (iam Mieg) : EZ M || 15 Ἐπεζεύχθωσαν αἱ ΔΖ, ΑΖ καὶ add. Decorps-F. (fort. addendum H. Schoene, sed AZ, ΔZ, et iam Mieg) || 16 καὶ ἐπεζεύχθωσαν del. Decorps-F. (fort. delendum H. Schoene) || 17 ἔστω add. Decorps-F. || 18 ΔN Vincent (iam Mieg) : ΔH M.

ΑΛ est donc à angles droits avec ΔΚ[1]. Si donc nous supposons que ΑΛ et ΔΚ sont les branches de l'*astériskos*, que le plan passant par ΑΒ et ΓΔ est horizontal, et que les fils suspendus le sont aux points Α, Λ, Δ et Κ, ΑΜ, ΔΝ, ΚΞ et ΛΟ seront les fils ; or les plans passant par les fils ne sont pas perpendiculaires entre eux, c'est-à-dire que le plan passant par ΑΜ et ΛΟ n'est pas perpendiculaire au plan passant par ΔΝ et ΚΞ ; on a montré, en effet, que leur inclinaison réciproque est dans l'angle ΑΕΓ, qui est aigu.

34. C'est à notre avis une suite logique de la dioptrique[2] que de mesurer également les distances terrestres au moyen de l'appareil que l'on appelle l'odomètre[3] : point de chaîne pour mesurer, ni de cordeau, en des opérations pénibles[4] et lentes ; mais on se déplace sur un véhicule[5], et c'est ainsi, d'après les tours[6] de roue, que l'on peut connaître les distances dont il est question.

Pour cela, des méthodes ont été exposées par nos prédécesseurs ; mais on aura toute latitude de comparer[7] l'appareil que nous décrivons avec ceux des auteurs précédents.

1. Dans tout triangle rectangle, la longueur de la médiane issue de l'angle droit est égale à la moitié de l'hypoténuse. Le triangle ΑΖΔ est donc rectangle en Ζ.

2. On retrouve ici le même vocabulaire que dans la préface des *Pneumatiques* (éd. Schmidt, p. 2, l. 12-13).

3. Voir Note complémentaire [130].

4. Voir Note complémentaire [131].

5. Les mots ἐπ' ὀχήματος πορευόμενον... ἐπίστασθαι rappellent ceux de Vitruve 10, 9, 1 parlant de l'odomètre : *in uia raeda sedentes... scire*, « assis dans un char sur la route, savoir... ».

6. Si le verbe ἐκκυλίω « faire rouler » est bien représenté (notamment au participe aoriste passif) dans les textes grecs, le substantif ἐκκύλισις qui apparaît ici est un hapax.

7. Même suggestion dans le chapitre 1.

πρὸς ὀρθὰς ἄρα ἐστὶν ἡ ΑΛ τῇ ΔΚ. Ἐὰν ἄρα ὑποστησώμεθα τὰς τοῦ ἀστερίσκου ῥάϐδους εἶναι τὰς ΑΛ, ΔΚ, τὸ δὲ διὰ τῶν ΑΒ, ΓΔ ἐπίπεδον τὸ παρὰ τὸν ὁρίζοντα, τὰς δὲ κρεμαμένας σπάρτους εἶναι ἐκ τῶν Α, Λ, Δ, Κ, ἔσονται αἱ σπάρτοι αἱ ΑΜ, ΔΝ, ΚΞ, ΛΟ· καὶ οὐκ εἰσὶ τὰ διὰ τῶν σπάρτων ἐπίπεδα ὀρθὰ [καὶ] πρὸς ἄλληλα, λέγω δὴ <τὸ> διὰ τῶν ΑΜ, ΛΟ πρὸς τὸ διὰ τῶν ΔΝ, ΚΞ· δέδεικται γὰρ κεκλιμένα πρὸς ἄλληλα ἐν τῇ ὑπὸ ΑΕΓ γωνίᾳ ὀξείᾳ οὔσῃ.

34. Ἀκόλουθον δὲ εἶναι νομίζομεν τῇ διοπτρικῇ πραγματείᾳ καὶ διὰ τοῦ καλουμένου ὁδομέτρου τὰ ἐπὶ τῆς γῆς μετρεῖν διαστήματα, ὥστε μὴ δι' ἁλύσεως μετροῦντα ἢ σχοινίου κακοπαθῶς καὶ βραδέως ἐκμετρεῖν, ἀλλ' ἐπ' ὀχήματος πορευόμενον διὰ τῆς τῶν τροχῶν ἐκκυλίσεως ἐπίστασθαι τὰ προειρημένα διαστήματα.

Οἱ μὲν οὖν πρὸ ἡμῶν ἐξέθεντό τινας μεθόδους δι' ὧν τοῦτο γίνεται, ἐξέσται δὲ κρίνειν τό τε ὑπὸ ἡμῶν γραφόμενον ὄργανον καὶ τὰ ὑπὸ τῶν προτέρων.

1-2 ὑποστησώμεθα Vincent (*mente concipimus* Mieg) : ἀποστησώμεθα M || 2 ῥάϐδους Vincent : ραδ$^{\beta}$μους (sic) M || 5 ΔΝ Vincent (iam Mieg) : ΔΗ M || 7 καὶ del. Decorps-F. (fort. delendum H. Schoene) || τὸ add. Vincent || 8 ΔΝ Vincent (iam Mieg) : ΔΗ M || 12 πραγματείᾳ V : πραγματία M || 14 ἢ V : ἣ M.

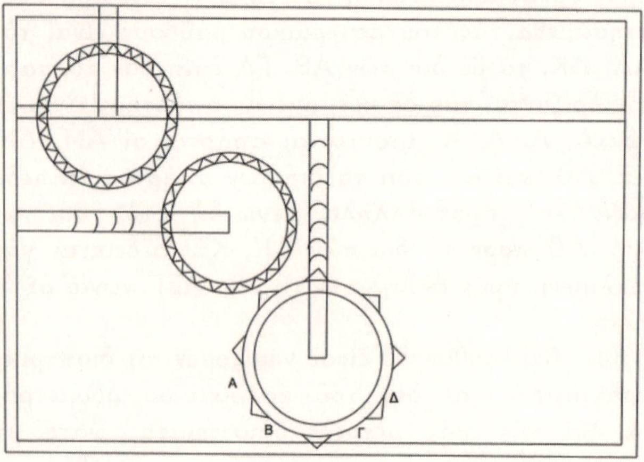

Fig. 34

Soit un châssis, comme une boîte, dans lequel se trouvera toute la construction qui va être décrite : sur le fond de la boîte, <...>[1] ΑΒΓΔ, en bronze, duquel sont solidaires les palettes dont on a parlé ; soit entre elles, au fond de la boîte, une ouverture par laquelle une pointe solidaire du moyeu d'une des roues du véhicule, s'avançant à chaque tour de roue dans l'ouverture pratiquée au fond de la boîte, entraînera l'une des palettes, de sorte que la palette suivante viendra occuper à son tour la même place que la précédente, et cela indéfiniment ; il se passera donc que, si la roue fait huit tours[2], la roue à palettes ne fait qu'une seule révolution.

1. Il faut supposer ici une lacune qui a fait perdre une brève présentation d'une roue à 8 palettes, si l'on se fonde sur la suite immédiate.

2. Cette précision numérique laisse entendre que le nombre des palettes, sans doute disparu avec la perte de texte qui grève le début de cette description, est de 8.

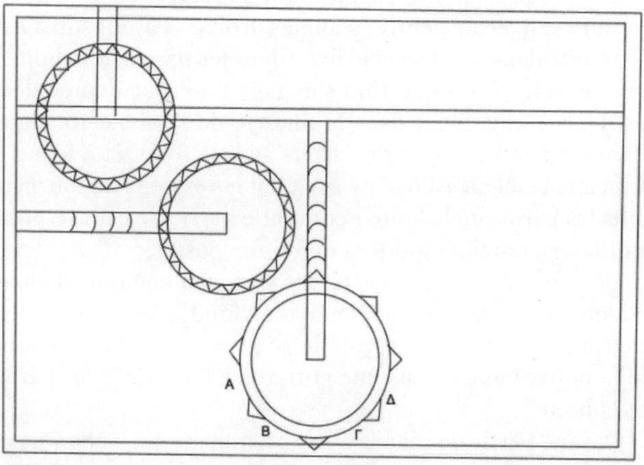

Fig. 34

Γεγονέτω οὖν πῆγμα, καθάπερ κιβώτιον, ἐν ᾧ πᾶσα ἔσται ἡ μέλλουσα λέγεσθαι κατασκευή· ἐν δὲ τῷ πυθμένι τοῦ κιβωταρίου <...> τὸ ΑΒΓΔ χάλκεον, συμφυῆ ἔχον τὰ εἰρημένα σκυτάλια· δι᾽ ὧν ἀνατομὴ γεγονέτω ἐν τῷ πυθμένι τοῦ κιβωταρίου δι᾽ ἧς περόνη συμφυὴς γενηθεῖσα τῇ χοινικίδι ἑνὸς τῶν τοῦ ὀχήματος τροχῶν, κατὰ μίαν στροφὴν παρεμβαίνουσα εἰς τὴν ἀνατομὴν τὴν ἐν τῷ τοῦ κιβωταρίου πυθμένι, παράξει ἓν τῶν σκυταλίων, ὥστε τὸ ἑξῆς σκυτάλιον τὴν αὐτὴν πάλιν θέσιν ἔχειν τῷ πρότερον, καὶ τοῦτο ἐπ᾽ ἄπειρον· συμβήσεται οὖν τοῦ τροχοῦ ὀκτὼ στροφὰς ποιησαμένου τὸ σκυταλωτὸν τύμπανον μίαν ἀποκατάστασιν εἰληφέναι.

1 κιβώτιον V : κηβώτιον M || 3 lacunam ind. H. Schoene || 6 περόνη Vincent : περώνη M || 11 τῷ Vincent : τὸ M || 12 τὸ Vincent : τι M.

De la roue à palettes en question, que soit solidaire une vis qui lui est fixée au centre, à angles droits, et ayant son autre extrémité dans une traverse fixée dans les parois de la boîte[1]. Que dans la vis en question s'engage une roue dentée dont les dents s'engrènent dans le filetage de la vis, cette roue[2] étant évidemment à angles droits avec le fond, et à laquelle de la même façon est fixé un axe dont les extrémités tournent dans les parois de la boîte ; et qu'une partie de cet axe porte un filetage entaillé, qui fera de lui une vis.

De nouveau, que dans cette vis s'engage une roue dentée, évidemment placée parallèlement au fond, à laquelle est fixé un axe ; que l'une <des extrémités> de cet axe tourne au fond de la boîte, l'autre dans une entretoise fixée dans les parois de la boîte.

Qu'une partie de cet axe porte un filetage qui s'engrène de nouveau dans les dents d'une autre roue, cette roue[3] étant évidemment placée verticalement par rapport au fond.

Et que cela soit fait autant que nous le voudrons, ou que la place disponible dans la boîte le permettra ; car plus il y a

1. Cette vis tourne avec la roue à palettes à 8 ergots au fur et à mesure que le véhicule avance. Le cadran relatif à cette première roue (voir plus loin) sera de lecture simple puisqu'il n'aura que 8 graduations, l'index avançant d'une graduation à chaque tour complet de la roue du véhicule.

2. C'est-à-dire le plan de la roue.

3. Elle n'est pas représentée dans la figure de M.

Τῷ οὖν εἰρημένῳ σκυταλωτῷ τυμπάνῳ συμφυὴς ἔστω κοχλίας, ἀπὸ τοῦ κέντρου αὐτοῦ πρὸς ὀρθὰς αὐτῷ πεπηγώς, τὸ δὲ ἕτερον ἄκρον ἔχων ἐν διαπήγματι πεπηγότι εἰς τοὺς τοῦ κιϐωταρίου τοίχους. Τῷ δὲ εἰρημένῳ κοχλίᾳ παρακείσθω τύμπανον ὠδοντωμένον τοὺς ὀδόντας ἁρμοστοὺς ἔχον τῇ ἕλικι τοῦ κοχλίου, δηλονότι πρὸς ὀρθὰς τῷ πυθμένι κείμενον, καὶ ἔχον ὁμοίως συμφυῆ ἄξονα οὗ τὰ ἄκρα πολείσθω εἰς τοὺς τοῦ κιϐωταρίου τοίχους· ἐκ δὲ τοῦ ἑνὸς μέρους ὁ ἄξων πάλιν ἐγγεγλυμμένην ἐχέτω ἕλικα, ὥστ' εἶναι αὐτὸν κοχλίαν.

Καὶ πάλιν τούτῳ τῷ κοχλίᾳ παρακείσθω ὀδοντωτὸν τυμπάνιον, δηλονότι παράλληλον τῷ πυθμένι κείμενον, ἔχον συμφυῆ ἄξονα· οὗ τὸ μὲν ἕτερον <ἄκρον> πολείσθω ἐν τῷ τοῦ κιϐωταρίου πυθμένι, τὸ δὲ λοιπὸν ἐν διατοναίῳ πεπηγότι ἐν τοῖς τοῦ κιϐωταρίου τοίχοις.

Καὶ οὗτος οὖν ὁ ἄξων ἐκ τοῦ ἑνὸς μέρους ἐχέτω ἕλικα πάλιν ἁρμόζουσαν εἰς ἑτέρου τυμπάνου ὀδόντας, δηλονότι τοῦ τυμπάνου ὀρθοῦ πρὸς τὸν πυθμένα κειμένου.

Καὶ τοῦτο γινέσθω ἐφ' ὅσον ἂν βουλώμεθα ἢ ὁ τόπος ὁ τοῦ κιϐωταρίου χώραν ἔχῃ· ὅσῳ γὰρ πλείονα γίνεται τά τε τύμπανα καὶ οἱ κοχλίαι,

1 τῷ V : τὸ M || εἰρημένῳ V : -μένον M || σκυταλωτῷ Vincent : σκυταλίῳ τῷ M || 2 κέντρου αὐτοῦ Decorps-F. : καυτου (sic) M κέντρου H. Schoene || 8 ἄξονα Vincent : ἄξωνα M ut semper (et similiter in aliis casibus) || 9 πολείσθω Vincent : ἀπολειπέσθω M || 11 αὐτὸν V : τὸν M || 15 ἄκρον add. Vincent || 18 οὗτος οὖν R. Schoene : οὕτως ὧν M || 23 ἔχῃ Vincent : ἔχει M.

de roues et de vis, plus grande est la distance parcourue dont on pourra trouver la mesure. Car chaque vis, à chaque tour, fera bouger une dent de la roue en contact avec elle[1], de sorte que quand celle qui est solidaire de la roue à palettes[2] fait un tour, elle indique huit tours de roue du véhicule, mais ne fait mouvoir qu'une seule dent de la roue en contact avec elle.

Par exemple, la roue en contact avec elle, si elle a trente dents, indiquera, pour un seul tour que lui imprimera la vis, 240 tours de roue du véhicule[3]. Et à nouveau, quand la roue dentée en question fera un tour, elle fera faire un tour à la vis qui est solidaire d'elle, et cela fera mouvoir une dent de la roue en contact avec la vis[4]. Si donc cette roue a aussi 30 dents, ce qui est bien le nombre convenable, mais elle peut en avoir davantage, chaque tour qu'elle fera indiquera 7 200 tours de roue du véhicule[5]. Et si la roue du véhicule a une circonférence de 10 coudées[6], cela donnera 72 000 coudées, c'est-à-dire 180 stades[7].

Et c'est le résultat que l'on obtient pour la deuxième roue. S'il y en a davantage, et que le nombre de dents augmente

1. Héron en donne la démonstration au chapitre 18 du livre II des *Mécaniques*.

2. C'est-à-dire la première roue verticale de 30 dents dans laquelle s'engrène la vis sans fin solidaire de la roue à palettes, et donc la seconde roue du système d'engrenages.

3. Puisqu'un tour de cette roue dentée correspond au mouvement de 30 dents et qu'au mouvement d'une dent de cette roue correspond une révolution complète de la roue à palettes, soit 8 tours du véhicule.

4. C'est-à-dire la roue parallèle au fond de la caisse.

5. Puisqu'un tour de cette roue dentée correspond au mouvement de 30 dents et qu'au mouvement d'une dent de cette roue dentée, entraîné par un tour de la vis solidaire de la première roue verticale, correspondent 240 tours du véhicule.

6. C'est-à-dire 4,60 m ; ce qui donne un diamètre de 1,46 m.

7. Soit 33 km 300 si l'on retient pour le stade une valeur de 185 m.

τοσούτῳ καὶ ἡ ὁδὸς ἐπὶ πλεῖον μετρουμένη εὑρεθήσεται. Ἕκαστος γὰρ κοχλίας ἅπαξ στραφεὶς τοῦ παρακειμένου αὐτῷ τυμπανίου ἕνα ὀδόντα κινήσει, ὥστε τὸν μὲν συμφυῆ τῷ σκυταλωτῷ τυμπανίῳ ἅπαξ στραφέντα ὀκτὼ μὲν περιμέτρους τοῦ τροχοῦ σημαίνειν, τοῦ δὲ παρακειμένου αὐτῷ τυμπανίου ἕνα ὀδόντα κεκινηκέναι.

Εἰ τύχοι οὖν τὸ παρακείμενον τύμπανον, ἐὰν ὀδόντας ἔχῃ τριάκοντα, ἅπαξ στραφὲν ὑπὸ τοῦ κοχλίου στροφὰς δηλώσει τοῦ τροχοῦ σμ. Καὶ πάλιν τοῦ εἰρημένου ὀδοντωτοῦ τυμπανίου ἅπαξ στραφέντος ὁ μὲν συμφυὴς αὐτῷ κοχλίας ἅπαξ στραφήσεται, τοῦ δὲ παρακειμένου τῷ κοχλίᾳ τυμπανίου εἷς ὀδοὺς κινηθήσεται. Ἐὰν ἄρα καὶ τοῦτο τὸ τύμπανον ἔχῃ ὀδόντας λ, ὅπερ εἶναι εἰκὸς καὶ πλείονας γίνεσθαι, ἅπαξ στραφέντος αὐτοῦ, στροφαὶ τοῦ τροχοῦ δηλωθήσονται ͵ζσ. Ἂν δὲ ἄρα ὁ τροχὸς ἔχῃ τὴν περίμετρον πηχῶν ι, ἔσονται πήχεις M^{ζ}͵β· ἔστι στάδια ρπ.

Καὶ ταῦτα μὲν ἐπὶ τοῦ β τυμπανίου εὕρηται. Πλειόνων δὲ ὄντων καὶ τῶν ὀδόντων κατὰ τὸ πλῆθος

1 τοσούτῳ V : τοσοῦτο M || 4 σκυταλωτῷ Vincent : σκυταλίῳ τῷ M || 13 τοῦ δὲ M^1 : τοῦ δὲ τοῦ M || 17 ͵ζσ Vincent (iam Mieg) : πσ M || 19 M^{ζ}͵β Vincent (iam Mieg) : μβ M || 20 εὕρηται H. Schoene : εἴρηται M.

aussi avec le nombre de roues, la longueur de la distance mesurée augmentera considérablement. Dans la construction, il suffit que le mécanisme puisse indiquer une distance qui ne soit pas beaucoup plus grande que celle que peut parcourir le véhicule en une journée ; car il est possible si l'on mesure quotidiennement la distance parcourue dans la journée, de se donner comme point de départ, pour le jour suivant, celui de l'étape de ce jour suivant.

Mais puisque chaque vis, quand elle tourne, ne fait pas tourner les dents en contact en elle de façon exacte ni bien mesurée, nous procédons à des essais[1] en faisant tourner la première vis[2] jusqu'à ce que la roue dentée en contact avec elle ait accompli une révolution complète, et nous mesurons combien la vis a fait de tours.

Qu'elle ait fait, par exemple, 20 tours, pendant que la roue qui lui est appliquée fait une seule révolution ; mais cette roue avait 30 dents ; les 20 tours de la roue à palettes ont donc entraîné le mouvement de 30 dents de la roue appliquée à la vis ; et les 20 tours représentent le mouvement de 160 palettes ; tel est aussi le nombre de tours de roue du véhicule ; cela donne donc 1 600 coudées. Et si les 30 dents indiquent 1 600 coudées, une dent de la roue dentée susdite indique une distance parcourue de 53

1. Voir, avec la même expression, *Pneumatica* 2, 27 (éd. Schmidt p. 288, l. 2) et 2, 35 (éd. Schmidt, p. 320, l. 13).

2. C'est-à-dire celle qui est solidaire de la roue à palettes.

αὐξομένων πολλῷ μεῖζον τὸ τῆς ὁδοῦ μέγεθος εὑρεθήσεται μετρούμενον. Δεῖ δὲ τοιαύτῃ χρήσασθαι κατασκευῇ ὥστε μὴ πολλῷ πλείονα ὁδὸν δύνασθαι σημαίνειν τὸ ὄργανον <ἣ> τὴν ἐν μιᾷ ἡμέρᾳ δυναμένην ἐξανύεσθαι ὑπὸ τοῦ ὀχήματος· δυνατὸν γὰρ καθ' ἑκάστην ἡμέραν ἐκμετροῦντα τὴν τῆς ἡμέρας ὁδὸν εἰς τὴν ἑξῆς πάλιν ἀρχὴν ποιεῖσθαι τῆς ἑξῆς ὁδοῦ.

Ἀλλ' ἐπεὶ ἡ ἑκάστου κοχλίου στροφὴ οὐκ ἀκριβῶς οὐδὲ μεμετρημένως τοὺς παρακειμένους ὀδόντας στρέφει, ἡμεῖς τῇ πείρᾳ ἐπιστρέφομεν τὸν πρῶτον κοχλίαν, ἕως οὗ τὸ παρακείμενον αὐτῷ ὀδοντωτὸν τύμπανον μίαν ἀποκατάστασιν λάβῃ, μετροῦντες ὁσάκις αὐτὸς ἐπιστρέφεται.

Καί, εἰ τύχοι, εἰλήφέτω στροφὰς κ, ἐν ᾧ τὸ παρακείμενον αὐτῷ τύμπανον μίαν ἀποκατάστασιν λαμβάνει· τοῦτο δὲ εἶχεν ὀδόντας λ· αἱ ἄρα κ στροφαὶ τοῦ σκυταλωτοῦ τυμπάνου λ ὀδόντας ἐκίνησαν τοῦ παρακειμένου τῷ κοχλίᾳ τυμπάνου· αἱ δὲ κ στροφαὶ σκυτάλια ἐπιστρέφουσιν ρξ· τοσαῦται δὲ καὶ τοῦ τροχοῦ εἰσὶ στροφαί· γίνονται ἄρα πήχεις ͵αχ. Εἰ δὲ οἱ λ ὀδόντες μηνύουσι πήχεις ͵αχ, ὁ ἄρα α ὀδοὺς τοῦ εἰρημένου τυμπανίου σημαίνει τῆς ὁδοῦ πήχεις νγ γ΄. Ὅταν ἄρα ἀρξάμενον

1 πολλῷ μεῖζον Decorps-F. : ποδὸς M || 1-2 εὑρεθήσεται H. Schoene : ήσεται (sic) M || 4 ἣ add. Vincent || 15 εἰ τύχοι Vincent : ἐπιτύχοι M || 19 ἐκίνησαν H. Schoene : ἐκείνης ἂν M || 24 νγ γ΄ Vincent (iam Mieg) : νγε M^{1} νγε γε M.

1/3 coudées. Si donc la roue dentée, une fois mise en mouvement, a passé 15 dents, elle indique une distance parcourue de 800 coudées, c'est-à-dire deux stades ; nous inscrirons donc au milieu de la roue dentée en question « 53 1/3 coudées » ; puis nous ferons les mêmes calculs pour les autres roues dentées, et nous inscrirons les nombres correspondants, de sorte que, en faisant avancer un certain nombre de dents de chacune des roues, on pourra connaître la distance parcourue.

Mais pour éviter, si nous voulons examiner la longueur du chemin parcouru, d'avoir à ouvrir la boîte pour examiner les dents de chaque roue, nous allons montrer comment il est possible de trouver la longueur du chemin grâce à des index en rotation sur la surface de la boîte.

Les roues dentées dont on a parlé seront disposées de manière à ne pas frotter contre les côtés de la boîte ; que leurs axes dépassent à l'extérieur des parois ; que ce qui dépassera soit de section carrée, pour recevoir des index de graduation en forme carrée, de sorte que, quand la roue dentée tournera avec son axe, l'index de graduation tournera aussi ; et son extrémité, en se déplaçant circulairement, décrira sur l'autre côté[1] de la même paroi un cercle que nous diviserons en autant de degrés qu'il y aura de dents sur la roue intérieure.

1. C'est-à-dire sur le côté extérieur de la paroi.

τὸ ὀδοντωτὸν κινεῖσθαι τύμπανον εὑρεθῇ κεκινημένον ὀδόντας ιε, σημαίνει ὁδὸν πηχῶν ω, τουτέστι στάδια δύο· ἐπιγράψομεν οὖν ἐν μέσῳ τῷ εἰρημένῳ ὀδοντωτῷ τυμπάνῳ πήχεις νγ γ´· τὰ δὲ αὐτὰ ἐπιλογισάμενοι καὶ ἐπὶ τῶν λοιπῶν ὀδοντωτῶν τυμπανίων ἐπιγράψομεν τοὺς ἀριθμούς, ὥσθ' ἑκάστου αὐτῶν παραχθέντων τινῶν ὀδόντων ἐπιγνῶναι τὴν ἐξανυσθεῖσαν ὁδόν.

Ἵνα δὲ μή, ὅταν βουλώμεθα ἐπισκέψασθαι τὸ μῆκος τῆς ὁδοῦ, ἀνοίγοντες τὸ κιβωτάριον ἐπισκοπῶμεν τοὺς ἑκάστου τυμπάνου ὀδόντας, δείξομεν ὡς δυνατὸν διὰ τῆς τοῦ κιβωταρίου ἐπιφανείας γνωμονίων τινῶν περιαγομένων εὑρίσκειν τὸ τῆς ὁδοῦ μῆκος.

Τὰ μὲν γὰρ εἰρημένα ὠδοντωμένα τυμπάνια κείσεται μὴ ψαύοντα τῶν πλευρῶν τοῦ κιβωταρίου· οἱ δὲ ἄξονες αὐτῶν εἰς τὸ ἐκτὸς μέρος ὑπερεχέτωσαν τῶν τοίχων· αἱ δ' ὑπεροχαὶ τετράγωνοι ἔστωσαν, ὡς ἂν προσειληφυῖαι μοιρογνωμόνια ἐν τετραγώνοις σχήμασιν, ὥστε στρεφομένου τοῦ τυμπάνου σὺν τῷ ἄξονι συστρέφεσθαι καὶ τὸ μοιρογνωμόνιον· οὗ δὴ περιαγόμενον τὸ ἄκρον κύκλον γράψει ἐν τῇ ἑτέρᾳ πλευρᾷ τοῦ αὐτοῦ τοίχου, ὃν διελοῦμεν εἰς τὸ αὐτὸ πλῆθος τῶν ὀδόντων τοῦ ἐντὸς τυμπανίου.

1 τὸ Vincent : τὸν M || 3 τῷ εἰρημένῳ Vincent : τοῦ εἰρημένου M || 4 νγ γ´ Vincent (iam Mieg) : νγε M || 5 λοιπῶν ὀδοντωτῶν Vincent : λοιοδόντων (sic) M || 12 τοῦ Decorps-F. : ἑκάστου M || 15 ὠδοντωμένα Vincent : ὀδοντωμένα M || 19 ὡς ἂν M : fort. delendum H. Schoene (Addendum, p. 366) || μοιρογνωμόνια V[1] : μυρογνωμόνια M V || 21 οὗ Vincent : ὃ M || 22 γράψει Vincent : γράψοι M.

Que l'index de graduation ait une taille qui lui permette de décrire un cercle plus grand[1], pour que la division des dents présente des intervalles plus grands ; le cercle décrit aura la même inscription que la roue intérieure ; et ainsi nous pourrons voir sur la surface extérieure la longueur du chemin parcouru.

S'il est impossible que toutes les roues ne frottent pas contre les parois de la boîte, du fait qu'elles se gênent entre elles, ou à cause des vis avec lesquelles elles sont en contact, ou pour toute autre raison, nous mettrons entre elles une distance suffisante pour qu'il n'y ait plus aucune gêne.

Puisque les roues dentées sont les unes parallèles au fond, les autres verticales, les cercles décrits par les index de graduation seront aussi, les uns sur les parois verticales de la boîte, les autres sur le couvercle. Il faudra donc à cause de cela que l'une des parois verticales qui n'ont pas les cercles soit le couvercle, pour que ce qui devrait être un couvercle[2] soit une paroi.

35. [3] Tant qu'il s'agit de lieux à parcourir[4], on peut en trouver les longueurs à l'aide soit de la dioptre que nous avons construite, soit de l'odomètre dont il vient d'être question ; mais puisqu'il est tout à fait utile de connaître aussi la longueur de la distance entre deux climats[5], alors même que

1. C'est-à-dire plus grand que la roue intérieure.

2. C'est-à-dire la partie sommitale de la boîte.

3. Le chapitre n'est pas séparé du précédent dans M. Voir Note complémentaire [117].

4. Les endroits auxquels on peut accéder pour y pratiquer les mesures jusque-là décrites (sur d'assez courtes distances, donc) sont opposés ici à ceux qui ne le permettent pas (par exemple quand il s'agit de mesurer des distances de plusieurs centaines de kilomètres), et qui vont nécessiter d'autres procédés.

5. Voir Note complémentaire [132].

Τὸ δὲ μοιρογνωμόνιον μεγέθει ἔστω τηλικοῦτο ὥστε μείζονα γράφειν κύκλον, πρὸς τὸ τὴν διαίρεσιν τῶν ὀδόντων ἐν μείζοσι διαστήμασιν εἶναι· ἕξει δὲ ὁ γραφόμενος κύκλος τὴν αὐτὴν ἐπιγραφὴν τῷ ἐντὸς τυμπάνῳ· καὶ οὕτω διὰ τῆς ἐκτὸς ἐπιφανείας ἐπιθεωρήσομεν τὸ μῆκος τῆς ἀνυσθείσης ὁδοῦ.

Ἐὰν δὲ μὴ ᾖ δυνατὸν πάντα τὰ τυμπάνια μὴ ψαύειν τῶν τοίχων τοῦ κιϐωταρίου, διὰ τὸ ἐμποδίζεσθαι ὑπὸ ἀλλήλων ἢ διὰ τοὺς παρακειμένους κοχλίας, ἢ δι᾽ ἕτερόν τι, ἀποστήσομεν ἕκαστον αὐτῶν τοσοῦτον ὥστε μηδὲν ἐμποδὼν εἶναι.

Ἐπεὶ οὖν τῶν ὀδοντωτῶν τυμπάνων ἃ μὲν παράλληλα τῷ πυθμένι ἐστίν, ἃ δ᾽ ὀρθά, καὶ τῶν γραφομένων ἄρα κύκλων ὑπὸ τῶν μοιρογνωμονίων οἳ μὲν ἐν τοῖς ὀρθοῖς τοίχοις ἔσονται τοῦ κιϐωταρίου, οἳ δ᾽ ἐν τῷ ἐπιπώματι. Δεήσει ἄρα διὰ τοῦτο ἕνα τῶν ὀρθῶν τοίχων τῶν μὴ ἐχόντων τοὺς κύκλους πῶμα γενέσθαι, ἵνα τὸ ὡσανεὶ πῶμα τοῖχος ᾖ.

35. Ὅσοι μὲν οὖν τόποι βαδίζεσθαι δύνανται, τούτων τὰ μήκη ἢ διὰ τῆς κατασκευασθείσης διόπτρας ἢ τοῦ ῥηθέντος ὁδομέτρου εὑρίσκεται· ἐπεὶ δὲ εὔχρηστον ὑπάρχει καὶ τὴν μεταξὺ δύο κλιμάτων ὁδὸν ἡλίκη ἐστὶν ἐπίστασθαι, ἐμπιπτόντων εἰς αὐτὴν νήσων τε καὶ πελαγῶν καί, εἰ τύχοι, ἀβάτων τινῶν

2 μείζονα Vincent : μίαν M || 4 τῷ V[1] : τὸ M V || 6 ἐπιθεωρήσομεν V : ἐπιθεωρήσωμεν M || 10 ἀποστήσομεν H. Schoene : ἀποτήσωμεν M || 12 ὀδοντωτῶν Vincent : ὀδόντων τῶν M || 14 μοιρογνωμονίων M : μοιρογνωμόνων M[1] || 16 οἳ δ᾽ ἐν τῷ H. Schoene : ὀδοντω (sic) M || ἐπιπώματι H. Schoene : ενι πωματι (sic) M || 20 τὰ μήκη Vincent : τῷ μήκει M.

sur cette distance se présentent des îles, des mers et éventuellement des lieux inaccessibles, il est nécessaire qu'il y ait aussi une méthode pour cela, afin que l'étude publiée nous donne le sentiment d'être complète[1].

Qu'il faille, par exemple, mesurer la distance en ligne droite entre Alexandrie et Rome[2], c'est-à-dire celle qui est sur un arc de grand cercle[3] de la terre, en admettant comme préalable que le périmètre de la terre est de 252 000[4] stades, comme Ératosthène[5], qui en a traité de manière plus précise que les autres, le montre dans l'ouvrage intitulé *La mesure de la terre*[6].

Que soit observée la même éclipse de lune à la fois à Alexandrie et à Rome[7] ; s'il s'en trouve une parmi celles qui sont enregistrées[8], c'est elle que nous utiliserons ; sinon, il nous sera possible de fonder notre exposé sur une observation personnelle, du fait que les éclipses de lune se produisent à intervalles de cinq ou six mois.

Que cette éclipse soit trouvée dans les climats dont on a parlé, à Alexandrie à la cinquième heure de la nuit, et à Rome la même éclipse à la troisième heure de la nuit – la même nuit, évidemment. Et qu'aussi cette nuit – c'est-à-dire le cercle diurne de la course du soleil pour la nuit en question – soit à une distance de dix jours de l'équinoxe de

1. Voir Note complémentaire [133].
2. Voir Note complémentaire [134].
3. Un grand cercle d'une sphère est l'intersection d'une sphère et d'un plan passant par le centre de la sphère. C'est donc un cercle de même centre qu'elle.
4. Littéralement : 25 myriades plus 2000 unités.
5. Voir Note complémentaire [135].
6. Voir Note complémentaire [136].
7. Voir Note complémentaire [137].
8. Voir Note complémentaire [138].

τόπων, ἀναγκαῖόν ἐστι καὶ πρὸς τοῦτο μέθοδόν τινα ὑπάρχειν, ὅπως παντελῶς εἴη ἡμῖν ἡ ἐκδεδομένη πραγματεία.

Δέον δὴ ἔστω, εἰ τύχοι, τὴν μεταξὺ Ἀλεξανδρείας καὶ Ῥώμης ὁδὸν ἐκμετρῆσαι τὴν ἐπ' εὐθείας, τήν γε ἐπὶ κύκλου περιφερείας μεγίστου τοῦ ἐν τῇ γῇ, προσομολογουμένου τοῦ ὅτι περίμετρος τῆς γῆς σταδίων ἐστὶ Μ^κε καὶ ἔτι ͵β, ὡς ὁ μάλιστα τῶν ἄλλων ἀκριβέστερον πεπραγματευμένος Ἐρατοσθένης δείκνυσιν ἐν <τῷ> ἐπιγραφομένῳ περὶ τῆς ἀναμετρήσεως τῆς γῆς.

Τετηρήσθω οὖν ἔν τε Ἀλεξανδρείᾳ καὶ Ῥώμῃ <ἡ> αὐτὴ ἔκλειψις τῆς σελήνης· εἰ μὲν γὰρ ἐν ταῖς ἀναγραφείσαις εὑρίσκεται, ταύτῃ χρησόμεθα· εἰ δὲ οὔ, δυνατὸν ἔσται ἡμᾶς αὐτοὺς τηρήσαντας εἰπεῖν διὰ τὸ τὰς τῆς σελήνης ἐκλείψεις διὰ πενταμήνων καὶ ἑξαμήνων γίνεσθαι.

Ἔστω οὖν εὑρημένη ἐν τοῖς εἰρημένοις κλίμασιν αὕτη <ἡ> ἔκλειψις [τε] ἐν Ἀλεξανδρείᾳ μὲν νυκτὸς ὥρας ε, ἐν Ῥώμῃ δὲ ἡ αὐτὴ νυκτὸς ὥρας γ, δηλονότι τῇ αὐτῇ νυκτί. Ἔστω δὲ καὶ ἡ νύξ, τουτέστιν ὁ ἡμερήσιος κύκλος [καὶ] καθ' οὗ φέρεται ὁ ἥλιος ἐν τῇ εἰρημένῃ νυκτί, ἀπέχων ἀπὸ ἰσημερίας ἐαρινῆς,

1 μέθοδόν V : μέθον M || 2 παντελῶς M : παντελὴς prop. H. Schoene || 4 Δέον δὴ ἔστω Decorps-F. : δέον δὲ ἔστω coni. H. Schoene δεδόσθω M || 6 τήν γε Vincent : γῆν τε τὴν M || 8 Μ^κε Vincent (iam Mieg) : ΜΕ M || 10 τῷ add. H. Schoene || 12 Τετηρήσθω H. Schoene : ὅτε τηρήσθω M || ἔν τε H. Schoene : ἐν τῇ M || Ῥώμῃ V : ῥώμης (sic) M || 13 ἡ add. Vincent (*una eademque* Mieg) || 18 εὑρημένη V : εὑρημένην M || 19 αὕτη Vincent : αυτη (sic) M || ἡ add. H. Schoene || τε del. H. Schoene || 20 ἡ αὐτὴ Vincent (iam Mieg) : ἐν αὐτῆς M || γ H. Schoene : τρεῖς M || 21 δὲ V : δὴ M || 22 καὶ del. H. Schoene (in apparatu non ind.).

printemps[1] en direction du solstice d'hiver[2]. Et que soit décrit un hémisphère passant par les tropiques[3], qui corresponde au climat d'Alexandrie, si nous sommes à Alexandrie, et à celui de Rome, si nous sommes à Rome[4].

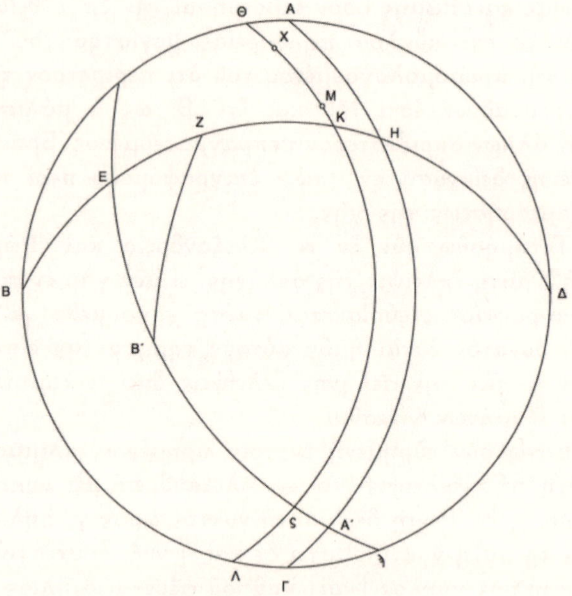

Fig. 35a[5]

1. Voir Note complémentaire [139].

2. Le manque de précision temporelle, qui aurait permis de donner une réalité historique incontestée à cette éclipse, placée dix jours avant l'équinoxe de printemps, et à son observation par Héron, montre que l'auteur a privilégié l'exposé d'une méthode.

3. Voir Note complémentaire [140].

4. Voir Note complémentaire [141].

5. La figure de M est déformée. On ne trouve que les lettres désignatrices B, Θ, A, Δ, ϡ, E, H. L'éditeur Schöne n'a pas souhaité proposer de figures pour ce chapitre (voir ses explications, p. 303 de son édition).

ὡς ἐπὶ τροπὰς χειμερινάς, ἡμέρας ι. Καὶ καταγεγράφθω ἡμισφαίριον τὸ διὰ τῶν τροπικῶν, εἰ μὲν ἐν Ἀλεξανδρείᾳ ἐσμέν, πρὸς τὸ ἐν Ἀλεξανδρείᾳ, εἰ δὲ ἐν Ῥώμῃ, πρὸς τὸ ἐν Ῥώμῃ κλίμα.

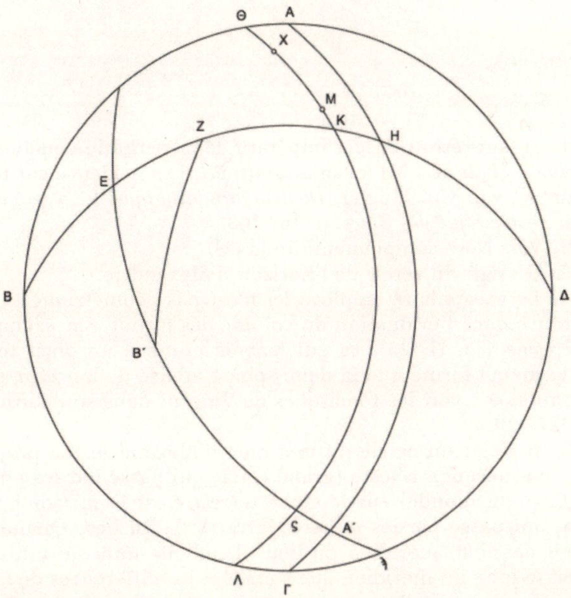

Fig. 35a

Mettons que nous soyons à Alexandrie ; et que soit donné[1] un hémisphère concave[2] passant par les tropiques, dont le tracé corresponde au climat d'Alexandrie. Soit ΑΒΓΔ le cercle[3] qui le borde[4]; et soit ΒΕΖΗΔ le méridien[5] à l'intérieur[6]; et ΑΗΓ l'équateur[7], Ε le pôle[8] des cercles parallèles[9] et Ζ

1. Il faut retrouver ici l'impératif de présentation euclidien ἐκκείσθω (ἐγκείσθω M) au sens de « mettre en évidence sur une figure » ; voir Ch. Mugler, *Dictionnaire historique de la terminologie géométrique des Grecs*, p. 167-168.

2. Voir Note complémentaire [142].

3. Il s'agit du cercle de l'horizon d'Alexandrie.

4. Le vocabulaire employé ici n'est pas géométrique et se retrouve dans l'évaluation du volume des pithoi, par exemple (*Stereometrica*, II, 23), ce qui renvoie plutôt à un objet réel, de la même forme que la demi-sphère creuse de la σκάφη des astronomes ; voir les remarques de Vincent dans son édition, p. 327-329.

5. Il s'agit du cercle du méridien d'Alexandrie. La projection du méridien céleste (grand cercle qui passe par les pôles de l'axe du monde) sur le globe terrestre est le méridien du lieu, qui passe par les pôles et la verticale du lieu. Quand le soleil passe au méridien du lieu, il indique midi ou minuit. C'est le long du méridien que s'étagent les différences de latitude. La latitude d'Alexandrie (31°) est représentée par l'arc de cercle ΖΗ.

6. ἐν αὐτῷ : c'est-à-dire dans la concavité de l'hémisphère.

7. Sur le méridien, le point Η représente, à l'équinoxe de printemps, la position du soleil à minuit à Alexandrie.

8. Les pôles d'un cercle de la sphère sont les extrémités sur la surface de la sphère du diamètre mené perpendiculairement au plan du cercle. Ils font l'objet de la Définition 5 des *Sphériques* de Théodose.

9. Ε est le pôle du cercle de l'équateur et des cercles qui lui sont parallèles. Comme on traite ici d'une éclipse de lune, qui a donc lieu la nuit, Ε représente le pôle céleste Sud. Les plans de ces cercles parallèles, dont l'équateur est le plus grand, puisqu'il passe par le centre de la sphère, sont tous perpendiculaires à l'axe du monde.

Ἔστω δὴ ἡμᾶς εἶναι ἐν Ἀλεξανδρείᾳ. Καὶ ἐκκείσθω κοῖλον ἡμισφαίριον τὸ διὰ τῶν τροπικῶν καταγραφὲν πρὸς τὸ ἐν Ἀλεξανδρείᾳ κλίμα. Καὶ ἔστω αὐτοῦ ὁ περὶ τὸ χεῖλος κύκλος ὁ ΑΒΓΔ· μεσημβρινὸς δὲ ἐν αὐτῷ ἔστω ὁ ΒΕΖΗΔ, ἰσημερινὸς δὲ ὁ ΑΗΓ, πόλος δὲ τῶν παραλλήλων ὁ Ε, τοῦ δὲ περὶ

1 δὴ Vincent : δὲ M || ἐκκείσθω Decorps-F. uide adn. : ἐγκείσθω M || 2 κοῖλον Vincent : κοινὸν M || τὸ Decorps-F. : τι η (sic) M || 2-3 καταγραφὲν Decorps-F. : καταγράφειν M || 5 ΒΕΖΗΔ Vincent : ΒΕΖΗ M.

le pôle du cercle[1] qui borde cet hémisphère.

Que soit inséré <un cercle>[2] correspondant à la position du cercle suivant lequel se déplace le soleil lors de la nuit en question à la cinquième heure, distant à ce moment-là de dix jours de l'équinoxe de printemps en direction du solstice d'hiver : que ce soit ΘΚΛ ; et que l'arc ΘΚΛ soit divisé en 12 parties[3] ; soit ΘΜ la cinquième, puisque c'est à la cinquième heure que l'éclipse a été observée à Alexandrie ; M aura donc la position correspondant au point où était le soleil quand l'éclipse s'est produite[4].

Que soit décrit maintenant aussi l'analemme[5] de Rome, dans lequel soit inscrit également le cercle diurne de même position que ΘΚΛ.

<Soit> ΝΞ[6] le diamètre de l'horizon, ΟΠ le gnomon[7],

1. Z par lequel passe le méridien d'Alexandrie est un pôle du cercle de l'horizon, en l'occurrence le nadir, c'est-à-dire le point opposé au zénith, dans la direction verticale descendante et donc directement sous les pieds de l'observateur de la voûte céleste.

2. Il s'agit du cercle diurne du soleil. Le soleil entraîné dans la rotation diurne de l'univers autour de son axe, d'Est en Ouest, décrit un cercle parallèle à l'équateur. C'est le cercle ΘΚΛ.

3. Pour correspondre à la division du jour, ou ici de la nuit, en 12 parties égales (heures équinoxiales).

4. Sur la figure, Θ représente donc le moment du coucher du soleil à Alexandrie ; K, qui est à l'intersection avec le méridien, indique la position du soleil à minuit, et Λ le lever suivant.

5. Sur l'analemme, voir Note complémentaire [141].

6. Les lettres désignatrices prennent la suite des lettres de l'hémisphère d'Alexandrie.

7. ΟΠ représente dans le plan méridien la verticale du lieu, perpendiculaire à l'horizon du lieu.

τὸ χεῖλος τοῦ ἡμισφαιρίου πόλος ὁ Ζ.

Καὶ ἐντετάχθω <κύκλος> ὁμοταγὴς τῷ κύκλῳ τῷ καθ' ὃν φέρεται ἐν τῇ εἰρημένῃ νυκτὶ ὁ ἥλιος ὥρας ε, τότε μὲν ἀπέχων ἀπὸ ἰσημερίας ἐαρινῆς καὶ ἐπὶ τροπὰς χειμερινὰς ἡμέρας ι, καὶ ἔστω ὁ ΘΚΛ· καὶ διῃρήσθω ἡ ΘΚΛ περιφέρεια εἰς τὰς ιβ· καὶ ἔστω τοιούτων ἡ ε ἡ ΘΜ, ἐπειδήπερ ε ὥρας ἡ ἔκλειψις ἐτηρήθη ἐν Ἀλεξανδρείᾳ· ἔσται ἄρα τὸ Μ ὁμοταγὲς τῷ πρὸς ὃ ἦν <ὁ> ἥλιος τῆς ἐκλείψεως γενομένης.

Καὶ γεγράφθω δὴ καὶ τὸ διὰ Ῥώμης ἀνάλημμα, ἐν ᾧ ἐγγεγράφθω καὶ ὁ ἡμερήσιος κύκλος ὁ ὁμοταγὴς τῷ ΘΚΛ.

Καὶ <ἔστω> τοῦ ὁρίζοντος μὲν διάμετρος ἡ ΝΞ, γνώμων <δὲ> ὁ ΟΠ, ἡ δὲ τοῦ ἡμερησίου διάμετρος ἡ ΡΣ, διορίζουσα δὲ ἡ ΤΥ.

1 Z Vincent : ΘΖ M ut uid. || 2 κύκλος add. Decorps-F. || ὁμοταγὴς V : ὁμοταγεὶς M || 3 καθ' ὃν Vincent : καθῶ (sic) M || 4 τότε Vincent : τὸ M || ἀπέχων Vincent : ἀπέχειν M || 6 διῃρήσθω Vincent : διειρήσθω M || 7 τοιούτων Decorps-F. (iam prop. Rome) : τοιοῦτον M τούτων H. Schoene || ἡ ε [πέμπτη H. Schoene] ἡ ΘΜ H. Schoene : ηΕΗΘΜ (sic) M || 9 τῷ Vincent : τὸ M || ἦν Vincent : μη (sic) M || ὁ add. Vincent || 11 δὴ Vincent : δὲ M || 14 ἔστω add. Decorps-F. || τοῦ V : ο (sic) M || 15 δὲ add. H. Schoene || ΟΠ Vincent : ΘΠ M || post alt. δὲ del. ἡ M^{1} || 16 διορίζουσα Decorps-F. uide adn. : δίορον M.

ΡΣ le diamètre du cercle diurne[1], ΤΥ la ligne qui sépare[2].

Des heures journalières[3] dont l'arc ΥΦΣ fait 6, l'arc ΥΦ fait 3, puisque l'observation à Rome a été effectuée à la troisième heure. Que soit placé aussi, semblable à l'arc ΥΦ, l'arc ΜΧ[4] ; le point Χ sera donc sur l'horizon de Rome[5].

1. Au jour fixé, à savoir le 10ᵉ jour avant l'équinoxe de printemps.

2. Le terme transmis par M, δίορον, est un hapax. Il semble difficile de le conserver à partir du moment où les éléments de l'analemme repérés ici sont bien connus, et ne justifient pas l'emploi par Héron d'un mot technique qu'il serait seul à utiliser. Il faut plutôt y voir une erreur dans la transmission du texte. La ligne dont il s'agit, intersection du cercle diurne et du cercle de l'horizon, est celle qui sépare la nuit et le jour, Υ représentant le coucher du soleil à Rome, 10 jours avant l'équinoxe de printemps.

3. Il s'agit des heures temporaires, une heure temporaire étant la 12ᵉ partie de l'intervalle de temps entre le lever et le coucher du soleil. En l'occurrence ce sont des heures nocturnes, et donc l'arc ΥΦΣ représente la moitié de l'intervalle entre le coucher du soleil à Rome et son lever, c'est-à-dire le parcours du soleil entre le coucher et minuit (Σ). Le placement de Φ, qui est à la moitié de ce parcours, c'est-à-dire à la 3ᵉ heure de la nuit romaine, moment où l'éclipse est observée, demande une dichotomie de l'angle au centre qui intercepte l'arc ΥΦΣ.

4. Retour à la figure du cercle horizon d'Alexandrie, avec le placement de M (correspondant à Φ) sur l'arc alexandrin pour indiquer le moment de l'éclipse à Rome, et de X (correspondant à Υ), pour indiquer sur l'arc alexandrin le moment du coucher du soleil à Rome (le cercle horizon de Rome passe par ce point).

5. Puisqu'il représente le moment du coucher du soleil à Rome, et que le cercle horizon sépare pour nous la partie visible de l'univers de la partie invisible (Géminus, *Introduction aux phénomènes*, 5, 54).

Καὶ οἵων ἐστὶν ἡ ΥΦΣ περιφέρεια ἡμερησίων ὡρῶν ϛ, τοιούτων ὡρῶν ἡ ΥΦ γ, ἐπειδήπερ ἡ τήρησις ἐν Ῥώμῃ γεγένηται ὥρας γ. Καὶ τῇ ΥΦ περιφερείᾳ ὁμοία κείσθω ἡ ΜΧ· τὸ ἄρα Χ σημεῖον πρὸς τῷ ὁρίζοντι τῷ διὰ Ῥώμης.

1 οἵων H. Schoene : οἷον M || ἡμερησίων H. Schoene : τη H (sic) M || ὡρῶν H. Schoene : Ω (sic) M || ὡρῶν Vincent : ω (sic) M || 4 ΜΧ H. Schoene : ΜΧΓ M || τὸ Vincent : ο (sic) M.

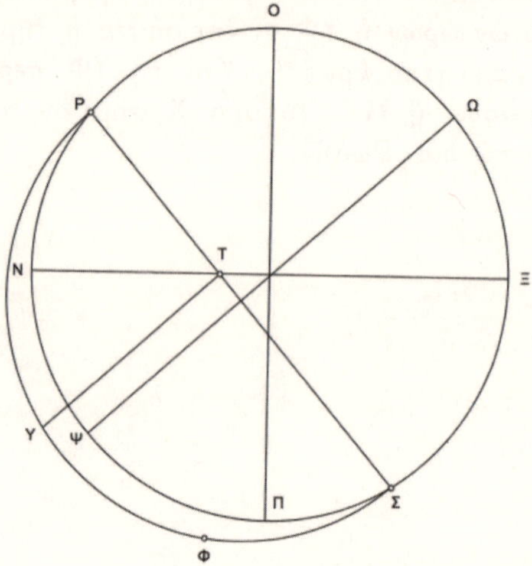

Fig. 35b[1]

Soit aussi ΨΩ l'axe de l'analemme[2]. Que soit placé[3] XKϛ semblable à l'arc ΥΦΣ ; le point ϛ sera alors sur le méridien de Rome[4] ; mais aussi, E est le pôle des cercles parallèles ; décrivons par les points E et ϛ un grand cercle Eϛ ; ce sera alors le méridien de Rome[5] dont on a parlé.

1. À part quelques erreurs commises sur les lettres désignatrices, la figure de M a été correctement transmise.

2. Il s'agit de la projection de l'axe du monde, perpendiculaire à l'équateur céleste, et qui, avec la verticale du lieu, définit le plan méridien du lieu.

3. Sur la figure de l'horizon d'Alexandrie.

4. Puisqu'il correspond au point Σ de l'analemme et représente minuit à Rome.

5. Sur ce méridien, A′ représente la position du soleil à Rome à minuit, à l'équinoxe de printemps (la position correspondante du soleil à Alexandrie est H). Le méridien passe par le pôle du cercle horizon de Rome, qui est le nadir (B′). L'intersection avec le cercle horizon d'Alexandrie est repérée sur la figure de M par la lettre ϡ.

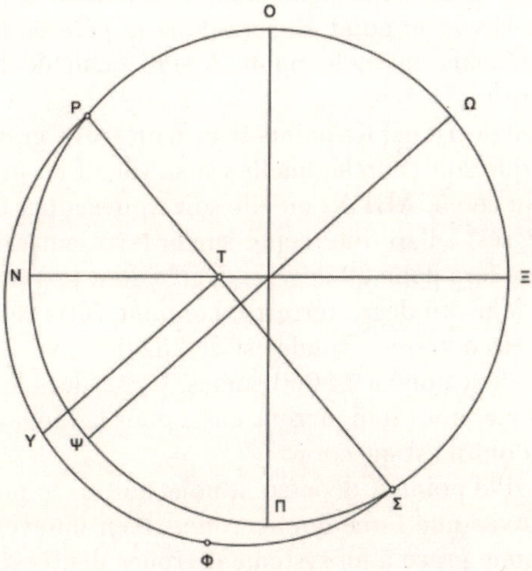

Fig. 35b

Ἔστω δὲ καὶ ἄξων ἐν τῷ ἀναλήμματι ὁ ΨΩ. Καὶ τῇ ΥΦΣ περιφερείᾳ ὁμοία κείσθω ἡ ΧΚϛ· ἔσται δὴ τὸ ϛ ἐπὶ τοῦ μεσημβρινοῦ τοῦ διὰ Ῥώμης· ἀλλὰ καὶ τὸ Ε πόλος τῶν παραλλήλων· γεγράφθω διὰ τῶν Ε, ϛ μέγιστος κύκλος ὁ Εϛ· τοῦτο δὴ ἔσται ὁ εἰρημένος διὰ Ῥώμης μεσημβρινός.

2 τῇ Vincent : ἡ M ‖ 4 πόλος Vincent : πόλος Γ M ‖ διὰ Vincent : δὴ M ‖ 5 Ε, ϛ Vincent : Βϛ M ‖ Εϛ Vincent : ΥΕϛ M.

Que soit placé A′B′ semblable à l'arc ΞΩ[1] à partir du quadrant EA′[2] ; le point B′ sera donc le pôle de l'horizon de Rome, mais aussi, le point Z sera celui de l'horizon d'Alexandrie.

Que soit décrit par les points B′ et Z un arc de grand cercle B′Z[3], et que soit cherché quelle est sa valeur en degrés par rapport au cercle ΑΒΓΔ ; qu'elle soit trouvée, par exemple, de 20 degrés[4] ; l'arc intercepté sur la terre entre Rome et Alexandrie fera donc 20 degrés, degrés dont le grand cercle fait 360. Mais un degré terrestre contient 700 stades, si du moins la circonférence totale est de 252 000 ; les 20 degrés correspondent donc à 14 000 stades. C'est alors le nombre de stades que nous indiquerons aussi pour la longueur de la distance dont il est question.

†Mais si le point A dépasse ... nous aurons le point B†[5].

36. [6] Avec une force donnée, mettre en mouvement un poids[7] donné grâce à un système de roues dentées[8].

1. Dans la figure de l'analemme (plan méridien de Rome), l'arc ΞΩ est l'arc intercepté par l'angle au centre (41°) qui définit la latitude de Rome (angle φ). Dans la figure de l'horizon d'Alexandrie, il correspond à l'arc de méridien A′B′, distance entre l'équateur et le nadir.
2. Voir Note complémentaire [143]
3. Il passe par les deux nadirs, l'un à la verticale d'un observateur alexandrin, l'autre à la verticale d'un observateur romain (B′).
4. Soit 1/18e de 24 heures équinoxiales, c'est-à-dire 1h20.
5. Voir Note complémentaire [144].
6. Voir Note complémentaire [145].
7. Voir Note complémentaire [146].
8. C'est-à-dire, en termes modernes, un train d'engrenages.

Καὶ τῇ ΞΩ περιφερείᾳ ὁμοία [κείσθω ἡ ΘΣ] ἀπὸ [δὲ] τοῦ ΕΑ′ τετραγώνου κείσθω ἡ Α′Β′· τὸ ἄρα Β′ σημεῖον ἔσται τοῦ διὰ Ῥώμης ὁρίζοντος πόλος, ἀλλὰ καὶ τὸ Ζ τοῦ δι᾽ Ἀλεξανδρείας.

Γεγράφθω οὖν διὰ τῶν Β′, Ζ, μεγίστου κύκλου περιφέρεια ἡ Β′Ζ, καὶ ἐξητάσθω πόσων γίνεται μοιρῶν πρὸς τὸν ΑΒΓΔ κύκλον· εὑρήσθω, εἰ τύχοι, μοιρῶν κ· ἔσται οὖν ἡ ἀπολαμβανομένη ἐν τῇ γῇ μεταξὺ Ῥώμης καὶ Ἀλεξανδρείας μοιρῶν κ, οἵων ἐστὶ καὶ ὁ μέγας κύκλος μοιρῶν τξ. Ἔχει δὲ ἡ μία μοῖρα τῶν ἐν τῇ γῇ σταδίους ψ, εἴ γε ὅλη <ἡ> περίμετρός ἐστι $M^{κε}$ καὶ ͵β· αἱ ἄρα κ μοῖραι γίνονται εἰς $M^{α}$ <͵δ> σταδίους. Τοσούτους δὴ σταδίους ἀποφανούμεθα καὶ τὸ τῆς εἰρημένης ὁδοῦ μῆκος.

†Ἐὰν δὲ τὸ Α σημεῖον ὑπερπίπτῃ τοῦ τῆς ὑπερπιπτούσης περιφερείας ἣν θήσομεν τὴν Γ, καὶ ἔσται τὸ Β τε διάμετρον τῷ ὑπερπίπτοντι σημείῳ. Πάλιν οὖν τετραγώνου θέντες τὴν ΣΒ ἕξομεν τὸ Β σημεῖον.†

36. Τῇ δοθείσῃ δυνάμει τὸ δοθὲν βάρος κινῆσαι διὰ τυμπάνων ὀδοντωτῶν παραθέσεως.

1 κείσθω ἡ ΘΣ del. Decorps-F. || 2 δὲ del. Decorps-F. || ΕΑ′ Sidoli uide adn. : ΣΑ Μ || Α′Β′ Sidoli : ΑΒ Μ || 3 Β′ Vincent : Β Μ || 5 Β′, Ζ Vincent : ΒΖ Μ || 6 Β′Ζ Vincent : ΒΖ Μ || 8 ἔσται οὖν V : folio lacerato fere euan. Μ || 9-10 οἵων ἐστὶ H. Schoene : οιωνες (sic) Μ || 11 ψ Vincent : ΣΨ Μ || ἡ add. Vincent || 12 $M^{κε}$ καὶ ͵β Vincent (iam Mieg) : ΚΕ καὶ Β Μ || 13 ͵δ add. Vincent || pr. σταδίους Decorps-F. : οδιους (sic) Μ || τοσούτους H. Schoene : ουτους (sic) Μ || 13-14 ἀποφανούμεθα H. Schoene : ἀποφαινούμεθα Μ || 15-19 locus corruptus || 21 παραθέσεως Schmidt : παραθέσεων Μ.

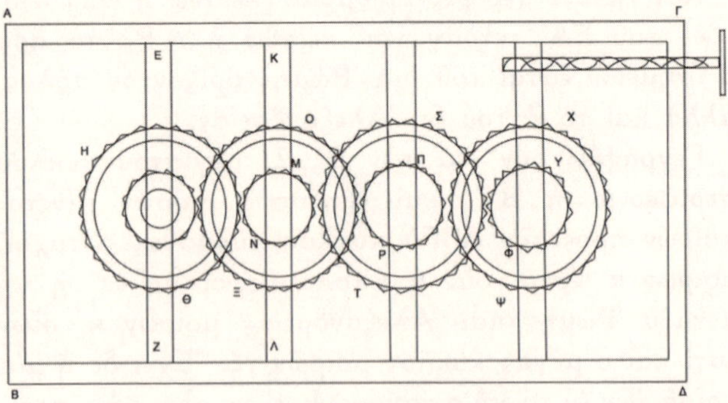

Fig. 36[1]

Que soit construit un châssis, une sorte de coffre[2] ; que dans ses parois longues parallèles soient engagés des axes parallèles entre eux et placés à des intervalles tels que les roues dentées qui sont solidaires de ces axes soient en contact les unes avec les autres et s'engrènent entre elles comme nous allons le montrer.

Soit ΑΒΓΔ le coffre en question ; soit à l'intérieur un axe EZ placé comme on l'a dit et pouvant tourner librement ; qu'une roue dentée HΘ soit solidaire de cet axe ; que son diamètre soit, par exemple, quintuple de celui de l'axe EZ.

Et pour faire la construction sur un exemple, soit le poids à mouvoir de mille talents[3], et la force motrice de cinq

1. Voir Note complémentaire [147].
2. Voir Note complémentaire [148].
3. Voir Note complémentaire [149].

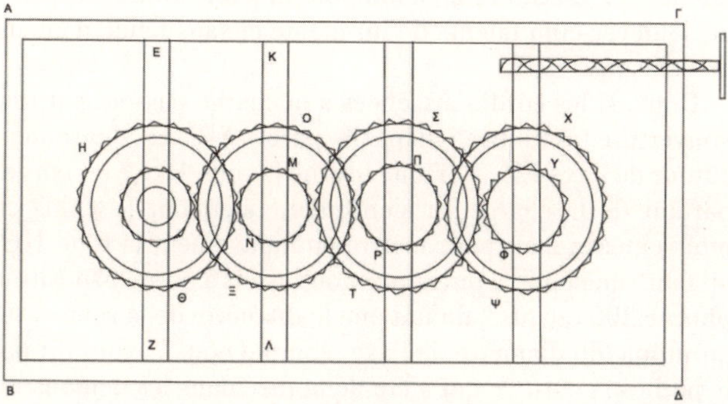

Fig. 36

Κατεσκευάσθω πῆγμα καθάπερ γλωσσόκομον <οὗ> εἰς τοὺς μακροὺς καὶ παραλλήλους τοίχους διακείσθωσαν ἄξονες παράλληλοι ἑαυτοῖς, ἐν διαστήμασι κείμενοι ὥστε τὰ συμφυῆ αὐτοῖς ὀδοντωτὰ τύμπανα παρακεῖσθαι καὶ συμπεπλέχθαι ἀλλήλοις καθὰ μέλλομεν δηλοῦν.

Ἔστω τὸ εἰρημένον γλωσσόκομον τὸ ΑΒΓΔ ἐν ᾧ ἄξων ἔστω διακείμενος ὡς εἴρηται, καὶ δυνάμενος εὐλύτως στρέφεσθαι ὁ ΕΖ· τούτῳ δὲ συμφυὲς ἔστω τύμπανον ὠδοντωμένον τὸ ΗΘ ἔχον τὴν διάμετρον, εἰ τύχοι, πενταπλασίονα <τῆς> τοῦ ΕΖ ἄξονος διαμέτρου.

Καὶ ἵνα ἐπὶ παραδείγματος τὴν κατασκευὴν ποιησώμεθα, ἔστω τὸ μὲν ἀγόμενον βάρος ταλάντων

1 κατεσκευάσθω Vincent : κατασκευάσθω M || 2 οὗ add. Decorps-F. (fort. addendum H. Schoene) || 9 τούτῳ Vincent : τοῦτο M || 11 τῆς add. Vincent || 13-14 ποιησώμεθα V : ποιησόμεθα M.

talents[1] – c'est-à-dire un adulte ou un jeune homme capable de soulever cinq talents de lui-même et sans l'aide d'aucun mécanisme.

Donc, si les cordes attachées à la charge passent par une <ouverture pratiquée> dans la paroi AB[2] et s'enroulent autour de l'axe EZ, <lorsque tourne la roue HΘ,> les cordes partant de la charge en s'enroulant mettront le poids en mouvement ; mais pour mettre en mouvement la roue HΘ, <il faut> que pour la puissance nous ayons à notre disposition plus de 200 talents[3], du fait que le diamètre de la roue <est> quintuple du diamètre de l'axe, comme nous l'avons dit par hypothèse ; c'est ce qui a été démontré dans les démonstrations concernant les cinq puissances motrices[4]. Mais nous <n'>avons en aucune manière une force de 200 talents : la nôtre en fait cinq.

Soit disposé un second axe KΛ, <parallèle> à EZ, ayant une roue dentée MN solidaire de lui. Mais la roue HΘ est

1. On retrouve ce rapport de 5 à 1 dans les démonstrations relatives aux cinq machines simples du livre II des *Mécaniques*.
2. Voir Note complémentaire [147].
3. Voir Note complémentaire [150].
4. Voir Note complémentaire [151].

χιλίων, ἡ δὲ κινοῦσα δύναμις ἔστω ταλάντων ε, τουτέστιν ὁ κινῶν ἄνθρωπος ἢ παιδάριον ὥστε δύνασθαι καθ' ἑαυτὸν ἄνευ μηχανῆς ἕλκειν τάλαντα ε.

Οὐκοῦν ἐὰν τὰ ἐκ τοῦ φορτίου ἐκδεδεμένα ὅπλα διά τινος <ὀπῆς οὔσης> ἐν τῷ ΑΒ τοίχῳ ἐπειληθῇ περὶ τὸν ΕΖ ἄξονα, <ἐπιστρεφομένου τοῦ ΗΘ τυμπάνου> κατειλούμενα τὰ ἐκ τοῦ φορτίου ὅπλα κινήσει τὸ βάρος· ἵνα δὲ κινηθῇ τὸ ΗΘ τύμπανον, <δεῖ δυνά>μει ὑπάρχειν πλέον ταλάντων διακοσίων, διὰ τὸ τὴν διάμετρον τοῦ τυμπάνου τῆς διαμέτρου τοῦ ἄξονος, ὡς ὑπεθέμεθα, πενταπλῆν <εἶναι>· ταῦτα γὰρ ἀπεδείχθη ἐν ταῖς τῶν ε δυνάμεων ἀποδείξεσιν. Ἀλλ' <οὐκ> ἔχομέν τι τὴν δύναμιν ταλάντων διακοσίων, ἀλλὰ πέντε.

Γεγονέτω οὖν ἕτερος ἄξων <παράλληλος> διακείμενος τῷ ΕΖ ὁ ΚΛ ἔχων συμφυὲς τύμπανον ὠδοντωμένον τὸ ΜΝ· ὀδοντωθὲν δὲ καὶ τὸ ΗΘ τύμπανον, ὥστε <τοὺς ὀδόντας αὐτοῦ> ἐναρμόζειν ταῖς ὀδοντώσεσι τοῦ ΜΝ τυμπάνου· τῷ δὲ

2 ἢ V : ἡ M || 3 ἕλκειν Vincent : εικειν (sic) M || 4 ἐκδεδεμένα H. Schoene : ἐνδεδεμένα M || 5 ὀπῆς οὔσης add. Schmidt e Papp. || 5-6 ἐπειληθῇ Vincent : ἐπιληθη (sic) M || 6 τὸν Vincent : τὸ M || 6-7 ἐπιστρεφομένου τοῦ ΗΘ τυμπάνου add. Decorps-F. e Heron. *Mechanica*, 1, 1 (fort. addendum H. Schoene) || 8 ὅπλα κινήσει Schmidt e Papp. : επλακων εν τισι (sic) M || ΗΘ Vincent : ΠΘ M || 9 δεῖ δυνά[μει suppl. dubitanter H. Schoene : 8 litt. madore absumptis in M || 12 εἶναι add. Vincent || 13 οὐκ suppl. Vincent : lacuna 23 litt. in M || 15 οὖν H. Schoene : ὁ M || παράλληλος add. Vincent e Papp/ || 16 ἔχων V : ἔχον M || συμφυὲς Vincent : συμφυῆ M || 17 ὀδοντωθὲν Guillaumin : ὀδοντῶδες M || 18 τοὺς ὀδόντας αὐτοῦ add. Schmidt e Papp. || 19 ταῖς ὀδοντώσεσι M : τοῖς ὀδοῦσι Vincent e Papp.

aussi une roue dentée, dont <les dents> peuvent s'engrener dans les dents de la roue MN ; du même axe ΚΛ, que <soit> solidaire une roue Ξ<Ο>, ayant semblablement un diamètre quintuple du diamètre de la roue MN. Il faudra alors, si l'on veut mettre le poids en mouvement à l'aide de la roue ΞΟ, disposer d'une puissance motrice de 40 talents, puisque le cinquième des 200 talents est 40 talents.

De nouveau, donc, que s'engage dans la roue dentée <ΞΟ> une autre roue dentée ΠΡ solidaire <d'un autre axe ; du même axe> que soit solidaire <une roue ΣΤ>[1], ayant semblablement un diamètre quintuple du diamètre de la roue ΠΡ ; la puissance de levage qui fera mouvoir le poids à l'aide de la roue ΣΤ <sera> alors de 8 talents ; mais la puissance motrice qui nous est donnée est de 5 talents.

Que s'engage semblablement une autre roue dentée ΥΦ dans la roue dentée ΣΤ ; et qu'à l'axe de la roue ΥΦ soit fixée une roue dentée ΧΨ, dont le diamètre aura avec le diamètre de la roue ΥΦ le rapport que les huit talents ont avec les 5 talents de la puissance donnée.

1. Voir Note complémentaire [152].

αὐτῷ ἄξονι τῷ ΚΛ συμφυὲς <ἔστω> τύμπανον τὸ Ξ<Ο> ἔχον ὁμοίως τὴν διάμετρον πενταπλασίονα τῆς τοῦ ΜΝ τυμπάνου διαμέτρου. Διὰ δὴ τοῦτο δεήσει τὸν βουλόμενον κινεῖν διὰ τοῦ ΞΟ τυμπάνου τὸ βάρος ἔχειν δύναμιν ταλάντων μ, ἐπειδήπερ τῶν σ ταλάντων τὸ πέμπτον ἐστὶ τάλαντα μ.

Πάλιν οὖν παρακείσθω τύμπανον ὀδοντωθὲν ἕτερον <τῷ ΞΟ> τυμπάνῳ ὠδοντωμένῳ τὸ ΠΡ συμφυὲς <ἑτέρῳ ἄξονι· τῷ δὲ αὐτῷ ἄξονι> ἕτερον συμφυὲς <ἔστω> <τύμπανον τὸ ΣΤ> ἔχον ὁμοίως πενταπλῆν τὴν διάμετρον τῆς ΠΡ τυμπάνου διαμέτρου· ἡ δὴ δύναμις ἡ διὰ τοῦ ΣΤ τυμπάνου ἕλκουσα τὸ βάρος <ἔσται> ταλάντων η· ἀλλ' ἡ ὑπάρχουσα ἡμῖν δύναμις δέδοται ταλάντων ε.

Ὁμοίως ἕτερον παρακείσθω τύμπανον ὀδοντωθὲν τὸ ΥΦ τῷ ΣΤ ὀδοντωθέντι· <τῷ> δὲ τοῦ ΥΦ τυμπάνου ἄξονι συμφυὲς ἔστω τύμπανον τὸ ΧΨ ὠδοντωμένον, οὗ ἡ διάμετρος πρὸς τὴν τοῦ ΥΦ τυμπάνου διάμετρον λόγον ἐχέτω ὃν τὰ ὀκτὼ τάλαντα πρὸς τὰ τῆς δοθείσης δυνάμεως τάλαντα ε.

1 ἔστω add. Schmidt e Papp. || 4 ΞΟ Vincent e Papp. : Ξ M || 7 Πάλιν οὖν V : πάλιοῦν (sic) M || 8 τῷ ΞΟ add. Schmidt e Papp. || ὠδοντωμένῳ Schmidt : ὀδοντωμένον M || συμφυὲς Vincent : συμφυῆ M || 9 ἑτέρῳ ἄξονι· τῷ δὲ αὐτῷ ἄξονι add. Schmidt e Papp. uide adn. || 10 ἔστω add. Decorps-F. || τύμπανον τὸ ΣΤ add. Decorps-F. e Papp. || 12 δὴ Vincent : δὲ M || δ[ύναμις Schmidt : α (sic) M || δ]ύναμις ἡ διὰ suppl. Schmidt : lacuna 14 litt. in M || ΣΤ Vincent : ΕΤ M || ἕλκουσα Schmidt : ἔχουσα M κινοῦσα Papp. || 13 ἔσται add. Decorps-F. || ἀλλ' ἡ Vincent : αλλη (sic) M || 15 ὀδοντωθὲν Schmidt : ὀδοντωθέντος M || 16 τὸ Vincent : οἱ δὲ τοῦ M || τῷ Vincent : τὸ M || ὀδοντωθέντι Vincent : ὀδοντωθὲν M || τῷ add. Schmidt e Papp. || 17 τὸ Vincent : τοῦ M || 20 πρὸς τὰ Vincent : πρόστε (sic) M.

Une fois cela construit, si nous imaginons le <coffre> ΑΒΓΔ placé en hauteur et si nous appliquons le poids à l'axe EZ et la puissance de levage à la roue ΧΨ, ni l'un ou l'autre ne descendra, alors même que les axes tournent librement et que le système des roues est bien réglé, mais il y aura, comme dans le cas d'une balance[1], équilibre de la puissance motrice et du poids. Mais si nous ajoutons un peu de poids à l'un ou à l'autre des deux, la balance penchera et sera entraînée du côté où l'on aura ajouté du poids, de sorte que si, par exemple, à la puissance motrice des cinq talents nous ajoutons un poids d'une mine, elle l'emportera et le poids[2] sera tiré.

Mais au lieu de cet ajout, que s'engage dans la roue dentée ΧΨ une vis dont le filet s'engrène dans les dents de la roue, et tournant librement autour de pivots engagés dans des trous ronds ; que l'un de ces pivots dépasse à l'extérieur du

1. Voir Note complémentaire [153].
2. C'est-à-dire le poids à soulever suspendu à l'axe EZ.

Καὶ τούτων κατασκευασθέντων ἐὰν ἐπινοήσωμεν τὸ ΑΒΓΔ <γλωσσόκομον> μετέωρον κείμενον καὶ ἐκ μὲν τοῦ ΕΖ ἄξονος τὸ βάρος ἐξάψωμεν, ἐκ δὲ τοῦ ΧΨ τυμπάνου τὴν ἕλκουσαν δύναμιν, οὐδ᾽ ὁπότερον αὐτῶν κατενεχθήσεται εὐλύτως στρεφομένων τῶν ἀξόνων καὶ τῆς τῶν τυμπάνων παραθέσεως καλῶς ἁρμοζούσης, ἀλλ᾽ ὥσπερ ζυγοῦ τινὸς ἰσορροπήσει ἡ δύναμις τῷ βάρει. Ἐὰν δὲ ἑνὶ αὐτῶν προσθῶμεν ὀλίγον ἕτερον βάρος, καταρρέψει καὶ ἐνεχθήσεται ἐφ᾽ ὃ προσετέθη βάρος, ὥστ᾽ ἐὰν τῇ τῶν ε ταλάντων δυνάμει εἰ τύχοι μναϊαῖον προστεθῇ βάρος, κατακρατήσει καὶ ἐπισπάσεται τὸ βάρος.

Ἀντὶ <δὲ> τῆς προσθέσεως [τούτῳ δὲ] παρακείσθω κοχλίας τῷ ΧΨ τυμπάνῳ ἔχων τὴν ἕλικα ἁρμοστὴν τοῖς ὀδοῦσι τοῦ τυμπάνου, στρεφόμενος εὐλύτως περὶ τόρμους ἐνόντας ἐν τρήμασι στρογγύλοις, ὧν ὁ μὲν ἕτερος ὑπερεχέτω εἰς τὸ ἐκτὸς μέρος τοῦ γλωσσοκόμου κατὰ τὸν ΓΔ <τοῖχον

2 γλωσσόκομον add. Vincent e Papp. || 3 ΕΖ Vincent : ΕΞ M || ἐξάψωμεν Schmidt : ἐξάψομεν M || τοῦ V : τῷ M || 4 ΧΨ Vincent : ΧΠ M || οὐδ᾽ ὁπότερον Decorps-F. : οὐδοπότερον Papp. οὐδ᾽ ὁ πρότερον M || 7 ἁρμοζούσης Schmidt e Papp. : ἁρμόσεις M || ἀλλ᾽ ὥσπερ V : αλλώσπερ (sic) M || 7-8 ἰσορροπήσει ἡ δύναμις Vincent e Papp. : ἰσορρόπους εἴη δυνάμεως M || 9 καταρρέψει V : καταρέψει M || 10 προσετέθη V : προσετίθη M || τῇ Decorps-F. : ἓν M || 11 post δυνάμει lacunam 7 litt. praebet M || μναϊαῖον Schmidt : μ lac. 3 litt. αιαιον (sic) M || 11-12 κατακρατήσει Vincent : κατακρατήσῃ M || 13 δὲ add. Schmidt e Papp. || τούτῳ δὲ del. Schmidt || 14 ἕλικα Vincent : ηλικα (sic) M || 16 ἐνόντας Schmidt e Papp. : ἐν τας (sic) M || 17 ὧν Vincent : ὃν M || ἐκτὸς Vincent : ἐντὸς M || 18 τὸν Vincent : τὴν M || 18-p. 103, 1 τοῖχον τὸν παρακείμενον add. Vincent e Papp.

coffre, dans la <paroi> ΓΔ <qui se trouve près de> la vis ; que son prolongement, de section carrée, reçoive une poignée Ως[1] que l'on pourra prendre en main et faire tourner, ce qui fera tourner aussi la vis et la roue ΧΨ, et aussi, en conséquence, la roue ΥΦ qui est solidaire d'elle. De ce fait, la roue voisine, ΣΤ, tournera également, ainsi que la roue ΠΡ qui est solidaire d'elle, et sa voisine ΞΟ, et celle qui en est solidaire, ΜΝ, et la voisine de celle-ci, ΗΘ, ce qui entraînera aussi la rotation de l'axe qui en est solidaire, ΕΖ, autour duquel les cordes attachées à la charge s'enrouleront, mettant ainsi le poids en mouvement.

Que le poids sera mû, cela est évident du fait qu'une autre puissance est venue s'ajouter, celle de la poignée, qui décrit un cercle plus grand que la circonférence de la vis ; car il a été démontré que les plus grands cercles l'emportent sur les plus petits[2], s'ils tournent autour du même centre.

37. [3] Soit une vis ΑΒ mobile sur des supports[4] ; que s'engage en elle une[5] une roue Δ de <81> dents[6] ; que de

1. On lit ΚΔ dans M, et la figure ne présente pas de lettres désignatrices pour cette poignée adaptée au bout carré de la vis. Comme la dernière lettre citée est le Ψ, on peut supposer que la poignée était désignée par Ως.

2. Voir Note complémentaire [154].

3. Note complémentaire [155].

4. Il manque le début du dispositif, à savoir la description de la roue à aubes.

5. Le texte de M présente ici une première incohérence. Mais on ne peut pas adopter la correction de Schöne ᾧ συμφυὲς ἔστω pour la leçon manuscrite ὡς συμφυὲς ἔστω, puisque la roue Δ n'est pas solidaire de la vis.

6. Avec toujours le même principe : un tour de la vis ΑΒ (qui correspond à une révolution de M) met en mouvement une dent de Δ.

τὸν παρακείμενον> τῷ κοχλίᾳ· ἡ ἄρα ὑπεροχὴ τετραγωνισθεῖσα λαβέτω χειρολάβην τὴν Ως, δι' ἧς ἐπιλαμβανόμενός τις καὶ ἐπιστρέφων ἐπιστρέψει τὸν κοχλίαν καὶ τὸ ΧΨ τύμπανον, ὥστε καὶ τὸ ΥΦ συμφυὲς αὐτῷ. Διὰ δὲ τοῦτο καὶ τὸ παρακείμενον τὸ ΣΤ ἐπιστραφήσεται καὶ τὸ συμφυὲς αὐτῷ τὸ ΠΡ καὶ τὸ τούτῳ παρακείμενον τὸ ΞΟ καὶ τὸ τούτῳ συμφυὲς τὸ ΜΝ καὶ τὸ τούτῳ παρακείμενον τὸ ΗΘ, ὥστε καὶ ὁ τούτῳ συμφυὴς ἄξων ὁ ΕΖ, περὶ ὃν ἐπειλούμενα τὰ ἐκ τοῦ φορτίου ὅπλα κινήσει τὸ βάρος.

Ὅτι γὰρ κινήσει, πρόδηλον ἐκ τοῦ προστεθῆναι ἑτέραν δυνάμιν <τὴν> τῆς χειρολάβης, ἥτις περιγράφει κύκλον τῆς τοῦ κοχλίου περιμέτρου μείζονα· ἀπεδείχθη γὰρ ὅτι οἱ μείζονες κύκλοι τῶν ἐλασσόνων κατακρατοῦσιν, ὅταν περὶ τὸ αὐτὸ κέντρον κυλίωνται.

37. Ἔστω κοχλίας ἐπί τινων στηματίων κινούμενος ὁ ΑΒ ᾧ παρακείσθω τύμπανον τὸ Δ ὀδόντων

1 κοχλίᾳ V : κοχλιη (sic) M || 2 τετραγωνισθεῖσα Schmidt e Papp. : τετραγωνεῖσθαι M || λαβέτω Schmidt e Papp. : αλασσεται (sic) M || Ως Decorps-F. uide adn. : ΚΔ M || 4 alt. τὸ Vincent : τῇ M || 7 pr. τούτῳ V : τοῦτο M || alt. τούτῳ V^1 : τοῦτο M V || 8 MN Vincent : MH M || τούτῳ V : τοῦτο M || 9 alt. ὁ Schmidt : ε M || 10 ἐπειλούμενα Vincent : ἐπελαυνόμενα M || 13 ἑτέραν δύναμιν Schmidt e Papp. : ἑτέρᾳ δυνάμει M || τὴν add. Vincent e Papp. || 13-14 ἥτις περιγράφει Vincent : η της περιγραφη (sic) M || 18 κοχλίας Vincent : κοχλίαι M || στηματίων Vincent : στοματιων (sic) M || 18-19 κινούμενος Vincent : κινούμενοι M || 19 ᾧ Vincent : ὡς M || παρακείσθω Vincent uide adn. : συμφυὲς ἔστω M || ὀδόντων Vincent : οδοντω (sic) M.

cette dernière soit solidaire <une roue E> de <9> dents. Que s'engage en elle [1] une[2] roue Z, de 100 dents ; et que de celle-ci soit solidaire une roue H de 18 dents. Que s'engage en elle une roue Θ, de 72 dents ; semblablement, que soit solidaire de celle-ci une roue K, de 18 dents[3]. Et de la même manière † une roue Λ de 7 dents[4] ; en plus de celle-ci, de la même manière, une autre roue de 30 dents †, de laquelle vienne un index de graduation qui donne le nombre des stades parcourus.

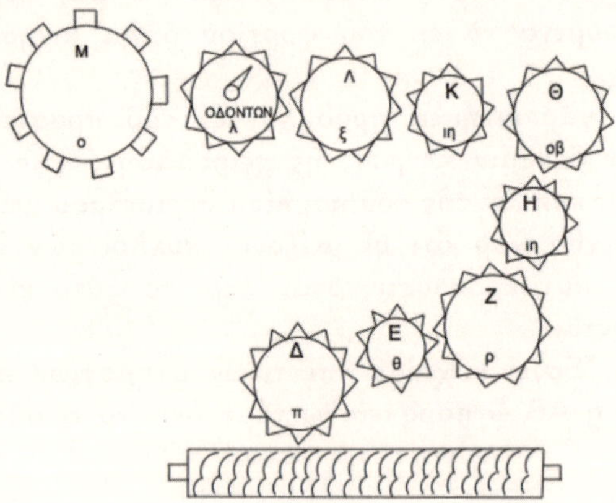

Fig. 37[5]

1. Nouvelle difficulté : M a la leçon παράλληλοι. Mais on ne peut parler de parallélisme que pour les axes des roues dentées. La correction s'impose.

2. Ici, comme dans la présentation des roues suivantes, il faut reconnaître un tour indéfini (celui des ecthèses géométriques) avec l'ellipse de τύμπανον devant τὸ Z, qui est l'apposition articulée donnant son nom à la roue.

3. Voir Note complémentaire [156].

4. 60 dents (ξ) sur la figure.

5. La roue M est dessinée avec 14 pales dans M, et la roue Λ est plus petite que le pignon K (solidaire de la roue Θ).

<πα>· τούτῳ δὲ συμφυὲς ἔστω <τύμπανον τὸ Ε> ὀδόντων <θ>. Καὶ τούτῳ παρακείσθω τὸ Ζ ὀδόντων ρ· συμφυὲς δὲ ἔστω αὐτῷ τὸ Η ὀδόντων ιη. Παρακείσθω δὲ τὸ Θ ὀδόντων οβ· ὁμοίως δὲ συμφυὲς ἔστω αὐτῷ τὸ Κ ὀδόντων ιη. Ὁμοίως δὲ † τὸ Λ ὀδόντων ζ πρὸς ᾧ ἕτερον ὁμοίως ὀδόντων λ † ἀφ' οὗ μοιρογνωμόνιον ἔστω τὸ δηλοῦν τὸ πλῆθος τῶν σταδίων.

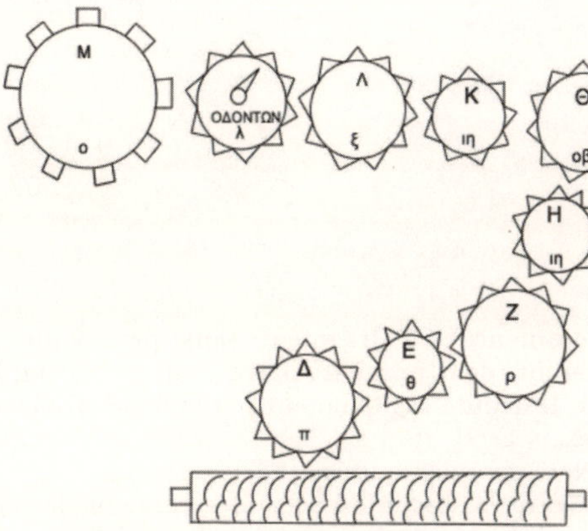

Fig. 37

1 πα suppl. Vincent : lacuna 4 litt. M || τούτῳ Vincent : τοῦτο M || τύμπανον τὸ Ε add. Vincent || 2 θ add. Vincent || τούτῳ V : τοῦτο M || παρακείσθω Decorps-F. uide adn. : παράλληλοι M || 3 αὐτῷ Vincent : αὐτὸ M || 5 αὐτῷ Vincent : αὐτὸ M || 5-6 τὸ Λ — λ locus corruptus.

Que[1] soit construite une roue à ailettes M, dont la circonférence[2], sous les ailettes[3] soit de ... pas[4], parfaitement circulaire, et synchronisée avec le navire <...> †...† faisant avancer à chaque tour de M une dent de Δ.

<...>[5] Il est évident que, pour 100 milles[6] parcourus par le navire, la roue Λ fera un tour, de sorte que, si un cercle concentrique à la roue Λ est divisé en cent parties[7], l'index de graduation solidaire de Λ, en tournant sur le cercle en question, donnera chaque fois le mouvement du navire[8].

1. Ici commence un fragment sans préambule, d'une origine différente de la première partie (voir Note complémentaire [155]). Il débute logiquement par la mise en place de la roue à aubes.

2. Voir Note complémentaire [157].

3. C'est-à-dire la circonférence intérieure, ou la circonférence au point de départ des ailettes, et non la circonférence extérieure qui est la circonférence prise à l'extrémité des ailettes.

4. La leçon manuscrite est πασων (*sic*). Il faut sans doute y voir l'équivalent hellénisé du *passus* romain (5 pieds), au génitif pluriel (*passuum*). Schöne édite πάσσων.

5. Il faut supposer une perte de texte qui nous prive des éléments qui conduisent à la description de la dernière étape du dispositif.

6. Après les « pas », voici les « milles » : on est toujours dans un système de mesures romaines.

7. Il faut en déduire que la roue Λ a 100 dents, l'index qui lui est fixé avançant d'une graduation à chaque mille parcouru.

8. L'étalonnage du système est encore bien plus nécessaire ici (résistance de l'eau, effet des courants) que dans le cas d'une voiture roulant sur le sol ; mais le texte incomplet n'en parle pas.

Κατεσκευάσθω δὲ τροχὸς πτερωτὸς ὁ Μ, τὴν περίμετρον ἔχων τὴν ὑπὸ τῶν πτερῶν ... πάσων, τετορνευμένος, ἰσοχρόνιος ὢν τῇ νηΐ <...> † σὺν τῷδε καὶ τοῦ αὐτοῦ ἐκφυρομένῳ ἄξονι τούτῳ τῷ τροχῷ προσειλήφθω ὀδοῦ ἐὰν † δυνάμενος ἐν μιᾷ ἀποκαταστάσει τοῦ Μ ἕνα ὀδόντα τοῦ Δ κινεῖν.

<...> Δῆλον οὖν ὅτι τῆς νεὼς ρ μίλια πορευθείσης τὸ Λ τύμπανον μίαν ἀποκατάστασιν ἕξει, ὥστ' ἐὰν μὲν γραφεὶς τις κύκλος περὶ τὸ κέντρον τοῦ Λ διαιρεθῇ εἰς ρ, τὸ μοιρογνωμόνιον τὸ συμφυὲς τῷ Λ φερόμενον ἐπὶ τοῦ εἰρημένου κύκλου, δηλώσει τὸ καθ' ἕκαστον κίνημα τῆς νεώς.

1 Κατεσκευάσθω Vincent : κατασκευάσθω M || 2 lacunam 3 litt. praebet M || πάσων Vincent uide adn. : πασων (sic) M || 3 lacunam ind. H. Schoene || 3-5 σὺν — ἐὰν locus desperatus || 6 Δ Vincent : Λ M || κινεῖν Decorps-F. : πίπτειν M || 7 lacunam ind. Decorps-F. || 9 γραφεὶς Decorps-F. (iam prop. H. Schoene) : εν (sic) M || 11 τῷ Vincent : τοῦ M || 12 νεώς Decorps-F. (iam prop. H. Schoene) : κινήσεως M.

NOTES COMPLÉMENTAIRES

(Les notes des auteurs sont suivies de leurs initiales)

[1] Ce premier chapitre aborde immédiatement le sujet de l'ouvrage, en présentant un certain nombre de *topoi* : des traités existent sur la dioptre, mais ils sont parfois erronés et compliqués, et Héron se propose de faire vrai et plus simple, en comblant les lacunes de ses prédécesseurs. L'auteur souligne aussi la multiplicité des appareils qui portent le nom de dioptre tout en étant différents les uns des autres. Il revendique l'originalité de proposer un appareil unique, utilisable pour tous les types de mesure qui peuvent se présenter. Quant aux traités antérieurs dont il parle, s'ils ont existé, ils ne se sont pas conservés. J.-Y. G.

[2] Peut-être y a-t-il dans cette expression, si le *topos* de l'appel à l'esprit critique du lecteur, sollicité au début de l'ouvrage, ne suffit pas à l'expliquer, un souvenir diffus ou une allusion plus ou moins volontaire à l'une des phrases initiales des *Coniques* d'Apollonius de Perge. Les termes employés en tout cas le suggèrent (ἐξέσται / τοῖς ... ἐντυγχάνουσι / κρίνειν). Dans la lettre préface placée au début du livre I des *Coniques*, Apollonius écrit en effet (éd. M. Decorps-Foulquier et M. Federspiel, *Apollonius de Perge, Coniques*, tome 1.2 : Livre I, Berlin-New York, 2008, p. 4, l. 20-21) : Οὐ μὴν ἀλλὰ καὶ πάντων ἐκδοθέντων ἔξεστι τοῖς περιτυγχάνουσι κρίνειν αὐτά, ὡς ἂν αὐτῶν ἕκαστος αἱρῆται « Néanmoins, lorsque tous les livres auront été publiés, libre aux lecteurs de s'en faire une opinion personnelle ». Ces deux textes paraissent être les seuls textes grecs entre lesquels existe ce parallèle lexical. Quant à l'appel au jugement du lecteur, cf. *infra*, début du ch. 34, à propos de l'odomètre terrestre, pour la comparaison que l'auteur suggère entre son œuvre et les traités de ses prédécesseurs. J.-Y. G.

[3] Deux des exemples que prend ici Héron, adductions d'eau et ports, font penser à deux des « grands travaux »

samiens du VIe s. dont parle avec admiration Hérodote, 3, 60 : le tunnel du mont Kastro et la jetée du port. Mais il y a plutôt ici, selon toute vraisemblance, une allusion aux ouvrages des prédécesseurs d'Héron, et notamment à Philon de Byzance, dans la mesure où celui-ci affirme lui-même qu'il avait écrit un traité sur la construction des ports intitulé Λιμενοποιικά (voir Philon, *Belopoeica*, éd. M. Thévenot, *Mathematici Veteres*, p. 49 l. 1). Le chapitre 17 de la *Dioptre* traitera de la construction d'un port. Pour la construction d'un tunnel reliant deux points d'une montagne, voir le chapitre 15. J.-Y. G.

[4] L'emploi du participe παρεπομένου fait surgir un problème de traduction et de compréhension. Vincent élude la difficulté (p. 177 : « Or, combien d'obstacles peuvent venir entraver nos projets ! Tantôt, ce sont les ennemis qui sont maîtres du pays ; tantôt, ce sont des accidents de terrain, un fleuve torrentueux, qui rendent les lieux impraticables et inabordables ») et Schöne s'en désole, faisant suivre sa traduction (p. 191, l. 15-17 : « wenn es irgend eine physische Eigentümlichkeit hat, oder ein reifsender Strom im Wege ist ») d'un point d'interrogation entre parenthèses. Il faut se reporter à diverses occurrences de παρέπομαι qui, dans d'autres textes, éclairent la signification que revêt ici ce verbe. Chez Platon par exemple, énumérant des exemples de caractères communs, on lit à propos de l'être : τοῦτο γὰρ μάλιστα ἐπὶ πάντων παρέπεται, « c'est bien lui qui est le plus généralement commun à toutes choses » (*Théétète* 186a). Pour illustrer le sens de « to be a constant attribute », le Liddell-Scott-Jones, *s. u.* παρέπομαι, cite Philodème, *De signis* 23 : τοῖς ἀνθρώποις τοῦτο π. τὸ σύμπτωμα. Le même dictionnaire, *ibid.*, voit des « concomitant circonstances » dans τὰ παρεπόμενα de Longin 10, 1. Le verbe ici employé par Héron s'applique donc à ce qui « accompagne de façon constante » telle ou telle chose. L'idée est que certaines particularités topographiques accompagnent toujours le caractère inaccessible ou impénétrable d'un lieu. J.-Y. G.

[5] La fabrication des échelles ne sera pas abordée dans le traité, parce que, du point de vue technique, elle ne pose pas de problèmes dignes qu'on les traite spécifiquement, comme le dit nettement Vitruve, 10, 16, 1 : « Pour les échelles,... je n'ai pas cru nécessaire de faire la description ; ce sont d'ailleurs les soldats qui s'occupent en général de leur réalisation » ; ce qui intéresse la dioptrique, c'est la hauteur qu'il convient de leur donner, et qu'il faut déterminer de loin par des visées. J.-Y. G.

[6] Παγεύς est un hapax inconnu de Bailly ; LSJ, *s. u.*, traduisent « pedestal », avec la seule référence au présent

passage. Sur un thème *peH_2-g- « enfoncer », « ficher » (grec πάγος -ους « gelée », πάγος -ου « ce qui est fiché, pointe de rocher, morceau de glace », πήγνυμι « ficher, enfoncer » ; etc. ; latin *pax*, *pactus*, *pagus*, etc.), παγεύς se laisse aisément rapprocher, pour le sens, du latin *palus* (*pagslo-) « pieu ». J.-Y. G.

[7] On ne relève que quatre occurrences du terme στημάτια (le mot est un diminutif de στῆμα « support »), toutes dans le corpus des mécaniciens grecs et toutes au nominatif/accusatif pluriel : la plus ancienne chez Biton dans le traité *De la construction des machines de guerre et des catapultes* (*Bitons Bau von Belagerungsmaschinen und Geschützen*, éd. Rehm-Schramm, Munich, 1929, 2, l. 33), trois chez Héron d'Alexandrie (deux dans le présent passage, une dans les *Belopoeica* (éd. Diels-Schramm, Berlin, 1918, 6, l. 5 : τὰ δὲ εἰρημένα στημάτια). Quant à κανόνιον « réglette » (diminutif de κανών), on ne le rencontre que dans les ouvrages techniques d'Héron : outre les deux occurrences du présent passage de la *Dioptre*, on en compte 25 occurrences dans les *Pneumatiques*, 10 dans les *Automates*, 2 dans les fragments des *Mechanica*, 5 dans les *Belopoeica*, 11 dans la *Chirobaliste*. J.-Y. G.

[8] Les allers et retours constants que fait Héron entre exposé géométrique et travail sur le terrain se traduisent par une grande variété dans les procédures démonstratives utilisées et les modes d'exposition. On en trouve ici un premier exemple avec la désignation des éléments de l'appareillage inférieur de la dioptre formulée dans le style de l'ecthèse géométrique classique. Les différentes sections d'une proposition mathématique classique ont été définies par Proclus (*Procli Diadochi in primum Euclidis Elementorum librum Commentarii*, éd. G. Friedlein, p. 203-205) : énoncé (ou *protase*) ; ecthèse, diorisme, construction, démonstration, conclusion). L'ecthèse, littéralement « exposition », reprend les données formulées en termes généraux dans l'énoncé sous une forme particulière avec des lettres désignatrices, qui donnent un nom aux objets (voir l'article de M. Federspiel, « Sur l'élocution de l'ecthèse dans la géométrie grecque classique », *L'Antiquité Classique* 79, 2010, p. 95-116). Dans l'ecthèse classique, l'emploi existentiel (ou absolu) de l'impératif ἔστω, qui affirme l'existence de l'objet mathématique, domine très largement, exigeant dans la traduction une expression de son sujet sous une forme indéfinie (voir M. Federspiel, « Sur l'opposition *défini/indéfini* dans la langue des mathématiques grecques » ; voir aussi M. Decorps-Foulquier, Note complémentaire [9] à l'édition de la *Section du cylindre* de Sérénus, p. 87-89) ; on

traduira donc une séquence du type ἔστω τρίγωνον ἰσοσκελὲς τὸ ΑΒΓ « soit (= qu'il existe ») un triangle isocèle ΑΒΓ » (l'apposition ΑΒΓ, qui donne son nom au triangle, est sous l'article). Dans la *Dioptre*, cet emploi absolu de ἔστω, avec une apposition articulée qui donne le nom, est régulièrement représenté (voir la première occurrence, p. 13, l. 23), qu'il s'agisse d'objets mathématiques ou d'objets bien réels dont le traitement est mathématisé. Mais ici, comme souvent dans la suite du traité, il faut donner le sens copulatif à l'impératif ἔστω, puisqu'il ne s'agit pas de poser l'existence d'un objet mathématique, mais d'identifier en la désignant par des lettres une pièce mécanique que l'on vient de décrire. M. D.-F.

[9] On trouve ici la première occurrence de l'emploi d'un impératif parfait passif à la 3e personne (ἐφεστάτω), qui est un trait caractéristique de l'expression géométrique classique, où l'on utilise, quand il s'agit d'opérer sur les objets mathématiques, la valeur aspectuelle du parfait, qui est un résultatif, pour effacer la temporalité et le mouvement, et la voix passive, pour effacer le sujet humain (voir l'Introduction de Ch. Mugler à son *Dictionnaire historique de la terminologie géométrique des Grecs*). Cela renvoie au statut ontologique très particulier de ces objets que les philosophes, et en tout premier lieu Platon, ont fait connaître. On voit ici, comme dans bien d'autres traités scientifiques, que ce mode d'expression a dépassé largement les frontières de la géométrie, puisqu'on opère sur des pièces de mécanique bien réelles. M. D.-F.

[10] Du mot στημάτια, il ne reste que la première syllabe στη, à la toute fin du folio 62v. La perte de texte qui nous prive de la description du montage de l'alidade n'est donc pas antérieure au *Parisinus Suppl. gr.* 607 (M). Selon la reconstruction du quaternion mutilé proposée par l'éditeur Schöne (voir Notice, « Histoire du texte »), il faut supposer la disparition des deux bifolios centraux du cahier, soit huit pages. Le contenu de ces huit pages n'est pas aisé à restituer. Outre les passages attendus sur le montage de l'alidade, la description de l'expérience de physique dont il nous reste une figure (voir note suivante), et le montage du niveau d'eau, il faut supposer peut-être la description de mécanismes annexes relatifs à l'alidade. Il se peut d'autre part que les folios perdus aient contenu également un certain nombre de dessins, soit de la dioptre entière, soit de dispositifs précis, assez intéressants en tout cas pour susciter des convoitises, dans l'hypothèse où cette disparition serait volontaire. On ne peut pas exclure non plus que l'un des deux bifolios perdus ait reproduit des éléments étrangers au

traité, vu les nombreuses pertubations codicologiques dont M offre l'exemple. M. D-F.

[11] L'éditeur Schöne n'a pas reproduit cette première figure de M, dessinée au folio 63v, dans un espace réservé de la partie gauche de la page écrite. Elle ne représenterait pas le dispositif du niveau d'eau décrit par Héron dans le chapitre 4, mais correspondrait, selon l'hypothèse développée par A. G. Drachmann (« A Physical Experiment in Heron's Dioptra », *Centaurus* 13, 2, 1968, p. 220-224), à une expérience de physique destinée à préciser les conditions à respecter pour que la surface de l'eau dans les deux tubes verticaux dessinés soit toujours au même niveau. Si l'on suit cette hypothèse, on aurait ici l'illustration d'un passage disparu dans la lacune, destiné à donner un fondement mathématique à la conception du niveau d'eau utilisé en particulier pour les opérations de nivellement du chapitre 6 ; toujours dans cette hypothèse, la présence de lettres désignatrices devait servir de support à une démonstration en bonne et due forme. L'emplacement des lettres et l'omission de certaines d'entre elles à l'endroit attendu n'ont pas été corrigés ici. Les habitudes d'atelier observées dans les manuscrits mathématiques byzantins (à l'exception des manuscrits d'érudits) font que la ou les figures des propositions sont reproduites au début de la proposition suivante. C'est le cas ici, si l'on suit la division du texte dans M. Les deux chapitres du préambule et les chapitres qui décrivent les différentes pièces de la dioptre elle-même constituent un seul développement. La description des mires fait l'objet d'une nouvelle unité textuelle. La figure est dessinée au début de cette seconde unité, soit notre chapitre 5. La relation de l'expérience qu'elle illustre, si l'on adopte l'hypothèse de Drachmann, devait donc précéder la description du niveau d'eau (ch. 4) et de son montage sur le pied (perdu dans la lacune) ; la figure qui correspond à cette description, avec la règle du niveau d'eau placée sur le pied de la dioptre, enfoncé dans le sol, est reproduite, toujours selon le même décalage, au début de la troisième unité textuelle du *Parisinus*, soit notre chapitre 6. M. D.-F.

[12] Cette forme παρυπεραίρουσιν est un hapax. Par ailleurs, une seule autre forme verbale dans les textes grecs connus, semble-t-il, comporte la double préfixation παρυπερ- : cette forme, παρυπερέχουσιν, se trouve dans un autre traité héronien, *Belopoeica* 13 (éd. Diels-Schramm, Berlin, 1918, p. 25, l. 8). J.-Y. G.

[13] S'il s'agissait de la coudée dite « royale » de 52,5 cm (cf. D. Bonneau, *Le système administratif de l'eau du Nil*..., p. 131,

qui renvoie à A. Segre, « Misure tolemaiche e pretolemaiche », *Aegyptus* 1, 1920, p. 184-188 – l'art. occupe les p. 159-188 –, et à S. P. Vleeming, « Demotic Measures of Length and Surface, chiefly in the Ptolemaic Period », *Papyrologica Lugduno-Batava* 23, 1985, p. 214 sq. – l'art. occupe les p. 208-229), la longueur de la règle du niveau d'eau ferait donc un peu plus de 2 m (exactement 2,10 m). Mais Héron, ingénieur grec, utilise la métrologie attique (et romaine), dans laquelle 4 coudées font sensiblement 1,80 m. L'appareil décrit est donc, de toute manière, beaucoup plus maniable que le chorobate de Vitruve (8, 4, 1-2), long de 6 m, et dont on a peine à imaginer des utilisations véritables sur le terrain. J.-Y. G.

[14] C'est la seule figure qui nous reste de la dioptre sur pied. Elle illustre la mise en place du niveau d'eau, dont on retrouve des éléments très identifiables : les deux fixations verticales, le tube horizontal, les fioles, les pinnules, le tout monté directement sur l'abaque du chapiteau qui surmonte le moyeu. Sur les différentes interprétations de cette figure et son mode de représentation, voir Notice, « La dioptre d'Héron et ses restitutions ». Le couteau du relieur dans M a rogné la partie droite. Celle-ci peut être restituée grâce au témoignage du *Vindobonensis phil. gr.* 140 (f. 34v). M. D.-F.

[15] Il y a le pluriel ἀνατομὰς, en grec, parce qu'il y a deux cadres sur la règle du niveau d'eau, un près de chaque extrémité, qui sont rigoureusement semblables, mais il y a une seule fente de visée pour chaque dispositif, d'où le singulier distributif de la traduction. Il en est de même dans la phrase suivante pour le pluriel χοινικίδια, traduit par « embout », et plus loin, pour le pluriel ἀξόνια χαλκᾶ, traduit par « un axe de bronze ». J.-Y. G.

[16] M a la leçon γαληνῶν (« calmes »). Les contextes d'emploi de cet adjectif poétique, qui peut s'appliquer à la surface de l'eau, nous conduisent ici à adopter la modification des éditeurs Vincent et Schöne, même si un emploi métonymique pourrait se défendre, puisqu'il est vrai que pour faire la visée, que le texte sous-tend, et donc régler l'une des deux pinnules, il faut que l'eau soit stabilisée dans la fiole. M. D.-F.

[17] Le mot ἀσπίς désigne originellement en grec le « bouclier rond » par opposition au grand bouclier long (σάκος). Le *Dictionnaire étymologique de la langue grecque. Histoire des mots* de P. Chantraine, *s. u.* ἀσπίς, enregistre plutôt, « pour désigner des objets divers, disques, etc., ἀσπιδίσκη ». De fait, ayant ici employé ἀσπίς pour désigner les « disques » que sont les voyants complémentaires de la mire, Héron va utiliser ensuite ἀσπι-

δίσκη, dont on relève une douzaine d'occurrences dans la suite du chapitre 5 puis au chapitre 6. Pas d'autre utilisation de ces deux termes affectés de cette signification dans le corpus héronien, ni, semble-t-il, chez aucun autre auteur grec ; ce qui souligne l'originalité des instruments d'Héron, au moins en ce qui concerne les documents écrits. J.-Y. G.

[18] Le terme χελωνάριον est attesté dans les *Pneumatiques* (éd. Schmidt, p. 100, l. 4) et les *Belopoeica* (éd. H. Diels-E. Schramm, p. 25, l. 18) ; il appartient donc au vocabulaire technique d'Héron. On le retrouve également chez Eutocius pour désigner une pièce coulissant dans une rainure dans son commentaire du traité *De la Sphère et du cylindre* d'Archimède (extrait du traité perdu de Nicomède *Des lignes conchoïdes*), éd. Mugler, *Archimède*, IV, p. 70, l. 9-10 et 13). Ici il s'agit du tenon qui s'engage dans la mortaise et qui sert de curseur. Recouvert du voyant circulaire (ἀσπιδίσκη), il peut suggérer la carapace de la tortue (χελώνη). M. D.-F.

[19] On peut se reporter pour une juste représentation de ces mires aux deux figures de Neumann (H. Schöne, « Die dioptra des Heron », figures 7 et 8, p. 103, et *Dioptra*, éd. Schöne, p. 202-203). La figure de M met l'accent sur un certain nombre d'éléments : deux faces latérales, dont une est graduée ; une face avant avec sa mortaise en queue d'aronde de la longueur de la mire ; une poulie (avec sa corde) sur le sommet de la mire (la poulie n'est pas dessinée en perspective, mais figurée par un cercle) ; sans doute le χελωνάριον, le curseur qui porte le voyant et coulisse dans la mortaise, figuré par un cercle central. Le voyant lui-même avec sa ligne de foi n'est pas représenté, non plus que le dispositif de mise à la verticale de la mire. On observe l'interruption de la représentation de la mortaise au-dessus et en-dessous du cercle central, ce qui peut être une convention de dessin, puisque sur cet espace médian, on n'a rien d'autre de particulier à indiquer. On observe d'autre part ce qui se reproduira dans la suite, à savoir le doublement des traits pour figurer l'épaisseur des éléments représentés. M. D.-F.

[20] Avec le premier énoncé qui précède (Δύο σημείων δοθέντων – ὁρίζοντι) et le diorisme qui suit (Δεῖ δ' ἐπισκέψασθαι), on retrouve dans cette ecthèse, ouverte par le verbe existentiel ἔστωσαν (ἔστω dans M, qu'il faut corriger), l'expression géométrique euclidienne. Dans ce contexte, c'est le caractère défini ou indéfini du seul signifié qui doit régir la traduction française, indépendamment de son expression linguistique en grec (voir M. Federspiel, « Sur l'opposition défini/indéfini dans la langue

des mathématiques grecques », p. 249-293). Des phénomènes de neutralisation de l'opposition défini/indéfini sont, en effet, intervenus dans la langue mathématique grecque : parmi eux, le tour canonique que nous avons ici avec le participe δοθείς en fonction d'épithète, qui présente presque toujours la présence de l'article (voir l'étude précitée de M. Federspiel, p. 254-259), et dont c'est ici la première occurrence. Héron suit cet usage dans tout le traité. La traduction par une expression indéfinie s'impose. M. D.-F.

[21] On trouve dans le traité de nombreux emplois de la première personne du singulier ou du pluriel. Si l'on fait exception des emplois métamathématiques, comme ἐπισκεψώμεθα dans ce même chapitre (p. 13, l. 20), ou de l'emploi du « nous » d'auteur dans les préambules, ou encore des emplois figés qui caractérisent l'expression des calculs (voir plus loin, note 103), l'emploi de la première personne alterne avec les formes passives de 3ᵉ personne selon une distribution naturelle. Dans les démonstrations géométriques du traité, c'est toujours la forme passive à la troisième personne qui sera utilisée. Dans les opérations sur le terrain (prises de mesure au sol, ajustement des plaquettes du niveau d'eau), on voit apparaître des formes verbales à la première personne du singulier, au présent ou à l'aoriste (voir plus loin, note 24). Le « je » utilisé renvoie à l'opérateur au sol (ou à l'ouvrier descendu au fond d'un puits), à celui qui manipule les pièces de la dioptre, sans toutefois représenter un locuteur défini, puisqu'il s'agit de présenter des procédures applicables par tous. Mais la 3ᵉ personne n'est pas absente de ces descriptions concrètes, comme on l'observe pour les déplacements successifs de la dioptre et des mires, la visée que l'on veut effectuer étant assimilée au tracé par le géomètre d'une droite horizontale ou perpendiculaire. Pour une analyse des situations d'énonciation dans les traités mathématiques, voir notre article, « L'expression de la personne dans les textes mathématiques grecs », *Revue des Études Grecques* 132, 2019/1, p. 89-116. Voir également l'article de C. Roby, « Geometer, in a Landscape : Embodied Mathematics in Hero's *Dioptra* », dans *Revolution and Continuity in Greek Mathematics*, éd. M. Sialaros, Berlin, Munich, Boston, 2018, p. 67-88. M. D.-F.

[22] Littéralement « du côté où se trouve le point B ». Sur ce tour idiomatique avec le datif, pour désigner une portion d'espace, courant en géométrie, voir M. Federspiel, « Notes linguistiques et critiques sur le livre II des *Coniques* d'Apollonius de Perge », *REG* 112, 1999, p. 435-437. C'est bien

l'article au datif τῷ (B) qu'il faut lire dans M (Schöne commet une erreur dans son apparat, p. 206). M. D.-F.

[23] Le lettrage de la figure fonctionne de la manière suivante (le texte fonctionne de la même façon) : il commence par le point de départ de l'opérateur, qui est le point d'arrivée de l'eau (A) et par son point d'arrivée, qui est celui de départ de l'eau (B), puis par les deux premières positions des mires, AΓ et ΔE pour les visées arrière et avant. La succession des lettres (le iota n'est pas utilisé dans les textes mathématiques grecs) est régie ensuite par les lectures successives des hauteurs de mire (H ; Θ, etc.) et par la position de la dioptre au sol (K, etc.). Selon cette logique, la lettre Z′ est la dernière hauteur de mire, et la 10ᵉ station est identifiée par la lettre H′. Le texte transmis par M comme la figure sont fautifs à cet endroit : le texte et la figure ont la lettre Z′ pour la dixième et dernière station (ni Vincent, ni Schöne ne corrigent l'erreur) ; et la dernière hauteur de mire porte la lettre ϛ dans le texte (Schöne a commis une erreur, p. 212, l. 3, en éditant la lettre B) et la lettre ϛ′ dans la figure. Le manuscrit de Mynas présente quelques autres fautes de copie dans la figure : la lettre correspondant à la 9ᵉ station de la dioptre a été omise (A′), ainsi que les hauteurs de mire ϡ et B′. L'illustration des visées est complétée par deux dessins indépendants qui figurent les dispositifs utilisés dans l'opération. On identifie aisément les deux mires graduées, donc leur face latérale ; le deuxième dessin représente sans doute les cadres dans lesquels on a adapté les plaquettes avec leur fente de visée. Contrairement à la figure de l'édition Schöne, p. 207, la dioptre au sol n'est pas représentée dans M. M. D.-F.

[24] 'Εμέτρησα : c'est la première occurrence d'un tel aoriste (pour les occurrences suivantes, voir les chapitres 8, 9, 10, 15, 16, 20, 21, 23, 24), associé à l'emploi de la première personne du singulier et suivi de verbes au présent de l'indicatif. Le contexte est toujours le même : un enchaînement de procédures à appliquer. Il s'agit de suivre les différentes étapes auxquelles procède un opérateur sur le terrain, et donc un opérateur situé dans le temps et dans l'espace, et un locuteur lié à une situation d'énonciation déterminée. L'énonciateur n'intègre pas au processus un interlocuteur, mais son énonciation est à interpréter comme un guide à suivre, le « je » exprimé ne représentant pas un locuteur défini. Les présents qui se succèdent donnent à ces énoncés une valeur généralisante pour signifier une méthode à appliquer de manière automatique. L'aoriste à l'indicatif dans cette chaîne a une valeur temporelle en se rapportant aux étapes préliminaires qui ont permis la réalisa-

tion de l'opération que l'on décrit. Ici la prise des hauteurs de mire sur le terrain précède l'enregistrement des mesures en vue du calcul de la pente. Sur ce mode d'exposition également présent dans les textes astronomiques et arithmétiques, voir mon article précité « L'expression de la personne dans les textes mathématiques grecs », p. 111-112. M. D.-F.

[25] Ἔστω ... ηὑρημένη (εὑρημένη) : ce type de tour, constitué par l'impératif ἔστω suivi d'un participe accordé au sujet de l'impératif, appartient au registre de l'élocution mathématique. Voir l'analyse de ses occurrences dans l'article de M. Federspiel, « Quelques traits de la modernisation de la langue mathématique par Apollonius », *Les Études classiques* 80, 2012, p. 319-342. On relève d'autres exemples chez Héron, et tout particulièrement dans la *Dioptre* : chapitres 7, 8, 9, 12, 14, 16, 35, 36 (γεγονέτω...διακείμενος). On pourra rapprocher de ces exemples le tour périphrastique du chapitre 25 : ἕξομεν πεπορισμένον τὸ A σημεῖον (p. 67, l. 5-6). M. D.-F.

[26] Le tableau ci-dessous reprend tous les éléments relevés dans le texte. J-Y. G.

[27] Objet du chapitre 6 du livre X de Vitruve, cette machine est couramment appelée « vis d'Archimède » mais est aussi connue comme « limace », « limaçon », « escargot » ou « escargot d'eau » : voir les commentaires des p. 153-161 de l'éd. Callebat-Fleury, CUF, 1986, et spécialement, en ce qui concerne sa dénomination, le commentaire à 6, 1, 1, p. 153 en bas. Sa description par Vitruve est la seule description antique connue. La vis à eau, dit Vitruve (10, 6, 1), « n'élève pas l'eau aussi haut que la roue » (*non tam alte tollit quam rota*), ce que confirme le commentaire des éditeurs (p. 155 : « la hauteur moyenne d'élévation d'eau était limitée entre deux et trois mètres, pour la vis d'Archimède »). Sur la vis d'Archimède, voir L. Sprague De Camp, *The Ancient Engineers*, New York, 1963, p. 152. La vis d'Archimède (κοχλίας) est « connue dans l'Antiquité comme étant d'usage proprement égyptien à l'origine » (D. Bonneau, *op. cit.*, p. 97). « Cet instrument était encore très répandu en Égypte avant la construction du lac Nasser à cause de sa maniabilité » (*Ead.*, *ibid.*). L'auteur ajoute encore que « les représentations que nous en avons la montrent mise en mouvement par les pieds et correspondent à ce qu'en dit Vitruve » ; sur ces représentations, voir J. P. Oleson, *Greek and Roman Mechanical Water-Lifting Devices : The History of a Technology*, *Phenix* suppl. 16, Univ. de Toronto-Dordrecht (Hollande), 1984, fig. 71. Pour une reconstitution du fonctionnement de la machine,

station	point d point d'appui au sol de la dioptre	« descente »		« montée »	
		point lu sur la mire, visée arrière	hauteur en coudées	point lu sur la mire, visée avant	hauteur en coudées
1	Ζ	Γ	6	Ε	2
2	Κ	Η	4	Θ	2
3	<Ν>	Λ	1	Μ	3
4	<Π>	Ξ	4	Ο	2
5	Τ	Ρ	5	Σ	3
6	Χ	Υ	1	Φ	3
7	ϛ	Ψ	2	Ω	3
8	Α'	ϙ	5	ϡ	3
9	Δ'	Β'	2	Γ'	1
10	Η'	Ε'	3	Ζ'	1
		total :	33	total :	23

voir en dernier lieu https://www.unicaen.fr/cireve/rome/pdr_realisations.php?fichier=/machines/machineEau/vis_archimede (consulté le 21 avril 2020). J.-Y. G.

[28] Le tympan de Vitruve *non alte tollit aquam*, « n'élève l'eau qu'à une faible hauteur » (10, 4, 1, trad. L. Callebat, CUF, 1986), ce que confirme le commentaire de L. Callebat et Ph. Fleury (*op. cit.*, p. 137) : « ... à hauteur réduite (entre le tiers sans doute et le quart du diamètre de la roue) ». Les τυμπάνια (pour l'Égypte, voir D. Bonneau, *op. cit.*, p. 99-102) sont des roues à eau compartimentées ; mues par la seule force du courant, elles élèvent l'eau par des augets ; il y en avait encore à l'entrée du Fayoum dans les années 1950-1955, précise D. Bonneau (*loc. cit.*), qui revendique, dans le cadre de son étude, six attestations papyrologiques de τύμπανον. J.-Y. G.

[29] Il y a dans συγχωννύειν l'idée d'un amoncellement de terre (le radical χων-, d'où vient aussi χῶμα « digue », implique une notion de terrassement ; voir par exemple un emploi de συγχώννυμι au sens de « faire des terrassements » dans un papyrus cité par D. Bonneau, *Le régime administratif de l'eau du Nil...*, p. 125), et dans προσανοικοδομεῖν (verbe que l'on ne rencontre apparemment que dans la Septante, *Si.* 3, 14 ; encore s'agit-il d'un emploi figuré) celle d'une maçonnerie de pierres destinée à un soutènement. Des éclaircissements sur des verbes voisins de συγχωννύειν peuvent être cherchés dans l'ouvrage de D. Bonneau : sur ἀνοικοδομεῖν p. 40 n. 313 ; sur διαχωννύναι et διάχωσις (idée de « construction transversale »), p. 43, et sur περιχωννύναι (avec le préfixe περι-, construire les digues de sections d'un bassin d'irrigation), p. 47. On remarquera aussi *infra*, aux ch. 18 et 19 de la *Dioptre*, les emplois de ἐγχωννύειν. J.-Y. G.

[30] Le terme σημεῖα du grec peut être mis en parallèle avec le terme *signa* du latin. J.-Y. G.

[31] La phrase est difficile : présence de verbes rares, structure syntaxique pouvant être comprise de plusieurs façons ; voir les interprétations de Vincent, p. 201 ; Schöne, p. 213 ; Lewis, p. 265. J.-Y. G.

[32] Le mot grec est τὸ ὑδραγώγιον. D'après D. Bonneau, *op. cit.*, p. 21-22, ce n'est pas la même chose que ὁ ὑδραγωγός, qui désigne une « voie de distribution de l'eau ». Car ὑδραγώγιον est un diminutif de ὑδραγωγός, et « dans la hiérarchie des canaux – par la taille et l'importance –, le diminutif *hydragôgion* conduit l'eau amenée par l'*hydragôgos* aux différentes cultures d'un bassin de submersion (*périchôma*), lin ou sésame par exemple, qui demandent une submersion plus soutenue. Son

existence est permanente, puisqu'il peut servir de limite à une terre tant en Égypte que dans le Néguev. Il peut conduire l'eau à une saqiâ et il est arrivé que deux porcs y soient tombés. » J.-Y. G.

[33] Ces deux natures de terrain difficile, et l'allusion qui les précède aux différents travaux nécessaires, rappellent les notations comparables de Vitruve 8, 7, 3, dans le cas où il y a des montagnes entre la ville et la source : *si tofus erit aut saxum, in suo sibi canalis excidatur ; sin autem terrenum aut arenosum erit solum, parietes cum camera in specu struantur, et ita perducatur*, « s'il y a du tuf ou de la roche dure, on y creusera un canal ; mais si le sol est terreux ou sablonneux, on construira dans la galerie un canal voûté, et l'on ira ainsi jusqu'au bout. » Si les eaux « sulfureuses » sont fréquentes dans la littérature grecque, surtout chez les médecins, il semble que l'on ne retrouve un τόπος θειώδης « sol sulfureux » que dans les *Pneumatiques* d'Héron (livre I, préf., l. 131 Schmidt), dans un passage emprunté à Straton de Lampsaque : voir *Straton von Lampsakos*, éd. F. Wehrli, Bâle, 1969, frg. 88. J.-Y. G.

[34] La particule γὰρ n'a pas un sens explicatif ici ; il faut reconnaître dans cet emploi la valeur explétive de la particule au début d'un nouveau développement. Mais dans le grec mathématique, la présence de ce γὰρ explétif au début de l'ecthèse est codifié. On le trouve dans la géométrie classique dans les ecthèses qui ne commencent pas par ἔστω (voir M. Federspiel, « Sur l'élocution de l'ecthèse dans la géométrie grecque classique », p. 109-112). Héron ici, comme dans les chapitres 17, 19 et 33, ne représente pas cet usage. M. D.-F.

[35] La seconde position épithétique (avec répétition de l'article) utilisée pour déterminer la dioptre a une valeur distinctive, comme on le verra dans la suite du traité (voir plus loin, note 46) : il s'agit de préciser en début d'exercice, parmi les différentes possibilités d'utilisation de l'instrument, de quel dispositif de visée on va devoir se servir. Ici, en signalant qu'il faut utiliser « la dioptre, celle qui peut viser des plans à angles droits entre eux », Héron nous renvoie à un dispositif particulier, qui n'est plus celui qui a servi à l'opération de nivellement du chapitre précédent, avec des visées axiales à l'horizontale avant et arrière sur les mires. On peut donc supposer que ce n'est plus le niveau d'eau qui sera requis mais l'alidade, afin d'obtenir les droites perpendiculaires qu'on voit décrites dans le chapitre 7. La confirmation de l'usage de l'alidade nous est donnée par l'emploi de l'épithète « qui peut viser des plans à angles droits entre eux » (*Éléments*, 11, *définition* 4) : l'épithète

couvre, en effet, non pas spécifiquement l'usage observé dans notre chapitre 7, où les visées effectuées se font toutes au même niveau, mais un usage plus général de l'alidade, requis en astronomie. Héron désigne parlera ainsi à nouveau de « plans à angles droits entre eux » dans la description de l'*asteriskos* (chapitre 33), qui présente des similitudes avec la *groma* des Romains, utilisée pour les visées orthogonales. M. D.-F.

[36] εὐθεῖα ἡ ΑΓ : l'expression est indéfinie, d'où la traduction « une droite ΑΓ », puisque c'est la première apparition de ce segment ; l'article introduit l'apposition (selon les règles syntaxiques du grec), qui lui donne son nom (ΑΓ). On trouvera tout aussi couramment dans cet emploi la forme brève avec l'ellipse du substantif : <εὐθεῖα> ἡ ΑΓ. L'expression définie correspondante serait ἡ ΑΓ εὐθεῖα « la droite ΑΓ » ou la forme brève ἡ ΑΓ <εὐθεῖα> avec l'ellipse du substantif. L'expression linguistique de l'opposition défini/indéfini dans la langue mathématique grecque a été éclairée par M. Federspiel dans l'article déjà cité « Sur l'opposition défini/indéfini dans la langue des mathématiques grecques », et permet une traduction en langue française appropriée à la nature du signifié. Le même usage s'applique au point (σημεῖον). M. D.-F.

[37] Le point B qu'il faut rejoindre et la droite AB n'ont pas été représentés dans la figure du manuscrit M. D'autre part, les segments sur le terrain sont doublés d'un trait pour en matérialiser l'existence concrète, et les droites imaginées par le géomètre sont représentées par un trait simple. Il manque à la figure, à l'emplacement attendu, les lettres H, Θ, K, et la lettre X est représentée de manière erronée par la lettre K. M. D.-F.

[38] Le parfait γεγονέτω appartient au vocabulaire de la géométrie et s'emploie dans des contextes spécifiques ; cette forme verbale est réservée le plus souvent à l'expression de l'identité demandée de deux rapports ou sert à introduire l'analyse des problèmes ; voir M. Federspiel, « Les problèmes des livres grecs des *Coniques* d'Apollonius de Perge. Des propositions mathématiques en quête d'auteur », *Les Études classiques* 76, 2008, p. 321-360, et Ch. Mugler, *Dictionnaire historique de la terminologie géométrique des Grecs*, p. 103-104. Ici, elle s'inscrit dans un contexte très concret, mais qui n'est pas sans analogie avec l'analyse géométrique. Le cheminement de la dioptre sur le terrain a permis d'avoir en vue le point B. La présence de γεγονέτω, qui répond à l'impératif présent γινέσθω précédent, marque le retour à l'expression géométrique qui était celle de l'énoncé et de l'ecthèse : on suppose résolue la question posée,

à savoir apercevoir le point B, et on formule la condition nécessaire, qui a été mise en évidence par le parcours de la dioptre, la mise en station de la dioptre au point Λ. On construit ensuite la ligne droite AB au moyen d'une proportion unique, en utilisant la similitude des triangles successifs obtenus. Dans la suite du traité, l'utilisation de γεγονέτω se retrouve au début de l'analyse des deux problèmes géométriques de construction qui font respectivement l'objet des chapitres 28 et 29, et dont la synthèse est numérique. Les autres occurrences sont dans les chapitres 34 et 36, où la forme verbale n'est qu'une simple variante de ἔστω. M. D.-F.

[39] Si l'on accepte la correction de l'éditeur Schöne, ἐν αὐτῇ pour ἑαυτῇ de M, suivi par M. J. T. Lewis (*Surveying Instruments...*, p. 266), le pronom renvoie à la dioptre. Il doit s'agir dans ce cas, comme le note Schöne dans son édition (p. 217 n. 1), de l'une des deux droites perpendiculaires qu'il faut supposer gravées sur le grand plateau circulaire qui porte l'alidade, et qui procure deux axes de visée perpendiculaires. L'alidade se trouvant au moment de la visée sur la première des deux droites, dans l'alignement de ΚΛ, on peut supposer qu'on la fait pivoter à 90 sur la seconde droite ; on peut vérifier ensuite au travers des pinnules si le point recherché est visible. Avant de faire pivoter la règle de visée à 90, il faut supposer également qu'on a bloqué la dioptre sur le premier alignement, sans doute à l'aide de la roue dentée horizontale solidaire du moyeu (voir le chapitre 3). Vincent traduit : « dans une direction perpendiculaire », en comprenant : « dans l'alignement de la droite opposée à ΚΛ », mais la syntaxe s'y oppose (on n'attend pas ici un pronom réfléchi) ainsi que le lexique, l'adjectif ἕτερος n'étant pas affecté à cette situation mathématique dans la langue des mathématiciens. M. D.-F.

[40] C'est ici la première occurrence de la particule δή, sans qu'on puisse parler d'un emploi spécifiquement mathématique. On retrouve dans la suite du traité des emplois plus identifiés dans les textes mathématiques (voir la Note complémentaire 26 de M. Federspiel dans l'édition du Livre I des *Coniques*, *op. cit.*, p. 220) : 1) l'emploi figé après un impératif (1re occurrence, p. 30, l. 2), après certains mots comme ὁμοίως (p. 35, l. 16), dans l'introduction d'un corollaire (p. 37, l. 19) ou de la synthèse d'un problème (p. 73, l. 8) ; 2) l'emploi conclusif en début de proposition après un verbe au futur (ou au présent, p. 26, l. 9) pour indiquer un résultat obtenu. M. D.-F.

[41] Il est possible que le géomètre dicte ses relevés chiffrés à un aide qui l'accompagne (voir, pour l'Égypte, D. Bonneau, *Le système administratif de l'eau du Nil...*, p. 143-144). J.-Y. G.

[42] Les deux mots employés par Héron sont ὁ χάρτης et ἡ δέλτος (ἐν χάρτῃ ἢ δέλτῳ, « sur un rouleau de papyrus ou sur une tablette »). Les relevés sont inscrits soit sur un support mou, soit sur un support dur. J.-Y. G.

[43] Cette expression grecque pour désigner l'angle s'inscrit dans une autre perspective que celle de la définition euclidienne et dans le contexte de la polémique entre mathématiciens sur la question de savoir si l'angle relève de la « qualité » ou de la « quantité » : on peut lire les données de la question chez Proclus, *Commentaire sur le premier livre des Éléments d'Euclide*, éd. Friedlein, p. 121 sq. ; voir J.-Y. Guillaumin, « Les deux définitions de l'angle plan chez Gerbert, *Géométrie*, ch. 4, 3 », dans L. Callebat et O. Desbordes (éd.), *Science antique, science médiévale*, Actes du Colloque International organisé par l'Université de Caen (Le Mont Saint-Michel, septembre 1998), Hildesheim-Zürich-New York, Olms-Weidmann, 2000, p. 359-369. Ce qui est intéressant ici est de remarquer l'occurrence d'une expression qui peut remonter à Apollonius et que Proclus, *op. cit.*, p. 125, dit avoir été employée par Eudème de Pergame, péripatéticien du IIe siècle après J.-C. : Εὔδημος μὲν ὁ περιπατητικὸς βιβλίον περὶ γωνίας γράψας ποιότητα αὐτὴν εἶναι συνεχώρησεν. Γένεσιν γὰρ γωνίας ἐπινοῶν οὐκ ἄλλην εἶναί φησιν ἢ τὴν κλάσιν τῶν γραμμῶν· εἰ δὲ ἡ εὐθύτης ποιότης καὶ ἡ κλάσις ποιότης· ἐν ποιότητι οὖν ἔχουσαν αὐτὴν τὴν γένεσιν πάντως εἶναι ποιότητα, « le péripatéticien Eudème, auteur d'un livre sur les angles, a admis que l'angle est une qualité. Quand il cherche à concevoir la génération de l'angle, il dit que ce n'est pas autre chose que la brisure des lignes ; or, si la rectilinéarité est une qualité, la brisure en est une aussi ; par conséquent, l'angle, ayant sa génération dans la qualité, est absolument qualité. » J.-Y. G.

[44] Les segments successifs sont tous très courts : le plus petit, ΚΛ, égal à 8 coudées, fait donc 3,6 m, et le plus grand, ΘΚ, égal à 60 coudées, fait 27 m. Quant à la distance entre les points A et B, elle sera, sur ces données numériques, égale à une petite quarantaine de mètres. C'est donc sur une superficie très limitée que l'on voit Héron tester son procédé, et l'énoncé du problème (« et ceci quelle que soit la distance entre les points ») généralise l'application d'une méthode qui est ici présentée « en laboratoire ». J.-Y. G.

[45] L'expression πρὸς διαβήτην « au *diabètès* », « selon le *diabètès* », « conformément au *diabètès* », ne se rencontre que

chez Héron d'Alexandrie, une fois dans les *Pneumatiques* (1, 31) et onze fois dans la *Dioptre* (trois fois dans le présent ch. 8 ; puis ch. 9 ; ch. 10 ; ch. 12, deux occurrences ; ch. 13, deux occurrences ; ch. 14, deux occurrences). Pour en comprendre la signification, il faut savoir ce que désigne ici le mot διαβήτης, qui n'est pas toujours, en grec, un instrument bien identifié : parfois un compas ; souvent, dans les *Pneumatiques* d'Héron, qui est certainement l'auteur grec chez lequel les emplois de διαβήτης sont les plus nombreux, un siphon ; dans les deux cas, l'idée est elle de l'écartement des deux « jambes » de l'appareil : étymologiquement, le διαβήτης, nom d'agent relevant de la série du verbe βαίνω « marcher », est, si l'on peut employer ce mot français appartenant au domaine de la viticulture tout en le privant de son sens technique (tracteur permettant d'enjamber un ou deux rangs de vigne), un « enjambeur ». Mais le seul texte grec qui dise nettement ce qu'est le διαβήτης se trouve chez Théon d'Alexandrie (*Commentaire de Théon d'Alexandrie sur l'Almageste*, éd. Rome, p. 523 l. 4 – p. 524 l. 3), lequel pose l'identité entre διαβήτης et ἀλφάριον (dans une phrase, d'ailleurs, qui veut préciser ce qu'est le chorobate, autre instrument qui appelle la discussion, voir *infra*, note à χωροβατήσαντα au début du ch. 12) : ἔστιν δὲ ὁ διαβήτης ἤτοι τὸ ἀλφάριον ἐοικὸς τῷ χωροβάτῃ Κάρπου, « le *diabètès* ou *alpharion* ressemble au chorobate de Carpus ». On a ici la seule occurrence de ἀλφάριον, que l'on retrouvera au début du XIIe siècle sous la forme ἀλφάδιον chez Eustrate, *Commentaire sur l'Éthique à Nicomaque*, éd. Reimer, p. 322 l. 18 (τὸ ὀρθογώνιον τρίγωνον ὃ ἀλφάδιον παρὰ τοῖς οἰκοδόμοις καὶ τέκτοσιν ὀνομάζεται, « le triangle rectangle que l'on appelle *alphadion* chez les architectes et les charpentiers »), laquelle, devenue ἀλφάδι, peuple aujourd'hui les catalogues grecs d'articles de bricolage à la rubrique « niveau à bulle », tout souvenir de l'étymologie du nom ayant alors disparu. Car ἀλφάριον est évidemment un diminutif de ἄλφα ; le mot désigne le niveau de maçon, sorte d'A majuscule du sommet duquel pend un fil à plomb ; c'est exactement ce que le latin de Vitruve appelle la *libella* (ce terme étant lui-même un diminutif de *libra* « niveau des hydrauliciens » : voir en dernier lieu Ph. Fleury, « Les doublets "simple"/"diminutif" dans les langues techniques latines », *Annales de Normandie* 2012/2, p. 111-123, ici p. 115-116). *Libella*, chez Vitruve, apparaît toujours (voir Ph. Fleury, *ibid.*) dans l'expression *ad libellam* (ou *ad libellam et regulam*), dont on voit le parallélisme avec l'expression héronienne πρὸς διαβήτην. C'est bien du même appareil qu'il s'agit dans lat. *ad libellam* et dans gr. πρὸς διαβήτην, même si διαβήτης peut être le nom d'autres instruments dans quelques autres contextes, et le sens des deux expressions est le même : « de niveau », c'est-à-dire « à l'horizontale ». J.-Y. G.

[46] La seconde position épithétique (« la dioptre, celle qui est équipée du demi-cercle ») renvoie ici au dispositif qui va permettre d'incliner le plateau circulaire supportant la règle de visée au moyen de la demi-roue dentée verticale, dont la description a été interrompue par la lacune (voir Notice, « La dioptre d'Héron et ses restitutions » et notes au chapitre 3). On a supposé que l'appareillage sommital dont il est question avant la lacune (les fixations de bronze, la vis, la demi-roue dentée verticale) ne pouvait qu'être associé à l'alidade et ne concernait pas le niveau d'eau. On a ici une raison supplémentaire de le penser. Il n'y aurait guère de raison, en effet, de formuler une telle détermination pour la dioptre, si elle ne servait pas à distinguer des dispositifs différents. C'est une raison de plus pour ne pas suivre la restitution de l'instrument proposée par Venturi (voir Notice, « La dioptre d'Héron et ses restitutions »), qui fixe le niveau d'eau sur le plateau circulaire manœuvré par la demi-roue dentée. M. D.-F.

[47] C'est ici la première fois que, dans le traité, le mot κανών « règle » est utilisé pour désigner l'alidade de la dioptre ; on en verra beaucoup d'autres occurrences. Au fil du texte, on relève de très nombreux emplois de κανών (qui est peut-être le mot le plus employé de la *Dioptre*), avec plusieurs significations différentes. Au début de ce qu'il nous reste du ch. 4, les « grandes règles » (μακροὶ κανόνες) dont il est question sont les fixations qui maintiennent la règle du niveau d'eau ; cette dernière, longue de quatre coudées, est elle-même appelée κανών (*ibid.*, κανὼν πλάγιος, et *passim*). Le mot peut encore désigner une mire, au singulier (dès le début du ch. 5 ; puis ch. 6, très nombreux emplois ; puis ch. 11, 12, 13, 16, 17, 18, 21), ou bien naturellement des mires, au pluriel (ch. 5, 11, 14, 16). Au ch. 27, les κανόνες sont des perches que l'on aboute pour prolonger une ligne droite, comme le font les *mensores* romains avec leurs *perticae* (voir Frontin 4, 5 CUF) ou *decempedae*. Héron se trouve parfois contraint de préciser la signification de deux occurrences successives de κανών dans son texte, qui créent une ambiguïté pour le lecteur : c'est le cas, par exemple, au ch. 21 où il faut distinguer, l'un suivant l'autre, κανών « alidade » et κανών « mire », et où Héron en vient à marquer expressément cette distinction un peu avant la fin du chapitre : l'alidade est le κανὼν δι' οὗ διοπτεύομεν (« la règle servant aux visées » ; cf. aussi ch. 12, ὁ κανὼν δι' οὗ διοπτεύομεν ὁ ΔΓΕ ; puis ch. 14), la mire est ὁ τὰς

ἐπιγραφὰς ἔχων κανών (« la règle qui porte les inscriptions »). Le sens d'« alidade », pour la première apparition de κανών affecté de cette signification dans ce ch. 8, est explicité par l'expression ὁ κανὼν ὁ ἐπὶ τῷ τυμπάνῳ (« la règle du disque ») ; pour la même signification, d'autres expressions sont possibles, comme ὁ ἐπὶ τῇ διόπτρᾳ κανών aux ch. 16 et 21 (« la règle de la dioptre »). On relève des emplois de κανών « alidade » dans la *Dioptre* aux ch. 8 (3 fois), 9 (3 fois), 10 (3 fois), 12 (2 fois), 14 (2 fois), 15 (2 fois), 16 (7 fois), 17, 21 (4 fois), 32 (4 fois). J.-Y. G.

[48] L'expression ὡς προδέδεικται que présente ici le texte du manuscrit n'a pas de justification parfaitement évidente parce que l'on ne voit pas à quelle démonstration précédente elle pourrait renvoyer. C'est sans doute la raison pour laquelle Vincent, qui la laisse figurer dans son texte grec (p. 208), n'en a aucune trace dans sa traduction (p. 209 ; sans aucun commentaire de la difficulté, d'ailleurs). M. J. T. Lewis (*Surveying Instruments...*, p. 267) est embarrassé, mais suggère peut-être la bonne solution (« as already indicated [presumably meaning because they are on our side] »). De fait, l'expression est peut-être un simple renvoi aux mesures facilement exécutées dans le ch. 7. On trouvera une notation comparable dans le ch. 10 : δυνάμεθα δὲ τὸ ΓΕ μετρῆσαι· ἐν γὰρ τοῖς πρὸς ἡμᾶς ἐστι μέρεσι. J.-Y. G.

[49] Si l'on admet les données numériques qui ont été utilisées ici à titre d'exemple pour les rapports entre les droites, le segment AB est donc beaucoup plus petit (de valeur 1) que le segment AΓ (de valeur 4) mesurable sur le terrain ; la distance de A, le point proche, à B, le point éloigné, est fort réduite par rapport à la distance des segments utilisés pour la mensuration de AB par similitude des triangles ; le point B pourrait bien se situer de l'autre côté d'une rivière que l'opérateur, pour une raison ou pour une autre, ne peut franchir. On retrouverait alors ici un problème comparable à celui qui fera l'objet du chapitre suivant, et aussi à celui qui est traité par Marcus Junius Nypsius dans la *Varatio fluminis* (éd. J.-Y. Guillaumin, *Les arpenteurs romains*, vol. 4, CUF, p. 222-224), mais la méthode de l'*agrimensor* romain (fondée sur Euclide, *Éléments* 1, 26 ; voir Th. L. Heath, *A History of Greek Mathematics*, vol. 1, p. 132), elle aussi reposant sur les cas de similitude des triangles, est un peu différente puisque les deux triangles qu'il utilise, opposés par le sommet, sont non seulement semblables mais égaux ; du reste, la *uaratio* s'inscrit dans une autre problématique, car il s'agit de manière générale de l'utilisation de la similitude des triangles pour obtenir par le calcul des cotes que

l'on ne peut mesurer au sol. Voir aussi le ch. 9, et les notes. J.-Y. G.

[50] Cf. Balbus, éd. Lachmann, p. 92 l. 18 – p. 93 l. 1 : ... *fluminum latitudines dicere, etiam si hostis infestare uoluisset, ex proxima ripa poteramus*, « ... nous pouvions, même si l'ennemi avait voulu s'y opposer, dire la largeur d'un cours d'eau depuis la rive que nous occupions » (il s'agit évidemment de préparer la construction d'un pont). L'auteur latin (dont l'*Expositio et ratio omnium formarum* est écrite dans les premières années du IIe s. ap. J.-C. : entre 102 et 106 ?) argue (comme le chapitre 2 de la *Dioptre*) de l'utilité de ce savoir dans un contexte militaire (dans son cas, expédition en Dacie) ; il donne encore, *ibid.*, deux autres exemples héroniens (évaluation de la hauteur d'une montagne et tracé de deux lignes parallèles de retranchement, cf. *Dioptre*, ch. 22, pour le second exemple, et pour le premier ch. 12 et 13, avec allusion explicite à la mesure de la hauteur d'une montagne dans la dernière partie du ch. 13). Les mêmes exemples héroniens, pour illustrer la définition de la « géodésie » (applications techniques de la géométrie), ont été ajoutés à un développement (vol. 4 des œuvres d'Héron d'Alexandrie, éd. J. L. Heiberg, Leipzig, 1912, p. 100 l. 8 sq. : ces exemples sont aux l. 25-26) dont l'auteur, selon Proclus (*Commentaire au Premier livre des Eléments d'Euclide*), serait Géminus, dont la *Science mathématique* (Θεωρία τῶν μαθημάτων) serait de 30 avant J.-C. environ, pour G. Aujac, *Géminos, Introduction aux Phénomènes*, CUF, 1975, p. XXIV ; c'est pourquoi ce développement figure en annexe de cette édition de Géminus (p. 115). Si le mot ὄχθη (qui est aussi celui qu'utilise Sextus Julius Africanus) devait être pris dans son acception de « rive escarpée », « bord élevé » (mais Polyen, *Strategemata* 8, 23, 9, l'utilise à propos de l'Allier dans sa paraphrase de César, *BG* 7, 30-35, 1), il pourrait y avoir un rapport entre le fait que l'on travaille au-dessus de rives escarpées et le but avoué de l'opération, trouver la « plus petite largeur » du cours d'eau, car il est possible que dans cet exercice précisément, à la différence du précédent (ch. 8), on soit en train de préparer la construction d'un pont permanent (cf. M. J. T. Lewis, *Surveying Instruments...*, p. 98 n. 65). Les plus célèbres allusions à ce problème dans les traités techniques grecs et latins sont, avec celle que l'on trouve ici, celle de Sextus Julius Africanus (dit parfois « Jules l'Africain »), qui écrit vers 230, pour le domaine grec (en contexte militaire, nettement affirmé pour le premier des deux développements qu'il consacre à cette question : « l'ennemi occupant l'autre rive »), et pour le domaine latin celles de Balbus, début du IIe s. (en

contexte militaire : rive opposée inaccessible, éd. Lachmann, p. 92 l. 17 – p. 93 l. 1) et de Marcus Junius Nypsius (en contexte d'arpentage civil : il traverse la rivière pour planter un jalon sur l'autre rive, I, 7, *Les Arpenteurs romains*, vol. 4, CUF). Pour la résolution du problème, on peut renvoyer, outre ce texte d'Héron, à Sextus Julius Africanus en grec (*Cestes* 1, 15, éd. Vieillefond ; trad. anglaise commodément accessible chez M. J. T. Lewis, *op. cit.*, p. 287-288) et à Marcus Junius Nypsius en latin (éd. CUF). J.-Y. G.

[51] Il serait possible de tenter un rapprochement avec la méthode romaine de la *fluminis uaratio* : « Opération identique à celle que les arpenteurs romains nomment *varatio* », note A. J. H. Vincent, p. 159. Il s'agit bien, dans les deux cas, de trouver la largeur d'un cours d'eau que l'on ne peut mesurer directement ; mais la *fluminis uaratio* ne procède pas de la même manière qu'ici. Le procédé d'Héron est plus rapide : à l'aide de triangles semblables homothétiques, il calcule une distance inaccessible ; mais la précision n'est pas très grande, même si elle peut suffire s'il s'agit seulement de l'évaluation préalable à l'établissement d'un pont sur le cours d'eau, par exemple. La méthode romaine de la *uaratio*, fondée sur la similitude de deux triangles opposés par le sommet et dont l'un est effectivement mesuré, est beaucoup plus précise : c'est qu'elle s'applique non seulement à l'évaluation de la largeur d'un cours d'eau (simple cas particulier), mais qu'elle fonctionne dans le cadre de la limitation (quand il faut poursuivre un maillage centurié au delà d'une rivière qui fait obstacle), qui ne peut tolérer la moindre erreur, suffisante pour entraîner des distorsions dans le réseau. Aussi l'arpenteur romain a-t-il planté un jalon de l'autre côté du cours d'eau (*signum quod posueras trans flumen*, Marcus Junius Nypsius I, 7, éd. CUF), ce que ne fait pas Héron qui « reste sur une seule rive » (énoncé du ch. 8) : celui-là s'assure ainsi un repérage beaucoup plus sûr et des résultats plus précis. J.-Y. G.

[52] Le mot ἔλασσον est abrégé (abréviation tachygraphique traditionnelle) dans M et ses copies conservées ; il en était de même dans le manuscrit de Strasbourg disparu, puisque son apographe, le *Parisinus gr.* 2430, a l'abréviation. Venturi (p. 99 de sa traduction) a traduit μεῖζον, en interprétant sans doute mal l'abréviation de sa source manuscrite, et modifie en conséquence la figure (figure 13 de sa traduction), avec BE en excès par rapport à ΓΑ. On retrouve μεῖζον et la figure de Venturi chez Vincent, qui ne fait aucune remarque. L'éditeur Schöne édite correctement ἔλασσον, mais reprend la figure de Venturi ! M. D.-F.

[53] Pour cette première méthode héronienne, voir un texte parallèle, avec méthode identique et figure comparable, chez Hygin le Gromatique 11, 10-11 CUF. Le problème qu'il s'agit de résoudre est défini dans les lignes précédentes (11, 9 CUF) : il s'agit bien de calculer la distance entre deux points inaccessibles, et de mener une parallèle à la ligne joignant ces deux points. J.-Y. G.

[54] La rédaction de ce paragraphe présente certaines étrangetés qu'il faut souligner ici sans qu'il soit opportun de proposer des corrections, car le texte reste cohérent. Il est possible qu'il s'agisse d'une réécriture. En premier lieu, on observe que le participe attribut ἀποβλέποντα, le participe apposé ἐπιστραφεὶς et le subjonctif ἴδῃ se rapportent tous à la règle de visée, qui devient un agent et se substitue à l'opérateur. Autre bizarrerie, le verbe ἀποβλέπω, qui est utilisé dans le lexique relevant de l'optique (voir Ch. Mugler, *Dictionnaire historique de la terminologie optique des Grecs*, Paris, 1964, p. 44) au sens de « regarder », est ici construit avec un datif. Cette rédaction ne trouve pas d'équivalent dans le traité quand il s'agit de décrire le même cheminement de la dioptre. M. D.-F.

[55] C'est traditionnellement, après le problème du calcul de la largeur d'une rivière (*supra*, ch. 9), le second problème emblématique de la « dioptrique », tous deux étant cités dès la seconde moitié du chapitre 2 de la *Dioptre* ; Balbus, en latin, réunira ces deux problèmes en une allusion commune (éd. Lachmann, p. 92 l. 11 – p. 93 l. 3), parlant, pour le second, de la hauteur d'une montagne) et on les retrouvera résolus l'un après l'autre, dans le domaine grec, chez Sextus Julius Africanus (*Cestes* 1, 15, parlant de la hauteur d'une muraille). Les méthodes exposées dans la *Geometria Incerti Auctoris* médiévale (éd. N. Bubnov, *Gerberti Opera mathematica*, Berlin, 1899, repr. Hildesheim, 1963, p. 217-365) se placent en partie dans le prolongement des méthodes héroniennes. Voir C. Jacquemard, « La mesure d'une hauteur dont le pied est inaccessible. Étude d'Héron, *Dioptre* XII, Julius Africanus, *Cestes* I, 15, *Geometria Incerti Auctoris*, III 1-3-8-12-21-23 », dans G. Argoud et J.-Y. Guillaumin (éd.), *Autour de la Dioptre d'Héron d'Alexandrie*, Saint-Étienne, 2000, p. 163-189. L'auteur souligne au terme de son étude (p. 189) « que les procédures exposées dans la *Dioptre* d'Héron ou les *Cestes* de Julius Africanus (...) dérivent d'une source commune, les propositions XVIII à XXI de l'*Optique* d'Euclide qui fondent la géométrie pratique. » J.-Y. G.

[56] Le participe χωροβατήσαντα appelle immédiatement dans l'esprit du lecteur moderne l'image du « chorobate », dont

l'utilisation est pourtant, ici, presque impossible à postuler. Le chorobate est cet instrument de nivellement qui, malgré son nom grec, est mieux décrit dans un traité technique de langue latine, celui de Vitruve, qui aurait pu copier une source grecque (Carpus d'Antioche ? c'est une possibilité évoquée par M. J. T. Lewis, *Surveying Instruments...*, p. 35) sans avoir lui-même expérimenté l'appareil sur un chantier. Le *chorobates* (gén. *chorobati*) apparaît dans le *De architectura* au ch. 5 du livre VIII, consacré aux problèmes de l'adduction d'eau. Au chapitre 1, l'auteur y défend sa supériorité sur les autres instruments pour certaines opérations, et notamment pour la *perlibratio*, c'est-à-dire pour calculer la différence de hauteur entre l'endroit où l'on capte l'eau et celui où l'on veut la conduire (cf. *supra*, le chapitre 6 de la *Dioptre*) : *libratur autem dioptris aut libris aquariis aut chorobate, sed diligentius efficitur per chorobaten, quod dioptrae libraeque fallunt*, « le nivellement se fait au moyen de dioptres ou de niveaux à eau ou du chorobate, mais l'exactitude est plus grande avec le chorobate, parce que les dioptres et les niveaux peuvent conduire à l'erreur » ; il donne une description de l'appareil : *chorobates autem est regula longa circiter pedum uiginti*, etc., « le chorobate est une règle longue d'environ vingt pieds », etc. ; il met au chapitre 2 le chorobate en situation de travail : *item eo chorobate cum perlibratum ita fuerit, scietur quantum habuerit fastigii*, « lorsque le niveau aura été pris de cette manière avec le chorobate, on saura la grandeur de la pente » ; il renvoie enfin (ch. 3) à un dessin (perdu par la tradition manuscrite) dont il a pris soin de pourvoir son traité : *exemplar autem chorobati erit in extremo uolumine descriptum*, « on trouvera à la fin du livre le dessin d'un modèle de chorobate ». En grec, on ne trouve pas d'autre occurrence de χωροβάτης que celle qui se lit chez Théon d'Alexandrie comparant le διαβήτης au chorobate de Carpus d'Antioche (*Commentaire de Théon d'Alexandrie sur l'Almageste*, p. 523 l. 4 – p. 524 l. 3 Rome : ἔστιν δὲ ὁ διαβήτης ἤτοι τὸ ἀλφάριον ἐοικὸς τῷ χωροβάτῃ Κάρπου, « le *diabètès* ou *alpharion* ressemble au chorobate de Carpus »). Le verbe χωροβατεῖν est un peu plus fréquent, mais, à l'exception de son attestation ici chez Héron, ses occurrences sont dans la Septante (Josué fait « chorobater » – sans chorobate, autrement dit « arpenter » – une partie de la Terre promise par une mission de reconnaissance, Jos 18, 8-9 ; verbe rendu tout simplement par *describere* dans la Vulgate) ou chez les écrivains chrétiens, qui voient Dieu « chorobater » le ciel, ou la mer, ou la terre. Notre texte ne fait pas allusion à l'emploi du chorobate, lourd (il faut que le bois soit massif pour rester rigide) et encombrant (six mètres de longueur d'après Vitruve). Plus légère et moins encombrante, plus maniable et plus précise est la dioptre héronienne. C'est donc de « prendre des niveaux » qu'il s'agit ici avec χωροβατήσαντα, sans considération expresse de l'instrument employé, lequel instrument est à peu près sûrement la dioptre objet du traité. J.-Y. G.

[57] Cet ensemble démonstratif est structuré de la manière suivante : (1) une première partie demande de construire la perpendiculaire BE, qui représente la différence de hauteur de deux points inaccessibles, avec un énoncé, qui intègre l'ecthèse, et une démonstration ; (2) elle est suivie d'un corollaire formulé en termes généraux (on retrouve la formule codifiée du corollaire d'une proposition mathématique : καὶ ἔστιν φανερὸν ὅτι), qui établit dans un style cursif, par l'intermédiaire d'une chaîne de données, que la droite qui joint deux points visibles (AB en l'occurrence) est de grandeur connue comme hypoténuse d'un triangle rectangle (ici le triangle ABE), dont les deux côtés de l'angle droit sont connus (ici la perpendiculaire BE qu'on vient de trouver et la droite AE qui représente la distance à l'horizontale des deux points) ; (3) une troisième partie demande de déterminer la position de la droite AB qui joint les deux points ; elle est rédigée sous la forme d'une proposition mathématique, en bonne et due forme, en l'occurrence, un problème (avec énoncé général, ecthèse, démonstration) qui permet d'obtenir par homothétie la position de AB dans la zone de l'opérateur ; (4) un développement complémentaire qui permet d'appliquer le problème au cas concret d'une montagne et de rappeler au lecteur qu'il a désormais les outils méthodologiques en main pour ce type d'opérations. M. D.-F.

[58] On a ici la première occurrence de l'expression ὁ ἐν τῇ διόπτρᾳ κανών pour renvoyer à la règle de visée et la différencier de la mire, désignée par le même terme κανών (voir plus haut, note 46). Aux chapitres 17 et 32, l'expression ἐν τῇ διόπτρᾳ est appliquée non pas à la règle de visée proprement dite, mais au grand plateau circulaire qui la porte (τὸ ἐν τῇ διόπτρᾳ τύμπανον, p. 44, l. 22 ; τοῦ τυμπάνου τοῦ ἐν τῇ διόπτρᾳ, p. 81, l. 15-16). Dans tous les cas cités, la préposition ἐν qui introduit la détermination fonctionne comme la préposition ἐπί + datif, que l'on trouve dans les chapitres 8, 16 et 21 pour désigner la règle de visée (ὁ κανὼν ὁ ἐπὶ τῷ τυμπάνῳ ; ὁ ἐπὶ τῇ διόπτρᾳ κανών). Les deux prépositions expriment ici un rapport de dépendance que le français rend le plus souvent par la préposition *de*. Il s'agit chaque fois d'introduire un élément

appartenant à un ensemble, en l'occurrence une pièce constitutive de la dioptre. Si le tour du chapitre 8 avait présenté l'emploi du génitif après ἐπὶ, la détermination introduite aurait renvoyé plus précisément au montage de la pièce en situant exactement son emplacement, ce qui aurait exigé la traduction suivante : « la règle qui se trouve sur le disque ». M. D.-F.

[59] Au lieu du participe attendu ἐκβαλλόμενον, on lit dans M la leçon ἐκπῖπτον, qui est utilisé en optique pour l'émission d'un rayon visuel (voir Ch. Mugler, *Dictionnaire historique de la terminologie optique des Grecs*, p. 129), L'association avec un plan n'est attestée que dans l'introduction des *Phénomènes* d'Euclide (et à sa suite dans le *Quadrivium* de Pachymère), pour désigner l'horizon : τὸ διὰ τῆς ὄψεως ἡμῶν ἐπίπεδον ἐκπῖπτον εἰς τὸν κόσμον, éd. H. Menge, *Euclidis opera omnia*, 8, Leipzig, 1916, p. 6, l. 15-16. M. D.-F.

[60] La figure est très maladroitement dessinée dans le manuscrit de Mynas. Les lettres désignatrices E et Z sont désolidarisées de la représentation du pied de la dioptre ; la lettre H manque à sa place ; on lit H pour N, et N pour M. M. D.-F.

[61] Le texte à cet endroit est incompréhensible, puisque ce n'est pas la différence d'altitude des points K et M qui permet de trouver leur distance à l'horizontale. La présence ici de la séquence ἐπεὶ καὶ τὰς ΚΣ, ΜΟ est sans doute au départ le résultat d'un saut du même au même favorisé par la répétition du verbe πορίσασθαι (p. 40, l. 7 et 9). Dans une histoire du texte antérieure, un copiste, en sautant des lignes de son modèle, aura commencé à copier la séquence ἐπεὶ τὰς ΚΣ, ΜΟ figurant après le second πορίσασθαι, avant de se rendre compte de son erreur et de reprendre sa copie au bon endroit, mais en omettant, volontairement ou non, de biffer ou de gratter la séquence reproduite indûment, comme cela arrive souvent. On aura postérieurement ajouté καὶ après ἐπεὶ à cette séquence fautive ; elle a été laissée en l'état par les éditeurs et par les traducteurs, lesquels, comme Vincent (p. 231) ou M. J. T. Lewis (p. 272), ne traduisent pas la conjonction causale ἐπεὶ. Ce dernier ne traduit pas de ce fait la suite du texte grec δυνατὸν ... πορίσασθαι, p. 40, l. 8-10, jugée sans doute superflue. M. D.-F.

[62] Les deux orifices du tunnel sont ici considérés comme donnés ; en réalité, sur le terrain, il faut commencer par déterminer leur niveau l'un par rapport à l'autre, soit que l'on veuille les placer dans un même plan horizontal, soit que l'on souhaite obtenir une déclivité. C'est évidemment à ce dernier cas que l'on aura affaire, s'il s'agit de construire un tunnel destiné à assurer le passage d'une eau nécessaire à l'alimentation d'une

ville. Il n'est pas exclu que la méthode qui va être exposée dans ce chapitre ait pu être utilisée pour le percement du tunnel de Samos, au VIe s. av. J.-C., par l'architecte Eupalinos de Mégare (peut-être sous le tyran Polycrate, vers 530-522), qui est en réalité le premier ingénieur nommé dans l'histoire : son nom est donné par Hérodote, qui s'extasie sur les trois « grands travaux » de Samos que sont le tunnel, la jetée du port, le temple. Le tunnel, retrouvé en 1882, a bien les 1 000 m, et un peu plus, que lui accordait Hérodote ; voir, pour les détails, T. E. Rihll et J. V. Tucker, « Greek Engineering. The case of Eupalinos' tunnel », dans A. Powel (éd.), *The Greek World*, Londres-New York, 1995, p. 404-431 ; avant eux, B. Van Der Waerden, « Eupalinos and his tunnel », *Isis* 59, 1968, p. 82-83 (qui tient que le rapport entre le texte d'Héron et le tunnel d'Eupalinos n'est pas impossible, ceci contre J. Goodfield et S. Toulmin, « How was the tunnel of Eupalinos aligned ? », *Isis* 56, 1965, p. 46-55, pour qui l'alignement du tunnel met en jeu une simple habileté d'ingénieur, non pas des connaissances géométriques théoriques), et A. Burns, « The tunnel of Eupalinos and the tunnel problem of Hero of Alexandria », *Isis* 62, 1971, p. 172-185. Le tunnel de Samos n'était pas le premier de l'Antiquité ; à Jérusalem déjà, on avait creusé un tunnel-citerne de 500 m de long sous le règne d'Ézéchias, roi de Juda de 719 à 690. Mais il n'est même pas nécessaire de songer à une réalisation exceptionnelle, de grande ampleur : tout tracé d'aqueduc imposait le franchissement de montagnes que l'on pouvait être obligé de percer. Sur les questions posées par ce ch. 15 de la *Dioptre*, voir C. Merckel, *Die Ingenieurtechnik im Altertum*, Berlin, 1899, p. 499-503 et p. 619 ; W. Schmidt, « Nivellier-instrument und Tunnelbau im Altertum », dans *Bibliotheca Mathematica* 4, 1903, p. 7-12 ; A. Neuburger, *The technical arts and sciences of the ancients*, p. 416-417 et p. 420-421 ; et plus récemment, K. Peters, « Méthodes de mesures et d'implantation des tunnels dans l'Antiquité », *XYZ* 72, 3e trimestre 1997, p. 68-71 ; K. Grewe, « Le tracement d'un tunnel dans l'Antiquité : la théorie et la pratique », dans G. Argoud et J.-Y. Guillaumin (éd.), *Autour de la Dioptre d'Héron d'Alexandrie*, p. 227-231. La méthode qui est ici exposée par Héron est analogue à celle qui était utilisée dans le chapitre 7. J.-Y. G.

[63] Le manuscrit M présente deux figures très maladroites, dont la seconde (en marge) se concentre sur le tracé du tunnel en éliminant une partie du parcours préliminaire de la dioptre : ne sont pas représentés les segments ΟΕ, ΕΖ, ΖΗ, ΗΘ. Les lettres désignatrices Ρ et Ξ ont été omises dans les deux figures,

et la lettre B a été désolidarisée de l'entrée du tunnel ; la figure marginale omet en plus les lettres K et N, et écrit N pour M ; la première figure omet la lettre Π. M. D.-F.

[64] Le tour ἔσται + participe, qui est une variante stylistique du futur passif ou actif, comme ici, est relativement fréquent dans la langue des géomètres ; voir l'article précité de M. Federspiel, « Quelques traits de la modernisation de la langue mathématique par Apollonius ». M. D.-F.

[65] La figure du manuscrit de Mynas est très maladroite. Les visées d'alignement horizontales sur les mires ne sont pas représentées, ni la droite du conduit. La lettre B (la 2e ouverture du conduit) est entre H et M, et une lettre H superflue figure à la droite de la mire ΠΟ. M. D.-F.

[66] Sur l'origine et les différentes variantes de ce type de relatives avec le verbe « être » exprimé ou le plus souvent sous-entendu, où le syntagme inarticulé est le sujet, et le syntagme articulé, l'apposition, voir l'analyse de M. Federspiel dans la Note complémentaire [16] au livre I des *Coniques* d'Apollonius de Perge (*op. cit.*, p. 216-218, et dans l'article précité *Sur l'opposition défini/indéfini...*, p. 266-269. M. D.-F.

[67] Il est utile, pour γέφυρα, de recourir aux indications fournies par D. Bonneau, *Le régime administratif de l'eau du Nil...*, p. 50-51 : si le mot signifie, d'après les dictionnaires, « digue » jusqu'à Homère et « pont » après Homère, le sens de « digue » est assuré en Égypte au moins dans un composé dont se sert Hérodote (2, 99) à propos de Memphis : ἀπογεφυρῶσαι, « mettre à l'abri d'une digue », la ville ayant été protégée par des levées de terre artificielles du cours du Nil, qui était alors plus à l'ouest. « Si l'on cherche en quoi *géphyra* se distingue de *chôma*, on peut proposer que, tandis que le second est formé des déblais de terre tirés du creusement d'un canal, la première est construite sur un terrain lui-même humide, imbibé d'eau d'infiltration, et permet de franchir des espaces de terre facilement embourbés ; de là viendrait la confusion, sur la terre d'Égypte, de l'emploi de *géphyra* pour désigner à la fois une sorte de digue et un pont, au sens technique de passage au-dessus d'une voie d'eau. *Géphyra* est peut-être le nom de la digue encore visible entre le district de Polémôn et celui de Thémistos. Cette conjonction entre la terminologie grecque de l'irrigation en Égypte et l'archéologie est assez rare pour être soulignée. Une étude approfondie des données papyrologiques sur la *géphyra* du sud du Fayoum devrait permettre des progrès dans la localisation des villages avec lesquels elle est mise en relation par les prépositions εἰς, ἐπί, κατά, πρός. » Voir encore,

dans le même ouvrage, p. 21 et note 156. La γέφυρα dont il est ici question semble bien être une « digue », dans la mesure où l'on ne voit guère pourquoi on adopterait pour le tracé d'un pont quelconque la forme incurvée qui est ici imposée par le texte de l'énoncé du problème. L'illustration de W. Schenkel, « Les systèmes d'irrigation dans l'Égypte ancienne et leur genèse », *Archéo-Nil* 4, 1994, p. 30 fig. 1 (l'art. occupe les p. 27-35), montre aussi bien le grand nombre de digues construites dans le voisinage du cours du Nil dès l'Antiquité que la forme incurvée qu'affectent beaucoup de ces ouvrages. Nous voyons donc dans la γέφυρα une « digue » comme A. J. H. Vincent p. 247, non pas un « pont » comme M. J. T. Lewis, *Surveying Instruments...*, p. 276 (« the arc of a bridge [arch] », écrit-il pour traduire γέφυραν). J.-Y. G.

[68] Ce problème, qui concerne ici un « sol » (ἔδαφος κυρτῶσαι), pourrait-il avoir une application dans les techniques de l'« hydraulique » ? D. Bonneau, *Le régime administratif de l'eau du Nil...*, p. 58, indique que le λάκκος, c'est-à-dire le réservoir de sâqiya, « a parfois une voûte (*psallis*) dont nous avons plusieurs attestations papyrologiques. C'est la partie voûtée du réservoir de saqiâ qui fait la transition entre le puits circulaire dans sa partie inférieure et la partie rectangulaire qui lui est superposée. C'est en somme une voûte pleine dont la calotte aurait été découpée ». J.-Y. G.

[69] La figure de Mynas a N pour Z et le sampi pour le stigma attendu. ΦΧΨ est représenté par un cercle à l'intérieur du cône visuel. M. D.-F.

[70] Πεπασσαλοκοπήσθω est un hapax. On ne retrouvera ce verbe πασσαλοκοπεῖν « piqueter » que dans une longue liste de correspondances grec-latin où figurent les trois verbes « ῥέμβομαι πασσαλοκοπῶ *palor* », chez Dosithée, *Ars grammatica* § 71 Tolkiehn (*palor* « planter des pieux », par ailleurs non attesté, est un déponent répondant à *palo* « échalasser la vigne » de Columelle 11, 2, 16, et tous les deux doivent être posés en face de *palatio* vitruvien, « action d'enfoncer des pieux », 2, 9, 10 ; il n'y a pas de rapport avec *palor* « errer », poétique et impérial). Le substantif πασσαλοκοπία va apparaître *infra* dans le présent chapitre de la *Dioptre* ; on le retrouvera aussi, dans un contexte différent (il s'agit d'enfoncer des pieux dans le talus d'un fossé militaire), chez Apollodore, *Poliorcetica*, éd. Schneider, p. 143 l. 4. Nous n'avons pas trouvé d'autres formes pour étoffer cette série. J.-Y. G.

[71] L'énoncé du chapitre 19 offre deux exemples où l'emploi du participe δοθείς n'est pas accompagné de l'article (sur ce tour

canonique, voir plus haut, note 20) ; pour des exemples comparables, voir l'article précité de M Federspiel, « Sur l'opposition défini/indéfini dans la langue des mathématiques grecques », p. 258, note 22. M. D.-F.

[72] Ἐὰν δὴ νοήσωμεν ἐπιζευγνυμένην τὴν ΘΓ : l'expression est indéfinie. Le participe substantivé ἐπιζευγνυμένην est donc sans article et τὴν ΘΓ est l'apposition articulée qui donne son nom à la droite. On peut comparer à titre d'exemple la séquence empruntée à l'ecthèse de la proposition I, 37 des *Coniques* : καὶ ἐφαπτομένη ἤχθω ἡ ΓΔ « que soit menée une tangente ΓΔ ». M. D.-F.

[73] Dans la figure de M, les droites obtenues par le remblaiement sont doublées par un trait, ainsi que les droites ΘΓ et ΛΔ ; la lettre K a été omise ; on lit O pour Θ ; les lettres M et O ne sont pas à leur emplacement ; les droites BΔ et KΛ ne sont pas tracées ; on reconnaît vaguement la parallèle MO dans l'angle ΘΓA. L'ensemble est très maladroitement dessiné. M. D.-F.

[74] La figure a été à moitié emportée avec la rognure du folio (72v). On peut la restituer avec le témoignage du *Vindobonensis phil. gr.* 140. Elle n'a pas de lettres désignatrices ; on lit simplement à l'intérieur la lettre M, et la droite NΞ n'est pas tracée. M. D.-F.

[75] Le texte de M a la lettre B. Le texte laissé en l'état dans les éditions de Vincent et Schöne doit être corrigé pour donner un sens à cette construction, qui doit être complétée par le tracé de la perpendiculaire issue du sommet opposé à B et qui conduit à l'obtention de la même figure avec une même projetante sur le plan de la droite AΓ. M. D.-F.

[76] Les éditeurs Vincent et Schöne font passer les fils NΞ et OΠ, auxquels sont suspendus des poids, par deux puits séparés HΘ et ΛK, et cela contrairement à la figure du manuscrit M, qui n'a bien qu'un seul puits, illustré par une figure rectangulaire HΘKΛ, et contrairement au texte, qu'ils modifient en mettant à deux reprises au pluriel le singulier φρεατία (voir l'apparat critique respectif des éditeurs). M. D.-F.

[77] La figure du manuscrit M est maladroite, et certains tracés, dont ceux des triangles, ont été déformés ; un certain nombre de lettres désignatrices sont désolidarisées des tracés auxquels elles correspondent. On lit Z pour Ξ ; N est peu lisible. M. D.-F.

[78] Προβεβασανισμένον : à part quelques très rares occurrences pour désigner des « tortures précédentes » – souvent dans la littérature judéo-chrétienne –, on a une occurrence de

προβασανισθεῖσα chez Héron, *Automates* 2, 5, éd. Schmidt, p. 344 l. 18, le verbe étant là aussi appliqué à une corde, σπάρτος, que l'on teste avant emploi : « wenn man die Schnur vorher so erprobt hat », traduit Schmidt p. 345 l. 19. Les mêmes exigences à l'égard de la corde seront formulées de nouveau ci-après au chapitre 23. J.-Y. G.

[79] Le verbe ποικιλογράφω est un hapax ; le sens donné par LSJ est « to go into elaborate detail » ; le verbe est inconnu de Bailly. Il existe un adjectif ποικιλογράφος « writing on various subjects », « qui écrit *ou* a écrit sur des sujets variés », chez Diogène Laërce 5, 85. J.-Y. G.

[80] Il faut supposer une omission accidentelle dans le texte des lettres désignatrices K et Λ pour deux raisons : d'une part elles sont présentes dans la figure, et, d'autre part, selon les habitudes des mathématiciens, qui suivent l'ordre alphabétique pour nommer les éléments successifs présentés, on ne peut pas passer directement des lettres H, Θ de la mire au repère M sans avoir utilisé les lettres désignatrices K et Λ. M. D.-F.

[81] La figure 21a a été dessinée en deuxième position dans M, et cela, contrairement à l'ordre du texte, qui commence par l'opération d'étalonnage, et contrairement aussi à la succession des lettres désignatrices, où les lettres O,Π,P,Σ,T de la deuxième partie du chapitre viennent prendre la suite du repère Ξ de la mire. Le témoignage du *Vindobonensis phil. gr.* 140 permet de restituer la partie droite de la figure disparue à la suite du rognage du folio 74r. La lettre Z pour désigner la partie supérieure du pied de la dioptre a été omise, et, à sa place, sans doute par contamination avec la première figure (fig. 21b), on lit la lettre O. M. D.-F.

[82] Cette ecthèse a été reproduite à la fin du chapitre dans M. Elle doit être replacée au bon endroit. Dans une histoire antérieure du texte, cette phrase a pu être omise par un copiste, puis rétablie en marge par le réviseur et réintroduite à la fin du texte, de manière erronée, par le copiste qui a suivi. M. D.-F.

[83] C'est la figure dessinée en premier dans M. On lit la lettre Γ pour Σ, et, pour la règle de visée, au lieu des lettres Π, P du texte, les lettres H, Δ. Il faut sans doute supposer, dans une histoire antérieure du texte, l'absence dans la figure de lettres pour repérer les pinnules, ce qui expliquerait cet ajout intempestif ; le choix de la lettre Δ montre qu'on a voulu prendre la suite de la lettre Γ, et donc que l'ajout est postérieur à la mélecture du Σ. M. D.-F.

[84] Problème en rapport avec celui qu'évoque Balbus (éd. Lachmann, p. 92 l. 13-16) parlant des compétences du

mensor (militaire, dans le contexte), à savoir le tracé de deux lignes parallèles de retranchement : *erant dandi interueniente certo itineris spatio duo rigores ordinati quibus in tutelam commeandi ingens uallorum adsurgeret molis*, « il fallait donner, séparées par un espace de circulation défini, deux droites parallèles sur lesquelles, pour la protection des convois, se dresserait l'énorme masse des retranchements », trad. J.-Y. Guillaumin, *Balbus, Expositio et ratio omnium formarum*, Naples, 1996, p. 23. J.-Y. G.

[85] Χωρίον : le mot appartient aussi bien au vocabulaire de la géométrie qu'à celui de la géodésie. C'est l'aire d'une figure géométrique ; c'est aussi un champ ou un domaine. On retrouve ainsi la double dimension de la *Dioptre* : un travail de laboratoire sur des figures, un travail de terrain sur des limites et des bornages dans le paysage. Ici, la mention du travail à l'aide de la dioptre, plusieurs fois renouvelée, puis celle de la corde tendue, place plutôt les opérations sur le terrain ; mais cela n'empêche pas qu'il y aura éventuellement un levé de plan, qui pourra donner un μίμημα, comme celui dont il est question au chapitre 25. J.-Y. G.

[86] Venturi, Vincent et Schöne ont restitué dans leur figure respective le grand rectangle central inscrit (le rectangle ΒΓΖΜ^{ε}) dont la mesure est au cœur de la méthode, les triangles et trapèzes restants se répartissant à l'extérieur de ce quadrilatère. On voit que ce n'est pas le cas dans la figure de M, qui a pu être déformée. On relève un certain nombre d'erreurs de lettrage (la confusion entre les lettres minuscules ο, θ, δ), l'omission des points Β et Ζ. Les droites qui approchent le pourtour curviligne de l'aire à mesurer ne sont pas dessinées. Le doublement de la courbe du pourtour lui donne une épaisseur matérielle. M. D.-F.

[87] Les trois variantes usuelles de l'expression de la somme d'objets géométriques dans les textes mathématiques grecs sont les suivantes : (1) l'adjectif singulier συναμφότερος « les deux ensemble » comme ici ; (2) la particule sommative καὶ que l'on trouve au chapitre 24 ; (3) la préposition μετὰ (« avec »), variante qui est employée plus loin, au chapitre 26. Il faut ajouter le simple pluriel sommatif utilisé dans le chapitre 30 ; voir plus loin, note 113. M. D.-F.

[88] Sur le sens de l'adjectif καμπύλος, voir l'article de Ch. Mugler dans son *Dictionnaire historique de la terminologie géométrique des Grecs*, p. 237-238. Le terme s'applique à toute ligne qui n'est pas une droite, dont le cercle, la conique, la spirale, etc. La classification des lignes est une

question abondamment traitée dans la littérature mathématique grecque et byzantine et dont Proclus donne l'exposé historique le plus complet dans son commentaire de la définition 4 du livre I des *Éléments* d'Euclide (*Procli Diadochi in primum Euclidis elementorum librum commentarii*, éd. G. Friedlein, Leipzig, 1873, p. 103-113). La distinction qui est annoncée ici dans l'approximation d'une ligne intermédiaire « courbe » spécifique, et qui fait appel aux concepts bien connus de « droit », « courbe » et « circulaire », peut surprendre, puisqu'on applique pour celle-ci la même méthode que pour les lignes intermédiaires précédentes. Sans doute faut-il y voir la volonté de distinguer sur le terrain des lignes intermédiaires à l'arrondi plus ou moins accentué et nécessitant des opérations d'approximation plus ou moins réitérées. M. D.-F.

[89] Quand la ligne droite tracée entre les deux extrémités d'une courbe trop prononcée laisserait une marge d'erreur trop importante pour le calcul de la superficie, on subdivise à nouveau cette courbe en plusieurs portions, chacune équipée d'une corde qui, cette fois, peut être considérée comme une approximation convenable. Ce procédé sera rappelé dans la première partie du chapitre suivant. J.-Y. G.

[90] La figure de l'édition Schöne (p. 263 ; figure reprise exactement à l'édition Vincent p. 261), a corrigé quelque peu la figure transmise par la tradition manuscrite, pour faire apparaître nettement un grand rectangle central, facile à mesurer, et sur la bordure duquel l'arpenteur délimitera ensuite toute une série de plus petites figures (triangles et trapèzes essentiellement) dont le côté extérieur devra être « approximé » par une droite (car, limitée sur un côté par une ligne sinueuse, la figure ne serait pas mesurable). Chez Schöne et Vincent, le cas particulier de la ligne καμπύλη Γ′ Δ′ (voir le texte grec p. 61 l. 5-9) a été souligné par le dessin, tandis qu'il n'est pas du tout perceptible sur la figure de la tradition manuscrite. On attendrait que la figure de Schöne et Vincent ait sur son périmètre autant de portions d'arc individualisées par le dessin que de lettres énoncées en début de chapitre, alors que dans son état actuel on ne voit d'arcs bien individualisés que AB, BZ (celui-ci au lieu de quatre : BΓ, ΓΔ, ΔE et EZ), ZΘ (au lieu de deux, ZH et HΘ) et ΘA. Malgré ces problèmes de représentation dans la figure accompagnatrice, ce chapitre donne donc la même méthode de mesure d'un polygone irrégulier par le rectangle inscrit que l'on trouve aussi, dans le corpus gromatique latin, chez Frontin 4, 3, CUF, p. 163 ; voir aussi n. 122 p. 234 et fig. F4 p. 246). Cette méthode d'évaluation d'une aire irrégulière par

le rectangle inscrit s'applique, d'après le texte latin, à un *locus*, c'est-à-dire à une surface qui n'est pas très grande, non pas à un *ager* « territoire » beaucoup plus étendu ; Frontin, comme Héron sur son χωρίον, travaille donc à l'échelle d'un domaine de dimensions relativement restreintes, ce que suggère aussi, dans les deux cas, le fait que tout le travail est effectué directement sur le terrain, sans recours au plan. J.-Y. G.

[91] Sans parler des mélectures des lettres désignatrices, la figure est maladroite. Comme dans la figure du chapitre 23, les segments de droite qui approchent le pourtour de l'aire à mesurer ne sont pas dessinés. La ligne irrégulière du pourtour présente des arrondis très accentués ; elle est renforcée par un double trait qui lui donne de l'épaisseur. M. D.-F.

[92] Le mot grec est μίμημα. Affecté de cette signification, « plan », c'est un cas unique, même si le présent chapitre en offre sept occurrences. Le sens originel et général du terme est celui d'« image » ou d'« imitation » : ainsi chez Euripide (*Troyennes*, 922 ; *Hercule furieux*, 294 et 992 ; *Hélène*, 74 et 875) au sens d'« image » ; chez Platon, *Cratyle*, 423b (ὄνομ' ἄρ' ἐστίν, ὡς ἔοικε, μίμημα φωνῇ ἐκείνου ὃ μιμεῖται, « le nom est donc, à ce qu'il semble, une imitation, par la voix, de ce qui est imité ») et *Timée*, 40d (ἄνευ δι' ὄψεως τούτων αὖ τῶν μιμημάτων, « sans en avoir une image sous les yeux », que Cicéron traduit *nullo posito sub oculos simulacro earum rerum*), avec la distinction du *Sophiste*, 241e, entre des termes voisins (εἴτε εἰδώλων εἴτε εἰκόνων εἴτε μιμημάτων εἴτε φαντασμάτων, « des simulacres, des apparences, des imitations ou des fantômes »). J.-Y. G.

[93] La tradition manuscrite présente ici la leçon aberrante σχολιωτέραν pour qualifier la « mesure » qui va faire l'objet du chapitre. En même temps, l'énoncé revendique la volonté de présenter une méthode de résolution « générale » (τοῦ δὲ καθολικωτέρου ἕνεκα). Vincent (p. 268) a corrigé en σχολαιοτέραν qu'il traduit (p. 269) par « moins soignée » (expression appliquée à la méthode d'arpentage, μέτρησις), en sollicitant sans doute les significations admises de σχολαῖος : « tranquille, qui prend son temps, qui ne se presse pas, calme, lent » ; cela n'est pas pleinement satisfaisant. Schöne (p. 268 l. 20) a corrigé en σκολιωτέραν, de σκολιός « oblique, tortueux, sinueux » (comme le labyrinthe selon une scolie sur Lucien 17, 6, 1 Rabe : λαβύρινθος ἦν οἴκημα σκολιώτατον) et traduit (p. 269 l. 28) par « ziemlich unbequeme » (« assez malcommode »). Nous adoptons la correction εὐκολωτέραν (avec εὔκολος « aisé, facile », dont les formes de comparatif sont d'ailleurs fréquentes dans les textes grecs) parce que c'est la facilité de la démarche, appli-

cable à une grande quantité de cas, qui est soulignée par le texte. La facilité revendiquée par l'énoncé vient d'une standardisation qui est perceptible jusque dans le dessin même de la figure d'accompagnement du texte. Car, dans les réalités du terrain, il ne sera pas fréquent que l'arpentage ait à opérer sur ce genre d'harmonieux octogone divisé en rectangles réguliers ; c'est εὐκολωτέραν qui permet de l'admettre. Nous adoptons donc ici une autre lecture du chapitre, plus simple que celle qui avait été proposée naguère (J.-Y. Guillaumin, « La première partie du chapitre 25 de *La dioptre* : avatars d'une figure et d'un texte », dans G. Argoud et J.-Y. Guillaumin (éd.), *Autour de la Dioptre d'Héron d'Alexandrie*, p. 305-322) en liaison avec la correction de Schöne, supposant un tracé irrégulier de la figure et une relative difficulté de sa mesure. J.-Y. G.

[94] Le manuscrit M présente deux figures qui sont en relation : la figure 25a illustre le plan qu'il faut supposer à l'échelle et que construit la première partie du chapitre. La figure 25b illustre le travail au sol de la deuxième partie, en rapport avec le plan. La figure 25a de M est maladroite et a été déformée avec un alignement injustifié de certains segments intérieurs. On lit Δ pour Λ ; la lettre Π a été déplacée ; les lettres désignatrices des côtés des triangles et des rectangles sont regroupées selon des alignements verticaux et horizontaux, ce qui enlève toute visibilité aux constructions. D'autre part, la figure a été contaminée par la figure 25b : on a représenté la droite de jonction ΒΘ, et les lettres Υ, Τ, Σ de la figure 25b ont été introduites pour identifier le quadrilatère ΤΥΣΘ. Les côtés de l'octogone construit sont doublés, selon l'habitude déjà observée chaque fois qu'il s'agit de donner une forme de matérialité aux objets du concret représentés par une figure. M. D.-F.

[95] Les parallélogrammes dont il s'agit ici sont, d'après la figure, des rectangles. Au chapitre 23, Héron a plusieurs fois employé le mot παραλληλόγραμμον pour désigner le grand rectangle qu'il a tracé à l'intérieur de la surface irrégulière qu'il s'agissait de mesurer, en ne donnant qu'une seule fois (lors de la première occurrence) la précision παραλληλόγραμμον ὀρθογώνιον. J.-Y. G.

[96] Le manuscrit M a la bonne leçon ἐπὶ τὸ Σ, qui correspond à la figure 25b, la lettre Σ prenant la suite des lettres désignatrices du schéma construit par la figure 25a. Mais l'édition Schöne (p. 270, l. 8) présente pour Σ la lettre désignatrice Γ, corrige à tort plus loin (l. 11) la leçon fautive du manuscrit de Mynas, ΒΕ pour ΒΣ, en ΒΓ, et modifie en ce sens la figure. L'erreur vient de Vincent qui prend pour base le

manuscrit disparu de Strasbourg. Le témoignage de sa copie, le *Parisinus gr.* 2430 montre que le manuscrit de Strasbourg avait ici Γ pour Σ, faute de copie qui trouve une explication naturelle dans le *Vindobonensis phil. gr.* 140, où le sigma, écrit en minuscule, peut être interprété comme un gamma majuscule. M. D.-F.

[97] C'est-à-dire à l'aide de droites menées depuis un point donné (dans la deuxième partie du chapitre 24, on a divisé une aire en sept parties égales, mais à l'aide de droites parallèles). L'arpenteur du chapitre 26 va diviser une aire polygonale en triangles sur les dimensions desquels il interviendra ensuite pour qu'ils occupent chacun la surface désirée. On observera donc que l'intérêt du problème résolu est double : non pas purement et simplement mathématique, mais, peut-on dire, gromatique. Il s'agit bien de diviser une terre, et cela dans un contexte précis. Il y a dans la littérature gromatique latine des passages qui traitent de façon semblable des modalités de partage d'une possession en plusieurs parties : voir par exemple *Commentaire anonyme sur Frontin* 2, 2 CUF (p. 9, *nam si ueteranus...*, etc.). Le texte latin parle de la division de sa *possessio* par un vétéran qui organise son héritage, et le problème prend pour point de départ une borne unique ; chez Héron, ici, il s'agit d'un point d'eau unique et les circonstances du partage ne sont pas précisées. On a dans le texte grec l'exposé de la méthode forcément appliquée en pareil cas par les *agrimensores* romains, alors que le texte latin ne la donne pas et se contente, dans ce passage technique sur la controverse *de positione terminorum*, de poser le problème des modalités de partage. J.-Y. G.

[98] Le mot grec est ὕδρευμα. Ce terme est étudié, dans le cadre égyptien, chez D. Bonneau, *Le régime administratif de l'eau du Nil...*, p. 61-62 : un grand nombre d'attestations papyrologiques confirment « que ce terme est utilisé partout, dans la vallée et dans les Oasis, dans toutes sortes de plantations, et aussi dans le désert. Ce n'est pas un appareil hydraulique ; il peut être donné comme limite d'une terre ; c'est une citerne destinée à garder l'eau qui s'y accumule de façon naturelle, sans intervention de la main de l'homme. Elle se distingue du puits, φρέαρ – qui se trouve surtout au voisinage des maisons – et son emplacement est généralement hors des agglomérations. Sa capacité est parfois très importante, puisque l'écroulement d'un seul *hydreuma* au village de Karanis suffit à expliquer que, dans le territoire agricole du village (*enoria*), 190 aroures (= environ 52 ha) n'aient pas pu être ensemencées. (...) Comme

pour le réservoir de saqiâ (*lakkos*), la jouissance de l'*hydreuma* est proportionnelle aux terres cédées où il se trouve. Dans les contrats de vente ou de location, des conditions exceptionnelles apparaissent parfois : droit d'y prendre de l'eau pour les « terres étrangères », c'est-à-dire autres que celles qui font l'objet du contrat. Comme pour le *lakkos*, les mentions d'*hydreuma* se multiplient à l'époque byzantine, signe d'une extension certaine de l'irrigation à l'aide de moyens artificiels. » L'ὕδρευμα est alimenté par un ὑδραγωγός (cf. *supra*, ch. 6, et note *ad loc.*). Cette conduite peut soit traverser les champs, soit les limiter : dans le cas présent, il serait tentant, bien sûr, d'imaginer qu'elle coïncide avec l'une des lignes de division intérieure de l'aire que l'on doit matérialiser d'après les exigences du problème, mais le texte ne le dit pas. J.-Y. G.

[99] Dans M, la partie droite de la figure a disparu avec le rognage du folio (76r). On peut la restituer avec le témoignage du *Vindobonensis phil. gr.* 140. Un certain nombre d'erreurs de lettrage ont été commises. M. D.-F.

[100] Le résultat de la multiplication de AB par MN est assimilé à la figure plane du rectangle, et l'expression grecque abrégée que nous avons ici est calquée sur la désignation du rectangle par les côtés de l'un de ses angles droits. L'expression complète pour la désignation d'un rectangle de côtés AB et BΓ est la suivante : τὸ ὑπὸ τῶν AB, BΓ εὐθειῶν περιεχόμενον ὀρθογώνιον (*le rectangle compris par les droites* AB et BΓ), expression qu'on retrouve le plus souvent abrégée sous la forme : τὸ ὑπὸ τῶν ABΓ ; sur ces abrègements de syntagmes, quand il s'agit de désigner des objets mathématiques, voir pour les plus fréquents les différents articles du *Dictionnaire historique de la terminologie géométrique des Grecs* de Ch. Mugler et l'article de M. Federspiel, « Sur quelques effets du « principe d'abréviation » chez Euclide », *Les Études classiques* 71, 2003, p. 321-352. M. D.-F.

[101] Ce chapitre présente la méthode de division d'un trapèze en deux parties dans un rapport donné, au moyen d'une droite parallèle aux côtés parallèles du trapèze ; un problème semblable est traité dans les *Metrica* 3, 7 (éd. Schöne, p. 152 l. 25 – p. 156 l. 17 = éd. Acerbi-Vitrac, p. 324-325). Certes, il s'agit d'un problème de géométrie théorique, mais les applications gromatiques en sont évidentes, si l'on se reporte au chapitre 24 en complément duquel est maintenant donnée cette méthode ; du reste, il existe des passages du corpus gromatique latin qui font expressément allusion à des parcelles en forme de trapèze (par ex., Marcus Junius Nypsius IV, 3-

9, CUF), dont il faut donc, le cas échéant, pouvoir calculer la surface et même, par exemple pour un héritage, assurer la division en x parties, égales ou proportionnelles, ce qui peut revenir à retrancher d'un trapèze un trapèze plus petit, selon un rapport donné. J.-Y. G.

[102] Le problème résolu dans le chapitre 28, qui est une variante démonstrative du problème des *Metrica*, 3, 7, prend ici la forme d'un théorème auxiliaire (*lemme*) ; c'est une configuration fréquente dans les textes géométriques chaque fois que le mathématicien préfère exposer à part, pour plus de commodité, la démonstration d'une propriété utilisée dans le corps principal de sa proposition, en l'occurrence ici dans le chapitre 24. Le problème dont il s'agit, à savoir montrer « comment il faut, d'un trapèze donné, retrancher un trapèze égal à un trapèze donné », est une application particulière d'un problème énoncé de manière plus générale dans la proposition correspondante des *Metrica* (diviser un quadrilatère dans un rapport donné). L'exposé de la *Dioptre* est de facture classique avec une analyse (la chaîne de données renvoie aux concepts définis dans les *Data* d'Euclide) suivie d'une synthèse (mais celle-ci est numérique, comme dans le texte des *Metrica*). Dans l'ensemble, le texte du chapitre de la *Dioptre* a été transmis de manière relativement satisfaisante par la tradition manuscrite. Sur la base du texte de Schöne, il a fait l'objet d'un « texte critique » dans le volume des *Metrica* dû à F. Acerbi et B. Vitrac (*Metrica. Héron d'Alexandrie*, Pise, Rome, 2014, p. 125), après consultation du *Parisinus Suppl. gr.* 607. Il faut corriger dans l'apparat critique des auteurs, pour les lignes 17 et 18 de la page 125 (= p. 74, l. 1 et 2), leur mélecture de la lettre-chiffre μ du manuscrit de Mynas. C'est bien la lettre μ (en écriture majuscule) qu'on doit lire dans le manuscrit, et non pas, comme indiqué, la lettre-chiffre υ. Le *Vindobonensis phil. gr.* 140 confirme cette lecture. La lettre υ de l'édition Schöne (p. 278, l. 25 et p. 280, l. 1) est une coquille. M. D.-F.

[103] On retrouve dans la rédaction de la synthèse les traits caractéristiques des synthèses numériques des *Metrica* et des problèmes d'évaluation de surfaces et de volumes du corpus héronien. Les formes verbales au présent de l'indicatif et l'emploi de la 1re personne du singulier disent le caractère automatique du calcul ; voir notre article déjà cité, « L'expression de la personne dans les textes mathématiques grecs », p. 112-114. M. D.-F.

[104] Les *Metrica* 3, 1 présentent un problème comparable : « diviser selon un rapport donné une aire triangulaire en aires

triangulaires ayant le même sommet », avec un rapport entre les deux parties obtenues qui devra être de 5 à 3, le triangle sur lequel on travaille ayant des côtés de 13, 14 et 15. J.-Y. G.

[105] Le chapitre 30 procure une variante de l'exposé des *Metrica* (livre I, prop. 8) de la fameuse formule d'Héron pour calculer l'aire d'un triangle quelconque dont les trois côtés sont donnés sans la hauteur ; la variante de la *Dioptre* est rédigée dans un contexte différent. Les deux exposés n'ont pas la même structure. L'exposé des *Metrica* propose au début un développement supplémentaire (éd. Schöne, p. 18, l. 12 – p. 20, 5 et éd. Acerbi-Vitrac, p. 164, l. 1-16) en deux parties : 1) la rédaction d'un algorithme pour le calcul de l'aire d'un triangle quelconque de côtés 7, 8, 9 unités, qui donne comme résultat la racine carrée de 720 unités ; 2) la rédaction de la méthode à suivre pour trouver par approximation la racine carrée de 720. Dans leur partie commune (*Dioptre*, chap. 30 / *Metrica*, éd. Schöne, p. 20, l. 6 (*inc.* τριγώνου) – p. 24, l. 29 et éd. Acerbi-Vitrac, p. 164, l. 17 – 168, l. 5), les deux versions sont très proches (avec même lettrage et les mêmes trois nombres consécutifs, 13, 14, 15), mais la version des *Metrica* présente des explications postposées absentes du texte de la *Dioptre* ; sur la quasi-nécessité d'utiliser les valeurs numériques proposées, voir dans le volume des *Metrica* dû à F. Acerbi et B. Vitrac la note 77, p. 169 ; et sur la postérité de la formule, voir dans le même volume, p. 539-549. Notons ici que le chapitre 30 de la *Dioptre* a fait l'objet, toujours dans le même volume, d'un « texte critique » après consultation du *Parisinus Suppl. gr.* 607 (p. 129-130). Il faut corriger les deux leçons suivantes dans le texte proposé : 1) p. 129, l. 2, (= p. 75, l. 12) la leçon δεδόσθω du *Parisinus* avec le sens (« qu'il soit donné de ») n'a pas d'occurrences chez Héron ; il faut revenir à un sens mathématique, et retenir, au lieu de la rejeter (« perperam Schöne » dans l'apparat), la leçon de l'édition Schöne δέον δὲ ἔστω ; cela, conformément au texte des *Metrica* (éd. Schöne, p. 20, l. 10 et éd. Acerbi-Vitrac, p. 164, l. 19), et à la place attendue de la séquence dans le diorisme (voir note suivante) ; 2) p. 129, l. 13 (= p. 77, l. 13), il n'y a pas lieu de reproduire ici le *Parisinus*, comme le fait également Schöne, en écrivant αἱ ὑπὸ ΓΗ ΓΛ (*sic*), car les angles ΓΗΒ et ΓΛΒ sont compris chacun par deux droites ΓΗ et ΗΒ pour le premier, et par ΓΛ et ΛΒ pour le second. Il faut écrire, comme le fait l'éditeur Vincent, αἱ ὑπὸ ΓΗ<Β>, ΓΛ<Β>. M. D.-F.

[106] Sur l'emploi de la corrélation μὲν οὖν ... δέ dans les textes mathématiques, voir éd. M. Decorps-Foulquier et

M. Federspiel, tome 2.3, Livres II-IV, Berlin-New York, 2010, p. 154-155. Le traité des *Coniques* en offre plusieurs exemples (par ex. livre I, prop. 32 et 51 ; livre II, prop. 11), qui peuvent être rapprochés de l'occurrence de notre chapitre, puisqu'il s'agit de formuler un point acquis, parce que déjà démontré ou évident, avant de passer à l'objet de la démonstration qui suit, formulé dans un diorisme en bonne et due forme. M. D.-F.

[107] C'est en effet la première façon possible d'obtenir la surface d'un triangle quelconque : base multipliée par hauteur (la « cathète » dont parle ici le texte), puis résultat divisé par deux. Par hypothèse, on a toujours la valeur de la base ; et si l'on ignore celle de la hauteur, il existe un procédé pour la découvrir : cela constitue la première méthode de calcul de la surface d'un triangle, méthode fondée sur Euclide, *Eléments* 2, 12-13, et qui a été exposée par Héron dans les *Metrica* 1, 5 (pour le triangle acutangle, avec, comme exemple, un triangle ayant pour côtés 13, 14, 15) et 6 (pour le triangle obtusangle, avec 13, 11 et 20). Pour le détail de cette première méthode, voir Th. L. Heath, *A History of Greek Mathematics*, Oxford, 1921 (repr. 1965), vol. 2, p. 320-321 (qui parle de la seconde méthode, celle du présent chapitre de la *Dioptre*, aux p. 321-323). C'est en utilisant cette méthode comportant le calcul de la hauteur que, dans la littérature agrimensorique latine, le *Podismus*, § 4 (voir J.-Y. Guillaumin, *Balbus, Expositio et ratio omnium formarum ; Podismus et textes connexes : extraits d'Epaphrodite et de Vitruvius Rufus ; De iugeribus metiundis*, introduction, traduction et notes, Naples, Jovene, 1996, p. 128-133), travaille sur le triangle 13, 14, 15 (mêmes valeurs numériques que dans le présent chapitre de la *Dioptre* et dans les *Metrica* 1, 5), pour aborder, mais sans le dire, le calcul de la surface d'un triangle scalène (qui ne va pas être poussé à son terme dans ce § 4 du *Podismus*, alors que la conclusion normale était d'arriver à la valeur de la surface, qui est 84). On calcule successivement l'un des segments déterminés par la hauteur sur la base (segments auxquels le texte latin donne le nom de *praecisurae*), puis, de là, la valeur de la hauteur elle-même ; enfin la surface. On peut comparer aussi le § 29 des *Extraits d'Épaphrodite et de Vitruvius Rufus* (p. 162-163), où, à propos d'un triangle de dimensions 13, 14 et 15, on commence par calculer la hauteur de ce triangle, pour obtenir ensuite la surface. Quant à la deuxième méthode, celle du présent chapitre 30 de la *Dioptre* (correspondant aux *Metrica* 1, 8), qui opère avec les seules valeurs des côtés du triangle, on la retrouve (mais avec un exemple de calcul sur un triangle rectangle) dans le *Podismus*, § 7 (p. 134-137 ; c'est le texte que

citait Venturi dans sa note reproduite dans l'édition Vincent de la *Dioptre*, p. 290 ; mais ni l'un ni l'autre ne pouvait l'identifier) et, dans le domaine grec, dans les *Geometrica*, éd. Heiberg, p. 248 l. 12 sq., introduite par les mots ἑτέρα μέτρησις καθολικὴ ἐπὶ παντὸς τριγώνου. J.-Y. G.

[108] On va donc avoir maintenant l'exposé de la seconde méthode, dite « formule d'Héron » (bien qu'elle remonte en réalité à Archimède : voir p. ex. C. M. Taisbak, « An Archimedean proof of Herons's formula for the area of a triangle », *Centaurus* 24, 1980, p. 110-116), dont la démonstration est donnée par Héron dans les *Metrica* I, 8. Cette formule, pour le calcul de la superficie d'un triangle quelconque d'après les seules valeurs de ses côtés, est la suivante : $\Delta = \sqrt{s(s-a)(s-b)(s-c)}$. La seconde méthode est privilégiée dans la *Dioptre*, qui ne développe pas la première ; c'est peut-être, au moins en partie, par utilitarisme, l'emploi de cette méthode étant finalement plus facile et plus rapide que celui de la première, même par un *mensor* qui n'en comprendrait pas les fondements. J.-Y. G.

[109] Le chapitre est structuré en deux parties : 1) une démonstration géométrique qui demande successivement la construction d'un cercle de centre H inscrit dans le triangle quelconque ΑΒΓ, la construction du segment ΒΘ, égal à ΑΔ, dans le prolongement du côté ΓΒ, la construction du triangle ΓΒΛ semblable au triangle ΑΗΔ. La démonstration établit que l'aire du triangle quelconque ΑΒΓ est égale à la racine carrée du produit (ΓΘ × ΘΒ) × (ΒΕ × ΕΓ), où la grandeur ΓΘ est égale au demi-périmètre du triangle, et les grandeurs ΘΒ, ΒΕ, ΓΕ représentent respectivement les différences de la grandeur ΓΘ et des trois côtés du triangle ; cette égalité permet de formuler en termes de données, via l'utilisation implicite des théorèmes des *Data*, le résultat cherché, à savoir que si les trois côtés du triangle sont donnés, l'aire du triangle est donnée ; 2) une synthèse numérique correspondant aux étapes de la chaîne de données et reposant sur les unités numériques 13, 14, 15. M. D.-F.

[110] M a représenté un triangle ΑΒΓ quelconque, ce que ne respecte pas la figure de l'édition Schöne. M. D.-F.

[111] On a vu précédemment l'emploi de ce type de relative (voir note 66) dans un contexte qui n'était pas celui de l'ecthèse. On trouve ici le tour dûment formulé dans une ecthèse et avec l'emploi de l'impératif existentiel ἔστω dans la relative. M. D.-F.

[112] Les égalités des droites ΑΔ et ΒΘ (par construction), des droites ΔΒ et ΕΒ comme tangentes à un cercle, issues d'un

même point extérieur (voir *Éléments* III, 37), et de la même manière des droites AZ et AΔ, permettent d'écrire le périmètre du triangle AΓB sous la forme suivante : 2ΓE + 2EB + 2BΘ ; la droite ΓΘ est donc la moitié du périmètre du triangle. Le texte des *Metrica* (éd. Schöne, p. 22, l. 13-14 et éd. Acerbi-Vitrac, p. 164, l. 27-28) présente à cet endroit une explication postposée, qui n'est pas dans le texte de la *Dioptre*. M. D.-F.

[113] Cette variante par le pluriel sommatif de l'expression de la somme s'ajoute aux formes citées plus haut (note 87) ; on pourra consulter la note de M. Federspiel dans *Apollonius de Perge, Coniques*, tome 2.3, p. 157. M. D.-F.

[114] Sur ce tour archaïque (littéralement « l'angle appliqué au point H ») pour désigner l'angle, que l'on trouve en particulier dans les problèmes, voir M. Federspiel, « Le problème des livres grecs des *Coniques* d'Apollonius de Perge. Des propositions mathématiques en quête d'auteur », p. 340-342. M. D.-F.

[115] Le raisonnement s'appuie sur l'égalité des angles AHΔ et AHZ, ZHΓ et ΓHE, EHB et BHΔ dans les triangles rectangles (*Éléments*, III, 18) correspondants, qui sont égaux (ils ont l'hypoténuse commune et un côté de l'angle droit égal comme rayon du cercle ΔZE). M. D.-F.

[116] Sur l'opération de *permutation* (interversion des termes moyens de la proportion) et de *composition* (transformation du rapport $a : b = c : d$ en $a+b : b = c+d : d$), on pourra se reporter à l'article λόγος du *Dictionnaire historique de la terminologie géométrique des Grecs*, p. 272-276, et à l'article de M. Federspiel, « Sur la formation de quelques expressions de la théorie euclidienne des proportions », *Revue des Etudes Anciennes* 108, 2006, p. 471-481. M. D.-F.

[117] Le chapitre 31 inaugure la série des chapitres dont le lien avec le cœur du texte de la *Dioptre* est assez distendu, et qu'il faut considérer plutôt comme des compléments (chapitres 31-36). On ne doit pas douter que ces compléments soient d'origine héronienne, en raison de la rédaction qui utilise un lexique bien identifiable et qui ne marque pas de rupture par rapport au vocabulaire d'Héron. D'autre part, les chapitres 32 à 35 s'affirment explicitement comme des chapitres relevant de la dioptrique et destinés à élargir le traitement du sujet. Le présent chapitre ainsi que le chapitre 35 font directement allusion à l'instrument. Ajoutons quelques indices supplémentaires : le témoignage de l'Anonyme de Byzance, héritier d'une autre tradition manuscrite que celle du manuscrit de Mynas, montre que le numéro d'ordre des chapitres 31 et 32 a une relative ancienneté (voir plus loin, note 125), et on connaît à coup

sûr l'origine héronienne des chapitres 30 et 36 (*baroulkos*). En revanche, on peut se poser la question de savoir si tous ces développements ont été associés dès le départ à la rédaction de la *Dioptre*. On peut le penser pour les chapitres 32-35, qui relèvent de toute évidence d'un même état de texte, puisqu'ils sont, comme on l'a dit, explicitement présentés en préambule comme des compléments au sujet, sauf à supposer que les présentations dont ils font l'objet soient autant de points de suture d'un éditeur postérieur, imitateur du style héronien ; mais le caractère naturel de la rédaction et l'implication personnelle de son auteur n'engagent pas dans cette direction. Ajoutons que la tradition manuscrite affirme un lien fort entre le chapitre 34, relatif à l'odomètre terrestre, et le chapitre 35 (distance entre deux endroits situés dans des climats différents) en ne les séparant pas, le copiste écrivant le second dans la continuité du premier ; on retrouve dans les deux chapitres l'emploi de la même corrélation μὲν οὖν ... δέ pour introduire le traitement spécifique que propose le traité sur les sujets abordés. Pour ce qui est du chapitre du *baroulkos*, qui ne présente aucun préambule justificatif (on voit mal d'ailleurs quelle pourrait être la raison avancée), il faut y voir une addition postérieure, d'autant plus que les pertes de texte enregistrées ainsi que les nombreuses fautes venues de toute évidence de problèmes de lecture liés à la translittération semblent montrer qu'il ne relève pas de la même filière de transmission que les chapitres précédents. Quant au dernier chapitre (ch. 37) sur l'odomètre marin, sans doute appelé par le chapitre 34 sur l'odomètre terrestre, compte tenu de l'état du texte et de ses incohérences, son authenticité est très douteuse. M. D.-F.

[118] Il est question des conduites de plomb chez Vitruve 8, 7, 4 (*fistulis plumbeis*) ; cf. aussi chez Pline, *NH* 31, 31 et Palladius, *De re rustica* 9, 12, deux textes qui démarquent Vitruve. Ce dernier, dans un passage célèbre (8, 7, 10), dénonce les dangers des canalisations en plomb pour la consommation humaine ; du coup, il estime bien meilleures, aussi bien pour la santé du consommateur que même pour le goût de l'eau, les conduites de terre cuite (8, 7, 11). Le fait même qu'ici Héron, sans souffler mot de ces considérations médicales, parle d'un conduit en plomb pourrait être en rapport avec le véritable but de l'opération décrite dans ce chapitre. Le matériau est le plomb parce que cette canalisation n'est pas destinée à être permanente. Elle est là seulement à titre temporaire, pour la mesure du débit. Quand on construira la véritable et définitive

captation, on la fera en terre cuite si on le peut. Il s'agit, pour l'instant, d'un conduit « de chantier », fabriqué dans un matériau qui n'est pas fragile, et que l'on a apporté sur le terrain pour effectuer la mesure en question. J.-Y. G.

[119] La forme du conduit, avec sa section carrée, indique elle aussi que sa destination est la mesure du débit, et non pas d'être maintenu dans une structure définitive de captation. Les conduites permanentes sont de manière générale circulaires, comme l'indiquent Vitruve (8, 7, 4) et Frontin (*Aqueducs de Rome* 1, 38-63). Ici, une section de forme arrondie à la base serait peu commode pour prendre la profondeur de l'eau qui coule. L'opération est beaucoup plus aisée si le conduit a un fond plan : les deux doigts que le texte va prendre comme exemple sont facilement repérés si l'on place tout simplement une baguette en position verticale et si l'on mesure ensuite, un repère ayant été pris sur cette baguette, la hauteur de l'eau dans laquelle elle a été immergée. La conduite, donc, est un chêneau temporairement placé à l'issue de la flaque naturelle que la source remplit de son eau. Ce chêneau est de section carrée, ce qui ne veut pas dire que les quatre côtés longs de ce parallélépipède sont effectivement matérialisés : la conduite n'est pas couverte à sa partie supérieure ; elle n'a que le fond et les deux parois. En cela, ce σωλὴν τετράγωνος est parfaitement comparable, pour la forme (mais à une tout autre échelle !), à celui que le texte présentait *supra*, au début du ch. 4 : le canal que l'on creusait dans la règle de bois équipant la dioptre, et qui était de section « soit arrondie soit carrée » (σωλὴν... ἤτοι στρογγύλος ἢ τετράγωνος), était ouvert sur le dessus puisque l'on y insérait ensuite un tube de bronze (d'ailleurs désigné par le même mot, *ibid.* : σωλῆνα χαλκοῦν) ; c'est seulement une fois inséré ce tube de bronze que le canal était fermé par une plaquette adaptée sur sa partie supérieure (*ibid.* : κανόνι ἐπὶ μήκει ἁρμόζοντι εἰς τὸν σωλῆνα). C'est bien parce que le chêneau utilisé pour l'évaluation du débit de la source n'est pas fermé, qu'il faut lui prévoir des dimensions très larges par rapport au débit apparent ; sinon, l'eau risquera de déborder (ce qui n'arriverait évidemment en aucune manière si l'on avait une conduite totalement fermée) et la mesure sera impossible : le chêneau va donc avoir, dans l'exemple retenu par le texte, une largeur au fond de 6 doigts, et la même hauteur pour les côtés, ce qui laissera de la marge (4 doigts) si l'eau y coule avec une hauteur de 2 doigts : aucun risque de débordement. J.-Y. G.

[120] Un système quelconque de rétention de l'eau, pour permettre la mesure exacte du débit, est postulé par le texte :

περιλαβόντα τὸ πᾶν τῆς πηγῆς ὕδωρ, ὥστε μηδαμόθεν ἀπορρεῖν. Ce système, sorte de bassin construit, peut affecter une forme circulaire dont la figure du manuscrit garde peut-être le souvenir. L'eau ne pourra en sortir que par la conduite à section carrée dont parle le texte (et dont le souvenir est peut-être aussi sur la figure), que l'on aura ajustée « à l'endroit le plus bas » (selon la pente du terrain) « de la source », ce dernier terme désignant l'ensemble du système. J.-Y. G.

[121] On retrouve ici un vocabulaire géométrique avec les deux occurrences du verbe ἀπολαμβάνειν (voir le *Dictionnaire historique de la terminologie géométrique des Grecs*, de Mugler, p. 76), qui ont disparu de la paraphrase de l'Anonyme de Byzance. Il s'agit ici de prendre la mesure de la surface de passage de l'eau à l'endroit de l'ouverture du conduit. La section carrée du conduit est vue comme l'intersection d'un plan sécant vertical et du flux de l'eau ; la surface carrée interceptée par ce plan va pouvoir être mesurée par le produit de la largeur du conduit et de la hauteur de l'eau. M. D.-F.

[122] Dans un chapitre dont on pourrait plaider le caractère apocryphe dans la mesure où il s'inscrit fort mal dans le cadre des préoccupations géométriques du traité, la forme ἀποφανούμεθα, rare en grec, peut être considérée comme une signature héronienne. En contexte mathématico-technique, en dehors de deux occurrences dans un fragment d'Archimède (*Archimedis opera omnia cum commentariis Eutocii*, vol. 2, éd. J. L. Heiberg, Leipzig, 1913, frg. 8, l. 14 puis l. 20), cette forme ne se rencontre, pour signifier la proclamation d'un résultat, que dans les *Metrica* d'Héron (cinq occurrences : 1, 26 ; 1, 32 deux fois ; 2, 20 deux fois) et dans la *Dioptre* (fin du ch. 9 ; le présent chapitre ; fin du ch. 35 ; et deux fois au singulier ἀποφανοῦμαι : début du ch. 10 ; fin du ch. 32). Cela ne supprime pas, évidemment, la possibilité que l'auteur ait utilisé un matériau plus ancien. J.-Y. G.

[123] À la faveur d'un saut du même au même, dans une histoire antérieure au manuscrit de Mynas, on aura omis cette séquence, rétablie en marge par un réviseur, puis mal replacée dans le texte. Dans la *Géodésie* de l'Anonyme de Byzance (chapitre 10), elle figure à la bonne place (éd. Sullivan, p. 144, l. 2-3). Elle formule la conclusion attendue de la mesure de la surface, avec l'emploi de la forme verbale héronienne ἀποφανοῦμαι (voir note précédente). On adoptera la correction de Vincent de δὲ en δή, puisque la présence de la particule dans un sens conclusif répond à l'usage de la géométrie classique, où elle accompagne l'énoncé d'un résultat exprimé au futur,

déduit directement d'une séquence précédente. Le fait que l'Anonyme de Byzance présente à la place convenable cette conclusion fait supposer que la tradition héronienne qu'il suit pour la rédaction de son chapitre 10 n'est pas la tradition représentée par le *Parisinus Suppl. gr.* 607 (voir Notice, « Histoire du texte », p. CII-CIII). M. D.-F.

[124] Ὄγκος, chez Héron, apparaît trois fois dans la préface des *Pneumatiques* puis deux fois dans les chapitres de ce traité (1, 10 ; 1, 23) ; une fois dans les *Metrica* (2, 20) ; puis deux fois dans le présent paragraphe de la *Dioptre* ; et toujours avec la même signification, celle de « volume » ou de « masse ». Le *volume* de l'écoulement de la source n'est ici défini que par la *surface* de la section de passage du conduit. C'est la manière habituelle d'exprimer et de caractériser le débit de l'eau dans l'Antiquité. Cela ne veut pas dire que l'on ignore qu'il faut aussi tenir compte, pour évaluer le débit, de la vitesse de l'écoulement : comment cette constatation de l'expérience commune aurait-elle échappé aux ingénieurs anciens ? Ce que le texte de la *Dioptre* va dire ici en grec (« il faut aussi connaître la vitesse de l'écoulement ; plus l'écoulement est rapide, plus l'eau est abondante ; plus il est lent, moins il y a d'eau »), Frontin le disait aussi à la fin du Iᵉʳ siècle : ... *uis aquae rapacior, ut ex largo et celeri flumine excepta, uelocitate ipsa ampliat modum*, « ... la force de l'eau, plus impétueuse étant donné que celle-ci est captée dans un cours d'eau large et rapide, augmente le débit par sa vitesse même » (*Les aqueducs de la ville de Rome*, ch. 73, § 6, éd. C. Kunderewicz, Leipzig, 1973, p. 32 l. 15). Simplement, les Anciens n'ont pas la formule qui permet le calcul : débit volumique = surface d'écoulement multipliée par vitesse (ici par exemple, si l'eau coulait dans le conduit à une vitesse de 1,5 m à la seconde, on aboutirait, avec la section d'écoulement de deux doigts sur six, à un débit volumique de 6 litres par seconde pour la source considérée). Le texte de la *Dioptre* ne connaît pas cette formule davantage que le texte de Frontin ou qu'aucun autre. La fin du ch. 31 va donc suggérer d'avoir recours à un procédé empirique tout à fait infaillible pour évaluer le débit de la source, et cela sans plus faire référence à la surface d'écoulement, que l'on connaît, ni à la vitesse, que l'on ne connaît pas : il suffit de mesurer le volume d'eau qui vient s'accumuler, en un temps défini, dans un bassin préparé pour servir à cet usage. Pour évaluer le débit d'une canalisation, « il suffisait de remplir des réservoirs en bout de circuit et d'en relever le temps. Rien de compliqué, rien de plus exact », lit-on sur le site de l'Académie

du Pont du Gard (`https://www.academie-pontdugard.com/hydraulique-debit/`).
J.-Y. G.

[125] Le chapitre 32 est paraphrasé par l'Anonyme de Byzance au début de son chapitre 11. Le fait que les deux chapitres 31 et 32 d'Héron soient repris dans les chapitres 10 et 11 de l'Anonyme prouve que les deux textes se suivaient dans les deux traditions manuscrites dont le manuscrit de Mynas et l'Anonyme sont respectivement les représentants (voir Notice, « Histoire du texte »). Cette configuration du traité de la *Dioptre* remonte donc assez haut dans le temps. M. D.-F.

[126] On retrouve ici les développements du chapitre 2 visant à montrer la polyvalence de l'instrument décrit par Héron, dont on voit ici qu'il est goniométrique. Même si le chapitre 32 est court et ne fait que décrire très brièvement une méthode, il prend place dans la littérature consacrée aux instruments de mesure astronomique. On pourra se reporter plus particulièrement à l'article de G. Cocco sur la tradition des traités grecs relatifs à l'astrolabe plan (« Un dossier : la dioptre à travers les traités grecs de l'astrolabe plan », dans *Autour de la Dioptre d'Héron d'Alexandrie*, p. 45-64) ; pour une vue d'ensemble concrète des instruments de visée dans l'Antiquité, on peut se reporter au livre de Ph. Dutarte, *Les instruments de l'astronomie ancienne*, Paris, 2006, spécialement au chapitre relatif à l'astrolabe planisphérique, p. 101-161. M. D.-F.

[127] Ἐν τῷ ὑπὸ γαστέρα τοῦ τυμπάνου : littéralement « sur la partie située sous la courbure du plateau » ; on ne peut trouver qu'une seule autre occurrence de cette expression, dans le *De mensuris* apocryphe (vol. 5 des œuvres d'Héron, éd. J. L. Heiberg, p. 172, ch. 16), où il s'agit de la mesure du volume d'une voûte (μέτρησις καμάρας) : la ligne extérieure de la courbure est appelée τὴν κατὰ νώτου περιφέρειαν, ce que Heiberg traduit « den äußeren Umkreis », et la courbure intérieure τὴν ὑπὸ γαστέρα (lignes 3-4), « den inneren » pour le traducteur. En d'autres termes, on a ici la désignation des deux circonférences (ou arcs de cercle) délimitant une couronne (ou partie de couronne). La ligne ὑπὸ γαστέρα est la plus intérieure ; l'expression revient dans le même court développement, aux lignes 6-7. Il semble clair que l'auteur de cette μέτρησις καμάρας a emprunté ὑπὸ γαστέρα au ch. 32 de la *Dioptre*, mais le sens de l'expression dans ce dernier passage se trouve explicité par le contexte du chapitre tardif : il s'agit ici d'une ligne circulaire concentrique à la circonférence du disque sommital de la dioptre, et intérieure à cette circonférence. J.-Y. G.

[128] Le terme μοιρογνωμονίον apparaît huit fois dans la *Dioptre* (trois occurrences dans le présent chapitre, puis trois dans le ch. 34 et deux dans le ch. 37) ; il y en a trois occurences dans un seul passage de Pappus, *Commentaria in Ptolemaei syntaxin mathematicam* V-VI, éd. A. Rome, Cité du Vatican, 1931, p. 74 l. 2 ; p. 74 l. 6 ; p. 74 l. 14 ; puis une vingtaine d'occurrences chez Jean Philopon dans son *Traité de l'astrolabe*. J.-Y. G.

[129] Le mot grec ἀστερίσκος correspond au latin *stella*. L'ἀστερίσκος est, comme le confirme le contexte de ce chapitre, un appareil utilisé par les arpenteurs. Le mot n'est pas usité, avec cette signification, ailleurs que dans ce passage. Quant au terme *stella* affecté du même sens technique, il est extrêmement rare dans les textes latins, et absent du corpus gromatique (malgré l'affirmation d'E. Espérandieu, art. *stella* (ἀστερίσκος) du *DAGR*, t. IV, 2, p. 1505-1507, ici p. 1505 : « les anciens arpenteurs désignaient ainsi un instrument de topographie... »). On en observe une occurrence chez Columelle 3, 13 : il s'agit d'un instrument dont l'auteur recommande l'emploi quand on veut creuser une tranchée parfaitement régulière, en largeur et en profondeur, destinée à planter de la vigne. Pour la construction de l'instrument, dit l'auteur, *duas regulas... in speciem Graecae chi litterae decusauimus*, « nous avons croisé deux règles... selon la forme de la lettre grecque X » ; et quelques lignes après il y revient, en donnant le nom de l'instrument : *stella quam diximus Graecae chi litterae faciem obtinere*, « l'étoile dont nous avons dit qu'elle a la forme de la lettre grecque X ». Ce qui caractérise la *stella* est donc sa forme en croix (on retrouve l'idée, sans mention de l'instrument, chez le Pseudo-Hygin, *De metatione castrorum* ou *De munitionibus castrorum* 12 : *ut portae castrorum... stellam efficiant*, « de sorte que les portes du camp... donnent une forme d'étoile »). C'est de ce genre d'appareil qu'il s'agit ici ; aux quatre extrémités des branches sont suspendus des fils à plomb, dont le texte va dénoncer les inconvénients. Si l'on considère la *groma* romaine, cette *stella* en est évidemment l'élément essentiel, et d'ailleurs, en son sens précis, le latin *groma* ne désigne pas autre chose que cette croix sommitale installée dans un plan horizontal ; c'est par métonymie que l'ensemble de l'appareil (pied, bras de recherche, pivot, croix sommitale, fils à plomb aux extrémités des quatre branches, fil à plomb au centre de la croix) est appelé *groma* ou *ferramentum*. Cependant rien ne prouve qu'ici l'auteur veuille parler de l'instrument emblématique des *agrimensores* romains, à propos duquel la littérature technique latine n'emploie pas, pour dési-

gner la pièce sommitale, le terme *stella*. Il est possible qu'il n'ait en vue qu'un instrument plus fruste, se ramenant à la *stella* la plus simple, à savoir une croix de bois comme celle qui est conservée au Science Museum de Londres, découverte en 1899 dans le Fayoum (datant peut-être de la période ptolémaïque ; longueur des deux éléments transverses : 35,2 cm et 34,2 cm ; les deux pièces sont liées ensemble par une cordelette et une incision, sur la branche supérieure, sert à maintenir l'orthogonalité de l'ensemble ; chaque extrémité devait être munie d'un fil à plomb ; voir O. A. W. Dilke, *The Roman Land Surveyors*, Newton Abbot, 1971, p. 27, p. 49 pour la photographie de l'objet restauré, et p. 68-69 ; dessin, d'après la photographie, chez G. Chouquer et F. Favory, *Les arpenteurs romains*, Paris, 2001, p. 290 fig. 43). Même s'il a travaillé aussi en dehors de l'Égypte, Héron d'Alexandrie a sans doute plus souvent observé, dans le Fayoum, la modeste *stella* au travail plutôt que la *groma*, cette dernière étant utilisée pour des travaux d'extension plus large et de nature plus administrative que ceux auxquels il se livre lui-même, et dans des opérations d'arpentage de territoires qui ne concernent guère l'Égypte, domaine impérial. La possibilité demeure d'une critique héronienne de la *groma* dans le présent chapitre ; mais elle ne s'impose pas de manière irréfutable. Après le problème du vent dans les fils, une seconde critique est faite par Héron dans la dernière partie de ce chapitre : « les deux plans ne seront perpendiculaires entre eux qu'autant que l'astérisque sera horizontal, l'angle droit tracé sur l'astérisque n'étant la mesure de l'angle dièdre formé par les plans verticaux qu'autant qu'il se trouve dans un plan qui leur est perpendiculaire » (A. de Rochas, art. *geodesia* du *DAGR*, t. II, 2, p. 1518 col. 1), ce que l'auteur démontre géométriquement ; cette critique, sans doute, peut s'appliquer à des instruments grossiers, mais est plus difficile à concevoir quand il s'agit de l'appareil auquel les *agrimensores* confient sans discussion la rigoureuse orthogonalité des axes qu'ils sont amenés à tracer. J.-Y. G.

[130] On ne connaît qu'une seule autre description de l'odomètre dans la littérature antique, celle de Vitruve (10, 9, 1), antérieure d'un peu moins d'un siècle et concernant un appareil dont le fonctionnement et la fonction apparaissent un peu différents. Le mot « odomètre » (« on écrit aussi *hodomètre* », dit le *Larousse de la langue française*), « mesure du chemin », n'apparaît, dans toute la littérature gréco-romaine que l'on a conservée, qu'ici et au début du chapitre suivant (ch. 35), où la structure τοῦ ῥηθέντος ὁδομέτρου rappelle celle

que nous avons ici, τοῦ λεγομένου ὁδομέτρου. Le génitif, dans les deux occurrences, ne permet même pas de savoir si l'on doit penser, pour le nominatif, à ὁδόμετρος ou à ὁδόμετρον. Le neutre paraît le plus vraisemblable. Dans la Souda, entrée « Φάϋλλος » (il s'agit d'un coureur vainqueur aux jeux Olympiques, cité chez Aristophane), on lit ἦν δὲ καὶ ὁπλιτοδρόμος περιώνυμος, ὃν ἐκάλουν Ὁδόμετρον, « il était également célèbre pour la course en armes, et on l'appelait 'l'odomètre' » (ici, bien sûr, le nom est masculin). Est-ce cet « odomètre » humain, sportif célèbre, mesureur du terrain qu'il avalait à grandes enjambées et sans doute avec des bruits métalliques cadencés, qui a donné à Héron (ou à des prédécesseurs que nous ne connaissons pas) l'idée de l'appellation peu connue (λεγομένου, cf. ῥηθέντος du ch. 35) qu'il emploie ici ? Ou bien le surnom d'« Odomètre » aurait-il été donné à l'athlète parce que justement il existait déjà un appareil ainsi nommé ? Ce serait, chronologiquement, bien tôt. Quoi qu'il en soit, le nom n'apparaît pas en latin : Vitruve, à propos de l'appareil, parle (10, 9, 1) de *rationem non inutilem sed summa sollertia a maioribus traditam, qua in uia raeda sedentes uel pari nauigantes scire possimus quot milia numero itineris fecerimus* : très longue périphrase, sans nom d'appareil. Le troisième et dernier passage dans lequel il s'agisse d'odomètre, dans la littérature ancienne, se trouve dans la *Vie de Pertinax* (8, 7) de l'Histoire Auguste : parmi les objets de valeur ayant appartenu à Commode se trouvent des véhicules *iter metientia* (« mesurant le chemin »), ce qui est un calque latin exact pour ὁδόμετρα. À propos du présent chapitre de la *Dioptre*, la plus récente étude, précise et succincte, menant aussi une comparaison avec l'odomètre de Vitruve, est celle de Ph. Fleury, « L'odomètre d'Héron d'Alexandrie, complément de la dioptre », dans G. Argoud et J.-Y. Guillaumin (éd.), *Autour de la Dioptre d'Héron d'Alexandrie*, p. 345-361. L'auteur souligne notamment (p. 356-357) la différence d'utilisation entre l'odomètre de Vitruve, qui est un compteur de milles, et celui d'Héron, qui est fait pour mesurer n'importe quelle distance sur un terrain. Pour ces deux odomètres, on pourra voir les réalisations présentées sur le site de l'Université de Caen (`https://rome.unicaen.fr`). J.-Y. G.

[131] Κακοπαθῶς : cet adverbe extrêmement rare (pas même une dizaine d'occurrences au total sur l'ensemble de la littérature grecque) se trouve pour la première fois chez Aristote, *Politique* 1269b10, qui explique qu'envers les esclaves, il y a deux attitudes extrêmes à éviter, aussi dommageables l'une que l'autre pour les maîtres : l'excès de bienveillance, car les

esclaves deviennent alors arrogants ; mais si à l'inverse ils sont κακοπαθῶς ζῶντες, « menant une vie pénible », alors ils se révoltent. Chronologiquement, Héron – qui, certes, parle ailleurs, avec l'adjectif κακοπαθής, d'une ὁδὸν... κακοπαθῆ τε καὶ ἐπικίνδυνον (*Automates* 5, 1, éd. Schmidt, p. 354 l. 12), « méthode... pénible et peu sûre », « weg... mühseligen und unsicheren » (tr. Schmidt) – semble bien être le premier à utiliser cet adverbe aristotélicien, dont on trouvera aussi une occurrence dans les scolies à Euripide et dans les scolies à Aratos, puis trois chez Appien, une chez Vettius Valens, et une chez Eustathe. J.-Y. G.

[132] Le terme κλίμα est utilisé par les astronomes et géographes grecs pour désigner des zones géographiques entre deux parallèles terrestres, les parallèles étant les projections des cercles de la sphère céleste, s'étageant parallèlement de part et d'autre de l'équateur et perpendiculaires à l'axe du monde. Le terme « climat » doit donc s'entendre au sens de « latitude » ; le mot renvoie à l'inclinaison (κλίνω) de l'axe du monde (l'axe de rotation de la sphère céleste) sur le plan de l'horizon, et donc à la hauteur du pôle céleste au dessus de l'horizon en un lieu ; cette hauteur est mesurée par un angle égal à celui de la latitude du lieu. Pour une introduction à ces sujets, on peut se reporter, entre autres, à l'étude de A. Szabó et E. Maula, *Les débuts de l'astronomie, de la géographie et de la trigonométrie des Grecs*, traduit de l'allemand par M. Federspiel, Paris, 1986, p. 15 et *passim*, et au livre de Chr. Jacob, *Géographie et ethnographie en Grèce ancienne*, Paris, 1991. M. D.-F.

[133] ὅπως παντελῶς εἴη ἡμῖν ἡ ἐκδεδομένη πραγματεία : avec l'emploi du verbe technique de l'édition antique (ἐκδίδωμι « mettre en circulation ») et le souci d'exhaustivité dans le traitement du sujet manifesté par l'auteur, on retrouve ici des préoccupations éditoriales qui étaient présentes dans l'introduction du traité. M. D.-F.

[134] Voir, sur ce problème particulièrement célèbre, l'étude fondamentale de A. Rome (« Le problème de la distance entre deux villes dans la *Dioptra* d'Héron », *Annales de la Société scientifique de Bruxelles* 42, 1923, p. 234-258), qui donne une traduction française et un commentaire ; voir également l'article d'O. Neugebauer (« Über eine Methode zur Distanzbestimmung Alexandria-Rom », *Kgl. Danske Vidensk. Selsk., hist.-filol. medd.* 26, 2 et 26, 7, 1938-1939). O. Neugebauer a été le premier à tirer de ce chapitre de la *Dioptre* la conviction qu'il fallait dater Héron de la 2e moitié du Ier s. ap. J.-C., l'éclipse à laquelle il va être fait allusion par le texte étant celle

du 13 mars 62 ; outre l'article précité, voir aussi O. Neugebauer, *The Exact Sciences in Antiquity*, New York, Dover Publ., 1969 (repr. de la 2e éd., Brown University Press, 1957), p. 178, qui écrit, en renvoyant à son article plus ancien et également à A. G. Drachmann, *Centaurus* 1, 1950, p. 117-131 : « The date of Heron Alexandrinus is fixed in the second half of the first century A.D. by the fact that he quotes as an exemple the lunar eclipse of A.D. 62 March 13. » ; voir également son chapitre « Great Circle Distance between Two Cities », dans *A History of Ancient Mathematical Astronomy* (3 vol.), Berlin-Heidelberg-New York, 1975, p. 845-848. Voir aussi P. Souffrin, « Remarques sur la datation de la *Dioptre* d'Héron par l'éclipse de lune de 62 », dans G. Argoud et J.-Y. Guillaumin (éd.), *Autour de la Dioptre d'Héron d'Alexandrie*, p. 13-17, et D. Raïos, « La date d'Héron d'Alexandrie », dans le même volume, p. 19-36. Le dossier a été récemment réexaminé par N. Sidoli (« Heron of Alexandria's Date », *Centaurus* 53/1, 2011, p. 55-61) ainsi que par R. Masià (« On dating Hero of Alexandria », *Archive for History of Exact Science* 69, 3, 2015, p. 231-255), dont la méthode de travail et les arguments sont vigoureusement contestés dans la thèse récente de F. Grillo (*op. cit.*, p. XXII-XXVIII et Appendix 5, « Some considerations on Masià (2015) ». Voir également l'édition des *Metrica* de F. Acerbi et B. Vitrac et leur résumé des différentes interprétations dans le cadre de leur discussion sur la datation d'Héron, p. 16-21. La même édition propose un texte et une traduction annotée du chapitre 35, p. 103-115. J.-Y. G.

[135] La mesure de la circonférence de la terre est sans doute l'une des plus belles réussites d'Ératosthène (vers 275-193 av. J.-C.) ; voir, sur cette question, Th. L. Heath, *A History of Greek Mathematics*, vol. 2, p. 106-108. Le résultat obtenu par Ératosthène était de 250 000 stades d'après Cléomède ; mais ici, Héron donne 252 000, qui est le nombre transmis par Strabon et par Théon de Smyrne. Th. L. Heath, *loc. cit.*, donne la démonstration sur laquelle s'appuyait l'évaluation 250 000 stades ; pour expliquer l'hésitation qui se manifeste dans la tradition entre les deux nombres 250 000 et 252 000, on peut penser, dit-il, qu'Ératosthène lui-même avait pu corriger 250 000 en 252 000 pour obtenir un nombre divisible par 60 et, en conséquence, un nombre rond de stades (700) pour chaque degré. Le problème sera ensuite repris par Poséidonios (vers 135-50 av. J.-C.), qui proposera une évaluation maximale de 240 000 stades et une évaluation minimale de 180 000 stades, plus tard adoptée (vers 150 ap. J.-C.) par Ptolémée (cf. G. Aujac, *La Géographie dans le monde antique*, Paris, PUF, « Que sais-je ? »

n° 1598, p. 20-21). Dans la mesure où l'on a parfois été tenté de descendre la date d'Héron après Ptolémée, il est intéressant de noter que le présent passage reprend l'évaluation de la circonférence de la terre par Ératosthène sans faire aucunement allusion à celle que Ptolémée avait reprise après Poséidonios ; il pourrait y avoir là l'un des arguments pour refuser de mettre Héron à une date postérieure à celle de Ptolémée. J.-Y. G.

[136] La production littéraire et scientifique d'Ératosthène est immense, mais elle est perdue. Elle n'est connue que par la tradition indirecte, ce qui constitue un véritable paradoxe quand on sait que ce très grand savant a dirigé pendant une quarantaine d'années la bibliothèque du Musée d'Alexandrie ; voir l'article très complet de P. P. Fuentes González, « Ératosthène de Cyrène » dans le *Dictionnaire des philosophes antiques*, éd. R. Goulet, III, Paris, 2000, p. 188-236 (n° 52). Le chapitre 35 de la *Dioptre* fournit la seule attestation du titre de l'ouvrage où l'on trouvait exposée sa mesure de la circonférence terrestre. M. D.-F.

[137] Le principe de l'évaluation de la distance de deux lieux situés dans deux climats différents, ici Alexandrie et Rome, repose sur l'observation d'un même événement astronomique à ces deux endroits, en l'occurrence une éclipse de lune. La distance est calculée à partir de l'écart horaire enregistré localement et mesuré ensuite sur un grand cercle de la sphère céleste, l'arc B'Z, les deux points représentant respectivement le pôle du cercle horizon de Rome et le pôle du cercle horizon d'Alexandrie, c'est-à-dire les deux nadirs puisque l'éclipse a lieu la nuit. Le problème concerne donc la détermination de la longitude, et le résultat final obtenu, à savoir 20 d'écart horaire entre Rome et Alexandrie, n'est pas trop éloigné de la valeur réelle (sans aller jusqu'aux minutes et secondes, la longitude d'Alexandrie est de 29, et celle de Rome de 12) ; voir sur cette évaluation, O. Neugebauer, *A History of Ancient Mathematical Astronomy*, p. 848. Héron propose de travailler sur une demi-sphère concave pour Alexandrie et sur un analemme pour Rome, dont les coordonnées seront reportées ensuite sur la demi-sphère, pour le positionnement de l'arc B'Z. Sur l'analemme (figure à deux dimensions), outre la description d'Héron, on dispose des écrits de Vitruve et Ptolémée (en traduction latine) ; l'analemme permettait d'inscrire sur une surface plane (un plan méridien) certaines composantes de la mécanique céleste, et se prêtait à un certain nombre d'applications concrètes, en gnonomique en particulier. L'élément central en est le gnomon, dont l'extrémité

supérieure est assimilée à la terre comme centre de l'univers (sur le gnomon et son emploi, on peut se reporter, entre autres, aux pages 32-55 de l'ouvrage déjà cité de A. Szabó et E. Maula, *Les débuts de l'astronomie, de la géographie et de la trigonométrie des Grecs*). Quelques témoignages antiques attestent l'existence d'un écrit de Diodore d'Alexandrie, intitulé l'*Analemme* ; sur ce mathématicien du Iᵉʳ siècle avant J.-C., voir la notice de R. Goulet « Diodoros d'Alexandrie », *Dictionnaire des philosophes antiques*, éd. R. Goulet, II, Paris, 1994, p. 782-783 (n° 127). Pappus en particulier fait allusion à l'*Analemme* de Diodore dans le livre IV de la *Collection mathématique* (IV, 40), en affirmant avoir exposé dans son commentaire au traité sa propre solution de la trisection de l'angle au moyen de la conchoïde. M. D.-F.

[138] L'existence d'almanachs enregistrant des éclipses observées en deux endroits distincts est mise en doute par F. Acerbi et B. Vitrac, dans leur édition des *Metrica*, p. 109 (« c'est peu probable ») : car en dehors du présent texte, on ne connaît qu'un seul autre exemple d'éclipse de lune observée en deux endroits différents, celle du 20 septembre 331, à Arbèles et à Carthage (*ibid.*). Selon D. Raïos (*op. cit.*, p. 32-33), cependant, l'éclipse de ce chapitre aurait été observée à Alexandrie par quelqu'un qui aurait parallèlement utilisé un almanach des éclipses enregistrées à Rome ; une autre possibilité serait la présence d'un observateur à Alexandrie et, en même temps, celle d'un autre observateur à Rome. J.-Y. G.

[139] Le grand cercle oblique de la sphère céleste décrit par le soleil dans son mouvement annuel vers l'Est (cercle de l'écliptique) coupe l'équateur céleste en deux points, l'équinoxe de printemps ou point vernal, et l'équinoxe d'automne ; quand le soleil dans son déplacement se trouve sur ces points du cercle de l'équateur, le jour est égal à la nuit pour tous les points de la terre. Les solstices sont les deux points de l'écliptique où le soleil atteint sa plus grande déclinaison, boréale ou australe, et qui sont les deux points de tangence de l'écliptique avec les cercles du tropique d'été et du tropique d'hiver. Équinoxes et solstices font l'objet des chapitres 10-12 du livre I de l'*Introduction aux phénomènes* de Géminus (éd. G. Aujac, Paris, 1975, p. 3-4). Plus généralement, sur les concepts astronomiques de l'Antiquité, les représentations et les textes fondateurs, voir l'ouvrage fondamental déjà cité d'O. Neugebauer, *A History of Ancient Mathematical Astronomy*. Pour une première approche, on peut se reporter aux différents articles de G. Aujac, réunis dans *La Sphère, instru-*

ment au service de la découverte du monde, Paris, 1993. M. D.-F.

[140] Ἡμισφαίριον τὸ διὰ τῶν τροπικῶν : la séquence τὸ διὰ τῶν τροπικῶν est une apposition (normalement pourvue d'un article en grec) au substantif non défini ἡμισφαίριον (un hémisphère). Il faut sans doute faire droit à l'interprétation de Vincent (p. 327 de son édition), qui voit dans cette précision l'exclusion des zones extrêmes pour le lieu d'observation. On aurait là l'indication de la nécessité, pour que la solution astronomique exposée s'applique, de supposer que le cercle qui limite l'hémisphère et qui est le cercle de l'horizon rationnel du lieu coupe les deux tropiques, en l'occurrence ici le tropique d'été, dans des rapports qui varient avec la latitude. Cela exclut deux positions particulières bien connues de la sphère céleste locale relatives aux latitudes extrêmes : les régions polaires (avec un axe du monde vertical dont le pôle est au zénith, et donc un équateur, confondu avec l'horizon), mais aussi les régions équatoriales (les deux pôles de l'axe du monde sont à l'horizon, et l'équateur est perpendiculaire à l'horizon). Cette précision aurait donc pour but de nous faire choisir pour cette expérience des lieux appartenant à une zone tempérée habitable, entre le cercle arctique et le tropique d'été. M. D.-F.

[141] On trouvera dans l'article de N. Sidoli, « Heron's Dioptra 35 and Analemma Methods : An Astronomical Determination of the Distance between Two Cities », *Centaurus* 47/3, 2005, p. 236-258, une analyse moderne des procédures utilisées par Héron et supposées comme graphiques (lecture à l'échelle sur l'instrument) et leur équivalent dans le cadre des techniques calculatoires anciennes connues à ce jour (trigonométrie). Sur l'utilisation de la trigonométrie plane (fondée sur des tables de cordes) dans la théorie de l'analemme, voir par exemple l'analyse de l'exposé de Ptolémée chez O. Neugebauer, *The Exact Sciences in Antiquity*, p. 214-218 et p. 226 ; plus généralement, voir A. Rome, « Premiers essais de trigonométrie rectiligne chez les Grecs », *L'Antiquité classique* 2, 1933, p. 177-192. M. D.-F.

[142] Comme la méthode de mesure d'Héron utilise une éclipse de lune, on est renvoyé à la trajectoire du soleil pendant la nuit, trajectoire invisible pour nous et donc à la représentation d'une demi-sphère sous l'horizon rationnel du lieu, dont le plan est perpendiculaire à la verticale du lieu d'observation (on travaille donc avec le nadir). M. D.-F.

[143] Le terme τετράγωνον est à prendre ici au sens de « quadrant » (Ch. Mugler, *Dictionnaire historique de la terminologie géométrique des Grecs*, p. 419). Il s'agit d'un quadrant du

méridien de Rome ; voir N. Sidoli (« Heron's Dioptra 35 and Analemma Methods... », p. 257, note 17), dont on adopte ici l'interprétation. Le passage a été mal compris par les éditeurs Vincent et Schöne et par A. Rome (*op. cit.*, p. 240). M. D.-F.

[144] Un certain nombre de tentatives ont été faites pour reconstituer cette démonstration corrompue, relative à l'examen de cas de figure. La plus récente est due à N. Sidoli (« Heron's Dioptra 35 and Analemma Methods... », p. 246-247) ; voir également les explications de ce passage proposées par A. Rome et ses corrections au texte du *Parisinus Suppl. gr.* 607 (*op. cit.*, p. 244-247). M. D.-F.

[145] Il existe une littérature abondante sur ce chapitre héronien, alimentée par la tradition indirecte grecque que constituent non seulement (1) les textes parallèles de Pappus dans le livre VIII de sa *Collection mathématique* (chapitres 19-24), nourri par les travaux d'Archimède, de Philon et d'Héron et qui doit être lu comme une Introduction à la science de la mécanique (ἡ μηχανικὴ θεωρία, *Pappi Alexandrini Collectio*, éd. Fr. Hultsch, III, 1, Berlin, 1878, p. 1022, l.3), mais aussi (2) les *Mécaniques* d'Héron (livres I et II), transmises par la traduction arabe du IXe siècle de Qustâ ibn Luqâ (éd. L. Nix et W. Schmidt, *Opera quae supersunt omnia*, vol. 2, Leipzig, 1900). On trouvera dans l'ouvrage récent de G. Ferriello, M. Gatto, et R. Gatto, *The* Baroulkos *and the* Mechanics *of Heron*, Florence, 2016, la réunion de l'ensemble des sources textuelles grecques, latines et arabes sur le *baroulkos* ainsi qu'une analyse comparative de ces sources. On pourra également se reporter au commentaire de A.G. Drachmann (*The Mechanical Technology of Greek and Roman Antiquity*, Copenhague, 1963, p. 19-32). Notons ici que notre chapitre porte le numéro 37 dans l'édition de Schöne, et que le chapitre final sur l'odomètre marin porte le numéro 35 (voir la traduction ; il y a une coquille dans le texte grec) ; deux erreurs dues au fait que Schöne reproduit les numéros de l'édition Vincent, justifiés par le déplacement du chapitre sur l'odomètre marin qui y est opéré, alors que lui-même respecte l'ordre des chapitres du manuscrit de Mynas. M. D.-F.

[146] En réalité, ce problème relève de la mécanique. La machine décrite dans ce chapitre 36 sert à tirer ou à soulever des charges (βάρος + ἕλκω). Mais Héron lui-même n'emploie jamais, ni ici ni ailleurs, le terme βαρουλκός, que l'on ne trouve que chez Pappus VIII, 19, lequel en fait l'intitulé d'un traité héronien (ἐν τῷ καλουμένῳ Βαρουλκῷ : autre nom des Μηχανικά ? La discussion est reprise par G. Ferriello, M. Gatto, et R. Gatto, *op. cit.*, p. 275-283). Le présent chapitre est parallèle à deux

autres *loci* héroniens des *Mécaniques* : 1, 1, très proche du texte de la *Dioptre*, et 2, 21, où un dispositif parallèle est décrit, dans une perspective plus théorique (voir les remarques des auteurs précités, p. 283 et 314), sans que l'on sache le nom grec de l'appareil. Le βαρουλκός grec pourrait bien correspondre à l'*anisocycla* de la description antérieure de Vitruve 10, 1, 3 (cf. Ph. Fleury, *La Mécanique de Vitruve*, Caen, 1993, p. 43), dans la mesure où le fondement du système repose sur des roues de taille inégale. Sur les machines destinées à soulever un poids, voir J. J. Coulton, « Lifting in Early Greek Architecture », *JHS* 94, 1974, p. 1-19 ; J.-P. Adam, « À propos du trilithon de Baalbek, le transport et la mise en œuvre des mégalithes », *Syria* 54, 1977, p. 31-63, puis, du même, *La construction romaine. Matériaux et techniques*, Paris, 1984. J.-Y. G.

[147] Dans la figure du manuscrit de Mynas, que nous reproduisons le plus fidèlement possible (voir également les commentaires de A. G. Drachmann, dans *Héron d'Alexandrie, Les Mécaniques ou l'élévateur des corps lourds*, p. 219), il manque la lettre désignatrice Π ; on lit E pour Σ, A au lieu de Φ. La figure est dessinée sans perspective, comme dans la figure du *Vaticanus gr.* 218 (xe siècle), archétype de la tradition médiévale de la *Collection mathématique* de Pappus, au folio 192r. Dans la représentation de la première roue HΘ, le dessin du pignon (également dans la figure de Pappus) est inutile pour la démonstration. Le cercle intérieur figure l'enroulement de la corde autour de l'axe EZ. La charge à soulever et la corde ne sont pas représentées. On note également l'absence des lettres désignatrices de la poignée qui met en route le mécanisme. Les deux traditions manuscrites de la *Dioptre* et du livre VIII de Pappus donnent une représentation plane du parallélépipède que constitue le *baroulkos* ; dans les deux traditions, les parois longues parallèles dont il est question dans les deux textes ainsi que dans le texte arabe, sont horizontales, et la paroi AB, dont une ouverture permet l'introduction de la corde attachée au poids, est verticale. Si l'on respecte le texte, il faudrait positionner autrement la figure pour que les côtés longs du rectangle soient verticaux afin que le poids passe bien par le trou pratiqué dans la paroi AB (le *baroulkos* devant être placé en hauteur, selon la suite du texte, c'est bien d'un poids à soulever dont il s'agit, et non d'une charge à tracter horizontalement). La paroi AB, dans cette configuration, devient le fond du *baroulkos*, et donc la base inférieure du parallélépipède, plus étroite que les faces latérales ; c'est cette représentation qu'adopte Mieg, au folio 55r de sa traduction. Vincent et, à

sa suite, l'éditeur Schmidt (*Heronis Mechanicorum Fragmenta*, p. 259), que suit Schöne, modifie l'ordre des lettres désignatrices A, B, Γ, Δ dans la figure pour que la paroi AB constitue le fond horizontal de la caisse, par où passe la corde qui soutient le poids. M. D.-F.

[148] « C'est l'*arca* ou coffre-fort des Romains », note B. Carra de Vaux (*Héron d'Alexandrie. Les Mécaniques ou L'Élévateur des corps lourds*, 1re édition, Paris, Imprimerie Nationale, 1894), p. 59 n. 1 de la réimpression des Belles Lettres, 1988 (avec introduction de D. R. Hill et commentaires de A. G. Drachmann). J.-Y. G.

[149] La valeur absolue de l'unité dans les systèmes des poids a varié dans le monde grec suivant les époques et les villes, mais les divisions sont restées les mêmes. Prenons ici comme référence commode le cas d'Athènes : 1 talent = 60 mines = 6000 drachmes (la drachme valant elle-même 6 oboles) ; 1 drachme faisant 4,36 g à Athènes, 1 talent vaudrait donc 26,16 kg, et notre texte parle d'un poids de 26 tonnes, à faire soulever par une force de 100 kg environ. J.-Y. G.

[150] Le raisonnement est bâti sur la loi du levier, c'est-à-dire le rapport entre la force qui s'exerce (ἡ κινοῦσα δύναμις) et la résistance opposée par l'objet à soulever (τὸ βάρος). Pour que l'objet soit levé (voir le livre II des *Mécaniques*, où les problèmes de démultiplication dans les engrenages font l'objet de développements importants), il faut donc que les conditions d'équilibre entre force motrice et résistance soient rompues, et que la force qui s'exerce soit supérieure à la résistance. Dans le système des engrenages, qui s'interposent entre l'effort qui s'exerce sur la roue pour la mouvoir et la résistance du poids à lever, les conditions d'équilibre sont représentées par le rapport des rayons des roues et des rayons des pignons solidaires de leur axe, engrenés dans les roues précédentes. Ici, les conditions d'équilibre au départ sont les suivantes : $1000 \times 1 = 200 \times 5$. Pour que le poids soit levé, il faut donc disposer d'une force motrice supérieure à 200. Comme on ne dispose que d'une force motrice de 5 talents, des roues vont être ajoutées pour obtenir à la fin avec la dernière roue ΨX et son pignon ΥΦ un rapport de 8 à 5, qui sera le rapport entre Force et Résistance correspondant à la force motrice dont on dispose. M. D.-F.

[151] On trouve également ce renvoi dans la version héronienne du chapitre 1 du livre I des *Mécaniques* : « C'est ce qui a été démontré dans l'exposé des cinq machines simples », trad. B. Carra de Vaux (sur le texte arabe), p. 61 de la réimpres-

sion des Belles Lettres, *Héron d'Alexandrie, Les Mécaniques ou l'élévateur des corps lourds*. De ces cinq machines simples, il est question dans la suite des *Mécaniques* d'Héron (livre II), et non pas dans ce qui précède ; ce sont le treuil (p. 115-117 de la réimpression des Belles Lettres), le levier (p. 117-118), la moufle (p. 118-120), le coin (p. 120-121) et la vis (p. 121-126) ; la théorie de leur fonctionnement, à laquelle il est fait allusion ici, vient ensuite (p. 106 sq.). J.-Y. G.

[152] Ce passage a subi des altérations importantes qui nécessitent une correction. Le texte de Vincent repris par Schöne aboutit par abus de langage à rendre solidaires les roues et leurs pignons, alors que roues et pignons sont solidaires d'un même axe, ce que le texte parallèle de Pappus (*Pappi Alexandrini Collectio*, éd. Fr. Hultsch, III, 1, p. 1064, l. 26 – 1066, l. 1-2), qui a été suivi ici, tout comme ce qui précède et ce qui suit immédiatement dans le passage, prend bien soin de préciser. M. D.-F.

[153] On retrouve dans l'analogie avec la balance la perspective théorique adoptée dans le livre II des *Mécaniques* où l'examen du fonctionnement des mécanismes de levage est ramené à la théorie des machines simples, en particulier le levier, et au-delà des rapports d'équilibre et des mécanismes de démultiplication qui y sont traités, à la géométrie du cercle. Sur ce sujet voir entre autres B. Gille, les *Mécaniciens grecs*, p. 126-130. Il reste que sur le plan pratique, l'importance du poids soulevé dans notre texte (26 tonnes) laisse perplexe, car rien ne nous est dit sur la résistance du coffre, des axes et des roues dentées. M. D.-F.

[154] Voir le chapitre 6 du livre I des *Mécaniques* d'Héron et le témoignage de Pappus (VIII, 24), qui renvoie pour cette propriété des cercles concentriques aux *Mécaniques* de Philon et d'Héron et au traité d'Archimède intitulé Περὶ ζυγῶν (*Sur les balances*), qui ne nous a pas été transmis. M. D.-F.

[155] Le dernier chapitre de la *Dioptre*, relatif à un odomètre marin, est des plus suspects. Sa place logique n'est pas en fin de traité, mais à la suite du chapitre consacré à l'odomètre terrestre (ch. 34). Mais comme les deux chapitres 34 et 35 ne sont pas séparés dans la tradition manuscrite, il n'y a pas lieu de supposer une inversion de place, comme l'a fait l'éditeur Vincent, en procurant l'édition de l'odomètre marin à la suite du chapitre 34. D'autre part, ce chapitre final est un texte qui se présente dans un état fragmentaire, puisqu'en admettant qu'il vienne bien d'Héron, nous avons perdu son préambule, qui devait donner le contexte général des mesures de distances

parcourues sur mer ; manque de la même manière le début de la présentation des éléments du mécanisme, à savoir la roue à aubes en partie immergée dans l'eau, qui est au départ de tout le dispositif. Or cette présentation attendue intervient à la fin de la description du système d'engrenages, à la suite de la présentation de la dernière pièce, à savoir la roue qui meut l'index de graduation. Ce ne sont pas les seules incohérences. Celle qui saute aux yeux est bien sûr le fait que la partie qui commence avec la présentation de la roue à aubes (la roue M) exprime ses données numériques dans des unités de mesure romaines : le *passus* d'abord (le pas romain, soit 5 pieds, c'est-à-dire à peu près 1,50 m), si l'on voit, comme l'éditeur Vincent, dans l'hapax πασων (*sic*) une transcription du génitif *passuum*, et le *mille* ensuite (μίλιον dans le texte grec), soit à peu près 1500 m. Autres incohérences : (1) au début de notre passage, l'absence de la lettre désignatrice Γ (on passe directement de B à Δ) est une difficulté et doit nous faire soupçonner soit la perte d'un chaînon, soit une autre configuration textuelle à l'origine, et donc une intervention éditoriale ; (2) la fonction à donner à la roue Λ, qui a 7 dents selon le texte et 60 selon la figure, contradiction dont l'origine est la confusion très fréquente dans les manuscrits des lettres ζ et ξ, n'est pas claire, pas plus que le lien avec la dernière roue de 30 dents à laquelle est fixé l'index de graduation ; (3) à la fin du passage, le fait de passer directement de la roue à aubes à la conclusion de l'ensemble doit faire soupçonner une perte de texte ; (4) enfin, en admettant, comme le fait Vincent, que les deux parties avant et après la présentation de la roue à aubes, s'inscrivent dans une continuité, leurs données sont contradictoires, puisqu'on doit déduire de la seconde partie, contrairement à la première, que la roue Λ du système a 100 dents et que c'est à elle que l'index de graduation a été fixé. Sans parler de la difficulté à admettre que le résultat soit vérifié (en mer !) tous les 100 milles, soit tous les 150 kilomètres, puisque cela correspond à une révolution complète de la roue à aubes. En réalité, le seul lien apparent qui unit les deux parties du fragment est celui des lettres désignatrices, avec la lettre M qui prend la suite de la lettre Λ de la première partie, et la reprise de la lettre Δ pour désigner la roue qui engrène avec la vis. On a affaire ici, nous semble-t-il, soit à un texte volontairement recomposé, soit à la juxtaposition de deux extraits à la faveur de la correspondance fortuite de lettres désignatrices. Quant à la figure du manuscrit de Mynas, que nous reproduisons sans correction, il est clair qu'elle a été dessinée à partir du fragment, tel qu'il nous a été transmis : la décomposition du système d'engrenages qu'elle opère suit l'ordre du texte, avec en fin de chaîne la roue à aubes ; on observe que ses données correspondent à la première partie du fragment. On trouve le nombre 70 porté dans la roue à aubes, ce qui n'a pas de sens, mais le chiffre est peut-être la trace d'un élément disparu du système. Par rapport au texte transmis, la figure a sauvegardé le nombre de dents de la roue Δ (80 à corriger, comme le propose Vincent, en 81 ; voir la note suivante) ainsi que celui de la roue E. M. D.-F.

[156] En travaillant sur les seules données cohérentes fournies par le texte et la figure, à savoir le nombre de dents des roues Δ, Z, Θ, et le nombre de dents des pignons E, Z, K, l'éditeur Vincent (*op. cit.*, p. 318-319) a proposé de retrouver la circonférence *P* de la roue à aubes (voir note suivante). Il obtient comme rapport de transmission pour ces engrenages intermédiaires : $81 \times 100 \times 72 : 9 \times 18 \times 18 = 200 : 1$, soit 200 tours de la roue à aubes pour l'échappement d'une dent de la dernière roue qui porte l'index. Si l'on prend les unités de mesure romaines, comme le fait Vincent, pour comparer ces données avec le texte de Vitruve sur l'odomètre marin (10, 9, 5-7), on peut poser : 1 mille (1000 pas) = $P \times 200$ rotations, soit $P = 5$ pas ; Vincent obtient une circonférence de 12 pieds et demi, mais en travaillant, même s'il ne le dit pas, avec le *gradus*, et non avec le *passus*, puisque ses calculs prennent pour base un *passus* qui vaudrait 2 pieds et demi, valeur du *gradus* qui est la moitié du *passus*. Pour l'analyse du texte d'Héron et de la figure, on pourra se reporter à l'étude de A.G. Drachmann, *The Mechanical Technology of Greek and Roman Antiquity*, p. 165-168 ; sur l'odomètre marin de Vitruve, voir Ph. Fleury, *La Mécanique de Vitruve*, p. 215-217. M. D.-F.

[157] Pour la taille de la roue à aubes, le texte de Vitruve (10, 9, 5) porte *diametro pedum quaternum et sextant(a)e*, certains éditeurs supprimant *et sextant(a)e*, qu'ils tiennent pour une addition fautive, et la roue a alors, pour un diamètre de 4 pieds, une circonférence de 12,5 pieds ; d'autres (ainsi dans la CUF) lisent *et S extante(s)*, et la roue a un diamètre de 4 pieds et demi, une circonférence de 14,1 (voir Ph. Fleury, *La Mécanique de Vitruve*, Caen, 1993, p. 215-216). La roue à aubes d'Héron, ici, a bien comme circonférence 5 pas romains, selon les calculs de l'éditeur Vincent, soit 25 pieds romains, ce qui donne un diamètre de 8 pieds (environ 2,40 m). En fait, la roue d'Héron pourrait bien avoir des dimensions exactement doubles de celle de Vitruve : car chez cet auteur, le nombre de 4,5 pieds affecté au diamètre de la roue à aubes pourrait s'appliquer exactement

au diamètre de la plus grande circonférence, un quart de pied (à peu près 7,5 cm) étant réservé à la longueur de chaque pale (voir Ph. Fleury, *loc. cit.*) ; le diamètre de la petite circonférence serait alors de 4 pieds. J.-Y. G.

BIBLIOGRAPHIE

I. Sources

Corpus héronien

Acerbi, F., et Vitrac, B., *Metrica. Héron d'Alexandrie. Introduction, texte critique, traduction française et notes de commentaire*, Pise-Rome, 2014.

Argoud, G., et Guillaumin, J.-Y., *Les* Pneumatiques *d'Héron d'Alexandrie*, introduction, traduction et notes, Saint-Étienne, 1997.

Bruins, E. M., *Codex Constantinopolitanus Palatii Veteris n° 1*, vol. 1 : *Reproduction of the Manuscript* ; vol. 2 : *Greek Text* ; vol. 3 : *Translation and Commentary*, Leyde, 1964.

Diels, H., et Schramm, E., *Herons Belopoiica, Abhandlungen der preussischen Akademie der Wissenschaften, Phil.-Hist. Klasse* 2, 1918, p. 5-55.

Giardina, G. R., *Erone di Alessandria. Le radici filosofico-matematiche della tecnologia applicata.* Definitiones *: testo, traduzione e commento*, Catane, 2003.

Grillo, F., *Hero of Alexandria's Automata : a critical edition and translation, including a commentary on Book One*, thèse université de Glasgow, 2019.

Heiberg, J. L., *Heronis Alexandrini Opera quae supersunt omnia*, vol. IV, *Heronis Definitiones cum variis collectionibus. Heronis quae feruntur Geometrica*, Leipzig, 1912.

Heiberg, J. L., *Heronis Alexandrini Opera quae supersunt omnia*, vol. V, *Heronis quae feruntur Stereometrica et De mensuris*, Leipzig, 1914.

Hultsch, Fr., *Heronis Alexandrini geometricorum et stereometricorum reliquiae*, Leipzig, 1864.

Nix, L., et Schmidt, W., *Heronis Alexandrini opera quae supersunt omnia*, vol. II, *Mechanica et Catoptrica*, Leipzig, 1900.

PROU, V., « La Chirobaliste d'Héron d'Alexandrie », *Notices et extraits des manuscrits de la Bibliothèque Nationale et autres bibliothèques*, 26, 2, Paris, 1873, p. 116-149.

SCHMIDT, W., *Heronis Alexandrini opera quae supersunt omnia*, vol. I, *Pneumatica et Automata*, Leipzig, 1899.

SCHMIDT, W., *Heronis Alexandrini opera quae supersunt omnia*, vol. I, *Supplementum*, Leipzig, 1899.

SCHNEIDER, R., « Herons Cheiroballistra », *Mitteilungen der Kaiserlich Deutschen Archaeologischen Instituts Römische Abteilung* 21, 1906, p. 142-168.

SCHOENE, H., *Heronis Alexandrini Opera quae supersunt omnia*, vol. III, *Rationes dimetiendi et commentatio dioptrica*, Leipzig, 1903.

La Dioptre

VENTURI, G., « Del Traguardo. Opusculo sinora inedito de Erone il Meccanico tradotto del greco ed illustrato con note » dans *Memorie dell' Istituto nazionale italiano. Classi di scienze morali, politiche, etc., di letteratura, belle arti, etc.*, V, 1813, p. 231-301 et tables II-VI.

VENTURI, G., *Commentarj sopra la storia e le teorie dell'ottica*, 2, Bologne, 1814, 2e partie : « Erone il Meccanico, Del Traguardo », p. 82-147 et planches II-VI.

VINCENT, A. J. H., *Extraits des manuscrits relatifs à la géométrie pratique des Grecs (texte et traduction)*, dans *Notices et extraits des manuscrits de la Bibliothèque Impériale* 19, 2, 1858, p. 157-337 (contient la *Dioptre* d'Héron, des extraits de Pappus, de la *Géodésie* d'Héron de Byzance et des *Cestes* de Julius Africanus, appelé Jules l'Africain).

Athénée le Mécanicien

GATTO, M., *Il* Περὶ μηχανημάτων *di Ateneo meccanico. Edizione critica, traduzione, commento e note*, Rome, 2010.

ROCHAS, A. DE, « Traduction du Traité *Des machines* d'Athénée », *Mélanges Graux*, Paris, 1884, p. 781-801.

SCHNEIDER, R., *Griechische Poliorketiker, Abhandlungen der königlichen Gesellschaft der Wissenschaften zu Göttingen, Phil.-Hist. Klasse*, Neue Folge, 12, 5, Berlin, 1912.

WHITEHEAD, D. et BLYTH, P. H., *Athenaeus Mechanicus. On Machines. Translated with Introduction and Commentary*, Stuttgart, 2004.

Julius Africanus

VINCENT, A. J. H., *Extraits des manuscrits relatifs à la géométrie pratique des Grecs*, dans *Notices et extraits des manuscrits de la Bibliothèque Impériale* 19, 2, 1858, p. 407-416.

VIEILLEFOND, J.-R., *Jules Africain, Fragments des Cestes provenant de la collection des tacticiens grecs, édités avec une introduction et des notes critiques*, Paris, 1932.

VIEILLEFOND, J.-R., *Les « Cestes » de Julius Africanus – Étude sur l'ensemble des fragments avec édition, traduction et commentaires*, Florence-Paris, 1970.

Anonymus Byzantinus (= « Héron de Byzance »)

BAROZZI, F., *Heronis mechanici liber de machinis bellicis necnon liber de geodaesia*, Venise, 1572.

SULLIVAN, D. F., *Siegecraft. Two Tenth-Century Instructional Manuals by « Heron of Byzantium »*, Washington, 2000.

VINCENT, A. J. H., *Extraits des manuscrits relatifs à la géométrie pratique des Grecs*, dans *Notices et extraits des manuscrits de la Bibliothèque Impériale* 19, 2, 1858, p. 348-407.

Geoponica

BECKH, H., *Geoponica, sive Cassiani Bassi Scholastici de Re rustica eclogae*, Leipzig, 1895 (repr. 1994).

Euclide

HEATH, Th. L., *The Thirteen Books of Euclid's Elements*, New York, 1956.

HEIBERG, J. L., et MENGE, H., *Euclidis opera omnia ediderunt et Latine interpretati sunt* J. L. H. et H. M., 7 vol., Leipzig, 1883-1896.

MENGE, H., *Euclidis Phaenomena et Scripta musica*, Leipzig, 1916 (vol. 8 des œuvres d'Euclide).

STAMATIS, E. S., *Euclidis Elementa post J. L. Heiberg edidit* E. S. S., 2 vol., Leipzig, 1969-1970.

PEYRARD, F., *Les Œuvres d'Euclide traduites littéralement par* F. P. (1819), nouveau tirage avec une introduction de J. ITARD, Paris, 1966.

VITRAC, B., *Euclide d'Alexandrie, Les Éléments, traduits du texte de Heiberg*. Volume 1 : Introduction générale, par M. Caveing ; Livres I-IV : géométrie plane, traduction et commentaires par B. Vitrac, Paris, 1990.

VITRAC, B., *Euclide. Les Éléments*, vol. 2 : *Livres V à IX*, trad. et comm., Paris, 1994.

Hipparque

MANITIUS, K., *Hipparchi In Arati et Eudoxi Phaenomena commentariorum libri tres, ad codicum fidem recensuit, germanica interpretatione et commentariis instruxit Carolus Manitius*, Leipzig, 1894.

Géminus

AUJAC, G., *Géminos. Introduction aux Phénomènes*, Paris, 1975.

Théon de Smyrne

DUPUIS, J., *Théon de Smyrne. Exposition des connaissances mathématiques utiles pour la lecture de Platon* (trad.), Paris, 1892.

HILLER, E., *Expositio rerum mathematicarum ad legendum Platonem utilium*, Leipzig, 1878.

Pappus d'Alexandrie

HULTSCH, Fr., *Pappi Alexandrini Collectionis quae supersunt*, Berlin, 3 vol., 1876-1878.

Claude Ptolémée

HALMA, M., *Claude Ptolémée. Composition Mathématique* (traduction), 2 vol., Paris, 1813-1816.

HEIBERG, J. L., *Claudii Ptolemaei opera quae supersunt omnia*, Leipzig, vol. 1 (livres 1-6), 1898 ; vol. 2 (livres 7-13), 1903.

Proclus

FRIEDLEIN, G., *Procli Diadochi in primum Euclidis Elementorum librum Commentarii*, Leipzig, 1873.

MANITIUS, K., *Proclii Diadochi Hypotyposis astronomicarum*, Leipzig, 1873.

Corpus gromatique latin

BLUME, F., LACHMANN, K., et RUDORFF, A., *Die Schriften der römischen Feldmesser*, 2 vol., Berlin, 1848-1852 (repr. Hildesheim, 1967).

THULIN, K., *Corpus agrimensorum Romanorum*, Leipzig, 1913 (repr. Stuttgart, 1971).

CAMPBELL, B., *The Writings of the Roman Land Surveyors. Introduction, Text, Translation and Commentary*, Londres, 2000.

Marcus Junius Nypsius

BOUMA, J., *Marcus Iunius Nypsus. Fluminis Varatio – Limitis Repositio*, Frankfurt am Main, 1993.

GUILLAUMIN, J.-Y., *Les Arpenteurs romains*, vol. 4 : *Agennius Urbicus. Marcus Junius Nypsius*, introduction, texte, traduction et notes, Paris, 2021.

Hygin le Gromatique et Frontin

GUILLAUMIN, J.-Y., *Les Arpenteurs romains*, vol. 1 : *Hygin le Gromatique. Frontin*, introduction, texte, traduction et notes, Paris, 2005.

Hygin et Siculus Flaccus

GUILLAUMIN, J.-Y., *Les Arpenteurs romains*, vol. 2 : *Hygin. Siculus Flaccus*, introduction, texte, traduction et notes, Paris, 2010.

Balbus

GUILLAUMIN, J.-Y., *Balbus, Expositio et ratio omnium formarum. Podismus et textes connexes (extraits d'Epaphrodite et de Vitruvius Rufus ; De iugeribus metiundis)*, introduction, traduction et notes, Naples, 1996.

Vitruve

CALLEBAT, L., *Vitruve. De l'architecture, livre VIII*, Paris, 1973.

CALLEBAT, L. (avec la collaboration de Ph. FLEURY), *Vitruve. De l'architecture, livre X*, Paris, 1986.

Geometria Incerti Auctoris

BUBNOV, N., *Gerberti Opera Mathematica*, Berlin, 1899, repr. Hildesheim, 1963, p. 317-365.

Autres textes mathématiques ou techniques

DAIN, A., et BON, A.-M., *Énée le Tacticien. Poliorcétique*, Paris, 1967.

DECORPS-FOULQUIER, M. et FEDERSPIEL, M., *Apollonius de Perge, Coniques*, tome 1, Livre I, Berlin-New York, 2008 ; tome 2.3, Livres II-IV, Berlin-New York, 2010.

DECORPS-FOULQUIER, M. et FEDERSPIEL, M., *Sérénus. La section du cylindre. La section du cône*, Paris, 2019.

FEDERSPIEL, M., *Pseudo-Aristote, Problèmes mécaniques, Des lignes insécables, Texte introduit, traduit et commenté par* M. F. *Mis à jour par* M. Decorps-Foulquier, Paris, 2017.

HULTSCH, FR., *Metrologicorum Scriptorum Reliquiae*, t. 2, Leipzig, 1866.

JARRY, Cl., *Jean Philopon, Traité de l'astrolabe*, Paris, 2015.

LACOSTE, E., « Les *Poliorcétiques* d'Apollodore de Damas », *REG* 3, 11, 1890, p. 230-281.

MARSDEN, E. W., *Greek and Roman Artillery* II. *Technical Treatises*, Oxford, 1971.

MUELLER, C., « Aristodemus », *Fragmenta Historicorum Graecorum* V.1, Paris, 1870.

RHEM, A. et SCHRAMM, E., *Bitons Bau von Belagerungsmaschinen und Geschützen, Abhandlungen der bayerischen*

Akademie der Wissenschaften, Phil.-Hist. Abt., Neue Folge, 2, 1929, p. 9-28 et planches I-V.

SCHNEIDER, R., *Griechische Poliorketiker, Abhandlungen der königlichen Gesellschaft der Wissenschaften zu Göttingen, Phil.-Hist. Klasse*, Neue Folge, 10, 1, Berlin, 1908, p. 5-65 et planches I-XIV.

SEGONDS, A.-Ph., *Jean Philopon. Traité de l'astrolabe*, Paris, 1981.

THÉVENOT, M., *Mathematici Veteres*, Paris, 1693.

WEHRLI, F., *Straton von Lampsakos*, Bâle, 1969.

WHITEHEAD, D., *Apollodorus Mechanicus*, Siege-matters (Πολιορκητικά) *Translated with Introduction and Commentary*, Stuttgart, 2010.

Divers

KAYSER, C. L., *Flavii Philostrati opera*, I, Leipzig, 1870.

MALINGREY, A.-M., *Jean Chrysostome, Sur le sacerdoce (Dialogue et Homélie)*, Paris, 1980 (Sources Chrétiennes, 272).

TIHON, A. et MERCIER, R., *Georges Gémiste Pléthon, Manuel d'Astronomie*, Louvain, 1998.

VAN DIETEN, J. L., *Nicetae Choniatae Historia. Pars prior praefationem et textum continens*, *CFHB*, XI.1, Berlin-New York, 1975.

2. ÉTUDES

ADAM, J.-P., « Groma et chorobate. Exercices de topographie antique », *MEFRA* 94, 1982, p. 1003-1029.

ADAM, J.-P., *La construction romaine. Matériaux et techniques*, Paris, 1984.

ALLARD, A., « La 'formule héronienne' de l'aire d'un triangle scalène et quelques aspects de la science médiévale », dans ARGOUD, G., et GUILLAUMIN, J.-Y. (éd.), *Autour de La Dioptre d'Héron d'Alexandrie*, Saint-Étienne, 2000, p. 295-303.

ARATOWSKY, B., et OESTMANN, G., *Conrad Dasypodius. Heron Mechanicus*, Augsbourg, 2008.

Argoud, G., et Guillaumin, J.-Y. (éd.), *Autour de La Dioptre d'Héron d'Alexandrie*, Actes du Colloque international de Saint-Étienne (17-19 juin 1999), Saint-Étienne, 2000.

Argoud, G., « Utilisation de la dioptre en hydraulique », dans Argoud, G., et Guillaumin, J.-Y. (éd.), *Autour de La Dioptre d'Héron d'Alexandrie*, Saint-Étienne, 2000, p. 233-256.

Armytage, W. H. G., *A Social History of Engineering*, Londres, 1961.

Aujac, G., *La géographie dans le monde antique*, Paris, « Que sais-je ? » n° 1598, 1975.

Aujac, G., *Claude Ptolémée, astronome, astrologue, géographe : connaissance et représentation du monde habité*, Paris, 1993.

Aujac, G., *La Sphère, instrument au service de la découverte du monde*, Paris, 1993.

Beck, Th., *Beiträge zur Geschichte des Maschinenbaues*, Berlin, 1899.

Beaujeu, J., « La littérature technique des Grecs et des Romains », *Actes du Congrès de Grenoble de l'Association Guillaume Budé en 1948*, Paris, Les Belles Lettres, 1949, p. 21-88.

Behrends, O., et Capogrossi Colognesi, L. (éd.), *Die römische Feldmeßkunst : interdisziplinäre Beiträge zu ihrer Bedeutung für die Zivilisationsgeschichte Roms*, Göttingen, 1992.

Bernardi, W., Manzini, P., et Marcuccio, R. (éd.), *Giambattista Venturi, scienzato, ingegnere, intellettuale fra Età dei Lumi e classicismo*, Florence, 2005.

Bluemner, H., *Technologie und Terminologie der Gewerbe und der Künste bei den Griechen und der Römern*, 4 vol., Leipzig, 1875-1886 (1912²).

Boas, M., « Hero's *Pneumatica*. A Study of its Transmission and Influence », *Isis* 40, 1949, p. 38-48.

Boivin, P., *Les traités grecs et romains de poliorcétique. Étude d'une tradition littéraire (c. 360/355 avant J.-C. – c. 386 après J.-C.)*, thèse université de Nantes, 2018.

Boll, M., *Les étapes de la mécanique*, Paris, « Que sais-je ? » n° 130, 1948.

Bonneau, D., *Le régime administratif de l'eau du Nil dans l'Égypte grecque, romaine et byzantine*, Leyde, 1993.

Borchardt, L., « Ein altägyptisches astronomisches Instrument », *Zeitschrift für ägyptische Sprache und Altertumskunde* 37, 1899, p. 10-17.

Bottecchia-Dehò, M.-E., « Codici greco-marciani bessarionei. Dall'Antichità alla scienza moderna », dans Aratowsky, M.-F., et Tonetti, E. (éd.), *I Greci a Venezia*, Venise, 2002, p. 519-531.

Boter, G., « Studies in the Textual Tradition of Philostratus' Life of Apollonius of Tyana », *Revue d'Histoire des Textes*, N.S., 9, 2014, p. 1-49.

Bradford, J., *Ancient Landscapes. Studies in Field Archaeology*, Londres, 1957.

Bruins, E. M., « The division of the circle and ancient arts and sciences », *Janus* 58, 1976, p. 61-84.

Brumbaugh, R. S., *Ancient Greek Gadgets and Machines*, New York, 1966.

Brunet, P., et Mieli, A., *Histoire des sciences. 1. Antiquité*, Paris, 1935.

Buenger, C., *Matthias Bernegger*, Strasbourg, 1893.

Burdy, J., « Les aqueducs de Lugdunum. Pentes et profils en long des aqueducs romains », dans Argoud, G., et Guillaumin, J.-Y. (éd.), *Autour de La Dioptre d'Héron d'Alexandrie*, Saint-Étienne, 2000, p. 91-103.

Burns, A., « The Tunnel of Eupalinos and the Tunnel Problem of Hero of Alexandria », *Isis* 62, 1971, p. 172-185.

Burstall, A. F., *A History of Mechanical Engineering*, Londres-New York, 1963.

Cajori, F., « History of the determinations of the height of the mountains », *Isis* 12, 1929, p. 482-514.

Calvié, L., « Le commerce transalpin du copiste-libraire vénitien Andréas Darmarios entre 1582 et 1585 », *Revue d'Histoire des Textes* 15, 2020, p. 89-168.

Camp, L. S. de, *Ancient Engineers*, Londres, 1977.

Campbell, B., « Shaping the rural environment : surveyors in ancient Rome », *Journal of Roman Studies* 86, 1996, p. 74-99.

Campbell, D. B., « Ancient Catapults : Some Hypotheses Reexamined », *Hesperia* 80/4, 2011, p. 677-700.

Cantor, M., *Die römischen Agrimensoren und ihre Stellung in der Geschichte der Feldmesskunst, eine historisch-mathematische Untersuchung*, Leipzig, 1875.

Carra de Vaux, B., « Les Mécaniques ou l'élévateur d'Héron d'Alexandrie publiées pour la première fois sur la version arabe de Qostâ Ibn Lûqâ (ixe siècle), et traduites en français », *Journal asiatique*, 9e série, vol. 2, 1893, p. 152-289 et 420-514 ; puis *Extrait du Journal Asiatique*, Paris, 1re édition, Imprimerie Nationale, 1894 ; puis *Héron d'Alexandrie, les Mécaniques ou l'Élévateur des corps lourds* (introd. par D. R. Hill, commentaires par A. G. Drachmann), Paris, 1988.

Caveing, M., et Noël, E., « D'Alexandrie à Byzance », dans Noël, É. (éd.), *Le matin des mathématiciens. Entretiens sur l'histoire des mathématiques*, Paris, 1985, p. 83-92.

Chapot, V., « Sentiments des anciens sur le mécanisme », *Revue des Études Anciennes* 60, 1938, p. 158-162.

Clagett, M., *The Science of Mechanics in the Middle Ages*, Madison, 1959.

Clancy, J., *Site Surveying and Levelling*, Londres, 1991.

Clavel-Lévêque, M., « *Groma* et pratiques d'aménagement du territoire en Biterrois », dans Argoud, G., et Guillaumin, J.-Y. (éd.), *Autour de La Dioptre d'Héron d'Alexandrie*, Saint-Étienne, 2000, p. 149-161.

Cocco, G., « La dioptre à travers les traités de l'astrolabe plan », dans Argoud, G. et Guillaumin, J.-Y. (éd.), *Autour de La Dioptre d'Héron d'Alexandrie*, Saint-Étienne, 2000, p. 45-64.

Cohen, M. R., et Drabkin, I. E., *A Source Book in Greek Science*, Cambridge, Mass., 1958.

Commara, G., « Storia e descrizione del *Vat. gr.* 1164 testimone della trattatistica militare », *Bolletino della Badia Greca di Grottaferrata*, n. s., 56/57, 2002-2003, p. 77-105.

Coulton, J. J., « Lifting in Early Greek Architecture », *Journal of Hellenic studies* 94, 1974, p. 1-19.

Coulton, J. J., « The Dioptra of Hero of Alexandria », dans Tuplin, C. J. et Rihll, T. E. (éd.), *Science and mathematics in ancient Greek culture*, Oxford, 2002, p. 150-164.

Csapodi, Cs., *The Corvinian Library : History and Stock*, Budapest, 1973.

Dain, A., *La tradition du texte d'Héron de Byzance*, Paris, 1933.

Dain, A., *Histoire du texte d'Élien le tacticien*, Paris, 1946.

Dain, A., « L'encyclopédisme de Constantin Porphyrogénète », *Bulletin de l'Association Guillaume Budé* 12, 1953, p. 64-81.

Dain, A., « Sur deux recueils de Babrios trouvés par Minoïde Mynas », *Bulletin de l'Association Guillaume Budé* 1, 1960, p. 113-121.

Dain, A., « Les stratégistes byzantins par Alphonse Dain (texte mis au net et complété par J.-A. De Foucault) », *Travaux et Mémoires du Centre de Recherche d'Histoire et Civilisation de Byzance* 2, 1967.

Dain, A., *Les manuscrits*, Paris, 1975 (3e édition).

Daumas, M. (dir.), *Histoire générale des techniques*, t. 1 : *Les origines de la civilisation technique*, Paris, 1962.

Davies, H. E. H., « Designing Roman roads », *Britannia* 29, 1998, p. 1-16.

De Cicco, P., *Les historiens grecs d'époque impériale et tardive à l'état fragmentaire*, thèse Université de Nantes, 2017.

Decorps-Foulquier, M., « Remarques liminaires sur le texte de *La Dioptre* d'Héron d'Alexandrie et ses sources », dans Argoud, G. et Guillaumin, J.-Y. (éd.), *Autour de La Dioptre d'Héron d'Alexandrie*, Saint-Étienne, 2000, p. 37-43.

Decorps-Foulquier, M., « L'expression de la personne dans les textes mathématiques grecs », *Revue des Études Grecques* 132, 2019/1, p. 89-116.

Delattre, J., « Théon de Smyrne et la dioptre », dans Argoud, G. et Guillaumin, J.-Y. (éd.), *Autour de La Dioptre d'Héron d'Alexandrie*, Saint-Étienne, 2000, p. 65-77.

Della Corte, M., « Groma », *Monumenti Antichi* 28, 1922, p. 5-100.

Devreesse, R., *Introduction à l'étude des manuscrits grecs*, Paris, 1954.

Dictionnaire archéologique des techniques, 2 vol., Paris, 1963-1964.

Diels, H., *Antike Technik*, Leipzig, 1924 (1920) (repr. Osnabrück, O. Zeller, 1965).

Dilke, O. A. W., *The Roman Land Surveyors. An Introduction to the Agrimensores*, Newton Abott, 1971.

Dilke, O. A. W., *Mathematics and Measurement*, Londres, 1987.

DRACHMANN, A. G., « Dioptra », *RE*, Suppl. 6, 1935, col. 1287-1290.

DRACHMANN, A. G., *Ktesibios, Philon and Heron, A Study in Ancient Pneumatics*, Copenhague, 1948.

DRACHMANN, A. G., « Heron and Ptolemaios », *Centaurus* 1, 1950, p. 117-131.

DRACHMANN, A. G., « On the Aleged Second Ktesibios », *Centaurus* 2, 1951, p. 1-10.

DRACHMANN, A. G., « Hero's Dioptra and levelling instrument », dans SINGER, Ch., *et alii* (éd.), *A History of Technology*, Oxford, vol. 3, 1957, p. 609-612.

DRACHMANN, A. G., *The mechanical technology of Greek and Roman Antiquity. A Study of the Literary Sources*, Copenhague, 1963.

DRACHMANN, A. G., « A physical experiment in Heron's Dioptra », *Centaurus* 13, 1968, p. 220-227.

DRACHMANN, A. G., « A detail of Heron's Dioptra », *Centaurus* 13, 1969, p. 241-247.

DRAKE, S., et DRABKIN, I. E., *Mechanics in Sixteenth-Century Italy*, Madison, 1969.

DUGAS, R., *Histoire de la mécanique*, Neuchâtel, 1950.

DUHEM, P., *L'évolution de la mécanique*, Paris, 1905.

EDELSTEIN, L., « Recent Trends in the Interpretation of Ancient Science », *Journal of the History of Ideas* 13, 1952, p. 573-604.

EISLER, R., « The polar sighting-tube », *Archives internationales d'histoire des sciences* 2, 1949, p. 312-332.

FARRINGTON, B., La *Science dans l'Antiquité*, Paris, 1967 (trad. par H. Chéret de *Science in Antiquity*, Londres, 1936).

FEBVRE, L., « Réflexions sur l'histoire des techniques », *Annales d'histoire économique et sociale* 7, 1935, p. 531-535.

FEDERSPIEL, M., « Sur l'opposition *défini/indéfini* dans la langue des mathématiques grecques », *Les Études Classiques* 63, 1995, p. 249-293.

FEDERSPIEL, M., « Sur l'élocution de l'ecthèse dans la géométrie grecque classique », *L'Antiquité Classique* 79, 2010, p. 95-116.

FELDHAUS, F. M., *Die Technik der Antike und des Mittelalters*, Leipzig, 1931.

FERGUSSON, E. S., *Bibliography of the History of Technology*, Cambridge (Mass.), 1968.

FEYEL, M., « Comment restituer la dioptre d'Héron d'Alexandrie ? », dans ARGOUD, G. et GUILLAUMIN, J.-Y. (éd.), *Autour de La Dioptre d'Héron d'Alexandrie*, Saint-Étienne, 2000, p. 191-215.

FIASCHI, S., « Aelianus Tacticus », dans DINKOVA-BRUUN, G. (éd.), *Catalogus Translationum et Commentariorum. Mediaeval and Renaissance Latin Translations and Commentaries*, 10, Toronto, 2014, p. 128-163.

FINLEY, M. I., « Technical innovation and economic progress in the ancient world », *Economic History Review* 18/1, 1965, p. 29-45.

FISCHER, I., « Another look on Eratosthenes' and Posidonius' determinations of the earth's circumference », *Quarterly Journal Royal Astronomical Soc.* 16, 1975, p. 152-160.

FLEURY, Ph., « Les textes techniques de l'Antiquité. Sources, études et perspectives », *Euphrosyne* 18, 1990, p. 359-394.

FLEURY, Ph., *La mécanique de Vitruve*, Caen, 1993.

FLEURY, Ph., « Héron d'Alexandrie et Vitruve. À propos des techniques dites 'pneumatiques' », dans ARGOUD, G. (éd.), *Science et vie intellectuelle à Alexandrie (Ier-IIIe siècle après J.-C.)*, Saint-Étienne, 1994, p. 67-81.

FLEURY, Ph., « L'odomètre d'Héron d'Alexandrie, complément de la dioptre », dans ARGOUD, G., et GUILLAUMIN, J.-Y. (éd.), *Autour de La Dioptre d'Héron d'Alexandrie*, Saint-Étienne, 2000, p. 345-361.

FLEURY, Ph., « L'hydraulique ancienne : de l'Égypte à Rome », dans LECOCQ, F. (éd.), *L'Égypte à Rome*, Caen, 2005, p. 169-186.

FLEURY, Ph., « Les doublets 'simple'/'diminutif' dans les langues techniques latines », *Annales de Normandie* 2012/2, p. 111-123.

FOLKERTS, M., « Mathematische Probleme im Corpus Agrimensorum », dans BEHRENDS, O., et CAPOGROSSI COLOGNESI, L. (éd.), *Die römische Feldmeßkunst : interdisziplinäre Beiträge zu ihrer Bedeutung für die Zivilisationsgeschichte Roms*, Göttingen, 1992, p. 311-334.

FORBES, R. J., « The Ancients and the Machine », *Archives Internationales d'Histoire des Sciences* 2, 1949, p. 919-933.

FORBES, R. J., *Studies in Ancient Technology*, 2 et 7, Leyde, 1965-1966.

FORBES, R. J., et DIJKSTERHUIS, E. J., *A History of Science and Technology*, Baltimore, 1963.

FRASER, P. M., *Ptolemaic Alexandria*, 3 vol., Oxford, 1972.

FUENTES GONZÁLEZ, P. P., « Ératosthène de Cyrène » dans GOULET, R. (dir.), *Dictionnaire des philosophes antiques*, vol. III, Paris, 2000, p. 188-236.

GAMILLSCHEG, E., et HARLFINGER, D., *Repertorium der griechischen Kopisten 800-1600*, I, Vienne, 1981.

GANDT F. DE, « Force et science des machines », dans BRUNSCHWIG, J., BURNYEAT, M. F. et SCHOFIELD, M. (éd.), *Science and Speculation. Studies in Hellenistic Theory and Practice*, Cambridge-Paris, 1982, p. 96-127.

GARLAN, Y., *Recherches de poliorcétique grecque*, Paris, 1974.

GASTGEBER, C., *Miscellanea Codicum Graecorum Vindobonensium II. Die griechischen Handschriften der Bibliotheca Corviniana in der Österreichischen Nationalbibliothek. Provenienz und Rezeption im Wiener Griechischhumanismus des frühen 16. Jahrhunderts*, Vienne, 2014.

GENEVAUX, L. E., *Le mouvement de Platon à Einstein*, Paris, 1972.

GERMAIN DE MONTAUZAN, C., *Essai sur la science et l'art de l'ingénieur aux premiers siècles de l'Empire romain*, Paris, 1908.

GIARDINA, G. R., « Héron d'Alexandrie », dans GOULET, R. (dir.), *Dictionnaire des philosophes antiques*, vol. III Supplément, Paris, 2003, p. 87-103.

GIARDINA, G. R., « Philon de Byzance », dans GOULET, R. (dir.), *Dictionnaire des philosophes antiques*, vol. Va, Paris, 2012, p. 399-404.

GILISSEN, L., *Prolégomènes à la codicologie*, Gand, 1977.

GILLE, B., « La naissance du système bielle-manivelle », *Techniques et civilisations* 2, 1952, p. 42-46.

GILLE, B., « Machines », dans SINGER, Ch., *et alii* (éd.), *A History of Technology*, vol. 2, Oxford, 1956, p. 629-658.

GILLE, B., *Les ingénieurs de la Renaissance*, Paris, 1964.

GILLE, B., « Histoire des Techniques », *Annuaire de l'École Pratique des Hautes Études, IVe section, sciences historiques et philologiques*, 1974-75, p. 697-728.

Gille, B. (dir.), *Histoire des techniques*, Paris, 1978.

Gille, B., *Les Mécaniciens grecs : la naissance de la technologie*, Paris, 1980.

Goblot, H., *Les qanats : Une technique d'acquisition de l'eau*, Paris, 1979.

Gonzales, A., « Le problème 25 d'Héron d'Alexandrie et l'empirisme pratique des arpenteurs romains », dans Argoud, G., et Guillaumin, J.-Y. (éd.), *Autour de La Dioptre d'Héron d'Alexandrie*, Saint-Étienne, 2000, p. 323-343.

Goodfield, J., et Toulmin, S., « How was the tunnel of Eupalinos aligned ? », *Isis* 56, 1965, p. 46-55.

Goodyear, F. R. D., « Technical Writing », dans Kenney, E. J. (éd.), *The Cambridge History of Classical Literature 2. Latin Literature*, Cambridge, 1982, p. 667-673.

Goukowsky, P., « Un imitateur tardif d'Hérodote : Eusèbe, historien des Césars », dans Brixhe, Cl. (éd.), *La koinè grecque antique*, II, *La concurrence*, Nancy, 1996, p. 3-77.

Goulet, R., « Athénaios de Séleucie », dans Goulet, R. (dir.), *Dictionnaire des philosophes antiques*, vol. I, Paris, 1989, p. 648-649.

Goulet, R., « Diodoros d'Alexandrie », dans Goulet, R. (dir.), *Dictionnaire des philosophes antiques*, vol. II, Paris, 1994, p. 782-783.

Graux, Ch., et Martin, A., *Notices sommaires des manuscrits grecs de Suède*, Paris, 1889.

Grewe, K., « Le tracement d'un tunnel dans l'Antiquité : la théorie et la pratique », dans Argoud, G. et Guillaumin, J.-Y. (éd.), *Autour de La Dioptre d'Héron d'Alexandrie*, Saint-Étienne, 2000, p. 227-231.

Gros, P., « Statut social et rôle culturel des architectes (période hellénistique et augustéenne) », dans *Architecture et société* (*Coll. de l'École Française de Rome*, 66), Rome, 1983, p. 425-452.

Guillaumin, J.-Y., « L'éloge de la géométrie dans la préface du livre III des *Metrica* », *Revue des Études Anciennes* 99/1-2, 1997, p. 1-9.

Guillaumin, J.-Y., « La première partie du chapitre 25 de *La Dioptre* : avatars d'une figure et d'un texte », dans dans Argoud, G., et Guillaumin, J.-Y. (éd.), *Autour de La Dioptre d'Héron d'Alexandrie*, Saint-Étienne, 2000, p. 305-322.

Haase, Fr., De *militarium scriptorum graecorum et latinorum omnium editione instituenda narratio*, Berlin, 1847.

Hairie, A., « Aspects pratiques de la dioptre d'Héron d'Alexandrie, étude théorique et expérimentale de la précision des mesures réalisables », dans Argoud, G., et Guillaumin, J.-Y. (éd.), *Autour de La Dioptre d'Héron d'Alexandrie*, Saint-Étienne, 2000, p. 257-271.

Hale, J. R., « Industria del libro e cultura militare a Venezia nel Rinascimento », dans Girolamo, A. (éd.), *Storia della cultura veneta. Dal primo Quattrocento al concilio di Trento*, 3, 1, Venise, 1980, p. 245-288.

Hall, J. J., « Was rapid scientific ant technical progress possible in Antiquity ? », *Apeiron* 17, 1983, p. 1-13.

Hamey, L. A. et J. A., *The Roman engineers*, Cambridge, 1981.

Hammer-Jensen, I., « Ptolemaios und Heron », *Hermes* 48, 1913, p. 224-235.

Hammer-Jensen, I., « Die hernische Frage », *Hermes* 63, 1928, p. 34-47.

Hargreaves, G. H., *Road planing operations of Roman surveyors*, Londres, 1990.

Haskins, Ch. H., *Studies in the History of Mediaeval Science*, Londres, 1924.

Heath, Th. L., *A History of Greek Mathematics*, vol. 1 *From Thales to Euclid* ; vol. 2 *From Aristarchus to Diophantus*, Oxford, 1921 (repr. 1960, 1965).

Hill, D. R., *A History of Engineering in Classical and Medieval Times*, Londres, 1984.

Hinrichs, F. T., *Die Geschichte der gromatischen Institutionen. Untersuchungen zu Landverteilung, Landvermessung, Bodenverwaltung und Bodenrecht im römischen Reich*, Wiesbaden, 1974. Traduction française : F. T. Hinrichs, *Histoire des institutions gromatiques*, trad. D. Minary, Paris, 1989.

Hodges, H. W., *Technology in the Ancient World*, New York, 1970.

Hoffmann, Ph., « Un recueil de fragments provenant de Minoïde Mynas : le *Parisinus Suppl. gr.* 681 », *Scriptorium* 41/1, 1987, p. 115-127.

Hoppe, E., « Héron von Alexandrien », *Hermes* 62, 1927, p. 69-105.

Hosoi, A., et Yoshikawa, H., « Manuscrits de Lysias », dans Hernandez Muñoz, F. (éd.), *Manuscritos griegos en España y su contexto europeo*, Madrid, 2016, p. 159-200.

Hultsch, Fr., *Metrologicorum Scriptorum Reliquiae* II, Leipzig, 1866.

Hultsch, Fr., « Archimedes », *RE* 1, 1, 1895, col. 507-539.

Hultsch, Fr., « Winkelmessungen durch die Hipparchische Dioptra », *Abhandlungen zur Geschichte der Mathematik* 9, 1899, p. 193-209.

Hunger, H., *Katalog der griechischen Handschriften der Österreichischen Nationalbibliothek*, I, *Codices historici, codices philosophici et philologici*, Vienne, 1961.

Hunger, H., *Katalog der griechischen Handschriften der Österreichischen Nationalbibliothek*, IV, *Supplementum graecum*, Vienne, 1994.

Irigoin, J., « Pour une étude des centres de copie byzantins (suite) », *Scriptorium* 13/2, 1959, p. 177-209.

Irigoin, J., *La tradition des textes grecs. Pour une critique historique*, Paris, 2003.

Jacob, Chr., *Géographie et ethnographie en Grèce ancienne*, Paris, 1991.

Jacquemard, C., « La mesure d'une hauteur dont le pied est inaccessible. Étude d'Héron, *Dioptre* XII, Julius Africanus, *Cestes* I, 15, *Geometria Incerti Auctoris*, III 1-3-8-12-21-23 », dans Argoud, G. et Guillaumin, J.-Y. (éd.), *Autour de La Dioptre d'Héron d'Alexandrie*, Saint-Étienne, 2000, p. 163-189.

Jones, W. H. S., « Hellenistic Science and Mathematics », dans *The Cambridge Ancient History* 7, 1928, p. 284-311.

Keyser, P., « The date of Heron », *Classical Philology* 83, 1988, p. 218-220.

Kiely, E. R., *Surveying Instruments*, New York, 1947.

Kienast, H. J., *Die Wasserleitung des Eupalinos auf Samos*, Bonn, 1995.

Klemm, F., *Histoire des techniques*, trad. A.-M. Lahr-Degout, Paris, 1966.

Krafft, F., « Kunst und Natur. Die Heronische Frage und die Technik in der Klassischen Antike », *Antike und Abendland* 19, 1973, p. 1-19.

Kretzschmer, F., *La technique romaine*, Bruxelles, 1966 (1958[1]).

LANA, I., « Scienza e tecnica a Roma da Augusto a Nerone », dans *Atti Accademia delle Scienze di Torino* 105, 1971, p. 19-44.

LANDELS, J. G., *Engineering in the Ancient World*, Londres, 1978.

LARNAC, C., « Les limites du système 'œil-chorobate' relativement à l'implantation de l'aqueduc de Nîmes », dans ARGOUD, G., et GUILLAUMIN, J.-Y. (éd.), *Autour de La Dioptre d'Héron d'Alexandrie*, Saint-Étienne, 2000, p. 79-90.

LEE, D., « Science, Philosophy and Technology in the Greco-Roman World », *Greece Rome* 20, 1973, p. 65-78 et 180-193.

LEJEUNE, A., *Euclide et Ptolémée ; deux stades de l'optique géométrique grecque*, Louvain, 1948.

LEJEUNE, A., « La science grecque a-t-elle atteint le stade expérimental ? », *Revue des questions scientifiques* 128, 1957, p. 321-343.

LEJEUNE, A., « La dioptre d'Archimède », *Annales de la Société scientifique de Bruxelles* 61, 1947, p. 27-41.

LEMERLE, P., *Le premier humanisme byzantin*, Paris, 1971.

LENDLE, O., « Vitruvs Meilenzähler », *Pratum Saraviense. Festgabe für P. Steinmetz, herausgegeben von W. Görler und S. Koster*, Stuttgart, 1990, p. 75-88.

LETRONNE, A.-J., *Recherches critiques, historiques et géographiques sur les fragments d'Héron d'Alexandrie* ou *Du système métrique égyptien considéré dans ses bases, dans ses rapports avec les mesures itinéraires des Grecs et des Romains et dans les modifications qu'il a subies depuis le règne des pharaons jusqu'à l'invasion des Arabes*, Paris, 1851.

LEVEAU, Ph., « Conduire l'eau et la contrôler : l'ingénierie des aqueducs romains », dans MOLIN, M. (dir.), *Archéologie et histoire des techniques du monde romain*, Paris, 2008, p. 134-162.

LEWIS, M. J. T., « The south-pointing chariot in Rome », *History of Technology* 14, 1992, p. 77-99.

LEWIS, M. J. T., « When was Biton ? », *Mnémosyne* 52, 1999, p. 159-168.

LEWIS, M. J. T., *Surveying Instruments of Greece and Rome*, Cambridge, 2001.

LLOYD, G. E. R., *Greek Science after Aristotle*, Londres, 1973.

LUCE, J. H., « Géométrie de la perspective à l'époque de Vitruve », *Revue d'Histoire des Sciences et de leurs applications* 6, 1953, p. 308-321.

LYONS, H., « Ancient Surveying Instruments », *Geographical Journal* 69, 1927, p. 132-143.

MAGALHAES-VILHENA, V. DE, « Essor scientifique et technique et obstacles sociaux à la fin de l'antiquité », *Helikon* 11-12, 1971-72, p. 120-165.

MARCHAND, G., PETITOT, G., et VIDAL, L., « L'équerre d'arpenteur de l'Orme à Ennemain (Somme) », dans ARGOUD, G., et GUILLAUMIN, J.-Y. (éd.), *Autour de La Dioptre d'Héron d'Alexandrie*, Saint-Étienne, 2000, p. 273-294.

MARTIN, R., *Manuel d'architecture grecque*, I. *Matériaux et techniques*, Paris, 1965.

MARTIN, Th.-H., *Recherches sur la vie et les ouvrages d'Héron d'Alexandrie, disciple de Ctésibius, et sur tous les ouvrages mathématiques grecs, conservés ou perdus, qui ont été attribués à un auteur nommé Héron*, dans *Mémoires présentés par divers savants à l'Académie des Inscriptions et Belles Lettres* 4, Paris, 1854.

MASIÀ, R., « On dating Hero of Alexandria », *Archive for History of Exact Science* 69, 3, 2015, p. 231-255.

MAYR, O., *Philosophers and Machines*, New York, 1976.

MERCKEL, C., *Die Ingenieurtechnik im Altertum*, Berlin, 1899.

MERRETT, H. S., *A Practical Treatise on the Science of Land Engineering Surveying, Levelling, Estimating Quantities, etc., with a Description of the Various Instruments Required, etc.*, Londres-New York, 1893.

MITCHELL, B. M., « Herodotus and Samos », *Journal of Hellenic Studies* 95, 1975, p. 75-91.

MONDRAIN, B., « Le cardinal Bessarion et la constitution de sa collection de manuscrits grecs – ou comment contribuer à l'intégration du patrimoine littéraire grec et byzantin en Occident », dans MÄRTL, C., KAISER, C., et RICKLIN, T. (éd.), *« Inter graecos latinissimus, inter latinos graecissimus ». Bessarion zwischen den Kulturen*, Berlin, 2013, p. 187-202.

MORENO GALLO, I., « Dioptra », dans MORENO GALLO, I. (coord.), *Nuevos Elementos de Ingeniería Romana*, III Congreso de las Obras Públicas Romanas, Astorga, 2006, p. 379-389.

Mudry, Ph. (éd.), *Sciences et techniques à Rome*, Lausanne, 1986.

Mugler, Ch., *Dictionnaire historique de la Terminologie géométrique des Grecs*, 2 vol., Paris, 1958-1959.

Mugler, Ch., *Dictionnaire historique de la Terminologie optique des Grecs*, Paris, 1964.

Mueller, C., « Poliorcétique des Grecs », *Göttingische gelehrte Anzeigen*, 1869/1, p. 1-33.

Needham, J., *Science and Civilization in China*, 4, 2 : *Mechanical Engineering*, Cambridge, 1965, p. 282-285.

Németh, A., « The Mynas codex and the Bibliotheca Corviniana », dans Gastgeber, C., Mitsiou, E., Pop, I.-A., Popović, M., Preizer-Kapeller, J., Simon, A. (éd.), *Mathias Corvinus und seine Zeit*, Vienne, 2011, p. 155-178.

Neuburger, A., *Die Technik des Altertums*, 2e éd. cor., Leipzig, Voigtlander, 1921 (1919) ; puis *The Technical Arts and Sciences of the Ancients*, New York, 1930.

Neuenschwander, E., « Archimedes Ingenieur, Naturwissenschaftler und Mathematiker », *Centaurus* 25, 1981, p. 133-134.

Neugebauer, O., « Über eine Methode zur Distanzbestimmung Alexandria-Rom bei Heron », *Kgl. Danske Videnskabernes Selskab, historisk-filologiske Medelesler* 26/2 et 26/7, 1938-1939.

Neugebauer, O., *The Exact Sciences in Antiquity*, 2e éd., New York, 1957 (repr. New York, Dover Publications, 1969). Traduction française par P. Souffrin : *Les sciences exactes dans l'Antiquité*, Arles, Actes Sud, 1990.

Neugebauer, O., *A History of Ancient Mathematical Astronomy* (3 vol.), Berlin-Heidelberg-New York, 1975.

Nicolet, Cl. (éd.), *Les littératures techniques dans l'Antiquité romaine*, *Entretiens sur l'Antiquité classique* 42, Fondation Hardt, Genève, 1996.

Nowotny, E., « Groma », *Germania* 7, 1923, p. 22-29.

Oleroff, A., « Démétrius Trivolis, copiste et bibliophile. À propos du Ms grec *Perizonianus* F. 6 de la Bibliothèque de l'Université de Leyde », *Scriptorium* 4/2, 1950, p. 260-263.

Oleson, J. P., *Greek and Roman Mechanical Water-Lifting Devices : The History of a Technology*, Dordrecht, 1984.

Oleson, J. P., *Bronze Age, Greek and Roman Technology. A select, annotated Bibliography*, New York-Londres, 1986.

Oleson, J. P., « Irrigation », dans Wikander, Ö. (éd.), *Handbook of Ancient Technology*, Leyde, 2000, p. 183-215.

Oleson, J. P. (éd.), *Engineering and Technology in the Ancient World*, Oxford, 2008.

Omont, H., « Les manuscrits de Samuel Petit », *Bibliothèque de l'École des Chartes* 76, 1915, p. 613-615.

Omont, H., « Minoïde Mynas et ses missions en Orient (1840-1855) », *Mémoires de l'Académie des Inscriptions et Belles-Lettres* 40, 1916, p. 337-421.

Orinsky, K., « Ktesibios (2) », *RE* 11, 2, 1922, col. 2074-76.

Orinsky, K., Neugebauer, O., et Drachmann, A. G., « Philon (48) », *RE* 20, 1, 1941, col. 53-54.

Pellati, F., « L'ingegneria idraulica ai tempi dell'impero romano », dans *La scienza e la tecnica ai tempi di Roma imperiale*, Rome, 1940.

Peters, K., « Méthodes de mesures et d'implantation des tunnels dans l'Antiquité », *XYZ* 72, 1997, p. 68-71.

Pleket, H. W., « Technology and Society in the Greco-Roman World », *Acta Historiae Neerlandica* 2, 1967, p. 1-25.

Pleket, H. W., « Technology in the Greco-Roman World : A General Report », *Talanta* 5, 1973, p. 6-47.

Plommer, H., *Vitruvius and Later Roman Building Manuals*, Cambridge, 1973.

Preaux, C., « Grandeur et limites de la science hellénistique », *Chronique d'Égypte* 50, 1975, p. 215-238.

Preaux, C., « Sur la stagnation de la pensée scientifique à l'époque hellénistique », dans Samuel, A. E. (éd.), *Essays in Honor of C. Bradford Wells*, New Haven, 1966, p. 235-250.

Prinz, R., « Aristodemos », *Neue Jahrbücher für Philologie und Pädagogik* 101, 1870, p. 193-210.

Prou, V., *Notice sur la vie et les ouvrages de Ctésibios, d'Héron et de Philon*, Paris, 1882.

Raïos, D., « La date d'Héron d'Alexandrie : témoignages internes et cadre historico-culturel », dans Argoud, G. et Guillaumin, J.-Y. (éd.), *Autour de La Dioptre d'Héron d'Alexandrie*, Saint-Étienne, 2000, p. 19-36.

RANCE, Ph., « An Unpublished Byzantine Medical Fragment (*Parisinus Suppl. gr.* 607) : Pharmaceutical Knowledge and Practice in Tenth-Century Constantinople », *Parekbolai* 7, 2017, p. 69-95.

RANCE, Ph., « The reception of Aineias' *Poliorketika* in Byzantine Military Literature », dans PRETZLER, M., et BARLEY, N. (éd.), *Brill's Companion to Aineias Tacticus*, Leyde, 2017, p. 290-374.

RANCE, Ph., « Late Byzantine Elites and Military Literature : Authors, Readers and Manuscripts (*c.* 1050-*c* 1450) » dans THEODOKIS, G., et YILDIZ, A. (éd.), *A Military History of the Mediterranean Sea*, Leyde, 2018, p. 255-286.

REECE, D. W., « The Technological Weakness of the Ancient World », *Greece & Rome* 16, 1969, p. 32-47.

REINHARDT, L., *De Heronis Alexandrini dictione quaestiones selectae*, Munster, 1930.

REPSOLD, J. A., « Zur Geschichte der astronomischen Messwerkzeuge », *Astronomische Nachrichten* 206, n° 4931, 11, 1918, p. 93-98.

REY, A., *L'apogée de la science technique grecque*, 2 vol., Paris, 1946-1948.

REYMOND, A., *Histoire des sciences exactes et naturelles dans l'Antiquité gréco-romaine. Exposé sommaire des écoles et des principes*, Paris, 1924 (2e éd., Paris, 1955).

RIHLL, T. E., et TUCKER, J. V., « Greek Engineering. The case of Eupalinos' tunnel », dans POWEL, A. (éd.), *The Greek World*, Londres-New York, 1995, p. 404-431.

ROBIANO, P., « Apollonios de Tyane », dans GOULET, R. (dir.), *Dictionnaire des philosophes antiques*, vol. I, Paris, 1989, p. 289-294.

ROBY, C., « Geometer, in a Landscape : Embodied Mathematics in Hero's *Dioptra* », dans SIALAROS, M. (éd.), *Revolutions and Continuity in Greek Mathematics*, Berlin, 2018, p. 67-88.

ROCHAS, A. DE, *La science des philosophes et l'art des thaumaturges dans l'Antiquité*, Paris, 1882 ; 2e éd. Paris, 1912 ; repr. Paris, L'Escalier de Feu, 1977.

ROCHAS, A. DE, *Les origines de la science et ses premières applications*, Paris, 1884.

ROCHAS, A. DE, « Geodesia », *DAGR* 2, 2, p. 1517-1519.

Rome, A., « Le problème de la distance entre deux villes dans la *Dioptra* d'Héron », *Annales de la Société scientifique de Bruxelles* 42, 1923, p. 234-258.

Rome, A., « Premiers essais de trigonométrie rectiligne chez les Grecs », *L'Antiquité classique* 2, 1933, p. 177-192.

Rosengren, E., *De origine Aristoxeni Elementorum Harmonicorum Codicis Upsaliensis disputatio*, Hernösand, 1888.

Rosmorduc, J., « Introduction à l'histoire de la mécanique », *Fundamenta scientiae* 24, 1975, p. 1-75.

Rossi, C., Russo, Flavio, et Russo, Ferruccio, *Ancient Engineers' Inventions : Precursors of the Present*, New York, 2009.

Roth Congès, A., « Modalités pratiques d'implantation des cadastres romains : quelques aspects », *MEFRA* 108/1, 1996, p. 299-422.

Roth Congès, A., « *Artis copia*. Questions d'arpentage dans *La Dioptre* et les textes gromatiques romains », dans Argoud, G. et Guillaumin, J.-Y. (éd.), *Autour de La Dioptre d'Héron d'Alexandrie*, Saint-Étienne, 2000, p. 107-147.

Rousseau, P., *Histoire des techniques et des inventions*, Paris, 1958.

Rozsondai, M., « Lucas Coronensis. A master of Hungarian Renaissance bindings, early 16th century, Buda », *The Book Collector* 46, 4, 1997, p. 515-540.

Rudberg, S. Y., « Notices sur les manuscrits grecs d'Upsal », *Studia codicologica* (*Texte und Untersuchungen zur Geschichte der altchristlichen Literatur* 124), Berlin, 1977, p. 395-400.

Russo, F., *Éléments de bibliographie de l'histoire des sciences et des techniques*, Paris, 1969.

Sabbadini, R., *Carteggio di Giovanni Aurispa*, Rome, 1931.

Saglio, E., « Machina », *DAGR* 3, 2, p. 1461-1479.

Sarton, G., *Introduction to the History of Science*, Baltimore, 1927, t. 1.

Schenkel, W., « Les systèmes d'irrigation dans l'Égypte ancienne et leur genèse », *Archéo-Nil* 4, 1994, p. 27-35.

Schmidt, W., « Heron von Alexandria, Konrad Dasypodius und die Strassburger astronomische Münsteruhr », *Abhandlungen zur Geschichte der Mathematik* 8, 1898, p. 175-194.

Schneider, R., *Griechische Poliorketiker, Abhandlungen der königlichen Gesellschaft der Wissenschaften zu Göttingen, Phil.-Hist. Klasse*, Neue Folge, 11, 1, Berlin, 1908.

Schoene, H., « Die Dioptra des Heron », *Jahrbuch des Deutschen Archäologischen Instituts* 14, 1899, p. 91-103.

Schoene, H., « Ueber den Mynascodex der griechischen Kriegsschriftsteller in der Pariser Nationalbibliothek », *Rheinisches Museum für Philologie*, NF, 53, 1898, p. 432-447.

Schubert, Ch., « Aristodemos (*Codex Parisinus Supplementum Graecum* 607, fol. 83v-85r ; 86v-87v) : Ein neuer griechischer Atthidograph ? », *Klio* 96, 2014, p. 1-25.

Schulten, A., « Groma », *RE* 7, 2, col. 1881-1886.

Segre, A., « Misure tolemaiche e pretolemaiche », *Aegyptus* 1, 1920, p. 159-188.

Sidoli, N., « Heron's *Dioptra* 35 and Analemma Methods : An Astronomical Determination of the Distance between Two Cities », *Centaurus* 47/3, 2005, p. 236-258.

Sidoli, N., « Heron of Alexandria's Date », *Centaurus* 53/1, 2011, p. 55-61.

Singer, Ch., Holmyard, E. J., Hall, A. R. et Williams, T. I. (éd.), *A History of Technology*, vol. 2, *The Mediterranean Civilizations and the Middle Ages, c. 700 BC to c. AD 1500*, Oxford, 1956 ; 2e éd. cor., 1957 (au total 7 vol., repr. 1962, 1967, puis 1979).

Sleeswyk, A. W., « Vitruvius' Waywiser », *Archives Internationales d'Histoire des Sciences* 29, 1979, p. 11-22 (trad. française : « L'hodomètre de Vitruve : une nouvelle machine d'Archimède ? », *Pour la Science* 50, 1981, p. 13-21).

Sleeswyk, A. W., « Vitruvius' odometer », *Scientific American* 245, 1981, p. 158-171.

Smith, O. L., « On some manuscripts of Heron, *Pneumatica* », *Scriptorium* 27/1, 1973, p. 96-101.

Smith, R. B., « The Alexandrian Scientific Tradition », *Akroterion* 21/2, 1976, p. 14-21.

Smyly, J. G., « Square roots in Heron of Alexandria », *Hermathena* 63, 1944, p. 18-26.

Souffrin, P., « Remarques sur la datation de *La Dioptre* d'Héron par l'éclipse de lune de 62 », dans Argoud, G. et Guillaumin, J.-Y. (éd.), *Autour de La Dioptre d'Héron d'Alexandrie*, Saint-Étienne, 2000, p. 13-17.

Sprague de Camp, L., *The Ancient Engineers*, New York, 1963.

Stahl, W. H., *Roman Science. Origins, development and influence to the later middle ages*, Madison, 1962.

Stone, E. N., « Roman Surveying Instruments », *University of Washington Publications in Language and Literature* 4, 4, 1928, p. 215-242.

Szabó, A., et Maula, E., *Les débuts de l'astronomie, de la géographie et de la trigonométrie des Grecs*, traduit de l'allemand par M. Federspiel, Paris, 1986.

Taisbak, C. M., « An Archimedean proof of Heron's formula for the area of a triangle », *Centaurus* 24, 1980, p. 110-116.

Tannery, P., *Mémoires scientifiques. Sciences exactes dans l'antiquité*, 3 vol., Paris, 1912-1915. Notamment :

Vol. 1 : – « Sur les fragments d'Héron d'Alexandrie conservés par Proclus », p. 156-157.

- « L'arithmétique des Grecs dans Héron d'Alexandrie », p. 181-212.

- « La stéréotomie d'Héron d'Alexandrie », p. 397-421.

- « Études héroniennes », p. 422-448.

Vol. 2 : – « Questions héroniennes », p. 137-178.

- « Un fragment des *Métriques* d'Héron », p. 447-450.

- « Sur un fragment des *Métriques* d'Héron », p. 451-454.

Vol. 3 : – « Heronis Alexandrini opera quae supersunt omnia vol. III », p. 131-154.

- « Notes critiques sur les *Metrica* d'Héron », p. 196-207.

Taton, R. (dir.), *Histoire générale des Sciences*, t. 1 : *La science antique et médiévale*, Paris, 1957.

Terquem, A., *La science romaine à l'époque d'Auguste. Étude historique d'après Vitruve*, Paris, 1885.

Tittel, K., « Heron (5) », *RE* 8, 1, 1912, col. 992-1080.

Tuplin, C.J., et Rihll, T.E. (éd.), *Science and Mathematics in Ancient Greek Culture*, Oxford, 2002.

Tybjerg, K., « Wonder-making and philosophical wonder in Hero of Alexandria », *Studies in History and Philosophy of Science* 34, 2003, p. 443-466.

Usher, A. P., *A History of Mechanical Inventions*, 2e éd., Cambridge, Mass., 1966 (1929^{1}).

Vailati, G., « Il principio dei lavori virtuali da Aristotele a Erone d'Alessandria », *Atti della regia accademia delle scienze di Torino* 32, 1897, p. 940-962.

VERNANT, J.-P., « Remarques sur les formes et les limites de la pensée technique chez les Grecs », *Revue d'Histoire des Sciences* 10/3, 1957, p. 205-225.

VIOLLET, P.-L., *L'hydraulique dans les civilisations anciennes : 5000 ans d'histoire*, Paris, 2004.

VITRAC, B., « Euclide et Héron : deux approches de l'enseignement des mathématiques dans l'Antiquité ? », dans ARGOUD, G. (éd.), *Science et vie intellectuelle à Alexandrie (Ier-IIIe siècle après J.-C.)*, Saint-Étienne, 1994, p. 121-145.

VITRAC, B., « Les préfaces des textes mathématiques grecs anciens », dans RADELET-DE-GRAVE, P. (éd.) [avec la collaboration de C. BRICHARD], *Liber amicorum Jean Dhombres*, Turnhout, 2008, p. 518-556.

VITRAC, B., « Faut-il réhabiliter Héron d'Alexandrie ? », dans JOUANNA, J., FARTZOFF, M. et BAKHOUCHE, B. (éd.), *L'Homme et la science*, Paris, 2011, p. 281-296.

VLEEMING, S. P., « Demotic Measures of Length and Surface, chiefly in the Ptolemaic Period », *Papyrologica Lugduno-Batava* 23, 1985, p. 208-229.

VON HEINEMANN, O., *Kataloge der Herzog-August-Bibliothek Wolfenbüttel. Die Alte Reihe Nachdruck der Ausgabe 1884-1913*, t. VI : *Die Augusteischen Handschriften*, 3, Francfort, 1966 (réimpr. t. II, 3).

WAERDEN, B. VAN DER, « Eupalinos and his tunnel », *Isis* 59, 1968, p. 82-83.

WALLRAFF, M., et MECELLA, L., *Die Kestoi des Julius Africanus und ihre Überlieferung*, Berlin-New York, 2009.

WALTER, A. E., *Späthumanismus und Konfessionspolitik. Die europäische Gelehrtenrepublik um 1600 im Spiegel der Korrespondenzen Georg Michael Lingelsheims*, Tübingen, 2004.

WARTNABY, J., *Surveying Instruments and Methods*, Londres, 1968.

WESCHER, C., *Poliorcétique des Grecs*, Paris, 1867.

WESCHER, C., « Fragments inédits de l'historien grec Aristodème », *Revue archéologique* 17, 1868, p. 177-188.

WESCHER, C., « Note relative aux manuscrits grecs de la Bibliothèque de Strasbourg », *Comptes rendus des séances de l'Académie des Inscriptions et Belles-Lettres*, 15e année, 1871, p. 182-183.

WESENBERG, B., « Zu den Schriften der Griechischen Architekten », *Bauplanung und Bautheorie der Antike, Diskussionen zur archäologischen Bauforschung* 4, 1984, p. 39-48.

WHITE, K. D., « Technology and Industry in the Roman Empire. A Study of the Interrelations between Science, Technology and Industrial Activity in the Roman Empire », *Acta Classica* 2, 1959, p. 78-89.

WHITE, K. D., *Greek and Roman Technology*, Londres, 1984.

INDEX VERBORVM

Les déterminants (démonstratifs et indéfinis, particules, conjonctions de coordination et de subordination, certains adverbes), ne sont pas relevés dans cet index. Le premier chiffre indique le chapitre.

B

Z

H

Λ

M

INDEX NOMINVM

TABLE DES MATIÈRES

Ce volume,
le cinq cent soixante-huitième
de la série grecque
de la Collection des Universités de France,
publié aux Éditions Les Belles Lettres
et composé par l'Atelier Fluxus Virus,
a été achevé d'imprimer
en septembre 2022
sur les presses
de la Nouvelle Imprimerie Laballery
58500 Clamecy, France

N° d'édition : 10379 - N° d'impression : 208443
Dépôt légal : septembre 2022